Existenzgründung und Businessplan

Ein Leitfaden für erfolgreiche Start-ups

Von
**Eva Vogelsang, Prof. Dr. Christian Fink
und Matthias Baumann**

ERICH SCHMIDT VERLAG

Bibliografische Information der Deutschen Nationalbibliothek
Die Deutsche Nationalbibliothek verzeichnet diese Publikation in der
Deutschen Nationalbibliografie; detaillierte bibliografische Daten
sind im Internet über http://dnb.d-nb.de abrufbar.

Weitere Informationen zu diesem Titel finden Sie im Internet unter
ESV.info/978 3 503 13888 3

Gedrucktes Werk: ISBN 978 3 503 13888 3
eBook: ISBN 978 3 503 13889 0

Dieses Papier erfüllt die Frankfurter Forderungen
der Deutschen Bibliothek und der Gesellschaft
für das Buch bezüglich der Alterungsbeständigkeit und
entspricht sowohl den strengen Bestimmungen der US Norm
Ansi/Niso Z 39.48-1992 als auch der ISO-Norm 9706

Druck: Hubert & Co., Göttingen

Vorwort

Existenzgründer müssen sich – unabhängig von ihrem ursprünglichen fachlichen Hintergrund – mit den unterschiedlichsten betriebswirtschaftlichen Fragestellungen auseinandersetzen. Wirft man in diesem Zusammenhang einen Blick in das Statistische Jahrbuch 2011, so fällt zudem die enorme Anzahl von Gewerbeanmeldungen auf. Alleine 2010 wurden in Deutschland weit über 850.000 Unternehmen angemeldet, davon über 700.000 Neugründungen. Im Zeitraum 2011/2012 wird diese Zahl noch einmal deutlich ansteigen. Der Bedarf an betriebswirtschaftlichem Know-how rund um die Themen Existenzgründung und Businessplan kann somit nicht ignoriert werden.

Vor diesem Hintergrund soll das vorliegende Werk die Themen Existenzgründung und Businessplan aus verschiedenen Blickwinkeln beleuchten und dem Leser Antworten auf die wichtigsten Fragen rund um die Unternehmensgründung – von der Geschäftsidee bis hin zum erfolgreichen Geschäftsbetrieb – geben. Das Spektrum an bereitgestellten Informationen reicht von der Planung des Geschäfts sowie verschiedensten Finanzierungs- und Fördermöglichkeiten über die Vorbereitung von Bank- oder Investorengesprächen bis hin zur Marketingstrategie, den Anforderungen an ein internes und externes Rechnungswesen sowie arbeitsrechtlichen Aspekten. Dabei stellt das Werk eine optimale Synthese aus Ratgeber und Fachbuch dar und vertieft die dargestellten fachlich-theoretischen Grundlagen durch eine Vielzahl von Beispielen, Praxistipps und Musterdokumenten. Die Ausführungen der Autoren beruhen auf aktuellsten rechtlichen Grundlagen und modernsten wissenschaftlichen Erkenntnissen, so dass das Buch dem Existenzgründer nicht nur in den ersten Monaten seines Gründungsvorhabens, sondern auch später immer wieder als Nachschlagewerk dienen kann.

Eine Besonderheit des Werkes stellt mit Sicherheit der ausführliche Beispiel-Businessplan der Schreinerei Peter Huber „Naturdesign" dar. Hierfür entwickeln die Autoren einen umfangreichen Geschäftsplan für ein fiktives Unternehmen aus der Möbelbranche und stellen auf Basis einer detailreich geschilderten Ausgangssituation die Inhalte des Businessplans eingehend dar. Die Anregungen dazu resultieren sowohl aus den beruflichen und fachlichen Erfahrungen der Autoren als auch aus Projekten und Gesprächen mit erfolgreichen Unternehmern und Führungskräften mittelständischer Betriebe.

Natürlich wendet sich das Buch vornehmlich an Existenzgründer und Jungunternehmer, aber auch für Unternehmer und Führungskräfte ohne fundierten betriebswirtschaftlichen Hintergrund, Berater oder Kaufleute, die ihre betriebswirtschaftlichen Kenntnisse auf dem aktuellsten Stand halten möchten, liefert dieses Werk grundlegende Denkanstöße zur Lösung und Vertiefung aktueller Fragestellungen und Anwendungsprobleme aus den skizzierten Teilbereichen. Schließlich eignet sich das Buch auch für interessierte Studierende aus unterschiedlichen Fachbereichen, um einen ersten Einblick in die betriebswirtschaftlichen Zusammenhänge und deren Umsetzung in die Unternehmenspraxis zu erlangen.

Für die Unterstützung bei der redaktionellen und formalen Bearbeitung ausgewählter Beiträge danken wir recht herzlich Frau Martina Münch, ohne die die zügige und akkurate formale Gestaltung an verschiedenen Stellen nicht möglich gewesen wäre. Zudem gilt unser Dank auch Frau Dr. Birte Schumann vom Erich Schmidt Verlag für die Unterstützung und die freundliche Zusammenarbeit. Unser ganz besonderer Dank gilt schließlich Herrn Erich Walter, Herrn Dr. Franz Baumann, Steuerberater und Wirtschaftsprüfer in Schwabmünchen, sowie Herrn Steve Scheffel, die durch die Durchsicht der Beiträge und die zahlreichen wertvollen Anmerkungen das Werk bereichert haben.

Graben, Weinheim und Schwabmünchen, im Januar 2012

Eva Vogelsang
Christian Fink
Matthias Baumann

Inhaltsverzeichnis

Abkürzungsverzeichnis

AfA .... Absetzung für Abnutzung
AG .... Aktiengesellschaft
AG-Anteil .... Arbeitgeberanteil
AGG........................ Allgemeines Gleichbehandlungsgesetz
AHK .... Anschaffungs-/Herstellungskosten
AK .... Anschaffungskosten
AktG .... Aktiengesetz
AN-Anteil .... Arbeitnehmeranteil
AO .... Abgabenordnung
ArbZG .... Arbeitszeitgesetz
ARGE .... Arbeitsgemeinschaft
Art. .... Artikel
Aufl. .... Auflage
AV .... Anlagevermögen

BAB .... Betriebsabrechnungsbogen
BAG .... Bundesarbeitsgericht
BBiG........................ Berufsbildungsgesetz
BFH .... Bundesfinanzhof
BDSG .... Bundesdatenschutzgesetz
BEEG........................ Gesetz zum Elterngeld und zur Erziehungszeit
BetrVG.................... Betriebsverfassungsgesetz
BGA .... Betriebs- und Geschäftsausstattung
BGB .... Bürgerliches Gesetzbuch
BilMoG .... Bilanzrechtsmodernisierungsgesetz
BilReG .... Bilanzrechtsreformgesetz
BMBF .... Bundesministerium für Bildung und Forschung
BMF .... Bundesministerium der Finanzen
BMWi .... Bundesministerium für Wirtschaft und Technologie
BStBl .... Bundessteuerblatt
BT-Drucks. .... Bundestags-Drucksache
BWL .... Betriebswirtschaftslehre

DB .... Deckungsbeitrag

DCF .... discounted cashflow

DEÜV...................... Datenerfassungs- und -übermittlungsverordnung

DPMA .... Deutschen Patent- und Markenamt

DPR .... Deutsche Prüfstelle für Rechnungslegung

DRSC .... Deutsches Rechnungslegungs Standards Committee

Dtl. .... Deutschland

EBIT .... earnings before interest and taxes

EBITDA .... earnings before interest, taxes, depreciation and amortisation

EDV .... Elektronische Datenverarbeitung

EK .... Eigenkapital

e.K. .... eingetragener Kaufmann

EStG .... Einkommensteuergesetz

EStR .... Einkommensteuerrichtlinie

EU .... Europäische Union

EUR .... Euro

FfH .... Forschungsstelle für Handel

Fifo .... first in first out

FK .... Fremdkapital

FuE .... Forschung und Entwicklung

GewStG .... Gewerbesteuergesetz

GewStR .... Gewerbesteuerrichtlinen

GKR .... Gemeinschaftskontenrahmen

GKV .... Gesamtkostenverfahren

GmbH .... Gesellschaft mit beschränkter Haftung

GmbHG .... GmbH-Gesetz

GoB .... Grundsätze ordnungsmäßiger Buchführung

GuV .... Gewinn- und Verlustrechnung

HFA .... Hauptfachausschuss

HGB .... Handelsgesetzbuch

HiFo .... highest in first out

HK .... Herstellungskosten

HWK .... Handwerkskammer

HWO .... Handwerksordnung

IASB .... International Accounting Standards Board
IfH .... Institut für Handelsforschung
IFRS .... International Financial Reporting Standards
IHK .... Industrie- und Handelskammer
IKR .... Industriekontenrahmen
IRCM .... Institut für Rechnungslegung, Controlling & Management
IT .... Informationstechnologie

K_{fix} .... Fixkosten
KfW .... Kreditanstalt für Wiederaufbau
Kfz .... Kraftfahrzeug
KG .... Kommanditgesellschaft
KGaA .... Kommanditgesellschaft auf Aktien
KMU .... klein- und mittlere Unternehmen
KSchG..................... Kündigungsschutzgesetz
KStG .... Körperschaftsteuergesetz
K_{var} .... variable Kosten
KWG .... Kreditwesengesetz

Lifo .... last in first out
Lkw .... Lastkraftwagen
Lofo .... lowest in first out
LuL .... Lieferungen und Leistungen

MBG .... mittelständische Beteiligungsgesellschaft
MBI .... Management-Buy-In
MBO .... Management-Buy-Out
Mio. .... Million
MoMiG .... Gesetz zur Modernisierung des GmbH-Rechts
MuSchG.................. Mutterschutzgesetz
MwSt .... Mehrwertsteuer

OHG .... Offene Handelsgesellschaft

p .... Verkaufspreis pro Stück
p.a. .... per annum
PartGG .... Partnerschaftsgesellschaftsgesetz

PatG .... Patentgesetz

Pkw .... Personenkraftwagen

PublG .... Publizitätsgesetz

Q1 .... Quartal 1

RGH .... Rationalisierungsgemeinschaft Handwerk

RHB .... Roh-, Hilfs- und Betriebsstoffe

Schufa .... Schutzgemeinschaft für allgemeine Kreditsicherung

SGB .... Sozialgesetzbuch

SKR .... Standardkontenrahmen

StGB .... Strafgesetzbuch

Stk. .... Stück

SWOT .... Strengths, Weaknesses, Opportunities, Threats

TEUR .... tausend Euro

TzBfG....................... Teilzeit- und Befristungsgesetz

UG .... Unternehmergesellschaft

UKV .... Umsatzkostenverfahren

USt .... Umsatzsteuer

UStG .... Umsatzsteuergesetz

USt-ID-Nr. .... Umsatzsteueridentifikationsnummer

VMEBF .... Vereinigung zur Mitwirkung an der Entwicklung des
                                   Bilanzrechts für Familiengesellschaften

WpHG .... Wertpapierhandelsgesetz

x .... Absatzmenge

Dipl.-Kffr. Eva Vogelsang/Prof. Dr. Christian Fink/Dipl.-Kfm. Matthias Baumann

Kapitel 1: Gründungsfragen aus der Praxis

1.1   Voraussetzungen erfolgreicher Gründungen

Bevor man die Entscheidung zur Existenzgründung trifft, sollte man sich über die notwendigen Voraussetzungen im Klaren sein. Um ein Unternehmen erfolgreich zu gründen ist es zunächst vor allem wichtig, sich in der Branche auszukennen, bzw. sehr gute Kenntnisse in der Materie zu besitzen. Unternehmensgründungen, die von völlig Branchenfremden getätigt werden, sind meist nicht lange erfolgreich am Markt. Es ist Grundvoraussetzung, sehr gute Kenntnisse in dem Bereich zu haben, wenn möglich sogar Spezialist zu sein, um genau zu wissen, worauf es in der Branche ankommt und damit auch gegen Wettbewerber bestehen zu können. Die notwendige fachliche Qualifikation kann beispielsweise durch eine abgeschlossene Berufsausbildung, ein Studium, längerfristige Erfahrungen in der Branche oder fundiertes kaufmännisches Wissen erworben worden sein. Das ist meist auch die Voraussetzung, um überhaupt eine realistisch umsetzbare und dennoch innovative Idee zu haben, die dem Unternehmen einen Wettbewerbsvorteil gegenüber Konkurrenten verschafft. Denn eines ist klar: jeder, der ein Unternehmen gründet und damit wirklich erfolgreich sein möchte, muss in mindestens einer bedeutenden Hinsicht besser sein als die Konkurrenz am relevanten Markt, das heißt ein Alleinstellungsmerkmal vorweisen können.

Jedes Gründungsvorhaben steht und fällt demnach mit der zugrundeliegenden Geschäftsidee und der Nachfrage durch den Kunden. Die Geschäftsidee determiniert das Produkt oder die Dienstleistung, die der Gründer den Marktteilnehmern verkaufen möchte. Besteht am Markt keine Nachfrage nach dem Produkt oder der Dienstleistung, so ist die Geschäftsidee von vornherein zum Scheitern verurteilt. Ohne einen konkreten Nutzenzufluss aus dem Erwerb wird der Konsument also nicht bereit sein, den Preis für das Produkt oder die Dienstleistung zu bezahlen. Dieser Nutzen kann sich auf vielfältige Art und Weise ergeben. Das kann ein völlig neues, innovatives Produkt sein oder eine Erweiterung eines bestehenden Produktes, es kann aber auch ein Dienstleistungsmerkmal sein, das ein Unternehmen von der Konkurrenz abhebt, oder die Preisführerschaft in einem Segment. Wichtig ist, dass der Unternehmer ein Alleinstellungsmerkmal, das für den Kunden bedeutend ist, vorweisen kann und weiß, wie er daraus einen Vorteil für sein Unternehmen ableiten kann. Ob durch eine Geschäftsidee tatsächlich ausreichend Nutzen für den Kunden gestiftet wird, kann beispielsweise über die Analyse des Kauf- oder Nachfrageverhaltens der Konsumenten, die Identifikation von Versorgungsengpässen oder die Beobachtung der Entwicklung anderer Konkurrenzunternehmen ermittelt werden.

Das alleinige Vorhandensein einer (guten) Geschäftsidee allein ist aber noch kein Garant für eine erfolgreiche prozessuale Umsetzung der Idee. Neben den oben beschriebenen fachlichen Voraussetzungen und einer bestimmten Produktbesonderheit bzw. einem Alleinstellungsmerkmal werden regelmäßig auch Ressourcen benötigt, um die Idee in ein konkretes Produkt oder eine Dienstleistung zu konvertieren. Derartige Ressourcen stellen neben rein finanziellen Größen (Geldmitteln) zur Bedienung der Zahlungsverpflichtungen auch materielle Ressourcen wie Gebäude, Maschinen, Werkzeuge, Büroausstattung, IT-Infrastruktur, Kraftfahrzeuge oder Rohstoffe sowie immaterielle Ressourcen wie Lizenzen, Patente oder Kundenlisten dar. Sie sind notwendig, um aus der Idee das geplante Produkt oder die erwartete Leistung zu erstellen. Die meist knappen Ressourcen müssen dazu jedoch effizient eingesetzt werden, um den gewünschten Erfolg zu maximieren. In diesem Zusammenhang kommt also der optimalen Ressourcenverwendung eine entscheidende Bedeutung zu. Im Rahmen der Finanz- und Finanzierungsplanung beschäftigt sich der Gründer ausführlich mit dem Phänomen der Ressourcenallokation.

Dem Existenzgründer Helmut Haupert stehen für die Umsetzung seiner Geschäftsidee im stahlverarbeitenden Gewerbe nur begrenzte finanzielle Mittel zur Verfügung. Um mit der Geschäftstätigkeit zu beginnen, mietet er sich eine Produktionshalle und deckt sich mit Rohstoffen ein. Aufgrund der reinen Menge des erworbenen Eisenerzes belegt er mehr als 60% des Platzes in der gemieteten Halle mit den zur Verarbeitung bestimmten Rohstoffen. Dabei hat er nicht bedacht, dass auch die zur Verarbeitung der Rohstoffe benötigten Maschinen aufgrund ihrer enormen Abmessungen großen Platzbedarf haben. Er kann in der Halle somit nur eine anstatt der ursprünglich geplanten zwei Maschinen aufstellen, was zudem seine Produktionskapazität halbiert. Als er nun schließlich vier Mitarbeiter zur Bedienung der Maschine einstellen möchte merkt er, dass er aufgrund des hohen Rohstoffpreises nur noch die finanziellen Mittel für die Anstellung von drei Mitarbeitern zur Verfügung hat. Wegen der begrenzten Kapazitäten wird er auch nicht den notwendigen Absatz erreichen können, um seinen kurzfristigen Finanzmittelbedarf direkt aus der operativen Tätigkeit erwirtschaften zu können.

Neben diesen Grundvoraussetzungen der Fach- bzw. Branchenkenntnis, der innovativen Geschäftsidee, dem daraus abgeleiteten Alleinstellungsmerkmal und dem effizienten Ressourceneinsatz muss ein Unternehmer auch persönliche Eigenschaften mitbringen, um langfristig erfolgreich sein zu können. Neben dem persönlichen Auftreten und Erscheinungsbild muss er Durchsetzungsvermögen und Verhandlungsgeschick aufweisen, sowie den nötigen Ehrgeiz, um dauerhaft hohe Erträge zu erwirtschaften. Am Beispiel eines Gastronomen kann man viele konkrete Eigenschaften aufzählen, die in dieser Branche elementar wichtig für den Erfolg sind.

Ein Gasthausbetreiber muss auf Menschen zugehen können, er muss gerne mit anderen ins Gespräch kommen wollen, er muss den Dienstleistungsgedanken völlig verinnerlicht haben, muss jedem Gast Aufmerksamkeit schenken und ihm das Gefühl geben, dass er gerne gesehen ist. Er muss das richtige Gespür für die Situation und die sich daraus ergebenden Bedürfnisse der Kunden haben usw. Als Gast fällt es uns allen leicht, diese Fähigkeiten zu erkennen und zu überprüfen.

Aber auch in jeder anderen Branche gilt dieser Dienstleistungsgedanke, wenn auch vielleicht nicht so ausgeprägt, und jeder Unternehmensgründer muss sich die Frage stellen, inwieweit er diese Eigenschaften besitzt bzw. erlernen kann. Weitere Anforderungen an das Persönlichkeitsprofil eines Unternehmers können beispielsweise sein:

- Analytisches Verständnis
- Sozialkompetenz
- Kunden-/Marktorientierung
- Flexibilität
- Risikobereitschaft
- Organisationstalent
- Mut zur schnellen Entscheidungsfindung
- Kommunikationsbereitschaft

Vor allem im technischen Bereich kommt es teilweise vor, dass der Unternehmensgründer zwar ein fachlich hochkompetenter Experte ist, oftmals auf der zwischenmenschlichen Ebene aber starke Defizite aufweist. So sind Fachexperten z.T. im Hinblick auf die Präsentation ihrer Geschäftsidee wenig überzeugend oder in ihrem Kommunikationsverhalten gehemmt. Dies ist insofern problematisch, als damit die Geschäftsidee nicht optimal an potenzielle Geldgeber, Partner oder gar den Kunden transportiert werden kann.

Neben diesen Fähigkeiten ist ein entscheidender und nicht zu unterschätzender Faktor in vielen Fällen aber auch die psychische und physische Belastbarkeit. So ist vor allem in der Anfangsphase der Selbständigkeit mit einer hohen sowohl zeitlichen als auch finanziellen und ggf. emotionalen Belastung zu rechnen. Möglichkeiten, um mit dieser Belastung professionell umzugehen, sind eine durchgängige und strikte Arbeitsorganisation und ein konsequentes Zeitmanagement.

Praxistipp: Vor der Unternehmensgründung sollte man sich sehr genau überlegen, ob man alle notwendigen Voraussetzungen für die selbständige Tätigkeit – sei es persönlicher, fachlicher oder finanzieller Natur – erfüllt.

1.2 Anreize und negative Aspekte des Unternehmertums

Wenn man die notwendigen Fähigkeiten und Voraussetzungen als Unternehmensgründer besitzt, sollte man vor der Gründung nochmals alle Aspekte der Selbständigkeit betrachten, um sich dann bewusst für eine Unternehmensgründung entscheiden zu können. Denn neben großen Chancen und Anreizen gibt es auch zahlreiche negative Aspekte und Risiken zu bedenken.

Anreize einer Unternehmensgründung sind z.B.:
- Möglichkeit zur Selbstverwirklichung
- Selbstbestimmung/Entscheidungsfreiheit
- Flexibilität
- Möglichkeit zur Erzielung hoher Gewinne
- Anerkennung im sozialen und beruflichen Umfeld

Auf der anderen Seite stehen die negativen Aspekte der Selbständigkeit:
- kein festes Monatsgehalt
- keine finanzielle Absicherung
- keine festen Arbeitszeiten
- oft sehr viele geleistete Arbeitsstunden
- hohe Verantwortung gegenüber Mitarbeitern und Kunden

Dies ist natürlich eine sehr individuelle Entscheidung, die jeder potenzielle Existenzgründer für sich selbst treffen muss. Dabei sollte er auch indirekt von den Auswirkungen der Entscheidung betroffene Personen wie Familienangehörige in die Entscheidungsfindung einbeziehen. Dies ist vor allem dann wichtig, wenn ein finanzielles Engagement der Angehörigen erwartet wird oder deren finanzielle Absicherung in weiten Teilen von der Person des Gründers abhängt. Oftmals werden im Gespräch mit nahestehenden Personen oder unbeteiligten Dritten (z.B. Beratern) zudem Facetten der zu treffenden Entscheidung beleuchtet, die der Gründer selbst nicht berücksichtigt hat. Jeder Unternehmensgründer sollte sich daher im Vorfeld intensiv Gedanken darüber machen, ob die Chancen der Selbständigkeit gegenüber den negativen Aspekten für ihn überwiegen oder umgekehrt.

Praxistipp: Es ist wichtig, sich vor der Entscheidung über eine mögliche Selbständigkeit über die Konsequenzen im Klaren zu sein und diese auch mit Anderen zu diskutieren.

Prof. Dr. Christian Fink/Dipl.-Kfm. Matthias Baumann

Kapitel 2: Wege der Existenzgründung

2.1   Selbständigkeit und Risiko

Beispiel
Der gelernte Ingenieur Max Mustermann ist in seinem Angestelltenverhältnis
in einem großen Maschinenbauunternehmen unglücklich. Es fehlt ihm hier an
herausfordernden Aufgaben. So ist er in dem Konzern lediglich für die Anpassung bestehender Produkte an Kundenwünsche oder regulative Vorgaben zuständig. Was ihm hingegen vorschwebt, ist die eigenverantwortliche Entwicklung von Produkten und das Design von Abläufen und Prozessen zu deren Produktion. In diesem Zusammenhang hat er sich schon des Öfteren
Gedanken darüber gemacht, ob er sich nicht vielleicht selbständig machen
sollte. Bislang scheut er jedoch das mit der Selbständigkeit verbundene Risiko. Von einem Kollegen weiß er, dass dieser seinen Interessen im Rahmen
einer nebenerwerblichen Tätigkeit nachkommt und abends in seinem Werk-
zeugkeller elektronische Bauteile für einen Elektrotechniker konstruiert.
Mustermann ist sich jedoch sicher, dass ihn dies als reine Nebentätigkeit
nicht ausfüllen würde und er dann ja immer noch den Großteil seiner Zeit in
dem ungeliebten Hauptberuf tätig wäre. Aus diesem Grund entschließt sich
Mustermann dazu, sein Angestelltenverhältnis zu kündigen und sich selbständig zu machen. Auch das Angebot seines Vorgesetzten, den Hauptberuf
in Teilzeit weiter auszuüben, schlägt Mustermann aus. Er möchte sich nun
voll und ganz auf seinen neuen Lebensabschnitt als Jungunternehmer konzentrieren und sowohl die damit verbundenen Chancen als auch Risiken eingehen.

Der Weg in die Selbständigkeit verspricht zwar grundsätzlich ein gewisses Maß
an Freiheit in Bezug auf die Art der täglichen Beschäftigung, die Zeiteinteilung
oder die Partner, mit denen man Geschäfte macht, er ist jedoch auch stets mit Risiken verbunden. Insbesondere in nicht haftungsbeschränkten Gesellschaftsformen kann dabei ein Scheitern bis hin zum Verlust des privaten Vermögens führen. Daher ist es in einem ersten Schritt wichtig, dass sich der Gründer darüber
Gedanken macht, in welchem Umfang seine Existenzgründung erfolgen soll. Dabei besteht grundsätzlich die Möglichkeit einer Neben- oder einer Vollerwerbsgründung.

2.1.1   Nebenerwerbsgründung

Wie der Begriff bereits impliziert, erfolgt eine Nebenerwerbsgründung als Nebentätigkeit neben einer anderweitigen hauptberuflichen Tätigkeit. Die hauptberufliche Tätigkeit kann dabei beispielsweise in einem Angestelltenverhältnis ausgeübt
werden, aber auch eine Tätigkeit als Hausfrau zählt hier zum Hauptberuf. Der

Nebenerwerb zeichnet sich per Definition u.a. dadurch aus, dass er zum einen weniger Zeit in Anspruch nimmt als die Hauptbeschäftigung und der Verdienst hieraus zum anderen im Regelfall nicht ausreicht, um den Lebensunterhalt des Gründers vollumfänglich zu sichern. So ist z.B. der Betrieb eines Einzelhandelsgeschäfts als Nebenerwerb nur schwerlich mit den zeitlichen Rahmenbedingungen vereinbar. Außerdem sind ggf. berufsspezifische Besonderheiten zu berücksichtigen. So können beispielsweise bestimmte Freiberufler im Gesundheitswesen nur dann gegenüber einer gesetzlichen Krankenkasse abrechnen, wenn sie den mehrheitlichen Teil ihrer Arbeitszeit für Patienten zur Verfügung stehen.

Vor allem bei risikoaversen Gründern kann sich die Nebenerwerbsgründung anbieten, da auf diese Weise der Lebensunterhalt weiterhin durch die hauptberufliche Tätigkeit gesichert ist. Die Erträge aus der Nebentätigkeit stellen somit nur ein oftmals attraktives Zusatzeinkommen dar. Zudem erfordern nebenberufliche Tätigkeiten im Normalfall nur einen Bruchteil des Zeit- und Mitteleinsatzes, den eine Vollerwerbsgründung benötigt. Als nachteilig kann sich v.a. eine kapitalintensive Nebenerwerbsgründung im Hinblick auf die Finanzierungsmöglichkeiten erweisen, da insbesondere der Zugang zu Fremdkapital durch den geringeren Umfang der zu erzielenden Erträge begrenzt sein dürfte.

Es darf zudem nicht vergessen werden, dass für Angestellte eine Genehmigungspflicht hinsichtlich nebenerwerblicher Tätigkeiten besteht. Diese Genehmigung kann der Arbeitgeber verweigern, wenn er durch den Nebenerwerb entweder die Leistung des Arbeitnehmers in der hauptberuflichen Tätigkeit beeinträchtigt sieht oder der Arbeitnehmer durch artgleiche Leistungen in Wettbewerb mit seinem hauptberuflichen Arbeitgeber tritt.

> *Praxistipp: Um der nebenberuflichen Tätigkeit den notwendigen Zeitumfang zu ermöglichen, kann eine hauptberufliche Vollzeittätigkeit unter bestimmten Voraussetzungen in ein Teilzeitverhältnis umgewandelt werden. Dabei sind jedoch die Vor- und Nachteile in Bezug auf die beiden Tätigkeitsfelder genauestens abzuwägen.*

Besonderheiten ergeben sich bei Nebenerwerbstätigen auch im Hinblick auf die Sozialversicherung. Während Selbständige in einer Vollerwerbstätigkeit regelmäßig selbst für ihre Sozialversicherung (Renten-, Pflege-, Krankenversicherung) verantwortlich sind, werden die Beiträge bei angestellten Nebenerwerbstätigen zur Hälfte vom Arbeitgeber ihrer Haupttätigkeit übernommen. Auch im Hinblick auf eventuelle Mitgliedsbeiträge zur IHK oder zur Handwerkskammer können aufgrund der oftmals nur begrenzten Erträge Ausnahmeregelungen greifen.

Eine nebenerwerbliche Tätigkeit ist grundsätzlich auch aus der Arbeitslosigkeit heraus möglich. Die Sozialversicherung ist dann über die Bundesagentur für Arbeit gewährleistet. Jedoch besteht ein Anspruch auf Arbeitslosengeld nur, wenn die selbständige Nebentätigkeit weniger als 15 Stunden pro Woche in Anspruch nimmt. Das Einkommen aus der Tätigkeit wird jedoch auf das Arbeitslosengeld angerechnet.

Zudem ist zu bedenken, dass auch bei nebenerwerblicher Selbständigkeit eine Gewinnerzielungsabsicht zu bestehen hat. Dies ist v.a. im Hinblick auf die Anerkennung steuerlich geltend gemachter Kosten wichtig. Wird seitens der Finanzbehörden beispielsweise entschieden, dass es sich bei einer dauerhaft verlustbringenden Tätigkeit aufgrund fehlender Gewinnerzielungsabsicht eher um Liebhaberei als um eine selbständige Tätigkeit handelt, können auch bereits vorher steuerlich geltend gemachte Kosten wieder aberkannt werden. Zur Dokumentation einer Gewinnerzielungsabsicht können neben dem regulären Businessplan und den Planungsrechnungen auch Aufzeichnungen zu Maßnahmen für die Kundenakquise oder Werbeaktionen dienlich sein.

Oftmals kann es sinnvoll sein, eine nebenerwerbliche Selbständigkeit als eine Art Testphase für eine spätere Vollerwerbstätigkeit durchzuführen. In diesem Zusammenhang bestehen ggf. auch Fördermöglichkeiten, wenn aus der Nebenerwerbsgründung in einem Zeitraum von bis zu drei Jahren eine Vollerwerbstätigkeit erwächst. Hier sind jedoch ggf. die genauen Voraussetzungen für entsprechende Finanzierungshilfen zu prüfen.

Besonderheiten bei Kleingründungen
Nebenerwerbsgründungen erfolgen in der Regel als Kleinunternehmen im Sinne eines Einzelunternehmens oder – bei mehreren Gründern – einer Gesellschaft bürgerlichen Rechts. Kleinunternehmen zeichnen sich u.a. dadurch aus, dass sie neben einem geringen Kapitalbedarf normalerweise auch keine Mitarbeiter einstellen und, wenn überhaupt, nur sehr geringes Wachstum aufweisen. Die Anmeldepflicht beim Gewerbeamt entfällt dadurch jedoch nicht.

Besonderheiten gelten insbesondere im steuerlichen Bereich. Zwar sind (falls die Freibeträge überschritten werden) Einkommen- und Gewerbesteuer zu zahlen, § 19 UStG definiert für die Umsatzsteuer jedoch die sog. Kleinunternehmerregelung als Ausnahme. Danach können Kleinunternehmer zwar für die Umsatzsteuer optieren, müssen dies aber nicht. Dies bedeutet, dass wenn ein Kleinunternehmer im vorigen Kalenderjahr die Umsatzgrenze (zzgl. darauf entfallender Steuern) von 17.500 Euro nicht überschritten hat und im laufenden Kalenderjahr die Umsatzgrenze von 50.000 EUR (zzgl. darauf entfallender Steuern) voraussichtlich nicht überschreiten wird, er keine Umsatzsteuer abzuführen hat. Im Jahr der Unternehmensgründung selbst sind Umsatzschätzungen vorzunehmen.

Praxistipp: Wird die Kleinunternehmerregelung des § 19 UStG in Anspruch genommen, kann auch kein Vorsteuerabzug geltend gemacht werden.

Wird die Kleinunternehmerregelung in Anspruch genommen, ist in der Rechnung auf diese Tatsache hinzuweisen. Dies kann beispielsweise durch den Vermerk „Im ausgewiesenen Rechnungsbetrag ist gemäß § 19 UStG keine Mehrwertsteuer enthalten" erfolgen. Der damit eingesparte bürokratische Aufwand sollte jedoch in jedem Fall gegen die Möglichkeit des Vorsteuerabzugs abgewogen werden. Vor allem wenn der Unternehmer hohe Investitionen tätigt, kann sich ein Vorsteuerabzug durchaus als lohnenswert erweisen.

Norbert Naseweiß macht sich als Unternehmensberater selbständig. Dazu richtet er sich ein repräsentatives Büro ein und schafft neben einem großen Konferenztisch auch einen Beamer, einen Farblaserdrucker, ein Flipchart und einen Präsentations-Laptop an. Für den laufenden Betrieb benötigt er regelmäßige Softwareupdates, Druckerpatronen, Kanzleipapier, Schreibwaren etc. Die hierfür anfallenden Rechnungen bezahlt er jeweils inkl. Umsatzsteuer.

Naseweiß nimmt die Kleinunternehmerregelung in Anspruch. Daher weist er in seinen Rechnungen keine Umsatzsteuer aus und weist in der Rechnung auf diesen Umstand hin. Gleichzeitig ist es ihm damit aber auch untersagt, die von ihm an seine Lieferanten gezahlte Umsatzsteuer als Vorsteuer gegenüber dem Finanzamt geltend zu machen.

Im Hinblick auf die Buchführungspflichten sowie die Regelungen zur steuerlichen Gewinnermittlung sei grundsätzlich auf Kapitel 5.2 verwiesen. An dieser Stelle sei jedoch noch auf die Möglichkeit der Sonderabschreibungen im ersten Wirtschaftsjahr hingewiesen.

2.1.2 Vollerwerbsgründung

Von einer Vollerwerbsgründung oder auch tragfähigen Vollexistenz spricht man, wenn der Existenzgründer seine selbständige Tätigkeit hauptberuflich und dauerhaft ausübt und sowohl die Kosten dieser Tätigkeit als auch den Privatbedarf aus dem resultierenden Einkommen auf Dauer tragen kann. Auch hier gilt selbstverständlich die nachhaltige Gewinnerzielungsabsicht. Im Gegensatz zur Nebenerwerbsgründung verzichtet der Gründer dabei jedoch auf sein Einkommen aus unselbständiger Tätigkeit.

Bevor in Kapitel 2.2 auf die verschiedenen Arten der Existenzgründung eingegangen wird, werden in den folgenden beiden Abschnitten noch die Existenzgründung aus der Arbeitslosigkeit heraus sowie der Tatbestand der Scheinselbständigkeit näher erläutert.

2.1.3 Existenzgründung aus der Arbeitslosigkeit heraus

Um die Arbeitslosenstatistiken zu entlasten engagieren sich auch die Arbeitsagenturen verstärkt im Bereich der Existenzgründung. Vor allem auch durch finanzielle Fördermöglichkeiten soll so ein Einstieg in die Selbständigkeit aus der Arbeitslosigkeit attraktiver gemacht werden.

Wie bereits angesprochen, kann im Zuge einer Nebenerwerbsgründung der Einstieg in die Selbständigkeit bereits einmal getestet werden. Dies kann jedoch Auswirkungen auf den Bezug von Arbeitslosengeld haben. So verliert der Gründer seinen Anspruch auf Arbeitslosengeld, wenn er pro Woche 15 Stunden oder mehr für seine Tätigkeit aufbringt. Jedoch auch bei einer Tätigkeitsdauer von weniger als 15 Stunden muss beachtet werden, dass das Einkommen aus der selbständigen Tätigkeit vom Arbeitslosengeld abgezogen wird. Ähnlich verhält es sich mit dem Arbeitslosengeld II, auf das bei Erwerbsfähigkeit und Hilfebedürftigkeit Anspruch bestehen kann. Auch der Anspruch hierauf wird bei nur geringfügigem Einkommen aus der selbständigen Tätigkeit nicht beeinträchtigt. Das Einkommen wird aber auch hier – unter Berücksichtigung von Freibeträgen – vom Arbeitslosengeld II abgezogen.

Erfolgt eine Vollerwerbsgründung aus der Arbeitslosigkeit heraus oder wird von einer geringfügigen Nebenerwerbstätigkeit in die hauptberufliche Selbständigkeit übergegangen, bestehen Fördermöglichkeiten sowohl für Arbeitslosengeldberechtigte (Gründungszuschuss nach §§ 57 und 58 SGB III) als auch für Arbeitslose mit Anspruch auf Arbeitslosengeld II (Einstiegsgeld nach § 16b und c SGB II).

Gründungszuschuss

Der Gründungszuschuss fördert die Existenzgründung aus der Arbeitslosigkeit heraus. Als Ansprechpartner dient die Agentur für Arbeit vor Ort. Voraussetzung dafür ist, dass der Jungunternehmer noch mindestens drei Monate lang Anspruch auf Arbeitslosengeld (nicht Arbeitslosengeld II) hat und mit der Vollerwerbsgründung seine Arbeitslosigkeit beendet. Zudem ist es notwendig, dass der Gründer seine fachliche und persönliche Befähigung für die Tätigkeit nachweist. Im Zweifelsfall kann die Teilnahme an einem Eignungsfeststellungsverfahren oder an Gründerkursen/-coachings gefordert werden. Zudem muss die Stellungnahme einer fachkundigen Stelle eingeholt werden, die sich mit der Tragfähigkeit des Gründungsvorhabens befasst.

Praxistipp: *Die Stellungnahme kann von IHKs, Handwerks- oder sonstigen Kammern, Fachverbänden, Banken oder Fachexperten wie Steuerberatern, Wirtschaftsprüfern und Unternehmensberatern erstellt werden. Die Wahl der fachkundigen Stelle bleibt dem Antragsteller überlassen und sollte strategisch sinnvoll vorgenommen werden.*

Die Förderung per Gründungszuschuss erfolgt in zwei Phasen. Zur Sicherung des Lebensunterhalts wird in der ersten Phase neun Monate lang ein Zuschuss in Höhe des individuellen Arbeitslosengeldes sowie ein Sozialversicherungspauschale in Höhe von 300 EUR ausbezahlt. Nach den ersten neun Monaten kann, sofern der Unternehmer seine selbständige Tätigkeit nachhaltig nachweisen kann, in der zweiten Förderphase über sechs Monate noch einmal die Sozialversicherungspauschale von 300 EUR gezahlt werden.

Es ist jedoch zu berücksichtigen, dass bei einer Kündigung durch den Arbeitnehmer selbst, sofern diese ohne gewichtigen Grund erfolgt, eine Sperrfrist von drei Monaten gilt. Dies bedeutet, dass für drei Monate keine Förderung erfolgt. Diese drei Monate werden jedoch nicht von der Bezuschussungsperiode abgezogen. Beginnt der Gründer bereits während der Sperrfrist mit seiner hauptberuflichen Selbständigkeit, so erhält er nach dem Ende der Sperrfrist trotzdem über neun Monate den Gründungszuschuss.

> *Praxistipp: Unter bestimmten Voraussetzungen kann eine freiwillige Arbeitslosenversicherung für Selbständige abgeschlossen werden. Dies kann v.a. dann sinnvoll sein, wenn der Gründer mit seinem Vorhaben scheitert. So kann in diesem Falle bei Erfüllung der sonstigen Voraussetzungen die Arbeitslosenversicherung in Anspruch genommen werden. Der Regelbeitragssatz für 2012 beträgt in Westdeutschland 78,75 Euro bzw. in Ostdeutschland 67,20 Euro. Existenzgründer zahlen im ersten Kalenderjahr nach der Gründung generell nur 50 % der Beiträge. Es sollte zudem geprüft werden, ob ggf. noch Restansprüche auf Arbeitslosengeld aus der Zeit vor der Selbständigkeit bestehen.*

Einstiegsgeld

Das Einstiegsgeld richtet sich an Arbeitslose mit Anspruch auf Arbeitslosengeld II. Als Ansprechpartner dient hier der örtliche Träger der Grundsicherung. Dies kann die Agentur für Arbeit sein, aber auch die Kommune oder eine ARGE. Die Voraussetzung, um das Einstiegsgeld zu beantragen, ist neben dem Anspruch auf Arbeitslosengeld II die Umsetzung eines Vollexistenzgründungsvorhabens. Im Gegensatz zum Gründungszuschuss besteht jedoch kein Rechtsanspruch auf das Einstiegsgeld. Die Gewährung liegt vielmehr in der Entscheidungsbefugnis des Sicherungsträgers.

Die Förderung erfolgt grundsätzlich als Zuschuss zum Arbeitslosengeld II. Werden bereits Einnahmen aus der selbständigen Tätigkeit erwirtschaftet oder werden diese im Förderzeitraum erwartet, ist dies für den Zuschuss nicht schädlich. Das Einstiegsgeld wird i.d.R. über 12 Monate gewährt, kann jedoch auf 24 Monate aufgestockt werden. Höhe und Dauer hängen dabei von verschiedenen Einflussfaktoren, so z.B. der Dauer der Arbeitslosigkeit, ab. Zu berücksichtigen sind beim Bezug des Einstiegsgeldes auch die Sozialversicherungspflichten.

2.1.4 Scheinselbständigkeit

Eine bedeutende Problematik, mit der sich Gründer in jedem Fall befassen sollten, ist die Frage der Scheinselbständigkeit. Als scheinselbständig bezeichnet man dabei Unternehmer, die sich zwar selbst als Selbständige bezeichnen, deren Tätigkeit jedoch in Bezug auf die Rahmenbedingungen eher der eines Angestellten gleicht. So ist im Falle der Scheinselbständigkeit i.d.R. die unternehmerische Entscheidungsfreiheit weitreichenden Einschränkungen unterworfen. So zeichnet sich eine wirkliche selbständige Tätigkeit beispielsweise durch folgende Kriterien aus:

- ein eigenes Unternehmerrisiko,
- die Verfügbarkeit über die eigene Arbeitskraft,
- freie Gestaltung der Tätigkeit und Arbeitszeit,
- mehrere Auftraggeber.

Dies bedeutet natürlich nicht, dass man mit nur einem Auftraggeber zwingend scheinselbständig sein muss. So gilt als selbständig mit nur einem Auftraggeber, wer normalerweise keine versicherungspflichtigen Arbeitnehmer beschäftigt, die mehr als 400 Euro pro Monat verdienen, und im Regelfall nur für diesen einen Auftraggeber tätig ist.

Scheinselbständigkeit wirkt sich in besonderem Maße auf die Sozialversicherungspflicht aus. Wird demnach die selbständige Tätigkeit nicht als solche anerkannt, sind die Beiträge zur gesetzlichen Renten-, Pflege-, Arbeitslosen- und Krankenversicherung von „Mitarbeiter" und Auftraggeber gemeinsam zu zahlen. Der Auftraggeber kann im Falle vorsätzlicher Hinterziehung rückwirkend für bis zu 30 Jahre zur Nachzahlung von Arbeitgeber- und Arbeitnehmeranteil verpflichtet werden. Die Haftung des Mitarbeiters umfasst regelmäßig drei Monate. Aber auch der Vorsteuerabzug kann bei erfolgtem Ausweis der Umsatzsteuer in Rechnungen des Scheinselbständigen aberkannt werden. Aus diesen Gründen bestehen Auftraggeber oftmals auf einer eingehenden Prüfung der Kriterien für die Scheinselbständigkeit. Bestehen Zweifel in Bezug auf die Scheinselbständigkeit, kann ein Statusfeststellungsverfahren durch die Deutsche Rentenversicherung eine rechtssichere Auskunft für alle Beteiligten leisten. Der Antrag hierauf kann sowohl vom Auftraggeber als auch vom Auftragnehmer gestellt werden.

2.2   Gründungsarten

> **Beispiel**
> Nachdem sich Max Mustermann für eine Vollerwerbsgründung entschieden
> hat, macht er sich nun Gedanken über die Art der Gründung. Aufgrund seines
> finanziellen Hintergrundes wird ihm schnell klar, dass die Übernahme eines
> bestehenden Unternehmens für ihn nicht in Frage kommt. Da er bereits viel
> vom sog. Franchising gehört hat, informiert er sich auch in diese Richtung.
> Aber auch hier merkt er schnell, dass die angebotenen Konzepte seinen Vor-
> stellungen nicht entsprechen.
>   Auch der ehemalige Vorgesetzte von Mustermann versucht es ein letztes
> Mal. Er schlägt ihm vor, den von Mustermann betreuten Bereich im Zuge ei-
> nes Spin-off auszulagern und dem Ingenieur damit deutlich mehr Entschei-
> dungsspielräume im Hinblick auf die Ausübung seiner Tätigkeit zu eröffnen.
> Zwar spielt Mustermann kurzfristig mit dem Gedanken, dieses Angebot anzu-
> nehmen, lehnt es letztendlich jedoch ab. Als Gründe hierfür bringt er die da-
> mit verbundene starke Abhängigkeit von den Vorgaben seines ehemaligen
> Arbeitgebers an. Somit kann Mustermann nun nach reiflicher Überlegung
> besten Gewissens die Entscheidung für eine Unternehmensneugründung tref-
> fen. Zwar ist er sich bewusst, dass mit dem kompletten Neuaufbau eines Un-
> ternehmens ein hoher Arbeits- und organisatorischer Aufwand verbunden ist,
> er freut sich inzwischen jedoch richtig auf diese Aufgabe und geht voller Elan
> ans Werk.

Wird ein Existenzgründungsvorhaben bzw. der Weg in die berufliche Selbständigkeit geplant, bestehen verschiedenste Arten und Möglichkeiten, wie der
Gründer oder Unternehmer das Vorhaben angehen kann. Die Umsetzbarkeit oder
Sinnhaftigkeit der Möglichkeiten hängt jedoch in nicht unerheblichem Maße von
Faktoren wie der Geschäftsidee, den finanziellen Möglichkeiten oder der Grün-
derpersönlichkeit selbst ab. Grundsätzlich existieren demnach verschiedenste Va-
rianten, den Weg in die berufliche Selbständigkeit zu beschreiten, wovon die
nachfolgenden Möglichkeiten am weitesten verbreitet sind und daher in den folgenden Kapiteln primär behandelt werden sollen:

– Unternehmensneugründung
– Beteiligung
– Unternehmenserwerb
– Ausgründung
– Management-Buy-Out/Buy-In
– Franchising

2.2.1 Unternehmensneugründung

In der Regel verbindet man mit der Unternehmensneugründung die klassische Form der Existenzgründung. Ein Unternehmen wird dabei komplett neu gegründet, d.h. es kommt zu einem erstmaligen Einstieg in den relevanten Markt. Das neu gegründete Unternehmen besitzt dabei zunächst weder administrative noch leistungsbezogene Strukturen. Die Hauptaufgabe des Unternehmers besteht demnach in einem ersten Schritt darin, die Strukturen für eine erfolgreiche Tätigkeit zu schaffen. Dies reicht beispielsweise vom Aufbau notwendiger Produktions- oder Leistungsprozesse, über die Kontaktaufnahme mit Lieferanten und Kunden, bis hin zur Durchführung von Marketingaktivitäten um die Bekanntheit des Unternehmens zu fördern. Vor allem diese „Anlaufphase" ist für den Unternehmer mit Risiken verbunden, da die Fülle an erstmals durchzuführenden und oftmals ungewohnten Tätigkeiten oftmals einen immensen Einsatz und die volle Aufmerksamkeit des Gründers erfordert. Der Gründer muss sich daher im Vorfeld selbst die Frage beantworten, ob er auch tatsächlich die Motivation aufbringt, ein Unternehmen komplett neu am Markt zu platzieren.

Gerade dies ist aber auch die Besonderheit an der Unternehmensneugründung. Dem Unternehmer bietet sich die Möglichkeit, das neue Unternehmen vollkommen nach seinen eigenen Vorstellungen und unabhängig aufzubauen. So liegt die intrinsische Motivation vieler Neugründer insbesondere darin, dass sie mit der Umsetzung der eigenen Geschäftsidee finanzielle sowie persönliche Unabhängigkeit sowie berufliche Erfüllung assoziieren.

Praxistipp: Die erfolgreiche Durchführung einer Neugründung erfordert ein hohes Maß an persönlichem Engagement des Gründers. Das Gründungsvorhaben muss detailliert geplant und Schritt für Schritt umgesetzt werden. Aufgrund der vielfältigen Anforderungen in den unterschiedlichsten Bereichen sollte auch die Inanspruchnahme externer Berater nicht kategorisch abgelehnt werden. Auch das vorliegende Buch kann als Leitfaden für verschiedenste Aspekte der Unternehmensgründung verwendet werden.

2.2.2 Unternehmenskauf

Scheut der Unternehmensgründer den kompletten Neuaufbau eines Unternehmens, kann der Erwerb eines bestehenden Unternehmens eine Alternative darstellen. Dies bietet i.d.R. den Vorteil, dass die administrativen und leistungsbezogenen Strukturen in aller Regel bereits eingerichtet sind und das Unternehmen schon am Markt positioniert wurde. Auch stehen dem Unternehmer meist direkte Zuflüsse aus der Unternehmenstätigkeit zur Verfügung. Andererseits werden dadurch auch die Gestaltungsmöglichkeiten des Unternehmers in einem gewis-

sen Umfang eingeschränkt, ggf. sind sogar umfangreiche Restrukturierungsmaß-
nahmen nötig, um das Unternehmen im Sinne des Unternehmers zu gestalten.
Aber auch aus der Verkäuferperspektive heraus haben sich in den vergangenen
Jahren verstärkt Tendenzen gezeigt, die den Unternehmenskauf für Existenzgründer attraktiv machen. So können z.B. viele Unternehmer die Unternehmensnachfolge nicht mehr in befriedigender Form aus der Familie heraus lösen. Insbesondere in diesem Zusammenhang wurde in den letzten Jahren unter dem Dach
der „nexxt" Initiative Unternehmensnachfolge durch das Bundesministerium für
Wirtschaft und Technologie, die KfW sowie Vertreter verschiedener Verbände,
Institutionen und Organisationen der Wirtschaft, des Kreditwesens und der Frei-
en Berufe eine Plattform geschaffen, die die Rahmenbedingungen für die Unternehmensnachfolge im Sinne der Betriebsaufgabe zugunsten fremder Dritter in
Deutschland verbessern soll (vgl. im Internet: www.nexxt.org). Aber auch der
Trend hin zur Konzentration auf die Kernkompetenzen führt dazu, dass viele
Großunternehmen und Konzerne Betriebsbereiche abstoßen oder auslagern, die
nicht zum Kerngeschäft gehören. Dies eröffnet für Jungunternehmer oftmals att-
raktive Möglichkeiten, ein bestehendes Unternehmen zu übernehmen.

Eine wichtige Information für den Erwerber ist dabei stets der Grund für den
Verkauf des Unternehmens durch den ursprünglichen Eigentümer. Dabei ist insbesondere auf mögliche wirtschaftliche Probleme zu achten, die bis hin zur Be-
standsgefährdung gehen können. Eine alleinige Analyse der Bücher (Jahresabschluss) reicht hierbei in aller Regel nicht aus. Auch die Marktsituation, das Leistungsprogramm, der Kundenstamm oder unternehmensinterne Faktoren wie der
Entwicklungsstand der technischen Ausstattung oder die Belegschaftsgröße sind
in diesem Zusammenhang eingehend zu prüfen.

Der ersten Prüfung relevanter Daten, die der potenzielle Erwerber selbst
durchführen kann, sollte bei weiterhin bestehendem Interesse stets durch eine
sog. Due Diligence ergänzt werden. Bei dieser Detailprüfung, die vorzugsweise
von externen Beratern, Anwälten oder Wirtschaftsprüfern durchgeführt werden
sollte, werden die Stärken und Schwächen des zu erwerbenden Unternehmens
sowie evtl. Risiken eingehend analysiert und bewertet. Im Mittelpunkt der Untersuchungen stehen dabei neben den Finanzdaten Informationen zu personel-
len/sachlichen Ressourcen, zur strategischen Positionierung, zu rechtlichen und
finanziellen Risiken etc. Die Experten suchen in diesem Zuge auch gezielt nach
Sachverhalten, die einem Kauf entgegenstehen könnten, so z.B. Umweltaltlasten
bei Industriegrundstücken, Produkthaftungsfälle oder ungeklärte Markenrechte.

---

*Praxistipp: Das Bestehen derartiger Risiken muss nicht zwingend zum Abbruch der
Verhandlungen führen. Der Käufer kann identifizierte Risiken auch im Sinne von Abschlägen auf den Kaufpreis oder Garantien in Kauf nehmen.*

Um die angemessene Durchführung einer Due Diligence zu gewährleisten, sollte vorab eine schriftliche Absichtserklärung formuliert werden. Diese legt neben einem realistischen Zeitraum für die Prüfung auch explizit den Umfang des Datenzugriffs durch den Erwerber und seine Berater fest.

Ein weiterer wichtiger Punkt in Bezug auf den Kauf ist der Kaufpreis bzw. der Wert des Unternehmens. Dabei werden die Preisvorstellungen von Käufer und Verkäufer in aller Regel stark voneinander abweichen. Um eine Einigung zu finden, muss dafür die Preisuntergrenze des Verkäufers niedriger sein als die Preisobergrenze des Käufers. Allerdings sollte der Käufer seine Preisobergrenze nicht direkt kommunizieren, da sonst die Kaufpreisverhandlungen aufgrund der asymmetrischen Informationsverteilung zum Nachteil des Käufers geführt werden können. Um eine angemessene Preisfindung zu ermöglichen, ist daher eine Unternehmensbewertung durchzuführen. Dabei hat der Bewertungsanlass einen nicht unerheblichen Einfluss auf die Art der Preisfindung.

Exkurs: Unternehmensbewertung

Die Anlässe für eine Unternehmensbewertung können vielfältig sein. Neben dem klassischen Kauf eines Unternehmens oder der Aufnahme eines Gesellschafters kann eine Unternehmensbewertung auch aus erbschaftsteuerlichen Gründen, im Rahmen einer Kreditwürdigkeitsprüfung oder im Zuge der Sanierung eines in Schieflage gekommenen Betriebs vorgenommen werden. An dieser Stelle soll auf den Unternehmenskauf fokussiert werden. Des Weiteren kommt es darauf an, ob der Erwerb des Unternehmens im Sinne eines Kaufs der einzelnen Vermögensgegenstände und der Übernahme der Schulden erfolgen soll. Man bezeichnet dies auch als Asset Deal. Eine andere Möglichkeit der Unternehmensübernahme stellt hingegen der sog. Share Deal dar. Dabei werden keine einzelnen Vermögensgegenstände oder Schulden erworben, sondern Anteile an dem Unternehmen. Dabei hat die Rechtsform des Unternehmens oftmals Einfluss auf die sinnvolle Anwendbarkeit der jeweiligen Verfahren.

> *Praxistipp: Beim Asset Deal ist zu beachten, dass v.a. bei der Übertragung von Schulden meist ein Mitspracherecht des Gläubigers besteht.*

Die Ermittlung des Unternehmenswerts erfolgt in der Praxis auf Basis verschiedenster Methoden. Diese lassen sich grob in Einzelbewertungs- und Gesamtbewertungsverfahren unterteilen, wobei ersteren die Substanzwertmethode, letzteren die Multiplikatorverfahren sowie die zukunftserfolgsorientierten Verfahren zuzuordnen sind (vgl. zu den Methoden der Unternehmensbewertung ausführlich Schultze [2003], S. 72).

a) Substanzwertverfahren

Im Rahmen der Substanzbewertung wird der Unternehmenswert als Summe aller Vermögensgegenstände abzüglich der Summe aller Schulden der Unternehmung berechnet. Dabei unterscheiden sich mögliche Substanzwerte anhand der in die Berechnung einbezogenen Positionen und der Wertmaßstäbe, die für deren Bewertung zugrunde gelegt werden. Im Zusammenhang mit der Übernahmeabsicht im Sinne eines Eigentümerwechsels bietet die Substanzbewertung des betriebsnotwendigen Vermögens zu Wiederbeschaffungs- bzw. Rekonstruktionswerten eine erste Informationsgrundlage, da dadurch eine grundsätzliche Vorstellung vom Wert der Unternehmenssubstanz bei Neuerrichtung des Betriebs in der vorliegenden Form vermittelt werden kann. Neben den materiellen Vermögensgegenständen sollten dabei auch stets die separierbaren selbst erstellten immateriellen Vermögensgegenstände Berücksichtigung finden. Das nicht betriebsnotwendige Vermögen wird unter Zugrundelegung seines Liquidationswerts bewertet. Für eine Kaufpreisermittlung bei Fortführungsabsicht eignet sich der Substanzwert jedoch kaum als Wertmaßstab. Dies liegt u.a. daran, dass zum einen nicht oder nur schwer messbare Größen wie der originäre Geschäfts- oder Firmenwert und zum anderen die Zukunftsaussichten des Unternehmens nicht einbezogen werden. Die Substanzbewertung wird daher meist nur noch als unterstützendes Verfahren in Verbindung mit anderen Bewertungsmethoden verwendet.

Der Jungunternehmer Wilfried Walter möchte sich als ersten Anhaltspunkt für eine evtl. Betriebsübernahme ein Bild vom Substanzwert der SuperProd GmbH machen. Dazu liegt ihm folgende Bilanz vor:

Aktiva (in TEUR)	31.12.X1	Passiva (in TEUR)	31.12.X1
Grundstücke	500	Eigenkapital	415
Gebäude 1	200	Verbindlichkeiten LuL	220
Gebäude 2	120	Verbindlichkeiten Bank	460
Maschine	90		
Vorräte	110		
Kasse/Bank	75		
Summe	1.095	Summe	1.095

Zusätzlich hat er den auf Wirtschaftsrecht spezialisierten Anwalt Werner von Wins mit der Ermittlung der Wiederbeschaffungswerte des Vermögens beauftragt. Dieser weist Walter darauf hin, dass das Gebäude 1 betriebsnotwendig ist und einen Wiederbeschaffungswert von 250 TEUR besitzt. Gebäude 2 ist hingegen nicht betriebsnotwendig und weist einen Liquidationswert von 90 TEUR auf. Die Maschine besitzt einen Wiederbeschaffungswert von 100 TEUR, bei dem Grundstück sowie Vorräten und Kassenbestand/Bankguthaben bleibt der Wert unverändert zum Buchwert. Schließlich besitzt die SuperProd GmbH ein nicht bilanziertes, selbst erstelltes Patent im Wert von 40 TEUR.

Unter Berücksichtigung der Wiederbeschaffungswerte legt Walter seinen Berechnungen somit einen Wiederbeschaffungs- bzw. Rekonstruktionswert für das Vermögen in Höhe von 1.165 TEUR zugrunde:

Rekonstruktionswert des Vermögens	1.165 TEUR
- Verbindlichkeiten aus Lieferungen und Leistungen	220 TEUR
- Verbindlichkeiten gegenüber Kreditinstituten	460 TEUR
= Substanzwert	485 TEUR

b) Multiplikatorverfahren

Multiplikator- oder vergleichsorientierte Verfahren basieren auf der Verwendung komparativer Werte, anhand derer der Wert eines Vergleichsobjekts auf das zu bewertende Objekt übertragen wird (vgl. im Detail Seppelfricke [2005], S. 131 ff.). Damit werden Aussagen über den Wert eines Unternehmens relativ zu einem gleichartigen Vergleichsunternehmen möglich. Nach diesem Grundprinzip werden Verhältniskennzahlen aus dem Markt-/Transaktionswert des Vergleichsobjekts und einer Bezugsgröße definiert, über deren Ausprägung man – bei linearem Zusammenhang – über die Bezugsgröße des zu untersuchenden Unternehmens auf dessen Unternehmenswert schließen kann. Multiplikatorverfahren weisen zwar teilweise einen Zukunftsbezug auf, werden allerdings nicht als exakte Bewertungsmethoden verwendet, sondern i.d.R. für vereinfachende und schnelle Bandbreitenschätzungen oder Plausibilitätsprüfungen herangezogen. Zudem können sie aufgrund struktureller Unterschiede und daraus folgendem Anpassungsbedarf, aber auch aufgrund mangelnder Vergleichbarkeit der Daten bei Verwendung unterschiedlicher Rechnungslegungsstandards, den Zweck der relativen Bewertung nur in unzureichendem Maße erfüllen.

Da der Jungunternehmer Wilfried Walter zeitlich sehr eingespannt ist, möchte er schnell einen plausiblen Unternehmenswert für ein mittelständisches Produktionsunternehmen ermitteln. Aus der GuV des Unternehmens entnimmt er den Umsatz von 2.100.000 EUR. In der Börsen-Zeitung findet er zudem Vergleichsdaten von börsennotierten Unternehmen, die in derselben Brache sind wie das potenzielle Kaufobjekt:

Unternehmen	Umsatz (EUR)	Marktkapitalisierung (EUR)	Multiplikator
ABC AG	4.150.000	2.988.000	0,72
XYZ AG	19.645.000	8.055.000	0,41
UVW AG	8.420.000	5.894.000	0,70
Branchendurchschnitt ((0,72+0,41+0,70)/3)			0,61

Der Multiplikator für den Umsatz ergibt sich dabei, indem die Marktkapitalisierung durch den Umsatz geteilt wird (z.B. 2.988.000/4.150.000 = 0,72). Der Multiplikator zeigt damit den prozentualen Anteil der Marktkapitalisierung am Umsatz. Allerdings kann die Verwendung des Durchschnitts v.a. dann zu Problemen führen, wenn nur sehr wenige Unternehmen in die Betrachtung einbezogen werden. Unter Verwendung des branchendurchschnittlichen Umsatzmultiplikators auf den Umsatz würde sich für das betrachtete Unternehmen nun folgender Unternehmenswert ergeben:

Unternehmenswert = 2.100.000 EUR x 0,61 = 1.281.000 EUR

In der tatsächlichen Praxis sollten, um einen verlässlicheren Unternehmenswert zu erhalten, stets mehrere verschiedene Bezugsgrößen (Umsatz, Gewinn etc.) Verwendung finden.

c) Zukunftserfolgsorientierte Verfahren

Die Zukunftserfolgsbewertung wird heutzutage gemeinhin als die bedeutendste Methodik zur Bewertung von Unternehmen angesehen. Sie zeichnet sich insbesondere durch ihren Zukunftsbezug aus. Der Zukunftserfolgswert ergibt sich dabei – in Anlehnung an die dynamische Investitionsrechnung – durch Abzinsung der geschätzten zukünftig erzielbaren Erfolge des Unternehmens. Die drei bekanntesten Ansätze, die in Abhängigkeit von der Definition der abzuzinsenden Überschüsse zur Ermittlung von Zukunftserfolgswerten verwendet werden können, sind die Ertragswert-, die Discounted Cashflow (DCF)- und die Residualgewinn- Methode. Werden den einzelnen Verfahren die gleichen Bewertungsannahmen und Ermittlungsansätze zugrunde gelegt, so führen diese (bei richtiger Anwendung) auch zum gleichen Ergebnis.

Die Ertragswertmethode, ebenso wie das DCF-Verfahren, beruht auf der Abzinsung finanzieller Überschüsse. Dabei wird der Ertragswert durch die Diskontierung der den Anteilseignern in Zukunft zufließenden finanziellen Überschüsse ermittelt, die wiederum aus den zukünftigen bilanziellen Erfolgen abgeleitet werden. Das Rechnungswesen (vgl. Kapitel 5) stellt damit die primäre Datenbasis für diese Bewertungsmethodik dar.

Die DCF-Methodik, der die freien Zahlungsmittelüberschüsse (Free Cashflows) des Unternehmens als Bewertungsgrundlage dienen, verfolgt hingegen eine investitionstheoretische Sichtweise. Die Ein- und Auszahlungen des Unternehmens aus dem operativen Bereich werden dabei ebenso berücksichtigt wie künftige Investitionen in das Unternehmensvermögen.

Schließlich stellt die Residualgewinn-Methode das dritte zukunftserfolgsorientierte Verfahren zur Unternehmensbewertung dar. Residualgewinn-Verfahren stellen zur Ermittlung der Residualgewinne das Periodenergebnis den ökonomischen Kapitalkosten gegenüber, ein Überschuss hieraus wird als Residualgewinn bezeichnet. Wird ein residualgewinnbasierter Unternehmenswert ermittelt, so besteht dieser grundsätzlich aus zwei Bewertungskomponenten, dem Anfangsvermögen einerseits und dem Barwert zukünftiger Residualgewinne andererseits, der durch Diskontierung der Residualgewinne mit den durchschnittlichen gewichteten Kapitalkosten entsteht (vgl. ausführlich Coenenberg/Schultze [2011], S. 366 ff.).

Als grundlegende Voraussetzung für die Berechnung des zukunftserfolgsbasierten Unternehmenswerts – unabhängig von der unterstellten Art der Ermittlung der Zukunftserfolge – ist deren Prognose anzusehen. Eine Detailplanung der Zukunftserfolge ist dabei allenfalls für einen sehr begrenzten Prognosehorizont möglich, für die darauffolgenden Jahre wird i.d.R. ein Restwert gebildet, dessen Barwert ebenfalls in die Unternehmenswertbetrachtung einfließt. Für die Prognose sind verschiedenste strategisch relevante Fragestellungen zu berücksichtigen, die beispielsweise im Rahmen eines Businessplans strukturiert werden können.

Praxistipp: Der Käufer hat die Möglichkeit, sich im Kaufvertrag gegen bestimmte Risiken abzusichern. So kann der Kaufvertrag z.B. die Zusicherung enthalten, dass keine Umweltaltlasten oder Produkthaftungsfälle bestehen.

Ausgangspunkt für notwendige Schätzungen sind oftmals aktuelle Vergangenheitsdaten, die um nicht wiederkehrende Einmaleffekte bereinigt worden sind. Die Prognose der Zukunftserfolgswerte sollte dabei in jedem Fall durch eine eigene Analysen des Marktes, der allgemeinen wirtschaftlichen Rahmenbedingungen, der Branche sowie der spezifischen Unternehmenssituation untermauert und ergänzt werden (vgl. u.a. Fink [2007], S. 22 ff.). Eine Due Diligence bietet hierfür oftmals einen angemessenen Rahmen. Im folgenden Beispiel soll eine stark vereinfachte Unternehmensbewertung anhand des Ertragswertverfahrens durchgeführt werden.

Im Rahmen einer Due Diligence für den Jungunternehmer Wilfried Walter versucht der Anwalt Werner von Wins einen mittelständischen Betrieb anhand des Ertragswertverfahrens zum 31.12.20X3 zu bewerten. Nach genauer Prüfung der unternehmensspezifischen sowie der umfeldbedingten Gegebenheiten kommt der versierte Anwalt – unter Einbeziehung der Ergebnisentwicklung der letzten drei Geschäftsjahre – zu einer Gewinnprognose in Höhe von 1.500 TEUR für das Jahr 20X4. Aus Vereinfachungsgründen geht er zum einen von zukünftig konstanten Ergebnissen sowie einer zeitlich nicht begrenzten Fortführung des Unternehmens aus. Damit entspricht der Barwert der künftigen Zahlungen dem Berechnungsmodell einer ewigen Rente. Zudem weiß er, dass nach Abzug notwendiger Investitionen etc. regelmäßig 10% des Ergebnisses ausgeschüttet werden können (= 150 TEUR). Schließlich erfährt von Wins, dass das Unternehmen voll eigenfinanziert ist.

Um nun die Abzinsung durchführen zu können, benötigt der Fachanwalt noch einen angemessenen Diskontierungszinssatz. Als mögliche Alternativanlage des Jungunternehmers zieht er langfristige Staatsanleihen (Dtl.) heran, die zu 5% verzinst werden. Da das Risiko eines Unternehmenskaufs jedoch deutlich höher ist als die Anlage in Staatsanleihen, verwendet er zusätzlich einen Risikozuschlag von 3%, den er aufgrund seiner langjährigen Berufserfahrung als angemessen erachtet. Somit zinst er den konstanten Ertrag (Ausschüttungsbetrag) mit 8% ab und erhält damit folgenden Ertragswert:

$$\text{Ertragswert} = \frac{\text{Ertrag}}{\text{Zinssatz}} = \frac{150.000\,\text{EUR}}{0,08} = 1.875.000\,\text{EUR}$$

Erschließen sich dem Unternehmer zudem nicht-finanzielle Vorteile, wie z.B. ein Imagegewinn oder Ähnliches, sind diese ebenfalls zu bewerten und dem Unternehmenswert hinzuzurechnen.

Nach diesem Exkurs zur Unternehmensbewertung soll nun auch die Möglichkeit von Beteiligungsverhältnissen erörtert werden. Auch bei der hierfür notwendigen Preisfindung können die Grundlagen der Unternehmensbewertung hilfreich sein.

2.2.3 Beteiligung

Eine weitere Möglichkeit, sich beruflich selbständig zu machen, ist die Beteiligung an einem anderen Unternehmen. Dabei unterscheidet man grundsätzlich zwischen einer finanziellen und einer tätigen Beteiligung. Mit einer finanziellen Beteiligung ist im Normalfall keine berufliche Selbständigkeit verbunden, da hierbei lediglich Kapital-/Gesellschaftsanteile erworben werden, ein Mitbestimmungsrecht i.S.d. Geschäftsführung hingegen grundsätzlich nicht resultiert. Aus dem Erwerb der Anteile erwächst aber im Regelfall ein Gewinnanspruch und auch bestimmte Informationsrechte stehen dem Anteilseigner meist zu.

Wird der Anteilseigner mit dem Erwerb der Anteile jedoch auch in die Geschäftsführung bzw. die unternehmerischen Entscheidungsprozesse eingebunden, spricht man von einer tätigen Beteiligung. Ein möglicher Vorteil einer tätigen Beteiligung ist, wie bereits beim Kauf eines bestehenden Unternehmens, dass die administrativen und leistungsbezogenen Prozesse in aller Regel bereits eingerichtet sind und das Unternehmen schon am Markt positioniert wurde. Dies ist generell gegen die beschränkten Gestaltungsmöglichkeiten des neuen Mitunternehmers bzw. Gesellschafters abzuwägen. Für das Funktionieren der Gesellschaft im Falle einer Beteiligung ist es zudem wichtig, dass die Gesellschafter untereinander sowohl persönlich als auch in beruflicher Hinsicht harmonieren.

Auch beim Erwerb eines Unternehmensanteils kommt der Bewertung des Anteils eine hohe Bedeutung zu. Hierzu werden jedoch im Regelfall dieselben bzw.

ähnliche Bewertungsmethoden herangezogen wie beim Erwerb eines ganzen Unternehmens.

2.2.4 Ausgründung

Als Ausgründung wird Herauslösung eines Unternehmensteils, einer Abteilung oder eines Funktionsbereichs aus einem bestehenden Unternehmen verstanden. Eine Ausgründung kann z.b. sinnvoll sein, wenn auf diese Weise fachlich kompetente Mitarbeiter, deren Karriereaussichten im Unternehmen eher begrenzt sind, durch die selbständige Tätigkeit neu motiviert und zudem finanziell an der Ausgründung beteiligt werden sollen. Dies kann zudem mit der Möglichkeit einhergehen, Fördermittel für die ausgelagerte Einheit einzuwerben. Aber auch das schlichte Kosteneinsparpotenzial oder eine konservative Personalpolitik des ursprünglichen Unternehmens kann den Ausschlag für die Auslagerung eines Unternehmensteils geben. Vor allem für innovative oder kreativ tätige Mitarbeiter in traditionell strukturierten Unternehmen kann die Auslagerung eine Chance zur beruflichen Selbstverwirklichung sein.

Die Stahlbau GmbH ist ein traditionelles Unternehmen in der konservativen Stahlindustrie. Die Firmenpolitik und die Unternehmensphilosophie fokussiert in höchstem Maße auf die Förderung der klassischen Produktionsbereiche und die Entwicklung der Mitarbeiter in diesen Bereichen. In den letzten Jahren hat sich aber auch die Forschungs- und Entwicklungsabteilung (FuE) mit ihren innovativen Verfahren zur Weiterverwertung von Ausschuss einen Namen gemacht.

Aufgrund des einseitigen Fokus auf den Produktionsbereich und mehrfach kommunizierter Probleme in der Verständigung zwischen Geschäftsführung und dem Abteilungsleiter FuE wird beschlossen, die FuE-Abteilung auszugründen. Auf diese Weise erbringt der FuE-Bereich weiterhin die notwendigen Leistungen für das frühere Unternehmen, aufgrund der neuen Situation können die Mitarbeiter im FuE-Bereich nun aber auch das Wachstumspotenzial ihres innovativen Bereichs selbständig nutzen. Zudem existiert mit der Stahlbau GmbH bereits ein erster Auftraggeber für das neue Unternehmen, was das Risiko für den/die Gründer (seien es externe Gründer oder ehemalige Mitarbeiter) oftmals deutlich verringert. Für die Stahlbau GmbH ermöglicht die Ausgründung zudem eine verstärkte Konzentration auf ihr ursprüngliches Kerngeschäft.

2.2.5 Management-Buy-Out/Buy-In

Management-Buy-Out und Management-Buy-In werden oftmals als spezielle Formen der Unternehmensnachfolge bezeichnet. Findet ein Unternehmer beispielsweise keinen Nachfolger für sein Unternehmen in der Familie oder kommt ein Verkauf des Unternehmens an die Konkurrenz nicht in Frage, kann das Unternehmen auch an den/die Geschäftsführer bzw. die Unternehmensleitung (sprich: das Management) verkauft werden. Es ist dabei die Rede von einem Management-Buy-Out (MBO). Der Unterschied zur unter 2.2.4. dargestellten Ausgründung ist, dass beim MBO das gesamte Unternehmen und nicht nur ein Teilbereich übernommen wird. Der Vorteil eines MBO kann u.a. darin liegen, dass das bisherige Management sowohl mit dem Unternehmen und dessen Struktur als auch mit dem Markt und dem Umfeld des Unternehmens vertraut ist. Von einem Management-Buy-In spricht man hingegen dann, wenn das Unternehmen durch ein neues Management übernommen wird. Der Vorteil der Unternehmens- und Marktkenntnis ist dabei oftmals nicht mehr gegeben.

Den Übernahmegründern in beiden Gestaltungsvarianten – MBO sowie MBI – stehen teilweise nur begrenzt Eigenmittel zur Finanzierung der Transaktion zur Verfügung, was zu einem hohen Fremdfinanzierungsanteil führt. In diesem Fall spricht man von einem Leveraged-Buy-Out. Das Unternehmen muss den Gründer damit nach dem Erwerb in die Lage versetzen neben dessen Lebensunterhalt auch den Zins- und Tilgungsanteil aus der Fremdfinanzierung zu erwirtschaften. Aus diesem Grund ist eine genau Prüfung der Unternehmenssituation (Ist-Daten) und der Entwicklungsperspektiven (Plan-Daten) notwendig. Das Hauptaugenmerk ist dabei u.a. auf stille Reserven und Finanzierungssicherheiten zu legen, aber auch die Verschuldungssituation der Gesellschaft ist zu überprüfen. Im Mittelpunkt der Analysen stehen dabei oftmals die Informationen des Rechnungswesens, aber auch strategische Daten wie die Marktentwicklung oder die Wettbewerbssituation sind zu berücksichtigen.

2.2.6 Franchising

Auch Franchising ist eine mögliche Alternative, sich selbständig zu machen. Dabei setzt der Gründer jedoch nicht seine eigene Geschäftsidee um, sondern kauft eine bestehende Idee und vermarktet diese. Man unterscheidet dabei den sog. Franchisegeber, der die Idee entwickelt hat und den Verkauf seiner Güter oder Dienstleistungen über rechtlich selbständige Unternehmer, die sog. Franchisenehmer, organisiert. Allerdings ist dabei zu bedenken, dass beim Franchising die Idee des Franchisegebers i.d.R. minutiös umzusetzen ist. Dies erfordert u.a. die Schulung und die ständige Betreuung des Franchisenehmers durch den Franchisegeber. Das Potenzial, sich als Unternehmer selbst zu verwirklichen, ist dem Franchisenehmer demnach meist nicht gegeben.

Einige der bekanntesten Franchisekonzepte, die in Deutschland praktiziert werden, sind im Gastronomiebereich anzutreffen, so z.B. McDonalds, Burger King, Subway, oder Enchilada. Im Hotelbereich finden sich mit Best Western, Ibis oder InterCity Hotel ebenfalls prominente Beispiele. Aber auch hinter den Namen Bijou Brigit, The Body Shop, Swatch, Fressnapf, e-plus, Fitness Company oder OBI stehen Franchisesysteme.

Im Rahmen des Franchising stellt der Franchisegeber dem Franchisenehmer einen (Marken-)Namen, bestimmte Nutzungsrechte, Wissen/Know-how und ein bereits in der Praxis umgesetztes Konzept gegen Vergütung zur Verfügung. Das Konzept beinhaltet im Regelfall ausgearbeitete Strategien für Beschaffung, Absatz und Organisation, die der Franchisenehmer umsetzt. Zudem werden beratende Dienstleistungen, Ausbildung und auch gemeinsame Werbung bereitgestellt. Das sog. Franchise-Handbook dient dabei als Grundlage für Geschäftsidee und Konzept. Bei entsprechender Verbreitung resultiert aus der Umsetzung des Franchising ein entsprechender Bekanntheitsgrad, was das Expansionspotenzial noch weiter steigert. Ein weit verbreitetes Franchisesystem mit gutem Image lässt damit auch den Franchisenehmer an diesem Image partizipieren.

Eine grundsätzliche Gefahr des Franchising liegt darin, dass sich der Franchisegeber lediglich an der Vergütung des Franchisenehmers bereichern möchte. Dies zeigt sich, indem die Unterstützung für den Franchisenehmer auf ein Minimum reduziert wird, das Konzept unausgereift ist oder keine systemweite Marketingstrategie verfolgt wird. Ein erster Anhaltspunkt für die Seriosität des Franchisegebers kann beispielsweise die Mitgliedschaft im deutschen Franchise-Verband (www.franchiseverband.com) sein. Aber auch die Befragung anderer Franchisenehmer oder Industrie- und Branchenverbände kann zusätzliche Informationen über den Franchisegeber liefern. In jedem Fall sollte der Franchisevertrag sowie die betriebswirtschaftlichen Daten des Unternehmens vom Gründer – optimalerweise zusammen mit einem Fachanwalt – eingehend geprüft werden. Vorsicht ist insbesondere geboten, wenn das Franchisesystem erst seit Kurzem am Markt agiert, keine Referenzprojekte benannt werden können, kein ausführliches Franchise-Handbook verfügbar ist oder der Franchisegeber dem Gründer nicht die Zeit einräumen möchte, um das Gesamtkonzept eingehend zu prüfen.

Besonders problematisch stellt sich für den Gründer oftmals die Beurteilung der Gebühren für das Franchisesystem dar. In aller Regel setzt sich die Vergütung des Franchisegebers aus einer Einstiegszahlung und laufenden Franchisegebühren zusammen. Die Einstiegsgebühr kann dabei mehrere tausend Euro betragen, die Franchisegebühr wird meist als Prozentsatz vom monatlichen Umsatz erhoben. Die Festlegung eines Mindestumsatzes ist dabei nicht ungewöhnlich. Diese laufenden Zahlungen erklären sich normalerweise durch die konstante

Betreuung durch den Franchisegeber, das zentrale Marketing etc. Des Weiteren besteht in vielen Fällen die Verpflichtung für den Franchisenehmer, die zum Verkauf angebotenen Produkte exklusive beim Franchisegeber abzunehmen. Auch dies ist v.a. dann gerechtfertigt, wenn es sich um den Vertrieb standardisierter Markenware handelt. Die Möglichkeit, auch Waren anzubieten die nicht vom Franchisegeber stammen, hängt von der Vertragsgestaltung ab.

> **Praxistipp:** *Der Gründer kann sich auch als Franchisegeber selbständig machen. Dies setzt aber voraus, dass er bereits eine erfolgreich umgesetzte Geschäftsidee besitzt.*

Eine Variante des Franchising kann auch das sog. Master-Franchising darstellen. Dabei erwirbt der Gründer das Recht darauf, ein Franchisesystem in einer bestimmten Region exklusiv einzuführen. Der Gründer ist hierbei im Gros der Fälle nicht selbst Franchisenehmer, sondern akquiriert selbst im Zielgebiet (auf eigene Rechnung) neue Franchisenehmer. Das Master-Franchising wird oftmals angewendet, wenn ein ausländischer Franchisegeber in den deutschen Markt einsteigen möchte, dazu aber nicht das rechtliche Hintergrundwissen oder die interkulturelle Kompetenz besitzt.

> **Praxistipp:** *Bei einem ausländischen Master-Franchising sollte stets darauf geachtet werden, dass der Vertrag auf das deutsche Rechtssystem angepasst wird.*

Es ist auch möglich, finanzielle Förderung für ein Franchisesystem zu erhalten. Eine diesbzgl. Informationsplattform stellt erneut das Internetportal nexxt Initiative Unternehmensnachfolge (www.nexxt.org) dar. Die KfW bietet in diesem Zusammenhang eine Franchisebörse an, die einen guten Überblick über Franchisesysteme und deren Standardvertragsbedingungen, die eine mögliche Förderung für Franchisenehmer (Gründer) mit öffentlichen Fördermitteln der KfW Mittelstandsbank erlauben. Um in die Franchisebörse aufgenommen zu werden, müssen die Standardverträge des Franchisesystems seitens der KfW auf deren Vereinbarkeit mit einer öffentlichen Förderung geprüft werden. Dies bedeutet jedoch nicht, dass der Aufnahme in die KfW Franchisebörse eine öffentliche Förderung zwingend einhergeht oder eine Seriositätsgarantie für das Franchisesystem übernommen wird. Die Frage der Förderbarkeit muss nach wie vor im Einzelfall geprüft und unter Berücksichtigung der Rentabilität des Vorhabens, des Standorts, der persönlichen und fachlichen Qualifikation des Franchisenehmers sowie der Finanzierungssicherheit beurteilt werden.

Prof. Dr. Christian Fink

Kapitel 3: Finanzierung und Förderung

3.1 Aufgaben der Finanz- und Finanzierungsplanung

Die Gründung eines Unternehmens zeichnet sich im Regelfall durch nicht unerheblichen Kapitalbedarf seitens des Gründers aus. Es wird beispielsweise Geld
benötigt um Gebäude oder Grundstücke zu mieten, Anlagen zu kaufen, Personal
zu entlohnen, Arbeitsplätze auszustatten oder Rohstoffe zu erwerben. Um eine
solide Finanzierung sowohl in der Gründungs- als auch der Anlaufphase des Unternehmens gewährleisten zu können, ist daher eine detaillierte und realistische
Finanz- und Finanzierungsplanung notwendig. Hierfür hat sich der Jungunternehmer einige essenzielle Fragen zu stellen:

1) *Mit welchem Absatz- und Umsatzvolumen ist zu rechnen?*
   Das Volumen verkaufter Produkte bestimmt in nicht unerheblichem Maße
   den Finanz- und Finanzierungsbedarf der Unternehmung, denn von der Anzahl zu produzierender Produkte hängt nicht zuletzt das Investitionsvolumen
   des Unternehmers ab. Dieser Frage geht die Absatzplanung nach. In Verbindung mit dem Produktpreis ergibt sich daraus die Umsatzplanung des Unternehmens (vgl. Kap. 3.2).

2) *Wie hoch ist der Kapitalbedarf bei der Unternehmensgründung*?
   Die Frage nach dem Bedarf an Kapital bei Gründung des Unternehmens wird
   regelmäßig im Rahmen der Kapitalbedarfsplanung beantwortet (vgl. Kap.
   3.3). Dabei sind sowohl einmalige Kosten als auch Kosten des laufenden Betriebs zu berücksichtigen.

3) *Welchen Gewinn kann die Unternehmung erwirtschaften?*
   Im Rahmen der Erfolgsplanung (vgl. Kap. 3.4) werden den Erlösen des Unternehmens die anfallenden Kosten gegenübergestellt. Auf diese Weise soll
   der voraussichtliche Gewinn ermittelt und die Rentabilität der Unternehmung
   bestimmt werden.

4) *Welche Quellen stehen zur Kapitalbeschaffung zur Verfügung?*
   Finanzielle Mittel können auf verschiedenste Weise akquiriert werden (vgl.
   Kap. 3.5). So stehen neben der Mittelaufbringung aus eigenen Reserven oder
   der Kreditfinanzierung zahlreiche andere Finanzierungsformen, z.B. über Ka-
   pitalbeteiligungen oder mezzanine Finanzierungsformen zur Verfügung.

5) *Bestehen Fördermöglichkeiten für die Geschäftsidee?*
   Dem Existenzgründer bieten sich oft zahlreiche Möglichkeiten, um Förderprogramme in Anspruch nehmen zu können (vgl. Kap. 3.6). Es existieren neben allgemeinen bundesweiten Förderprogrammen auch zahlreiche regionale
   und branchenspezifische Möglichkeiten.

6) *Wie kann im laufenden Geschäftsbetrieb die Zahlungsfähigkeit sichergestellt werden?*
Eine solide Finanzplanung ermöglicht es dem Gründer schließlich auch in den
Monaten nach der Gründung seine Liquidität möglichst exakt zu planen und
die Zahlungsfähigkeit des Unternehmens aufrechtzuerhalten (vgl. Kap. 3.7).

7) *Wie wird das Konzept erfolgreich an potenzielle Kapitalgeber kommuniziert?*
Eine überzeugende Präsentation der Finanz- und Finanzierungsplanung gegenüber möglichen Geldgebern – im Regelfall Banken oder Investoren – ist
für das Gros der Jungunternehmer unabdingbar, um das Erfolgspotenzial ihrer Geschäftsidee sinnvoll und strukturiert darzustellen und somit die Kapitalgeber von den Erfolgsaussichten des Geschäftsmodells zu überzeugen (vgl.
Kap. 3.8). Oftmals ist insbesondere die Bankenkommunikation eine wichtige
Voraussetzung, um das Gründungsvorhaben in einem nächsten Schritt angemessen und ausreichend finanzieren zu können.

Die Entscheidungen, die der Jungunternehmer im Rahmen des Gründungspro-
zesses, aber auch später während des laufenden Geschäftsbetriebs zu treffen hat,
sind stets durch aktuelle Finanzdaten zu untermauern. Eine akkurate Finanz- und
Finanzierungsplanung dient dem Unternehmensgründer außerdem zur Überprüfung der finanziellen Realisierbarkeit seiner Projekte und hilft dabei eine Einschätzung zu treffen, ob sich das Gründungsprojekt auch tatsächlich rechnet.
Schließlich dienen die mit der Finanz- und Finanzierungsplanung ermittelten
Zahlenwerke als Grundlage der Kommunikation mit Kapitalgebern und Geschäftspartnern und sollen dem Existenzgründer ein Gefühl für die betriebswirtschaftlichen Zusammenhänge im Unternehmen vermitteln.

Praxistipp: *Eine nur vage oder ungenaue Finanz- und Finanzierungsplanung führt in
vielen Fällen zu einer frühzeitigen Liquiditätskrise, da oftmals unvollständige Finanzdaten oder unplausible Annahmen verwendet werden. Die Finanz- und Finanzierungsplanung hat daher auf realistischen Annahmen zu beruhen und ist konsequent, vollständig
und detailliert durchzuführen.*

Vor diesem Hintergrund soll in den folgenden Kapiteln der Prozess einer Finanz-
und Finanzierungsplanung ausführlich dargestellt und erläutert werden. Dabei
orientiert sich das Vorgehen an der Struktur, die bereits im Zuge der einleitenden
Fragestellungen zu diesem Kapitel dargestellt wurde.

3.2 Absatz- und Umsatzplanung

Beispiel

Der gelernte Ingenieur Max Mustermann, der sein Angestelltenverhältnis gekündigt hat und nunmehr ein kleines Produktionsunternehmen gründen will, weiß von einem Bekannten, dass der weite Themenbereich der Finanzierung für Existenzgründer von besonderer Bedeutung ist. Aus diesem Grund hat er sich ein Buch zu betriebswirtschaftlichem Basiswissen gekauft und sich in die Thematik eingelesen. Dabei hat er gelernt, dass die Grundlage einer jeden Unternehmensgründung die Frage ist, ob sich das geplante Produkt auch tatsächlich verkaufen lässt. Euphorisch macht er sich daher ans Werk und schätzt seine gewünschte Absatzmenge. Um ein Gefühl für den damit erzielbaren Umsatz zu bekommen, multipliziert er die Menge mit einem selbst erdachten Verkaufspreis. Dabei hat er seine Preiserwartungen so gestaltet, dass er mit dem Verkauf der Produkte einen sechsstelligen Betrag pro Monat einnimmt. Zufrieden mit seiner Absatz- und Umsatzplanung wendet er sich an einen Berater der örtlichen IHK, um mit diesem die Zahlen einmal durchzugehen und sich eine Bestätigung seiner positiven Einschätzungen des Gründungsszenarios geben zu lassen.

Nach der Durchsicht der Unterlagen eröffnet der Berater Herrn Mustermann jedoch, dass sowohl die prognostizierten Absatzzahlen als auch die geplanten Umsätze in der vorliegenden Form nicht zu gebrauchen sind. Der Berater weist den Jungunternehmer darauf hin, dass eine Umsatzprognose stets von realisierbaren Absatzzahlen auszugehen hat. Eine Umsatzprognose, die auf „Wunschwerten" basiert, entbehrt jeder betriebswirtschaftlichen Logik, da damit weder die voraussichtlich erzielbaren, noch die benötigten Werte abgebildet werden. Des Weiteren erläutert der Berater, dass sich Max Mustermann vor der Umsatzplanung ausführliche Gedanken zur Preisgestaltung machen muss, da die Preise zum einen dem Wettbewerb standhalten und zum anderen auch vom Kunden bezahlt werden müssen.

Für Max Mustermann sind die Ausführungen des Beraters sehr hilfreich. Mit neuem Verständnis für die Aufgaben eines Existenzgründers widmet er sich nun der realistischen Planung der Ab- und Umsätze.

3.2.1 Absatz-/Mengenplanung

Die Planung des erwarteten Absatzes, d.h. der während eines Geschäftsjahres oder einer kürzeren Planungsperiode voraussichtlichen Menge veräußerter Güter (vgl. zur Definition Gabler Wirtschaftslexikon [2005], S. 18), stellt einen essenziellen Bestandteil der Unternehmenstätigkeit dar. Die Höhe des Absatzes hat nicht nur Auswirkungen auf die Erlöse und Kosten des Unternehmens, auch der Erfolg der Geschäftstätigkeit sowie die Komplexität der Unternehmensprozesse werden dadurch maßgeblich geprägt. So bestimmt die Menge an produzierten Produkten regelmäßig, in welchem Umfang Ressourcen wie Geld, Material und Personal in den Produktionsprozess eingebracht werden. Dabei hat die Absatzplanung in der Regel eine strategische und eine operative Komponente. Die strategische Absatzplanung leitet sich meist aus der übergeordneten Marketingstrategie ab und befasst sich primär mit Fragestellungen wie der Produkt-, Preis- und Vertriebspolitik des Unternehmens und deren Auswirkungen auf den Absatz (vgl. Kapitel 7.4). Die strategische Absatzplanung ist dabei stets auf die sonstigen strategischen Pläne und Ziele des Unternehmens abzustimmen. Die operative Absatzplanung befasst sich hingegen mit der Planung expliziter Absatzzahlen, die sich aus der strategischen Vorgabe ergeben. Ausgangspunkt für eine angemessene und plausible Absatzplanung ist regelmäßig die Marktanalyse (vgl. Kapitel 7.2). Sollten bereits Verkaufszahlen aus einem Vorjahr vorliegen, sollten diese als Grundlage für die Prognose des zukünftigen Absatzes herangezogen werden. Als Einflussfaktoren auf den Absatz sind beispielsweise das Marktpotenzial, das Marktwachstum, die Marktsättigung, der eigene Marktanteil, die voraussichtlichen Neukundenzahlen, die zukünftige Gestaltung des Produktprogramms, die geplante Wirkung von Werbemaßnahmen, die evtl. Saisonabhängigkeit des Geschäfts oder die Auswirkungen von langfristigen Rahmenverträgen zu berücksichtigen (vgl. ähnlich Schweitzer/Küpper [1998], S. 383). Vor allem bei Unternehmensneugründungen liegen entsprechende Daten oder Erfahrungswerte jedoch nur in geringem Umfang oder überhaupt nicht vor. In diesem Fall sind plausible Schätzannahmen zu treffen und durch die Erarbeitung eines Aktionsplans zur Unterstützung der geplanten Entwicklungen zu untermauern. In jedem Fall ist darauf zu achten, dass die Planung realistisch vorgenommen wird. Dabei spielen auch die Ergebnisse der Aktivitäten aus dem Marketing, wie z.B. der Marktforschung, eine wichtige Rolle.

> *Praxistipp: Der Absatz ist realistisch, tendenziell sogar vorsichtig zu planen. Oftmals wird nicht bedacht, dass der Kunde erst auf das Produkt bzw. die Dienstleistung des Jungunternehmers aufmerksam gemacht werden muss. Zu hohe Absatzerwartungen können die Entscheidungen des Gründers verfälschen und zu einer ineffizienten Kapitalverwendung führen.*

Vor allem im Dienstleistungsbereich wird der Absatz nicht in Stückzahlen gemessen, sondern beispielsweise in Stunden. In diesem Falle ist darauf zu achten, dass nicht alle Stunden, die der Unternehmer arbeitet, auch tatsächlich in die Absatzplanung einfließen dürfen. So werden z.B. Zeiten in denen der Unternehmer Auftragsakquise betreibt oder zu denen er sich betrieblich weiterbildet regelmäßig nicht vergütet und sind nicht in die Absatzplanung einzubeziehen. Bei der Planung der Arbeitszeit des Unternehmers dürfen sie jedoch nicht außer Acht gelassen werden.

Eine stark von der Realität abweichende Absatzplanung kann – je nachdem, ob diese zu pessimistische oder zu optimistische Annahmen unterstellt – v.a. in der Anfangsphase eines Unternehmens durchaus drastische Auswirkungen auf den Erfolg der Geschäftstätigkeit haben. So kann eine zu pessimistische Absatzplanung dazu führen, dass die Bestellungen von Kunden nicht oder nicht rechtzeitig bedient werden können und daraus ein Imageschaden oder im schlimmsten Fall gar die Abwanderung des Kunden resultiert. Wird der Absatz hingegen zu optimistisch geplant, kann der Unternehmer leicht in die Kostenfalle geraten, da er auf Basis der zu hohen Absatzschätzung Rohstoffe einkauft, Maschinen anschafft und Personal einstellt. Bei zu geringer Auslastung dieser Kapazitäten kann dies ein Unternehmen schnell unrentabel machen und Verluste verursachen.

Zwar ist eine Absatzplanung für die Planung der Finanzen nicht unbedingt notwendig, sie erleichtert jedoch die Umsatzplanung sehr, da Absatzmengen oftmals leichter zu schätzen sind als monetäre Umsatzgrößen. Außerdem eröffnet die Absatzplanung einen ersten Einblick in die Komplexität des Produktionsprozesses und die logistischen Herausforderungen bei der Bereitstellung der Güter.

3.2.2 Der Verkaufspreis

Neben dem Absatz spielt im Zusammenhang mit der Umsatzplanung der Verkaufspreis eine entscheidende Rolle. Die Ermittlung des optimalen Verkaufspreises hängt dabei u.a. von der Preisstrategie ab, die der Unternehmer für seine Produkte und/oder Dienstleistungen verfolgt. Dabei führt eine Kostenführerschafts- oder Volumenstrategie, die i.d.R. auf die Erzielung von Marktanteilen ausgelegt ist, regelmäßig zu niedrigeren „Kampfpreisen", wohingegen eine Differenzierungs- oder Spezialisierungspolitik aufgrund eines sichtbaren Zusatznutzens oder die Beschränkung auf einen Nischenmarkt zur Abschöpfung von Margen im Regelfall zu höheren Preisen führt und die Stagnation bzw. den Verlust von Marktanteilen in Kauf nimmt (vgl. ausführlich Porter [2000], S. 37 ff., sowie zusammenfassend Baum/Coenenberg/Günther [2007], S. 220 f.).

Praxistipp: In der Gründungsphase sind Kampfpreise meist nicht anzuraten, da das junge Unternehmen oft noch nicht über die zum Kapazitätsausbau nötigen finanziellen Mittel verfügt. Eine starke Marktpenetrierung dürfte daher oftmals schwierig sein.

Basierend auf dieser strategischen Grundsatzentscheidung ist schließlich ein Preis für das Produkt zu kalkulieren. Zum grundsätzlichen Vorgehen bei der Preiskalkulation soll auf die entsprechenden Ausführungen zur Kostenrechnung in Kapitel 5.3 verwiesen werden. Allerdings ist damit noch nicht die Frage beantwortet, welchen Preis der Kunde überhaupt bereit ist zu zahlen. Ansatzpunkte für derartige preisliche Überlegungen bietet beispielsweise die Preisfindung bei der Konkurrenz. Handelt es sich bei dem zu bepreisenden Produkt um ein Produkt, das direkt an den Endverbraucher vertrieben wird, kann der Listenpreis des Wettbewerbers ein erstes Signal für eine Preisfindung sein.

Praxistipp: *Ist es dem Unternehmer nicht möglich, zu Kosten unterhalb des Listenpreises der Konkurrenzprodukte zu produzieren, ist eine Unternehmensgründung oftmals schon vor der tatsächlichen Gründungsentscheidung zum Scheitern verurteilt.*

Deutlich schwieriger stellt sich die Analyse der Angemessenheit des Preises hingegen dar, wenn es sich bei dem Produkt um ein Zwischenprodukt handelt, das nicht an den Endabnehmer vertrieben wird. Damit wird schnell klar, dass die Preisgestaltung in vielen Fällen stark marktgetrieben ist und der Spielraum des Gründers sich auf eine sehr geringe Bandbreite möglicher Preise beschränkt. Hinzu kommen preispsychologische Überlegungen wie die Wahl eines Schwellenpreises. So soll die Verwendung eines Schwellenpreises wie z.B. 9,99 EUR aus psychologischer Sicht deutlich kleiner wirken als ein gerader Betrag von 10,00 EUR und damit den Kauf für den Kunden attraktiver machen (vgl. Winkelmann [2008], S. 241). Auf Basis einer angemessenen Preiskalkulation und mit den soeben dargestellten Überlegungen vor Augen kann sich der Jungunternehmer ein erstes Bild über den zu verwendenden Preis machen und diesen entsprechend kalkulieren.

3.2.3 Umsatzplanung

Der Umsatz eines Unternehmens ist betriebswirtschaftlich definiert als die Summe aller in einem bestimmten Abrechnungszeitraum – meist entspricht dieser einem Geschäftsjahr – verkauften Produkte und/oder Dienstleistungen, bewertet zu den jeweiligen Verkaufspreisen. Damit sind für die Planung zwei unterschiedliche Faktoren zu schätzen: die Absatzmenge und der Verkaufspreis. Das hierfür notwendige Instrumentarium wurde in den vorangegangenen beiden Abschnitten bereits im Detail vorgestellt und erläutert. Mathematisch gilt zur Bestimmung des Umsatzes daher die einfache Formel:

$$\text{Umsatz} = \text{Absatzmenge} \times \text{Preis pro Stk.}$$

Einen ersten Anhaltspunkt für eine zu erreichende Umsatzgröße stellt die Umsatzhöhe dar, die exakt kostendeckend ist. Man spricht in diesem Zusammenhang von der Gewinnschwelle, da ab einer zusätzlich abgesetzten Produkteinheit ein Gewinn für das Unternehmen erzielt wird (vgl. dazu ausführlich Abschnitt 3.4.3).

Allerdings liefert diese Analyse noch keine brauchbare Aussage über den mindestens erforderlichen Umsatz, da ohne einen ausreichenden Gewinn die Kosten der Lebenshaltung des Unternehmers noch nicht verdient worden sind. Ausgenommen sind hierbei Rechtsformen, bei denen der Unternehmer ein reguläres Gehalt aus dem Betrieb vergütet bekommt. Einen aus betriebswirtschaftlicher Sicht realistischen Wert für den erforderlichen Umsatz, d.h. den mindestens zu erzielenden Umsatz (= Mindestumsatz), ermittelt der Unternehmer daher, indem er neben den Gesamtkosten des Betriebs auch einen unterhaltssichernden Mindestgewinn berücksichtigt. Natürlich ist dabei zu bedenken, dass bei der Umsatzplanung Preis-, Kosten- und Mengengrößen angemessen geschätzt und plausibilisiert werden müssen. Dabei ist – wie in Abschnitt 3.2.1 bereits dargestellt – auf die relevanten Marktdaten zurückzugreifen.

Praxistipp: Langfristig sollte stets ein höherer Betrag als der Mindestumsatz erzielt werden. Auf diese Weise kann aus eigener Kraft in die Erweiterung der Geschäftstätigkeit investiert oder eine Risikovorsorge getroffen werden usw.

Eine Orientierungshilfe für die Umsatzplanung stellen oftmals Betriebsvergleiche dar (vgl. ausführlich Zdrowomyslaw/Kasch [2002]). So gibt z.B. der Betriebsvergleich für den Einzelhandel den durchschnittlichen Branchengewinn in Prozent vom erzielten Umsatz (inkl. MwSt) an. Von dieser Gewinngröße aus kann dann unter Einbezug der Kosten auf eine entsprechende Umsatzgröße hochgerechnet werden. Aber auch die Richtsatzsammlung der Finanzverwaltung zur Ermittlung des steuerpflichtigen Gewinns enthält für diverse Handels- und Dienstleistungsbranchen Angaben über den Roh-, Halbrein- und Reingewinn in Prozent des Umsatzes (exkl. MwSt und abzgl. Preisnachlässe und Forderungsverluste). Dies sei anhand der folgenden beispielhaften Darstellung für die Gewerbeklasse 45201.0 (Fahrzeuglackiererei) verdeutlicht. Die Richtsatzsammlung kann durch den Existenzgründer selbst für das jeweilige Vorjahr von der Internetseite des Bundesfinanzministeriums unter www.bundesfinanzministerium.de heruntergeladen werden.

Gewerbe-klassen	Rohgewinnauf-schlag Waren-/ Materialeinsatz	Rohgewinn I in % des Umsatzes	Rohgewinn II in % des Umsatzes	Halbreingewinn in % des Umsatzes	Reingewinn in % des Umsatzes
Umsatz ≤ 200 T€	-	79	48 - 78 63	22 - 56 37	9 - 36 21
Umsatz > 200 T€, ≤ 400 T€	-	79	44 - 72 56	20 - 45 33	8 - 31 21
Umsatz > 400 T€	-	79	40 - 62 51	16 - 38 27	5 - 28 16

Abb. 3.1: Richtsätze 2009 ff. für Fahrzeuglackiererei
(Quelle: BMF [2011], S. 15)

In Bezug auf den Rohgewinn wird in diesem Kontext zwischen Rohgewinn I und Rohgewinn II unterschieden, wobei bei Handelsbetrieben der Rohgewinn I, bei Handwerks- und gemischten Betrieben (Handwerk mit Handel) der Rohgewinn II Verwendung findet. Bei Handelsbetrieben wird daneben der Rohgewinnauf-schlagsatz auf den Waren- bzw. den Waren- und Materialeinsatz angegeben. Für Handwerks- und gemischte Betriebe ist nachrichtlich auch ein durchschnittlicher Rohgewinn I verzeichnet, der einen Anhaltspunkt für den Waren-/Materialeinsatz bietet (vgl. BMF [2011], S. 3 ff.). Dabei wird rechnerisch folgendermaßen vorge-gangen:

Umsatz (netto, abzgl. Preisnachlässe/Forderungsverluste)
- Waren- und/oder Materialeinsatz

= Rohgewinn I (auch Handelsspanne)
- Einsatz an Fertigungslöhnen

= Rohgewinn II
- allgemeine sachliche Betriebsaufwendungen

= Halbreingewinn
- besondere sachliche/personelle Betriebsaufwendungen

= Reingewinn

Die Richtsatztabellen geben dabei im Regelfall sowohl einen oberen und einen unteren Rahmensatz als auch einen Mittelsatz an. Die Rahmensätze tragen den unterschiedlichen Verhältnissen Rechnung. Der Mittelsatz ist das gewogene Mit-tel aus den Einzelergebnissen der geprüften Betriebe einer Gewerbeklasse.

Der Unternehmer Frank Freitag hat errechnet, dass im Rahmen seiner Geschäftstätigkeit ein monatlicher Durchschnittsgewinn i.h.v. 5.000 EUR erwirtschaftet wird. Der Richtsatzsammlung entnimmt er für seine Branche, dass im Schnitt 12 % des Umsatzes als (Rein-)Gewinn erzielt werden. Seinen Mindestumsatz ermittelt er daher, indem er den Gewinn durch den Richtsatz teilt.

$$\text{Mindestumsatz p.a.} = \frac{\text{Gewinn}}{\text{Richtsatz}} \times 12 = \frac{5.000 \, \text{EUR}}{0,12} \times 12 = 500.000 \, \text{EUR}$$

Oftmals werden Vergleichsdaten auch über die jeweiligen Branchen-/Bundesverbände, Handwerkskammern und Innungen angeboten. Daten zu Betriebsvergleichen bieten aber auch andere Anbieter an, von denen im Folgenden einige kurz vorgestellt werden sollen:

– Das Statistische Bundesamt stellt im Statistischen Jahrbuch Vergleichsdaten zu Kosten- und Ertragsrelationen für verschiedene freie Berufe wie Architekten, Ärzte, Steuerberater, Wirtschaftsprüfer oder Rechtsanwälte zur Verfügung.

– Die FfH – Institut für Markt- und Wirtschaftsforschung GmbH in Berlin ist ein unabhängiges wissenschaftliches Institut und betreibt empirische Wirtschaftsforschung mit dem Schwerpunkt Handel. Sie stellt u.a. Daten für die Branchen wie den Textileinzelhandel, Technikeinzelhandel, Tabakwarengroßhandel, Schreibwarengroßhandel, verschiedene Dienstleistungsbranchen, Automatenunternehmen oder den Hotelbereich zur Verfügung.

– Ähnliches gilt für die IfH – Institut für Handelsforschung GmbH mit Sitz in Köln, die Daten für Einzelhändler und Apotheker sowie den Großhandel und die dazugehörigen Organisationen und Dienstleister im On- und Offline-Handel zur Verfügung stellt.

– Die RGH – Rationalisierungsgemeinschaft Handwerk Schleswig-Holstein e.V. mit Sitz in Kiel bietet Betriebsvergleiche für eine Vielzahl von Handwerksbranchen, u.a. Gewerke wie Bäcker, Elektrotechniker, Fliesenleger, Klimatechnik, Raumausstatter oder Steinmetze. Zwar können nur Unternehmen mit Sitz in Schleswig-Holstein an einem Betriebsvergleich teilnehmen, die Datensätze stehen jedoch anonymisiert der breiten Öffentlichkeit zur Verfügung.

Bei privatwirtschaftlichen Anbietern von Daten zu Betriebsvergleichen ist darauf zu achten, dass die Daten – insbesondere individuell auf das anfragende Unternehmen aufbereitete Datensätze – oftmals nur gegen Entgelt bereitgestellt werden. Allgemeine Branchendaten finden sich hingegen teilweise auch kostenfrei auf den Webseiten der jeweiligen Institute. Gegebenenfalls kann auch der Steuerberater des Unternehmens mit Betriebsvergleichszahlen von DATEV aushelfen, die allerdings exklusiv für den Berufsstand zur Verfügung gestellt werden.

Wie bereits dargestellt, helfen Marktanalysen (z.B. Standort-/Konkurrenzanalyse) dabei, den erzielbaren Umsatz zu schätzen bzw. zu plausibilisieren. Besondere Beachtung ist dabei der dem Unternehmen zur Verfügung stehenden Kapazität zu schenken. So kann beispielsweise bei einer begrenzten Anzahl vorhandener Mitarbeiter oder Maschinen auch nur eine bestimmte Menge an Gütern gefertigt oder Dienstleistungen bereitgestellt werden. Somit hat die Umsatzplanung die vorhandenen Kapazitäten als ggf. begrenzende Komponente mit einzubeziehen. Ähnliche Überlegungen wurden bereits bei der Absatzplanung vorgenommen, als es um die für den voraussichtlichen Absatz optimalen Kapazitäten ging. Zwar ist der Mindestumsatz ein wichtiger Faktor für die Gründungsentscheidung, viel wichtiger ist jedoch die Frage, ob dieser überhaupt erzielt werden kann.

Praxistipp: *Es ist für die Gründungsentscheidung nicht nur ausschlaggebend, welcher Umsatz erforderlich ist, sondern v.a. welcher Umsatz tatsächlich erzielt werden kann.*

In zeitlicher Hinsicht ist es oftmals sinnvoll, eine monatsgenaue Planung vorzunehmen. Auf diese Weise verfügt der Unternehmer über differenziertere Daten als durch eine nur grobe Planung für das Gesamtjahr. Dies ermöglicht ihm, einen laufenden Vergleich der Soll- und der Ist-Umsätze durchzuführen und bei größeren Abweichungen zeitnah Analysen vorzunehmen und Maßnahmen zur Gegensteuerung einzuleiten (vgl. zu Abweichungsanalysen im Rahmen der Kostenrechnung ausführlich Coenenberg/Fischer/Günther [2009], S. 243 ff.). Im Hinblick auf die Art des Unternehmens, für das die Umsatzplanung durchgeführt wird, wächst die Komplexität der Planung mit der Produkt- bzw. Leistungsvielfalt und der Fertigungstiefe des Unternehmens. So wird ein Ein-Produkt-Unternehmen regelmäßig weniger komplexe Planungsrechnungen vornehmen müssen als ein Unternehmen, das seinen Kunden ein breit gefächertes Portfolio an Produkten und Dienstleistungen anbietet und bereits in der Absatzplanung sowohl Stückzahlen (Produkte) als auch Stunden (Dienstleistungen) abbildet.

Markus Mühlmann ist gelernter Schneidermeister, hat in Düsseldorf das Unternehmer Mode-Mü gegründet und produziert Anzüge. Das Unternehmen bietet alltagstaugliche Standardanzüge an, fertigt zudem auf Kundenwunsch hochqualitative Maßanzüge und bietet schließlich eine exklusive Stilberatung an. Da Mühlmann sich im Markt aufgrund langjähriger Erfahrung gut auskennt weiß er z.B., dass er im 2. und 4. Quartal aufgrund der vielen Feiertage und der entsprechenden Festivitäten i.d.R. einen höheren Absatz an Anzügen hat, während v.a. im Herbst nur wenige Anzüge verkauft werden. Nicht so bei der Stilberatung, die v.a. im Sommer (Q2/Q3) gefragt ist. Aufgrund dieses Wissens schätzt er den voraussichtlichen Absatz pro Quartal wie folgt:

	Standard	Maßanzug	Stilberatung
Quartal 1	120 Stk.	30 Stk.	30 Std.
Quartal 2	150 Stk.	35 Stk.	60 Std.
Quartal 3	80 Stk.	15 Stk.	75 Std.
Quartal 4	250 Stk.	50 Stk.	35 Std.

Den Verkaufspreis eines Standardanzugs setzt Mühlmann nach einer Analyse der Preise bei seinen Konkurrenten in der Düsseldorfer City mit 150 EUR an, ein Maßanzug wird hingegen für 300 EUR pro Stk. verkauft. Die Stilberatung kostet pro Stunde 75 EUR. Damit kommt er auf folgenden Umsatzplan:

in EUR	Standard	Maßanzug	Stilberatung	Gesamt
Q1	18.000	9.000	2.250	29.250
Q2	22.500	10.500	4.500	37.500
Q3	12.000	4.500	5.625	22.125
Q4	37.500	15.000	2.625	55.125
Σ Jahr	90.000	39.000	15.000	144.000

Auf Basis dieser Planung kann der Unternehmer nun quartalsweise Analysen wie Soll-Ist-Vergleiche durchführen und auf größere Abweichungen schnell mit verkaufsfördernden Maßnahmen etc. reagieren.

Ein weiterer Schritt im Rahmen der Finanz- und Finanzierungsplanung ist die Planung des Startkapitals und des Kapitalbedarfs, welche im Folgenden erläutert werden soll.

3.3   Startkapital und Kapitalbedarfsplanung

Beispiel

Nachdem Max Mustermann mit seiner überarbeiteten Umsatzplanung zu dem Ergebnis gekommen ist, dass eine Unternehmensgründung durchaus lohnend sein sollte, macht er sich ans Werk und will die Finanzierung planen. Zuerst möchte er sich für die Produktion kleiner Elektrobauteile eine Maschine anschaffen, um in seiner Garage Prototypen zu entwickeln und Tests durchzuführen. Die Anschaffung der Maschinen soll von seinem privaten Sparbuch bezahlt werden, auf das er bislang monatlich einen Teil seines Gehalts eingezahlt hat. Durch verschiedene Gründungskosten sowie die Anfangsinvestition in die Maschine wäre das Geld auf dem Sparbuch aber bald aufgebraucht.

Als nächstes sind Werkzeuge, Messinstrumente sowie Rohstoffe (Kabel, Kondensatoren, Leiterplatten) anzuschaffen, die er per EC-Karte beim Großhändler bezahlen will. Dabei würde er sein Girokonto jedoch deutlich überziehen. Da kein festes Gehalt mehr auf dem Konto eingeht, würde der Fehlbetrag auf dem Konto nicht automatisch ausgeglichen oder verringert.

Mustermann geht bereits jetzt davon aus, dass die hergestellten Bauteile funktionsfähig sein werden und möchte die Produktion planen. Da seine Eigenmittel nun jedoch bereits erschöpft wären, müsste er bei seiner Hausbank vorstellig werden und einen Kredit aufnehmen. Er weiß jedoch, dass der Bankberater ihm ohne detaillierte Kapitalbedarfsplanung und einen möglichen Zahlungsplan keinen positiven Bescheid bzgl. einer Kreditanfrage geben würde.

Bereits im Vorfeld der Gründung muss sich der Unternehmensgründer Gedanken darüber machen, welche Kosten durch die Gründung sowie den späteren Betrieb des Unternehmens auf ihn zukommen. Eine der zentralen Aufgaben im Zuge der Planung der Existenzgründung ist daher die möglichst exakte Schätzung des Kapitalbedarfs und damit die finanzielle Absicherung des Unternehmens. Von besonderer Bedeutung in Zusammenhang mit der Kapitalbedarfsplanung ist, dass der Unternehmensgründer den Zeitpunkt, die Art sowie die Fristigkeit des Kapitalbedarfs berücksichtigt. Dadurch kann der Unternehmer abschätzen, wann und in welcher Höhe Mittel abfließen werden und darauf aufbauend eine Planung generieren, zu welchem Zeitpunkt die Aufnahme externer Mittel oder die Generierung von Einzahlungen aus dem Geschäftsbetrieb notwendig ist.

Um den Kapitalbedarf strukturiert planen zu können, sollten in einem ersten Schritt verschiedene Arten von Planungsrechnungen unterschieden werden. Im Folgenden sollen daher Investitions-, Betriebsmittel- und Privatbedarf voneinander abgegrenzt und vorgestellt werden. Um eine möglichst zutreffende Planung zu erstellen, sind die einzelnen Planungsbereiche aufeinander abzustimmen und bei

Bedarf (z.B. beim Vorliegen neuer, besserer Informationen) anzupassen. Die folgende Abbildung gibt einen ersten Überblick über die Elemente, die im Rahmen einer ausführlichen Kapitalbedarfsplanung im Regelfall berücksichtigt werden.

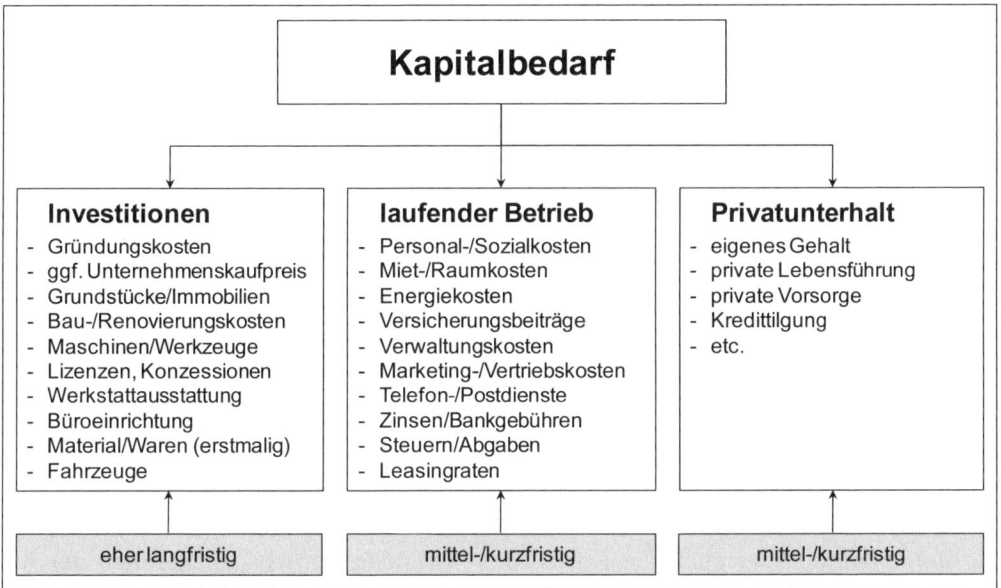

Abb. 3.2: Bestandteile des Kapitalbedarfs

Die Planung des Kapitalbedarfs ist für den Existenzgründer stets eine nicht zu unterschätzende Herausforderung. Dies liegt unter anderem daran, dass der Gründer im Normalfall nicht auf Erfahrungswerte oder Trends aus der Vergangenheit zurückgreifen kann. Für die Bedarfsplanung hat der Jungunternehmer daher die notwendigen Kosteninformationen zu sammeln und aufzubereiten bzw. muss für bestimmte Posten auf plausible Schätzungen zurückgreifen. Oftmals neigen Existenzgründer dazu, insbesondere die laufend anfallenden Kosten mit eher niedrigen Werten anzusetzen. Dies sollte jedoch auf jeden Fall vermieden werden. Zum einen fördert dies die Gefahr von Liquiditätsengpässen während des laufenden Geschäftsbetriebs, zum anderen werden Banken oder sonstige Kapitalgeber bei einer möglichen Finanzierungsprüfung die Finanzplanung auf Plausibilität testen. Eine unzutreffende oder unrealistische Darstellung des Kapitalbedarfs im Rahmen der Planungsrechnung schadet demnach primär dem Existenzgründer selbst.

In der Praxis hat sich als Faustregel für die erstmalige Ermittlung des gesamten Kapitalbedarfs zum Zeitpunkt der Unternehmensgründung folgende Formel etabliert, die alle Elemente der Kapitalbedarfsplanung berücksichtigt. Der zusätzliche Risikozuschlag soll dabei insbesondere in risikoreichen und forschungsintensiven Branchen dazu dienen, auch auf unvorhergesehene Entwicklungen oder Ereignisse in einem gewissen Umfang flexibel reagieren zu können, ohne dadurch gleich die Zahlungsfähigkeit des Unternehmens zu gefährden (vgl. exemplarisch auch Arnold [2007], S. 22).

    originärer Investitionsbedarf

+   Bedarf aus laufendem Betrieb der ersten 6 Monate

+   Bedarf aus Privatunterhalt der ersten 6 Monate

+   10-20 % Risikozuschlag (je nach Branche)

=   Startkapital

Betrachtet man den gesamten Kapitalbedarf in der Gründungsphase bzw. in den ersten Monaten des laufenden Betriebs, so deckt der Investitionsbedarf hiervon den größten Anteil ab. Dies liegt daran, dass im Rahmen der Investitionstätigkeit der Teil des Vermögens angeschafft wird, der für die betriebliche Leistungserstellung nötig ist. Im Zuge der Existenzgründung (Unternehmensneugründung) fallen regelmäßig auch sog. Gründungskosten an, die meist dem Investitionsbedarf zugerechnet werden. Neben diesen Anfangsinvestitionen sind bei der Kapitalbedarfsplanung aber auch die Kosten des laufenden Betriebs im Rahmen der Betriebsmittelplanung zu berücksichtigen. Schließlich ist in einem letzten Schritt auch der private Lebensunterhalt zu planen, den der Existenzgründer benötigt. Die einzelnen Bestandteile des Kapitalbedarfs sowie deren Elemente sollen im Folgenden dargestellt werden.

3.3.1 Investitionsbedarfsplanung

a) Gründungskosten
Unter dem Begriff der Gründungskosten versteht man einmalige Kosten, die im Zuge der Unternehmensgründung anfallen. Dazu zählen z.B. die Kosten für die Gewerbeanmeldung oder notwendige Genehmigungsverfahren:

– Beraterhonorare (z.B. Notar, Rechtsanwalt, Steuer-/Unternehmensberater)
– Gewerbe- und sonstige Anmeldungen
– Handelsregistereintrag und -veröffentlichung
– Mietkautionen und Maklerprovisionen
– Genehmigungsverfahren und Prozessabnahmen
– Schulungs- und Weiterbildungsmaßnahmen (Seminare, Literatur, Workshops)
– Werbemaßnahmen, Konferenz- oder Messebesuche etc.
– Franchisegebühren
– Fahrt- und Reisekosten

Die Art und der Umfang der Gründungskosten können teilweise drastisch variieren, je nachdem in welcher Form die Existenzgründung erfolgt. Wird die Gründung beispielsweise in Form der Übernahme eines bereits bestehenden Unternehmens vollzogen, ist auch der Übernahme-/Kaufpreis des Unternehmens als
Gründungskosten zu berücksichtigen. Auch zieht eine Nebenerwerbsgründung
im Normalfall weniger Fremdfinanzierungsbedarf nach sich als eine Vollerwerbsgründung. Dies liegt u.a. darin begründet, dass dem Gründer im Falle der
Nebenerwerbsgründung regelmäßig noch ein Gehalt zur Verfügung steht.

Zwar belaufen sich einzelne Bestandteile der Gründungskosten oftmals nur
auf relativ geringe Beträge, allerdings ist es für den Gründer von enormer Bedeutung ein Gesamtbild des Kapitalbedarfs vermittelt zu bekommen. Insbesondere
im Falle der Existenzgründung aus der Arbeitslosigkeit heraus stehen beispielsweise meist nur sehr begrenzte finanzielle Mittel zur Verfügung. Die Kenntnis des
Kapitalbedarfs vor Projektbeginn kann zwar die Realisierung einer grundsätzlich
erfolgversprechenden Geschäftsidee aus Mangel an Kapital verhindern. Sie
schützt aber ggf. auch davor die nur begrenzt vorhandenen Finanzmittel durch
ein finanziell für den Jungunternehmer nicht machbares Geschäftsmodell zu verlieren.

*Praxistipp: Bei der Existenzgründung aus der Arbeitslosigkeit heraus ist eine Förde-
rung für Gründungsberatung möglich. Dazu ist ein Gespräch mit dem Sachbearbeiter
der Agentur für Arbeit notwendig. Die Kosten einer Gründungsberatung belaufen sich
i.d.R. bei fünftägiger Beratung (Tagessatz 800 EUR) auf insgesamt rund 4.000 EUR.*

b) *Investitionsmittelbedarf*

Der Investitionsmittelbedarf des Existenzgründers hängt maßgeblich davon ab,
welche Art von Unternehmen gegründet wird. So werden bei der Gründung eines
Produktionsbetriebs, der die Anschaffung von Maschinen, Werkstatteinrichtun-
gen oder Fertigungsräumlichkeiten notwendig macht, regelmäßig höhere Investitionsvolumina benötigt als beispielsweise für die Gründung einer Agentur für
Webdesign, für die oftmals eine einfache Büroausstattung inkl. Rechner und
EDV-technischen Peripheriegeräten ausreicht. Die folgende Abbildung soll einen
Eindruck über mögliche Investitionsvolumina bei verschiedenen Geschäftsmodel-
len vermitteln.

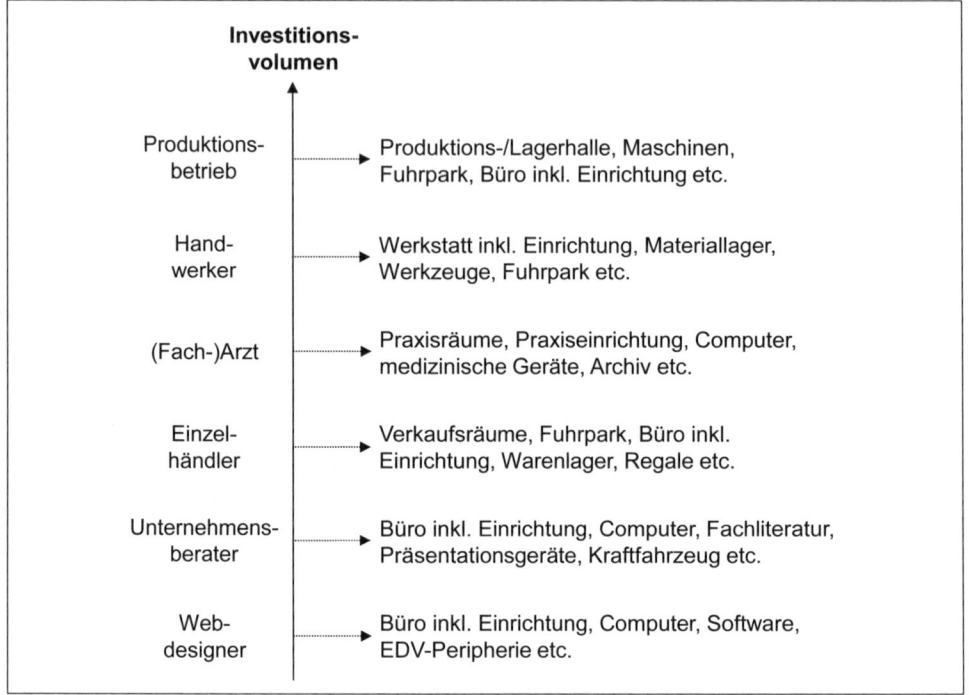

Abb. 3.3: Möglicher Investitionsmittelbedarf bei verschiedenen Geschäftsmodellen

Aber auch die Größe des gegründeten Unternehmens ist ausschlaggebend für den Bedarf an Investitionsmitteln sowie vor allem auch für den Erfolg des Unternehmens. So muss das Unternehmen auf der einen Seite eine bestimmte Mindestgröße aufweisen, um ein Minimum an Produkten zu einem bestimmten Preis absetzen und somit ein ausreichendes Umsatzvolumen erzielen zu können, das der Deckung der Kosten dient. Auf der anderen Seite darf das Unternehmen nicht überdimensioniert sein, damit die damit verbundenen hohen Fixkosten nicht zur Kostenfalle werden.

Zur Ermittlung des Investitionsmittelbedarfs ist es also unumgänglich, dass der Unternehmensgründer die Investitionen bestimmt, die für die Umsetzung seiner Geschäftsidee notwendig sind. Um dies strukturiert durchführen zu können, werden in der Regel verschiedene Investitionsbereiche abgegrenzt. Hierbei ist darauf zu achten, dass teilweise auch Positionen in die Investitionsbedarfsplanung einbezogen werden, die keine Investitionen im eigentlichen Sinne darstellen. So werden beispielsweise Kautionen oder Courtagen/Provisionen berücksichtigt, obwohl Kautionen im Regelfall rückerstattet werden und Courtagen/Provisionen meist kein materieller Gegenwert gegenübersteht. Für die Ermittlung des Gesamtkapitalbedarfs sind diese Positionen jedoch grundsätzlich notwendig.

-Immaterielle Vermögenswerte

Immaterielles Vermögen beschreibt regelmäßig Vermögen ohne physische Substanz. Hierzu zählen die verschiedensten Arten von Rechten, wie z.B. Patente, Konzessionen, gewerbliche Schutzrechte sowie jedwede Art von Lizenzen an solchen Rechten. Auch die Einstiegsgebühren für Franchising sind hier zu erfassen.

-Grundstücke und Immobilien

Im Rahmen der Standortfindung erwirbt oder mietet der Existenzgründer oftmals Räume. Im Falle der Gründung eines Unternehmens für Webdesign reichen dabei meist einfache Büroräume aus. Oftmals können hierfür sogar Räumlichkeiten in einem eigenen Haus genutzt werden, wodurch das Investitionsvolumen erheblich gesenkt wird. Im Gegensatz dazu sind für die Gründung eines Produktionsunternehmens neben einer Produktionshalle in der Regel auch Lager- und Büroräume notwendig. Der Investitionsbedarf in Grundstücke und Immobilien hängt somit wesentlich – wie allgemein bereits beschrieben – von Art und Größe der Neugründung ab. Dabei ist im Hinblick auf den Anfall der Investitionszahlungen zwischen dem Kauf und der Miete der benötigten Räume zu unterscheiden.

Für den Fall, dass die für die Existenzgründung verwendeten Räume gemietet werden, besteht z.B. Investitionsbedarf im Rahmen eventueller Umbau- oder Renovierungskosten. Auch Maklerprovisionen oder die Mietkaution werden grundsätzlich bei der Investitionsmittelplanung berücksichtigt. Die Mietzahlungen selbst zählen im Gegensatz dazu zu den Kosten des laufenden Betriebs und sind dort zu erfassen.

Werden Grundstücke oder Immobilien gekauft, entsteht bereits sehr früh im Gründungsprozess ein hoher Kapitalbedarf. Zu diesem zählen neben dem Kaufpreis oder einer Anzahlung darauf regelmäßig auch Erschließungskosten, Umbau- oder Renovierungskosten, Grunderwerbsteuer, Notargebühren und Maklerprovisionen. Werden Grundstücke oder Immobilien fremdfinanziert, sind die Finanzierungskosten bei den Kosten des laufenden Betriebs zu erfassen.

-Technische Anlagen und Maschinen

Bei der Anschaffung von technischen Anlagen, Maschinen und Werkzeugen ist i.d.R. auf mehr zu achten als lediglich auf den reinen Kaufpreis. So fallen meist auch Anschaffungsnebenkosten an, z.B. für Logistik, Aufbau und Inbetriebnahme oder Zollgebühren. Aber auch die Möglichkeit von Provisionszahlungen an Zwischenhändler oder Vermittler im Spezialmaschinengeschäft ist hier zu berücksichtigen. Insbesondere im Bereich der Spezialmaschinen, die meist hohe Investitionsvolumina erfordern, werden vom Hersteller oder bestimmten Finanzdienstleistern oftmals spezielle Finanzierungsmodelle angeboten. Eines dieser Modelle ist beispielsweise die Leasingfinanzierung. Beim Leasing entfällt im Regelfall die

hohe finanzielle Belastung im Erwerbszeitpunkt, dafür sind aber laufende Zahlungen in Höhe der Leasingraten zu berücksichtigen.

-Betriebs- und Geschäftsausstattung
Hinter dem Begriff der Betriebs- und Geschäftsausstattung verbirgt sich meist ein
Sammelsurium aus Positionen, die zur Einrichtung eines funktionierenden Ge-
schäftsbetriebs notwendig sind. Hierzu zählen neben der Büroausstattung, je nach
Branche, auch der Fuhrpark oder eine Ladeneinrichtung. Zur Büroausstattung
zählen im Allgemeinen Einrichtungsgegenstände wie das Mobiliar, aber auch die
technische Einrichtung – Telefonanlage, Computer, IT-Peripherie oder Kopierer –
ist hier zu berücksichtigen. Schließlich sind auch Büromaterialien wie Ordner,
Papier und Schreibwaren der Büroausstattung zuzurechnen. Insbesondere in
Handelsunternehmen wird regelmäßig eine Ladeneinrichtung benötigt. Hierfür
sind neben Regalen und Kassenzeilen auch oft Dekorationselemente zu berücksichtigen. Selbiges gilt für etwaige Lagerräume, die für die optimale Nutzung
sinnvoll ausgestattet werden müssen. Schließlich stellt auch der Fuhrpark einen
wichtigen Teil der Betriebs- und Geschäftsausstattung dar. Dabei können sowohl
Umfang als auch Art des Fuhrparks stark variieren. In Beratungsunternehmen
setzt sich der Fuhrpark z.B. meist nur aus wenigen Pkw zusammen, wohingegen
ein Handelsunternehmen oft Lkws für den Warentransport nutzt. Zum Fuhrpark
zählen aber auch Fahrzeuge wie Gabelstapler, die beispielsweise in Produktionsunternehmen für den innerbetrieblichen Transport schwerer oder großer Gegenstände benötigt werden.

Ähnlich wie bei den Spezialmaschinen werden auch im Fahrzeugbereich oftmals Finanzierungsmodelle seitens der Hersteller oder sonstiger Finanzdienst-
leister angeboten. Hier ist es von enormer Bedeutung, sich einen detaillierten
Überblick über die jeweiligen Angebote zu verschaffen, da sich über Rabattierun-
gen und Sonderkonditionen oft vielfältige Strukturierungsmöglichkeiten ergeben.

-Strategische Beteiligungen
Unternehmen beteiligen sich oftmals als (strategische) Investoren an anderen Gesellschaften, um beispielsweise die eigene Marktposition auszubauen oder in
neue Märkte einzutreten. Die reine Erzielung von Kapitalerträgen ist dabei häufig
von untergeordneter Bedeutung. Mit der Beteiligung versucht der Investor regelmäßig Einfluss auf das andere Unternehmen auszuüben. Die Gründe für die
Beteiligung können dabei vielfältiger Art sein. So kann eine Beteiligung an einem
Zulieferer z.B. mit dem Ziel eingegangen werden, die Ressourcenversorgung des
Unternehmens zu sichern. Umgekehrt kann eine Beteiligung an einer Vertriebsge-
sellschaft bei der Sicherung von Absatzwegen hilfreich sein. Allerdings ist zu beachten, dass durch derartige Beteiligungsverhältnisse oftmals besondere Anforderungen an das Rechnungs- und Finanzwesen im Unternehmen erwachsen (vgl.

Kapitel 5). Im Regelfall dürften strategische Beteiligungen für eine Erstgründung jedoch kaum von Bedeutung sein.

-Erstes Vorratsvermögen

Die regelmäßige Versorgung mit Roh-, Hilfs- und Betriebsstoffen sowie mit Handelsware oder Produktteilen (unfertige Bauteile) wird grundsätzlich dem laufenden Betrieb zugerechnet. Allerdings ist im Rahmen der Investitionsbedarfsplanung die Erstbevorratung des Unternehmens zu berücksichtigen. Die erstmalige Bestückung des Lagers, bevor die Produktions- oder Handelstätigkeit des Unternehmens beginnt, hat somit einen erheblichen Einfluss auf den Bedarf an Startkapital für die Existenzgründung.

> **Praxistipp:** *Beim Erwerb von Vermögen sind regelmäßig Bruttobeträge zu bezahlen, d.h. der Kaufpreis enthält auch die Mehrwertsteuer (z.Zt. 19 %). Sollte das gegründete Unternehmen zum Vorsteuerabzug berechtigt sein, sind die Beträge ohne die zu zahlende Mehrwertsteuer in die Investitionsmittelbedarfsrechnung zu übernehmen. Auf diese Weise kann, vor allem bei hohem Investitionsbedarf, durchaus ein positiver Effekt für die Finanzierungssituation des Unternehmens erreicht werden. Vor diesem Hintergrund ist zu prüfen, ob auch ohne Verpflichtung zur Umsatzsteuer die entsprechende Option ausgeübt werden soll (vgl. Kapitel 4.2).*

Basierend auf den dargestellten Investitionsbereichen kann nun ein Investitionsplan bzw. eine Investitionsmittelbedarfsrechnung erstellt werden. Ein Beispiel für eine derartige Rechnung in tabellarischer Form findet sich in Abbildung 3.4. Dabei werden die einzelnen Investitionsbereiche (immaterielles Vermögen, Sachanlagen, Finanzanlagen etc.) im Gros der Fälle noch einmal in die jeweiligen Unterpositionen (z.B. bei den Sachanlagen Grundstücke und Immobilien, technische Anlagen und Maschinen sowie Betriebs- und Geschäftsausstattung) aufgeteilt. Dies erleichtert es zum einen dem Unternehmer selbst, den Überblick über seine jeweils benötigten Positionen innerhalb der Vermögenskategorien zu behalten, zum anderen hilft eine möglichst detaillierte Aufschlüsselung des Investitionsbedarfs im Rahmen von Banken- oder Investorengesprächen (vgl. Kapitel 3.8) dabei, den Finanzierungsbedarf transparenter und übersichtlicher darzustellen.

Investitionsbereiche	EUR
I.Immaterielles Vermögen	
Patente, Konzessionen, gewerbliche Schutzrechte, Lizenzen	
Summe immaterielles Vermögen	
II.Sachanlagen	
Grundstücke und Immobilien	
Technische Anlagen und Maschinen	
Betriebs- und Geschäftsausstattung	
Summe Sachanlagen	
III.Finanzanlagen	
Strategische Beteiligungen an anderen Unternehmen	
Summe Finanzanlagen	
IV.Vorratsvermögen (erstmalig)	
Roh-, Hilfs-, Betriebsstoffe	
Unfertige Bauteile	
Handelsware	
Produktmuster, Prototypen	
Summe Vorratsvermögen	
V.INVESTITIONSBEDARF GESAMT	

Abb. 3.4: Beispiel für die Planung des Investitionsmittelbedarfs

> *Praxistipp: Bei der Ermittlung des Investitionsbedarfs ist darauf zu achten, dass der Planung realistische Einschätzungen über die Größe des zu gründenden Unternehmens und den Umfang der Geschäftstätigkeit zugrunde gelegt werden. Eine überdimensionierte Existenzgründung führt nur dazu, dass Kapital unnötig gebunden wird und der Gründer einer hohen Kostenbelastung gegenübersteht.*

Nachdem nun der erstmalige Investitionsbedarf im Sinne einer ausführlichen Planungsrechnung dargestellt wurde, ist der Kapitalbedarf im Rahmen der laufenden Geschäftstätigkeit zu bestimmen. Dies geschieht regelmäßig auf Basis einer Betriebsmittelbedarfsplanung.

3.3.2 Betriebsmittelbedarfsplanung

Nach der Gründung des Unternehmens beginnt der laufende Geschäftsbetrieb. Das bedeutet, dass der Jungunternehmer sich nunmehr laufenden Zahlungen gegenüber sieht, die zur Aufrechterhaltung des Geschäftsbetriebs notwendig sind. Da die Planung der laufenden Betriebskosten zukunftsgerichtet zu erfolgen hat, muss sich der Gründer häufig auf Schätzungen verlassen. Meist wird dazu die Entwicklung der Kosten in den letzten Monaten oder Jahren in die Zukunft projiziert. Je mehr verlässliche Informationen demnach zur Verfügung stehen und je belastbarer diese auch für die Zukunft sind, desto weniger Unsicherheit wohnt der Betriebsmittelplanung inne. Probleme bei der Planung können daher z.B. Betriebsmittel mit stark schwankenden Preisen bereiten. Hier kann es aus kaufmännischer Sicht insbesondere in der Anlaufphase des Unternehmens sinnvoll sein, die entsprechenden Kosten mit einem gewissen „Risikopuffer" zu planen. Der Zeithorizont, über den der Betriebsmittelbedarf geplant wird, erstreckt sich im Gros der Fälle über drei bis sechs Monate. Je nach Branche oder Geschäftsmodell kann sich aber auch ein längerer/kürzerer Zeitraum anbieten. Vernachlässigt der Gründer die Planung der laufenden Kosten der Betriebstätigkeit, kann es schnell zu Liquiditätsproblemen bis hin zur Zahlungsunfähigkeit kommen.

Praxistipp: Es gibt öffentliche Förderprogramme, die auf die Finanzierung von Betriebsmitteln spezialisiert sind. Unter Umständen besteht auch die Möglichkeit, einen Teil der Kosten für die Betriebsmittel als Einmalkosten förderungsfähig zu machen.

Da insbesondere in der Anlaufphase eines Unternehmens bei Neugründung die Mittelrückflüsse (z.B. aus Produktverkäufen) meist noch nicht vorhanden sind oder nicht ausreichen um die gesamten Betriebskosten zu decken, ist eine detaillierte und umfassende Erfassung dieser Kosten wichtig. Der Unternehmer finanziert somit die Produktion und den Verkauf seiner Produkte vor. Aus diesem Grund kann z.B. auch der Vereinbarung angemessener Zahlungsziele mit Lieferanten eine hohe Bedeutung zukommen. Für die Inanspruchnahme derartiger Lieferantenkredite sind im Regelfall keine Sicherheiten notwendig, was einen klaren Vorteil gegenüber der Kreditfinanzierung bei Banken darstellt. Andererseits bedeutet die Ausnutzung der Zahlungsziele auch, dass dem Unternehmer eventuelle Skonti entgehen, die bei frühzeitiger Zahlung oftmals gewährt werden.

In diesem Zusammenhang hat der Gründer eines produzierenden Unternehmens gegebenenfalls auch Abwägungen dahingehend vorzunehmen, ob ein bestimmtes Produkt bereits vorab in einer sehr großen Stückzahl produziert werden soll, oder eher eine Produktion entsprechend dem Kundenbedarf (sog. Just-in-time Produktion) die bessere Alternative wäre.

Der Unternehmer Peter Produzent plant über die nächsten 5 Jahre einen Produktabsatz in Höhe von 10.000 Stück. Nun steht er vor der Frage, ob er direkt zu Beginn der 5 Jahre die gesamten 10.000 Produkte produzieren und bis zum jeweiligen Abverkauf lagern soll, oder ob er jeweils bedarfsgerecht produzieren soll, wenn eine Kundenbestellung eingeht. Vereinfachend soll für das Beispiel davon ausgegangen werden, dass die Nachfrage nach dem Produkt über den gesamten Zeitraum besteht und eine Veralterung der Produkte unerheblich ist. Im Falle der Lagerproduktion würde sich folgendes Zahlungsprofil ergeben:

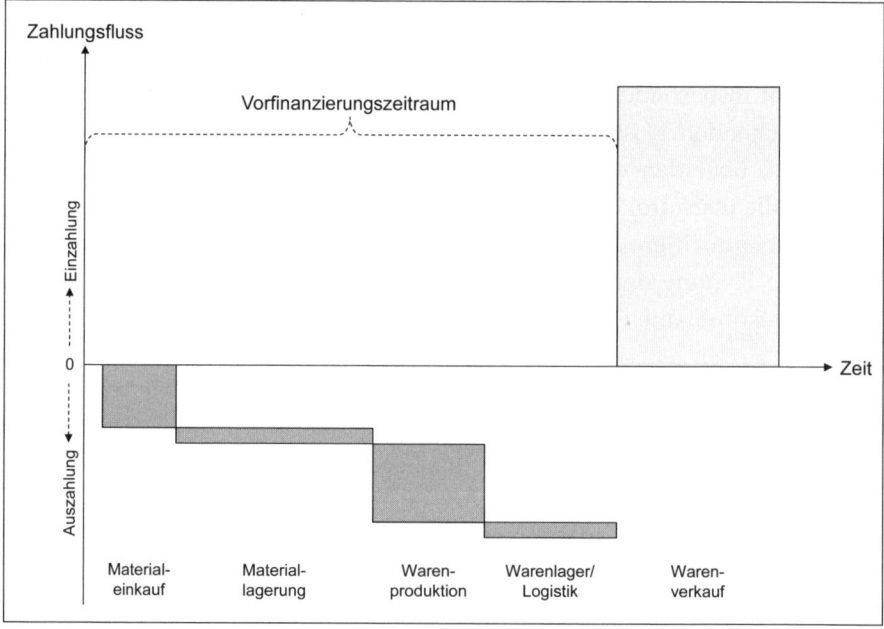

Abb. 3.5: Beispiel für ein Zahlungsprofil bei Lagerproduktion

Peter Produzent muss nun die jeweiligen Vor- und Nachteile aus den Produktionsmodellen gegeneinander abwägen. Vorteile der Lagerproduktion könnten z.B. die billigere Produktion aufgrund von Mengenrabatten etc. sein, denen jedoch erhöhte Lagerkosten für die hohe Anzahl produzierter Waren gegenüberstehen. Die Just-in-time Produktion generiert hingegen niedrigere Lagerkosten, aufgrund der unregelmäßigen Produktionszyklen und der damit verbundenen hohen Komplexität der Ablauf- und Produktionsplanung dürften die Nachteile v.a. in kleinen Unternehmen ohne umfangreiche Erfahrungswerte jedoch überwiegen.

Um den Betriebsmittelbedarf zu ermitteln, ist eine strukturierte Auseinandersetzung mit den verschiedenen Kostenfaktoren notwendig, die in regelmäßigen Abständen auf den Jungunternehmer zukommen werden. Die Struktur der Betriebsmittelbedarfsplanung ist wichtig, um einen geordneten Überblick über die erwarteten laufenden Kosten zu bekommen und auch deren Vollständigkeit einfacher gewährleisten zu können. Im Folgenden sollen die Bereiche genauer spezifiziert werden, die im Rahmen der Betriebsmittelplanung regelmäßig Anwendung finden.

> **Praxistipp:** *Eine EDV-basierte Aufbereitung des Betriebsmittelbedarfs ermöglicht es dem Existenzgründer schnelle Anpassungen vorzunehmen, die Berechnung bedarfsorientiert fortzuführen und einfache Auswertungen sowie graphische Analysen zu den laufenden Kosten durchzuführen. In wenig komplexen Strukturen sind einfache Anwenderprogramme wie z.B. Microsoft Excel meist völlig ausreichend.*

-Produktbereich

Im Produktbereich sind in der Regel die für den laufenden Produktions- oder Handelsbetrieb benötigten Betriebsmittel aufzuführen. Hierbei handelt es sich im produzierenden Gewerbe u.a. um die im Rahmen des Produktionsprozesses benötigten Rohstoffe, die als Hauptbestandteil in die späteren Produkte eingehen. Als Beispiel kann das Holz genannt werden, das in die Möbel eines Schreiners eingeht. Fremdbezogene Bauteile – so z.B. fertige Sitzbezüge, die ein Schreiner für seine Stühle verwendet – finden ebenfalls Eingang in das Endprodukt. Nicht zu vernachlässigen sind aber auch die Hilfsstoffe. Auch sie werden im Zuge der Fertigstellung des Endprodukts verarbeitet, aber nur zu einem deutlich geringeren Anteil. Beispielhaft können im Falle des Schreiners Leim oder Nägel genannt werden. Betriebsstoffe gehen hingegen nicht in das Endprodukt ein, werden jedoch im Rahmen des Produktionsprozess verbraucht. Unter Rückgriff auf das Schreiner-Beispiel können z.B. Schmiermittel für die Maschinen des Schreiners oder der Strom für den Antrieb dieser Maschinen angeführt werden. Dabei ist zu beachten, dass insbesondere die Kosten für Hilfs- und Betriebsstoffe aufgrund deren geringen Anteils am Endprodukt oftmals stark unterschätzt werden. Beim Produktbereich ist zu berücksichtigen, ob die entsprechenden Kosten nicht bereits im Rahmen der Erstbevorratung (Investitionsbedarf) berücksichtigt wurden.

Im Falle eines Handelsunternehmens ist als Produktbereich der Einsatz der Handelsware zu planen. Hierzu sind Überlegungen in Bezug auf das Sortiment, den Produktmix sowie evtl. sog. Cross Selling-Überlegungen anzustellen. Unter dem Cross Selling (zu deutsch: Kreuzverkauf) versteht man im Marketing den Verkauf sich ergänzender Produkte oder Dienstleistungen, um damit das vorhandene Kundenspektrum durch eine ganzheitliche Vertriebsstrategie besser zu nutzen (vgl. Hartwig [2009], S. 14; Faullant [2008], S. 11). Ein Beispiel hierfür wäre der Verkauf von Autos, bei dem auch gleichzeitig Winterreifen und ein Car Hifi System angeboten werden.

-Personalbereich

Die Kosten des Personalbereichs setzen sich grundsätzlich aus Arbeitsentgelten und Personalnebenkosten zusammen. Die Arbeitsentgelte umfassen dabei sowohl Löhne als auch Gehälter. Als Lohn werden dabei Entgelte für Arbeiter bezeichnet, Gehälter sind im Gegensatz dazu das Entgelt der Angestellten. Insbesondere bei den Löhnen ist die Gestaltung von besonderer Bedeutung. Während Zeitlöhne sich auf die Arbeitszeit des Arbeitnehmers beziehen (z.B. Stundenlohn), bezieht sich der Akkordlohn in der Regel direkt auf die Leistung des Arbeitnehmers. Auch Kosten für Personalleasing sind im Personalbereich zu erfassen. Dabei ist es irrelevant, ob die Entlohnung des Arbeitnehmers auf Basis von Geld- oder von Sachleistungen erfolgt.

Den Personalnebenkosten sind gesetzliche sowie freiwillige Sozialkosten zuzurechnen. Zu den gesetzlichen Sozialkosten zählen die Arbeitslosen-, Renten-, Pflege-, Kranken und Unfallversicherung. Bis auf die Unfallversicherung ergeben sich die gesetzlichen Sozialabgaben prozentual aus dem Bruttoarbeitsentgelt des Beschäftigten. Die Beitragsbemessungsgrenze setzt dabei das maximale Bruttoentgelt fest, bis zu dem die Sozialkosten mit steigen. Die folgende Abbildung 3.6 listet die für 2012 gültigen Beitragssätze für gesetzliche Sozialabgaben auf.

	Beitrags- satz	AG-Anteil	Beitragsbemessungsgrenze (alte Bundesländer)
Arbeitslosenversicherung	3,0 %	1,5 %	5.600 EUR/Monat
Rentenversicherung	19,6 %	9,8 %	5.600 EUR/Monat
Pflegeversicherung	1,95 %	0,975 %	3.825 EUR/Monat
Krankenversicherung	15,5 %	7,3 %	3.825 EUR/Monat
Unfallversicherung	je nach Beruf		---

Abb. 3.6: gesetzliche Sozialabgaben

Die freiwilligen Sozialkosten umfassen Kosten für Pensionszusagen, Zahlungen an Pensionskassen oder Direktversicherer, Urlaubsgeld, Weihnachtsgeld, ein 13. Monatsgehalt oder Jubiläumszahlungen. Aber auch Kosten für soziale Einrichtungen wie eine Kantine oder einen Betriebskindergarten sind als Personalnebenkosten zu erfassen.

Sonstige Personalnebenkosten umfassen schließlich Kosten der Personalbeschaffung (z.B. Inserate, Headhunter, Reisekostenerstattung) oder der Personalumbesetzung (z.B. Abfindungen).

-Sonstige Kosten

Den sonstigen Kosten sind regelmäßig all die Kosten zuzuordnen, die nicht den beiden erstgenannten Blöcken zuzuordnen sind oder der Kategorie Steuern und Zinsen zugerechnet werden. So sind unter den sonstigen Kosten Raumkosten für Pacht oder Miete, aber auch Nebenkosten wie Strom, Wasser und Heizung sowie Instandhaltungs-/Wartungskosten und der gesamte Bereich des sog. Facility Management zu erfassen. Unter dem Begriff des Facility Management versteht man grundsätzlich die gesamte Verwaltung und Bewirtschaftung von Gebäuden und Einrichtungen. Dazu zählen z.B. der Hausmeisterdienst oder die Organisation der Reinigungsarbeiten. Aber auch Kosten aus dem Verwaltungs- und Vertriebsbereich werden hier erfasst.

-Zinsen und Steuern

Unter den Zinsen und Steuern werden schließlich Zinsen für alle Arten von Krediten, aber auch Steuern vom Einkommen und Ertrag wie Gewerbe- oder Körperschaftsteuer erfasst.

Der oben dargestellte Aufbau für die Betriebsmittelbedarfsplanung ist nur ein möglicher Aufbau, der je nach Größe des Unternehmens und Art der Geschäftstätigkeit zum Teil deutlich von der dargestellten Strukturierung abweichen kann. So wird ein Produktionsbetrieb für Anlagenbau im Regelfall eine deutlich komplexere und umfangreichere Betriebsmittelbedarfsplanung durchführen müssen als ein selbständiger Maler, der im Zweifelsfall mit einem eigenen Pkw und einer Grundausstattung an Farben, Lösungsmitteln und Werkzeugen wie Pinseln o.Ä. auskommen wird.

Praxistipp: Im Rahmen des betrieblichen Rechnungswesens (vgl. Kapitel 5.2) hat die Strukturierung der Kosten auf eine z.T. gesetzlich vorgeschriebene Art und Weise zu erfolgen. Daher kann es sinnvoll sein, bereits bei der Planung des Kapitalbedarfs eine entsprechende Form zu unterstellen. Auf diese Weise kann die bereits vorliegende Struktur später leicht angepasst und für Zwecke des betrieblichen Rechnungswesens weiter genutzt werden.

Die im Folgenden dargestellte Abbildung 3.7 stellt – basierend auf der oben dargestellten Struktur – beispielhaft den Aufbau eines Betriebsmittelplans für ein gesamtes Wirtschaftsjahr (12 Monate) dar. Die Struktur ist dabei an die spätere Klassifizierung im Rahmen einer Gewinn- und Verlustrechnung nach dem Gesamtkostenverfahren angelehnt. Es ist jedoch zu beachten, dass bei der Kapitalbedarfsplanung keine reinen Aufwandspositionen wie Abschreibungen berücksichtigt werden.

Betriebskosten (laufende Kosten)	01/20XX EUR	02/20XX EUR	...	12/20XX EUR
I.Produktbereich				
Roh-, Hilfs-, Betriebsstoffe			...	
Unfertige Bauteile			...	
Produktmuster, Prototypen			...	
Handelsware			...	
Summe Produktbereich			...	
II.Personalbereich				
Löhne/Gehälter			...	
Sozialabgaben (Renten-, Arbeitslosen-, Pflege-, Krankenversicherung)			...	
Beiträge Berufsgenossenschaft			...	
Altersversorgung			...	
Urlaubs-/Weihnachtsgeld			...	
Vermögenswirksame Leistungen			...	
Summe Personalbereich			...	
III.Sonstige Kosten				
Pacht/Miete (Fertigung/Lager/Büro)				
Leasingraten				
Strom, Wasser, Heizung etc.				
Instandhaltung/Wartung				
Facility Management (Reinigung etc.)				
Fuhrpark (Kraftstoff, Kfz-Steuer, Versicherung, Wartung, Reparatur)				
Reisekosten			...	
Vertriebs-/Marketingkosten (Provisionen, Werbung, Messekosten etc.)				
Versicherung (Brandschutz-, Kredit-, Haftpflichtversicherung etc.)				
Summe Sonstige Kosten			...	
IV.Zinsen und Steuern				
Finanzierung (Zinsen, Gebühren etc.)				
Steuern (Gewerbe-, Körperschaftsteuer etc.)				
Summe Zinsen und Steuern			...	
V.BETRIEBSMITTELBEDARF GESAMT				

Abb. 3.7: Beispiel für die Planung laufender Kosten

3.3.3 Planung des privaten Kapitalbedarfs

Bei der Existenzgründung darf nicht vergessen werden, dass der Gründer während der Gründungsphase auch seinen privaten Lebensunterhalt bestreiten und seinen sonstigen Zahlungsverpflichtungen nachkommen muss. Gemildert wird dieses Problem, wenn es sich bei der Gründung um eine Nebenerwerbsgründung handelt. In diesem Fall steht dem Gründer regelmäßig noch ein Gehalt zur Verfügung, mit dem er ggf. für seinen Lebensunterhalt aufkommen kann. Bei einer Vollerwerbsgründung kann der Jungunternehmer jedoch nicht auf ein monatliches Einkommen außerhalb seines neu gegründeten Unternehmens zurückgreifen. Natürlich hängt der Fremdfinanzierungsbedarf für den privaten Lebensunterhalt in hohem Maße auch davon ab, welche Reserven oder regelmäßigen Zahlungseingänge dem Gründer sonst zur Verfügung stehen. So können Abfindungszahlungen des ehemaligen Arbeitgebers oder finanzielle Unterstützung aus dem Familienkreis die Finanzierungssituation des Gründers oftmals entscheidend erleichtern. Damit hat der Existenzgründer also auch den privaten Kapitalbedarf im Rahmen seiner Planungen zu berücksichtigen. Auf einen Einbezug kann verzichtet werden, wenn der Lebensunterhalt beispielsweise mit dem Einkommen des Partners oder der Eltern des Gründers mitbestritten wird.

Dauer und Gesamthöhe des Kapitalbedarfs für die den privaten Lebensunterhalt hängen entscheidend davon ab, wie lange der Gründer benötigt um mit seinem Unternehmen ausreichende Rückflüsse zu generieren, um damit sowohl die laufenden Betriebsmittel als auch seinen privaten Lebensunterhalt zu finanzieren. Dabei ist es keinesfalls ungewöhnlich, wenn dies einen Zeitraum von bis zu 4-6 Monaten oder gar mehr in Anspruch nimmt.

Für die Ermittlung des privaten Kapitalbedarfs ist es grundsätzlich unerheblich, in welcher Form ein Unternehmen gegründet wird, d.h. ob der Gründer als Freiberufler, Einzelunternehmer oder geschäftsführender Gesellschafter einer Kapitalgesellschaft tätig ist. Zur Analyse des Privatbedarfs sind alle privaten Zahlungsverpflichtungen einer genauen Überprüfung zu unterziehen. Dabei ist auch zu beachten, dass nicht alle Zahlungen monatlich anfallen, sondern ggf. auch quartalsweise oder jährlich zu leisten sind. Die folgende Abbildung 3.8 zeigt die Struktur einer entsprechenden Bedarfsrechnung über 6 Monate beispielhaft auf.

Praxistipp: Die Kosten des privaten Lebensunterhalts sind realistisch zu schätzen. Die Planung eines zu überbordenden Lebensstils sollte dabei vermieden werden. Zum einen steigt dadurch der Kapitalbedarf unnötigerweise an, zum anderen werden Kapitalgeber eine Planung mit hohen Kosten für einen luxuriösen Lebensstil nur selten als seriös erachten. Nichtsdestotrotz ist darauf zu achten, dass der tatsächliche Lebensunterhalt problemlos bestritten werden kann.

Privater Lebensunterhalt (laufende Kosten)	01/20XX EUR	02/20XX EUR	...	6/20XX EUR
I.Haushalt				
Miete			...	
Nebenkosten (Strom, Wasser, Heizung)			...	
Gebühren Telefon/Internet/TV				
Müllgebühren			...	
Lebensmittel			...	
Kraftstoff privater Pkw				
Medikamente				
Kinderbetreuung				
Mitgliedschaften (Vereine etc.)				
Sonderausgaben (Urlaub etc.)				
Summe Haushalt			...	
II.Versicherungen und Vorsorge				
Lebensversicherung			...	
Krankenversicherung			...	
Rentenversicherung			...	
Pflegeversicherung			...	
Unfallversicherung			...	
Haftpflichtversicherung			...	
Kfz-Versicherung				
Hausratsversicherung				
Rechtsschutzversicherung				
Summe Versicherung/Versorgung			...	
III.Sonstiges				
Unterhaltszahlungen				
Tilgung privater Darlehen				
Zinszahlungen				
Steuern (Kfz-Steuer etc.)				
Summe Sonstiges			...	
IV.PRIVATBEDARF GESAMT				

Abb. 3.8: Beispiel für die Planung laufender Kosten

3.3.4 Umfassende Kapitalbedarfsplanung

Die Planung des gesamten Kapitalbedarfs aus der Gründung setzt sich aus den einzelnen Teilplänen für Gründungskosten, Investitionsbedarf, Betriebsmittelbedarf und privatem Lebensunterhalt zusammen. Der daraus abgeleitete Kapitalbedarfsplan gibt somit einen Überblick über den gesamten Kapitalbedarf aus der Unternehmensgründung und dient als Grundlage für die notwendigen Überlegungen zur Finanzierung des Unternehmens.

> *Praxistipp: Wird der Kapitalbedarfsplan bereits in einem frühen Stadium sauber und strukturiert erarbeitet, kann er später auch problemlos für die Ansprache von Banken und Investoren verwendet werden.*

Wie bereits bei den einzelnen Teilplänen erwähnt, ist die Kapitalbedarfsplanung möglichst genau vorzunehmen. Es sollte jedoch auch darauf geachtet werden, dass der Mittelbedarf nicht zu knapp kalkuliert wird. Auf diese Weise kann Liquiditätsengpässen oftmals vorgebeugt werden. Vor allem bei langfristigen Kapitalbedarfsplanungen ist zudem darauf zu achten, dass eventuelle Änderungen der Rahmenbedingungen – zumindest für die interne Planung – berücksichtigt und angepasst werden.

Die Form des Kapitalbedarfsplans kann insbesondere hinsichtlich des Aufbaus sowie des Detaillierungsgrades zum Teil stark variieren. So können im Rahmen des Plans die einzelnen Bereiche umfänglich ausgeführt werden. Auf diese Weise resultiert zwar ein oft mehrseitiger Kapitalbedarfsplan, der dafür bei ordentlicher Pflege aber auch alle notwendigen Informationen zum Kapitalbedarf enthält. Aber auch eine reine Aggregation der Teilpläne zu einem knappen, zusammengefassten Kapitalbedarfsplan stellt keine Seltenheit dar. Ein derartig aggregierter Plan ist meist so angelegt, dass er die einzelnen Summenzeilen auf nur einer Seite zusammenfasst und damit – je nach Gliederungstiefe und Überschriftengestaltung – den Fokus auf bestimmte Bereiche lenken kann. Abbildung 3.9 zeigt ein Beispiel für einen aggregierten Kapitalbedarfsplan.

> *Praxistipp: Ein aggregierter Kapitalbedarfsplan kann im Rahmen der Dokumentation des Gründungsprojekts beispielsweise als Deckblatt für die detaillierten Einzelpläne verwendet werden und dem Kapitalgeber so einen ersten, strukturierten Überblick über den Kapitalbedarf vermitteln.*

Kapitalbedarfsplan	Gesamtbetrag EUR
I.Investitionsbedarfsplanung	
a)Gründungskosten	
b)Investitionsmittelbedarf	
- Immaterielles Vermögen	
- Sachanlagen	
- Finanzanlagen	
- Vorratsvermögen (erstmalig)	
Summe Investitionsbedarf	
II.Betriebsmittelbedarf (ca. 3-6 Monate)	
a)Produktbereich	
b)Personalbereich	
c)Sonstige Kosten	
d)Zinsen und Steuern	
Summe Betriebsmittelbedarf	
III.Privater Lebensunterhalt	
a)Haushalt	
b)Versicherungen und Vorsorge	
c)Sonstige	
Summe privater Lebensunterhalt	
IV.KAPITALBEDARF GESAMT	

Abb. 3.9: Beispiel für einen umfassenden Kapitalbedarfsplan

Mit dem umfassenden Kapitalbedarfsplan steht dem Existenzgründer nun eine erste Entscheidungs- und Kommunikationsgrundlage zur Verfügung, die auch potenziellen Kapitalgebern einen ersten Überblick über eventuell benötigte Mittel und die Sinnhaftigkeit der Geschäftsidee geben kann.

Allerdings ist dem Kapitalbedarfsplan noch nicht zu entnehmen, ob das Unternehmen in Zukunft rentabel arbeiten wird. Diese Frage ist im Rahmen einer betrieblichen Kosten- und Erfolgsplanung zu beantworten.

3.4 Betriebliche Kosten- und Erfolgsplanung

Beispiel

Da er in betriebswirtschaftlichen Sachverhalten nicht allzu bewandert ist, besucht Max Mustermann regelmäßig Praktikervorträge zu betriebswirtschaftlichen Themen, die an der örtlichen Fachhochschule von Herrn Prof. Wissenswert organisiert werden. Da er von den Vorträgen beeindruckt ist, spricht Mustermann den Hochschullehrer nach einem der Vorträge auf seine Situation an. Er erfährt dabei, dass im Rahmen der Existenzgründung neben dem Kapitalbedarf für die Gründung und die ersten Monate danach auch eine längerfristige Erfolgsplanung notwendig ist, in der der Gründer aus der Umsatzplanung und den geplanten Kosten der Unternehmenstätigkeit eine Erfolgsplanung ableitet. So ist nach Aussage des Professors zu beurteilen, welche Gewinnerzielungsmöglichkeiten das Geschäft eröffnet und ob mit dem Unternehmen nachhaltig Erfolge erwirtschaftet werden können.

Erfreut weist Mustermann seinen Gesprächspartner darauf hin, dass er bereits eine Umsatz- und eine Kapitalbedarfsplanung erstellt hat und somit die Erfolgsplanung ja bereits indirekt vorliegen würde. Amüsiert erklärt ihm der Hochschullehrer jedoch, dass im Rahmen der Erfolgsplanung – im Gegensatz zur Kapitalbedarfsplanung – nicht nur die tatsächlichen Zahlungen Berücksichtigung finden dürfen, sondern auch der sonstige Wertverzehr bzw. Wertzuwachs im Unternehmen. Als Beispiel für den Wertverzehr nennt er die Abschreibungen, die zwar eine Minderung des Vermögens der Unternehmung darstellen, aber zu keiner Auszahlung liquider Mittel führen. Dies leuchtet dem Existenzgründer durchaus ein.

Fasziniert von dieser für ihn neuen Sichtweise macht sich der Jungunternehmer auf den Weg nach Hause und beginnt noch am selben Abend mit der Planung der Erfolgsrechnung. Dabei erweist es sich für Mustermann als sehr hilfreich, dass er sich die Kontaktdaten von Prof. Wissenswert hat geben lassen, den er mehrfach per E-Mail zu Fragestellungen seine spezifische Unternehmenssituation betreffend kontaktiert.

Die Planung des Unternehmenserfolgs während einer bestimmten Periode, d.h. des Betriebsergebnisses der Unternehmung, setzt die Kenntnis der Erlöse des Unternehmens und dessen Kosten voraus. Dabei ist zu beachten, dass der Begriff der Kosten/Erlöse hier weiter gefasst ist als im Rahmen der Kapitalbedarfsplanung. Während der Kapitalbedarf anhand des geplanten Abflusses liquider Mittel errechnet wird, stellen Kosten im Sinne der Erfolgsplanung den betrieblich bedingten Wertverzehr im Unternehmen dar. Analog dazu definieren sich Erlöse als betrieblich bedingter Wertzuwachs im Unternehmen (vgl. ähnlich Heinhold [2010], S. 13 f.). Ein- und Auszahlungen stellen im Gegensatz dazu Zu- und Abflüsse an Geldmitteln dar und wirken sich daher sofort auf den Zahlungsmittelbestand des

Unternehmens aus. Unter dem Zahlungsmittelbestand sind sowohl die Barmittel der Unternehmung zu verstehen als auch das sog. Buchgeld, d.h. Bankguthaben etc. Ein typisches Beispiel für eine Auszahlung ist die Überweisung der Löhne und Gehälter an die Angestellten. Ein- und Auszahlungen sowie Kosten und Erlöse können sich demnach entsprechen, müssen es aber nicht. Ein typischer Aufwand sind – wie bereits im einleitenden Beispiel angedeutet – die Abschreibungen, also der Wertverzehr durch Abnutzung im Anlagevermögen. Abschreibungen mindern zwar den Wert des Vermögens und stellen somit Kosten dar, eine gleichzeitige Auszahlung liquider Mittel ist damit aber nicht verbunden. Ausgangspunkt für die Erfolgsplanung sind damit die im Rahmen der Kosten- und Erfolgsrechnung verwendeten Rechengrößen (vgl. dazu detailliert Kapitel 5.3), wobei als Erlösgröße i.d.R. auf die Umsatzerlöse fokussiert wird, deren Planung bereits in Abschnitt 3.2.3 dieses Kapitels dargestellt wurde.

3.4.1 Betriebliche Kostenplanung

Ein Großteil der Planung der betrieblichen Kosten wurde bereits vorab, nämlich bei der Betriebsmittelplanung (vgl. Abschnitt 3.3.2), vorgenommen. Allerdings wurden bei der Betriebsmittelplanung – dem Zweck der umfassenderen Kapitalbedarfsplanung entsprechend – nur solche Kosten berücksichtigt, die auch tatsächlich zu Auszahlungen führen. Wie bereits geschildert, sind für eine umfassende Planung der betrieblichen Kosten nun in einem weiteren Schritt auch Kosten zu planen, die eben nicht zu einer Auszahlung führen.

Um die Kosten angemessen planen zu können, muss der Unternehmer sich darüber klar werden, welche Kosten einem Produkt – also dem Verursachungsgrund für die Kosten (auch Kostenträger genannt) direkt zugerechnet werden können (Einzel- oder direkte Kosten) und welche Kosten nur indirekt, d.h. beispielsweise über Verteilungsschlüssel, auf ein Produkt umgelegt werden können (Gemein- oder indirekte Kosten). Diese Unterscheidung ist wichtig, da Einzelkosten sich in Abhängigkeit der Produktionsmenge entwickeln, wohingegen Gemeinkosten häufig unabhängig von der Zahl der produzierten Einheiten anfallen (vgl. Haberstock [2008], S. 57).

Stefan Schuster produziert Schuhsohlen aus Gummi. Dazu kauft er quadratische Gummischeiben ein, die er mit seiner Schneidemaschine zuschneidet. Die Materialkosten für die Gummischeiben stellen hier die den Gummisohlen (Produkt) direkt zurechenbaren Einzelkosten dar. Sie sind mengenabhängig, da umso mehr Gummischeiben benötigt werden, je größer die Produktionsmenge ausfällt. Die Abschreibung auf die Maschine (Annahme: lineare Abschreibung) bleibt hingegen gleich, unabhängig davon wie viele Gummisohlen auf der Maschine produziert werden.

---

a) Planung der Einzelkosten

Da die Einzelkosten im Regelfall einem Produkt bzw. einer Leistung direkt zuge-rechnet werden können, ist deren Planung im Wesentlichen vom Produktions-bzw. Leistungsprogramm des Unternehmens abhängig. Im Folgenden soll ein kurzer Überblick über gängige Einzelkostenbestandteile gegeben werden (vgl. ähnlich Schweitzer/Küpper [1998], S. 259 ff.).

– *Materialeinzelkosten*: Vor allem in Produktionsbetrieben stellen Materialeinzel-kosten einen wesentlichen Teil der anfallenden Kosten dar. Ihr Anfall wird von den in die Produktion bzw. Leistungserstellung einfließenden Materialien sowie etwaigen Abfallmengen bestimmt. Vor allem bei komplexeren Produk-ten oder Leistungen, in die eine Vielzahl an Materialien eingeht, dienen Stück-listen oder Rezepturen als Hilfsmittel bei der Prognose der Materialmengen. Die konkrete Kostenplanung wird schließlich durch Multiplikation der Mate-rialmengen mit den voraussichtlichen Materialeinkaufspreisen ermöglicht.

– *Fertigungseinzelkosten*: Die Einzelkosten des Fertigungsbereichs werden maß-geblich von den Lohnkosten dominiert und beziffern damit den Gegenwert der eingesetzten Arbeit. Die Planung der Fertigungseinzelkosten baut oftmals auf einer Analyse der einzelnen Arbeitsgänge bzw. Prozessschritte in der Fer-tigung auf. So kann z.B. eine weitergehende Unterteilung des Schichtbetriebs oder die Aufteilung eines Fertigungsprozesses in Rüst-, Bearbeitungs- und Ruhezeiten ein mögliches Instrument für eine möglichst genaue Kostenpla-nung darstellen.

– *Sondereinzelkosten*: Sondereinzelkosten kommen häufig im Fertigungs- oder Vertriebsbereich vor. Im Rahmen der Fertigung zählen hierzu spezielle Kos-ten wie Lizenzen, Spezialwerkzeuge oder Kosten für die Erstellung von Proto-typen. Meist ist eine direkte Zuordenbarkeit nur für ganze Produktgruppen möglich. Im Vertriebsbereich handelt es sich bei den Sondereinzelkosten in der Regel um Kosten wie Provisionen für Außendienstmitarbeiter, Verpa-ckungs- oder Versandkosten. Die Zuordnung zu einzelnen Produkten ist da-bei oft einfacher als bei den Sondereinzelkosten der Fertigung.

b) Planung der Gemeinkosten

Im Gegensatz zur Planung der Einzelkosten ist die Prognose der Gemeinkosten etwas komplizierter, da diese i.d.R. nicht in einem direkten Abhängigkeitsver-hältnis zur Anzahl der produzierten Produkte oder bereitgestellten Leistungen steht. Auch hierzu soll ein kurzer Überblick gegeben werden (vgl. ähnlich auch Schweitzer/Küpper [1998], S. 262 ff.).

– *Materialgemeinkosten*: Zu den Materialgemeinkosten zählt beispielsweise der Verbrauch von Hilfs- oder Betriebsstoffen, der im Regelfall aus Vereinfa-chungsgründen nicht direkt auf einzelne Produkte verrechnet wird. Stattdessen werden die Materialgemeinkosten meist anhand von Verbrauchsanalysen in Verbindung mit der Intensität und der Dauer der Anlagennutzung geplant oder noch einfacher als prozentualer Zuschlagssatz auf die Materialeinzelkosten verrechnet.

- *Fertigungsgemeinkosten:* Gehälter, Sozialkosten oder Hilfslöhne zählen gemeinhin zu den Fertigungsgemeinkosten, da sie grundsätzlich nicht direkt auf die Produkte/Leistungen des Unternehmens zugeordnet werden können. Auch hier werden verstärkt Untersuchungen des zeitlichen Umfangs von Arbeitsgängen etc. als Grundlage für die Kostenplanung eingesetzt. Ähnlich den Materialgemeinkosten erfolgt hier jedoch auch häufig eine Prognose anhand eines Zuschlags auf die korrespondierenden Einzelkosten.

- *Sonstige Gemeinkosten:* Eine ausführliche Kostenplanung beinhaltet in vielen Fällen eine noch deutlich weiterführende Untergliederung und Planung von Gemeinkostenbestandteilen, wie z.B. von Instandhaltungen/Reparaturen, kalkulatorischen Zinsen, Steuern, Versicherungen oder Abschreibungen. Dabei ist jeweils eine angemessene Bezugsgröße für die Gemeinkostenschätzung zu wählen, die zum einen in einem nachvollziehbaren Zusammenhang mit der zu schätzenden Größe steht und zum anderen selbst verlässlich prognostiziert werden kann.

Aufgrund ihrer in Produktionsbetrieben oftmals besonderen Bedeutung soll auf die Abschreibungen in einem thematischen Exkurs noch einmal gesondert und in detaillierter Art und Weise eingegangen werden.

c) Exkurs: Abschreibungen

Unter Abschreibungen versteht man den Betrag, der bei Gegenständen des Anlagevermögens (vgl. Kapitel 3.3.1) im Laufe der Nutzungsdauer durch die Abnutzung des Vermögensgegenstandes zu einem Wertverzehr führt. Auf diese Weise soll auch im Anlagevermögen eine Art Verbrauch des ursprünglichen Kaufpreises abgebildet werden. Abschreibungen stellen insbesondere aufgrund ihres oftmals signifikanten Umfangs im Unternehmen eine entscheidungsrelevante Größe dar. Sie sind zudem bei der Preisfindung für ein Produkt relevant, da sie vom Kunden mitgetragen werden müssen, um den Ersatz einer Maschine oder eines sonstigen Gegenstands des Anlagevermögens zu erwirtschaften, der durch die Nutzung im Rahmen der Produkt-/Leistungserstellung vollends abgenutzt wurde.

Praxistipp: Bei Investitionen in das Anlagevermögen hat der Unternehmer auch die Folgewirkungen aus der Investition, d.h. die auf den Anlagegegenstand entfallenden Abschreibungen und deren Ergebniseinfluss, zu berücksichtigen.

Die im Rahmen der Planung zu berücksichtigenden Abschreibungen sind stets planmäßige Abschreibungen bei Vermögensgegenständen, deren Nutzungsdauer zeitlich begrenzt ist und die somit einem laufenden Wertverzehr unterliegen. Dabei sind die Anschaffungs- oder Herstellungskosten des Vermögensgegenstandes auf die Anzahl von Jahren zu verteilen, in denen der Vermögensgegenstand voraussichtlich genutzt werden kann.

> **Praxistipp:** *Grundstücke (Grund und Boden) werden nicht planmäßig abgeschrieben, da hier von einer unbegrenzten Nutzungsdauer ausgegangen wird.*

Je nach verfolgter Zielsetzung (z.B. möglichst niedriger Gewinnausweis) kann der Unternehmer dabei versuchen, die Nutzungsdauer länger oder kürzer zu veranschlagen. Um hier jedoch einer willkürlichen Festlegung der Nutzungsdauern durch den Unternehmer (z.B. aus steuerlichen Gründen) vorzubeugen, hat die Finanzverwaltung in ihren sog. AfA-Tabellen Richtwerte veröffentlicht. Diese beruhen auf Erfahrungen aus der steuerlichen Betriebsprüfung und dienen als Anhaltspunkt für die Beurteilung der Angemessenheit der steuerlichen Absetzungen für Abnutzung (AfA). Sie orientieren sich an der tatsächlichen Nutzungsdauer eines Vermögensgegenstands in einem unter üblichen Bedingungen arbeitenden Betrieb. Allerdings kann in begründeten Ausnahmefällen auch auf abweichende Zeiträume zurückgegriffen werden, z.B. bei Nutzung einer Anlage im Mehrschichtbetrieb oder in Branchen, in denen eine Maschine verstärkter Nässe ausgesetzt ist. Die nachfolgende Tabelle zeigt beispielhaft einige der Anlagegüter aus den AfA-Tabellen mit ihrer dort angegebenen Nutzungsdauer.

Anlagegut	Jahre	Anlagegut	Jahre
Hallen in Leichtbauweise	14	Hochregallager	15
Traglufthallen	10	Transportcontainer r	10
Kühlhallen	20	Ladeneinbauten	8
Bierzelte	8	Lichtreklame	9
Silobauten aus Beton	33	Schaukästen/Vitrinen	9
Silobauten aus Stahl	25	Schienenfahrzeuge	25
Laderampen	25	Personenkraftwagen	6
Großrechner	7	Motorräder	7
Personalcomputer/Notebooks	3	Lastkraftwagen	9
Bohrhämmer/Presslufthämmer	7	Traktoren/Schlepper	12
Bohrmaschine mobil	8	Anhänger	11
Schweißgeräte und Lötgeräte	13	Omnibusse	9
Büromöbel	13	Kehrmaschine	9
Geschirrspülmaschine	7	…	…

Abb. 3.10: Auszüge aus den steuerlichen AfA-Tabellen

Der Abschreibungsbetrag, der über die Nutzungsdauer zu verteilen ist, entspricht dem Unterschiedsbetrag zwischen den ursprünglichen Anschaffungs- oder Herstellungskosten des Vermögensgegenstandes und einem eventuellen Restwert zum Zeitpunkt des Vermögensabgangs. Der Restwert ist dabei der Betrag, den ein Unternehmen zum Betrachtungszeitpunkt durch den Verkauf eines Vermögenswerts erzielen könnte, wenn dieser im Hinblick auf Zustand und Alter bereits am Ende der Nutzungsdauer angelangt wäre. Bei der Ermittlung der Anschaffungskosten ist zu beachten, dass vom Anschaffungspreis eventuelle Anschaffungspreisminderungen wie Rabatte, Skonti etc. abzuziehen sind, Anschaffungsnebenkosten wie Einfuhrzölle, nicht abzugsfähige Steuern, Transport- und Abwicklungskosten etc. sind hingegen hinzuzuzählen (vgl. detailliert auch Coenenberg/Haller/Schultze [2009], S. 94 ff.).

Praxistipp: Hohe Anschaffungskosten entlasten zwar durch die Aktivierung der Kosten das Ergebnis des Jahres der Anschaffung eines Vermögensgegenstandes, dafür wird jedoch das Ergebnis der Folgejahre stärker durch höhere Abschreibungen belastet. Auch die steuerlichen Effekte aus diesem Wirkungszusammenhang sind zu bedenken.

Die verwendete Abschreibungsmethode hat den erwarteten Nutzungsverlauf des Vermögenswerts widerzuspiegeln. Anwendbar sind grundsätzlich die lineare, die degressive und die leistungsabhängige Abschreibung. Die lineare Abschreibung verteilt den Abschreibungsbetrag eines Vermögenswerts zu gleichen Teilen über die Nutzungsdauer, wodurch jährlich ein konstanter Betrag abgeschrieben wird.

Die Schneider GmbH besitzt eine Maschine, die zu Anschaffungskosten von 50.000 EUR erworben wurde. Die Nutzungsdauer der Maschine beträgt 4 Jahre. Gemäß der linearen Abschreibungsmethode werden die Anschaffungskosten zu gleichen Teilen über die Nutzungsdauer verteilt. Damit ergibt sich ein jährlicher Abschreibungsbetrag von 12.500 EUR (50.000 EUR : 4 Jahre).

Jahr	Buchwert 01.01.	Abschreibung p.a.	Buchwert 31.12.
1	50.000 EUR	12.500 EUR	37.500 EUR
2	37.500 EUR	12.500 EUR	25.000 EUR
3	25.000 EUR	12.500 EUR	12.500 EUR
4	12.500 EUR	12.500 EUR	0 EUR

Bei der degressiven Abschreibung sinkt der jährliche Abschreibungsbetrag hingegen über die Nutzungsdauer. Dementsprechend ist die Jahresabschreibung zu Beginn der Nutzungsdauer höher als zu deren Ende. Damit wird die Tatsache abgebildet, dass v.a. neuwertige Wirtschaftsgüter zu Beginn der Nutzungsdauer oftmals einem erheblich höheren Wertverlust ausgesetzt sind als zu deren Ende. Im Gros der Fälle ergibt sich der degressive Abschreibungsbetrag als Prozentsatz – fix oder variabel – auf den Restbuchwert (vgl. zur geometrisch-/arithmetisch-degressiven Abschreibung Coenenberg/Haller/Mattner/Schultze [2009], S. 216 ff.).

Die im vorhergehenden Beispiel verwendete Maschine der Schneider GmbH (Anschaffungskosten 50.000 EUR) soll nun degressiv mit einem konstanten Abschreibungssatz von 25% über die vierjährige Nutzungsdauer abgeschrieben werden. Bei Anwendung der degressiven Abschreibung ergibt sich im letzten Jahr der Nutzungsdauer stets ein Restwert. Dieser wird regelmäßig im Rahmen einer Restwertabschreibung im letzten Jahr komplett abgeschrieben. Eine derartige Restwertabschreibung kann vermieden werden, indem während der Nutzungsdauer auf die lineare Abschreibung umgestellt wird.

Jahr	Buchwert 01.01.	Abschreibung p.a.	Buchwert 31.12.
1	50.000 EUR	12.500 EUR	37.500 EUR
2	37.500 EUR	9.375 EUR	28.125 EUR
3	28.125 EUR	7.031 EUR	21.094 EUR
4	21.094 EUR	21.094 EUR	0 EUR

Schließlich wird bei der leistungsabhängigen Abschreibung der jährliche Abschreibungsbetrag nach Maßgabe der Inanspruchnahme bestimmt. Mögliche Kriterien, anhand derer die Anlagenleistung gemessen werden kann, sind z.B. Stückzahlen, Maschinenstunden oder – im Falle von Fahrzeugen – die Fahrstrecken. Die Abschreibung errechnet sich dann anhand der im Geschäftsjahr in Anspruch genommenen Leistung im Verhältnis zur Gesamtleistung des Vermögenswerts, gerechnet auf dessen Anschaffungs-/Herstellungskosten.

Die zu Anschaffungskosten von 50.000 EUR erworbene Maschine der Schneider GmbH soll nun leistungsabhängig abgeschrieben werden. Dabei sei davon ausgegangen, dass die Stückzahl, die auf der Maschine insgesamt produziert werden soll, auf 250.000 Stück geschätzt wird. Zudem soll davon ausgegangen werden, dass im ersten Jahr 80.000 Stück produziert werden, im zweiten Jahr 100.000 Stück, im dritten Jahr 50.000 Stück und im vierten und letzten Jahr 20.000 Stück. Durch die Verteilung der Anschaffungskosten auf die erwartete Gesamtstückzahl ergibt sich ein Abschreibungsbetrag von 0,20 EUR pro Stück (50.000 EUR : 250.000 Stück), was zu folgender Buchwertentwicklung führt:

Jahr	Buchwert 01.01.	Abschreibung p.a.	Buchwert 31.12.
1	50.000 EUR	16.000 EUR	34.000 EUR
2	34.000 EUR	20.000 EUR	14.000 EUR
3	14.000 EUR	10.000 EUR	4.000 EUR
4	4.000 EUR	4.000 EUR	0 EUR

Die Kenntnis über die Zusammenhänge zwischen bestimmten Kostenarten ist für den Unternehmer wichtig, da er somit seine Kosten aus dem laufenden Betrieb deutlich genauer schätzen kann als ohne Differenzierung in unterschiedliche Einzel- und Gemeinkostenbestandteile. Von besonderer Bedeutung ist daher auch die Planung der Produktionsmenge und des Produktionsprogramms, die im weiteren Sinne teilweise bereits bei der Umsatzplanung Berücksichtigung gefunden haben. Vor allem bei Mehrproduktbetrieben erweist sich die Zuordnung der Kosten auf die einzelnen Produkte bzw. Kostenträger oftmals als äußerst schwierig. Hier erweist sich eine nachträgliche Kostenkontrolle meist als ein hilfreiches Instrument, um Abweichungen zwischen Ist- und Plan-Zahlen rechtzeitig erkennen und möglichst zeitnah Maßnahmen ergreifen zu können.

Praxistipp: Die Analyse von Abweichungen zwischen den geplanten und den tatsächlichen Kostenverläufen ermöglicht es dem Unternehmer, rechtzeitig auf ungünstige Entwicklungen zu reagieren. Eine derartige Analyse bzw. Kontrolle sollte idealerweise auf monatlicher Basis stattfinden.

3.4.2 Betriebliche Erfolgsplanung

Die betriebliche Erfolgsplanung bringt nun die Ergebnisse der Umsatzplanung und der betrieblichen Kostenplanung in einen Zusammenhang:

Erfolg = Umsatzerlöse – Kosten

Im Rahmen der Erfolgsplanung soll die Frage beantwortet werden, ob das Unternehmen im Rahmen seiner regulären Geschäftstätigkeit dazu in der Lage ist, nachhaltige Erfolge zu erzielen. Dabei ist zu berücksichtigen, dass der Unternehmer in vielen Fällen auf eine ausreichende Gewinnerzielung angewiesen ist, um die Kosten seiner privaten Lebenshaltung zu finanzieren. Dies gilt insbesondere für Rechtsformen, bei denen der Unternehmer kein reguläres Gehalt aus dem Betrieb vergütet bekommt. Die Schätzung eines solchen Mindestgewinns basiert auf den bereits ermittelten Ergebnissen zur Planung des privaten Kapitalbedarfs (vgl. Abschnitt 3.3.3). Jedoch ist auch an dieser Stelle eine längerfristig orientierte Sichtweise sinnvoll, nach der neben dem privaten Lebensunterhalt auch ausreichende Erfolge erzielt werden, um eine Erhaltung und Erweiterung des Geschäftsbetriebs aus eigener Kraft gewährleisten und eine angemessene Risikovorsorge treffen zu können.

> *Praxistipp: Auf lange Sicht muss das nachhaltige Betriebsergebnis sowohl den Lebensunterhalt des Unternehmers sichern als auch die Erhaltung/Erweiterung des Geschäftsbetriebs sowie eine angemessene Rücklagenbildung ermöglichen.*

Im Rahmen der Gründungsentscheidung ist in einem ersten Schritt bereits eine längerfristige Erfolgsplanung sinnvoll. Im Regelfall sollte diese mindestens 3 Jahre umfassen. Auf diese Weise wird ein weitläufiges Bild des Gründungsprojekts sichtbar, das verschiedene Effekte einbezieht. So wird beispielsweise der einmalige Ergebniseffekt der Gründungskosten abgebildet, der im Gründungsjahr oftmals zu einem negativen Gesamtergebnis führt. Aber auch etwaige finanzielle Belastungen aus dem Auslaufen von Förderprogrammen und der Kredittilgung werden hierbei aufgezeigt. Es ist in diesem Zusammenhang auch nicht verwunderlich, wenn das Unternehmen zu Beginn seiner Tätigkeit noch keine Gewinne erzielt. Dies ist neben den bereits beschriebenen Effekten aus Gründungskosten u.a. auch auf den noch vergleichsweise geringen Bekanntheitsgrad zurückzuführen. Allerdings sollte die geplante Ergebnisentwicklung über den mittelfristigen Zeithorizont von 3-5 Jahren eine eindeutig positive Tendenz aufweisen.

> *Praxistipp: Die Erfolgsplanung sollte zumindest im ersten Jahr auf Monatsbasis durchgeführt werden. In den Folgejahren kann oftmals auf Jahresbasis geplant werden.*

Um Mehrfacharbeit zu vermeiden, kann die Erfolgsplanung bereits wie eine handelsrechtliche Gewinn- und Verlustrechnung (vgl. Kapitel 5.2.6) gegliedert werden. Dabei kann es jedoch vorkommen, dass für die interne Unternehmensplanung zum Teil andere Ansatz- und Bewertungsregeln zur Anwendung kommen als nach den handelsrechtlichen Vorschriften vorgeschrieben.

Je nach Tätigkeitsfeld des Unternehmens kann es sinnvoll sein, eine oder mehrere Kostenpositionen separat zu zeigen, so z.B. den Material-/Wareneinsatz mit dem Rohgewinn I und die Personalkosten mit dem Rohgewinn II (vgl. definitorisch zu Wareneinsatz, Roh-/Reingewinn Coenenberg/Haller/Mattner/Schultze [2009], S. 127 f.). Die folgende Tabelle zeigt beispielhaft den Aufbau eines Erfolgsplans über drei Jahre, wobei das erste Jahr monatsgenau geplant wird.

Erfolgsplanung	01/20X1 EUR	...	12/20X1 EUR	20X1 EUR	20X2 EUR	20X3 EUR
Umsatzerlöse						
+ Sonstige Erlöse		...				
= *Gesamterlöse*		...				
- Waren-/Materialeinsatz		...				
= *Rohgewinn I*		...				
- Personalkosten		...				
= *Rohgewinn II*		...				
- Abschreibungen						
- Raumkosten		...				
- Energiekosten		...				
- Versicherungen		...				
-		...				
- sonstige Kosten		...				
= *Reingewinn v. Steuern*		...				
- Steuern		...				
= *Reingewinn*		...				

Abb. 3.11: Beispiel für einen Erfolgsplan über 3 Jahre

Bei der Erstellung des Erfolgsplans ist zu beachten, dass die Werte jeweils ohne Berücksichtigung von Mehrwertsteuer zu erfassen sind, da diese einen durchlaufenden Posten im Unternehmen darstellt.

3.4.3 Die Gewinnschwelle

Ein im Hinblick auf die Erfolgsplanung oftmals als zentral angesehener Aspekt ist die sog. Gewinnschwelle. Die Gewinnschwelle (engl. *Break-Even-Point*) gibt Auskunft darüber, ab welcher Menge an verkauften Gütern alle Kosten gedeckt werden und somit tatsächlich ein Gewinn erzielt wird. Um auf diese Frage eine Antwort finden zu können, müssen dem Unternehmer jedoch einige Einflussgrößen auf das Verhältnis von Erlösen und Kosten bekannt sein (vgl. dazu ausführlich Coenenberg/Fischer/Günther [2009], S. 301 ff.):

— der Verkaufspreis pro Stk. (p) abzüglich eventueller Rabatte oder sonstiger Erlösschmälerungen,

— die Fixkosten der Periode (K_{fix}), d.h. die von der Produktionsmenge unabhängigen Kosten (z.B. Abschreibungen, Mieten, Versicherungen, Gehälter etc.),

- die variablen Stückkosten (k_{var}), die sich mit einer Änderung der Produktionsmenge ebenfalls ändern (z.B. Material, Akkordlohn etc.), und
- die Absatzmenge (x), d.h. die Menge an verkauften Gütern, die als Zielgröße in dieser Berechnung dient.

Bei der Gewinnschwellenanalyse wird nun die Absatzmenge gesucht, bei der die Umsatzerlöse gerade die angefallenen Kosten decken. Demnach kann folgender Zusammenhang in der abgebildeten Gleichung unterstellt und die Gleichung nach der Absatzmenge (x) aufgelöst werden:

$$\text{Gewinn} = (p \cdot x) - (k_{var} \cdot x) - K_{fix} = 0$$

$$x = \frac{K_{fix}}{(p - k_{var})}$$

Der Unternehmer Peter Pappenstiel verkauft Schmieröl aus eigener Produktion für 3,50 EUR pro Liter. Seine fixen Kosten, die vor allem auf Abschreibungen aus seinen Produktionsanlagen und Gebäuden, Gehälter und Versicherungsprämien zurückzuführen sind, belaufen sich auf 250.000 EUR pro Jahr. Des Weiteren fallen pro produziertem Liter Schmieröl variable Kosten für in das Produkt eingehende Roh- und Hilfsstoffe sowie den Energieverbrauch der Produktionsanlagen 3,00 EUR pro Liter an.

$$x = \frac{K_{fix}}{(p - k_{var})} = \frac{250.000 \, \text{EUR}}{(3,50 \, \text{EUR/l} - 3,00 \, \text{EUR/l})} \times = 500.000 \, \text{l}$$

Kostenseitig bedeutet dies, dass bei einer Absatzmenge von 500.000 l Gesamtkosten von 1.750.000 EUR entstehen, davon 250.000 EUR fixe und 1.500.000 EUR (500.000 l x 3,00 EUR) variable Kosten. Diesen steht im Bereich der Gewinnschwelle (*Break-Even-Point*) exakt der gleiche Betrag an Umsätzen (500.000 l x 3,5 EUR = 1.750.000 EUR) gegenüber. Demnach muss Peter Pappenstiel 500.000 Liter Schmieröl verkaufen, um kostendeckend zu arbeiten. Allerdings hat er dann im Regelfall noch nichts für seinen privaten Lebensunterhalt verdient. Die Zusammenhänge in der Gewinnschwellenanalyse können natürlich auch graphisch dargestellt werden (vgl. dazu Abbildung 3.12).

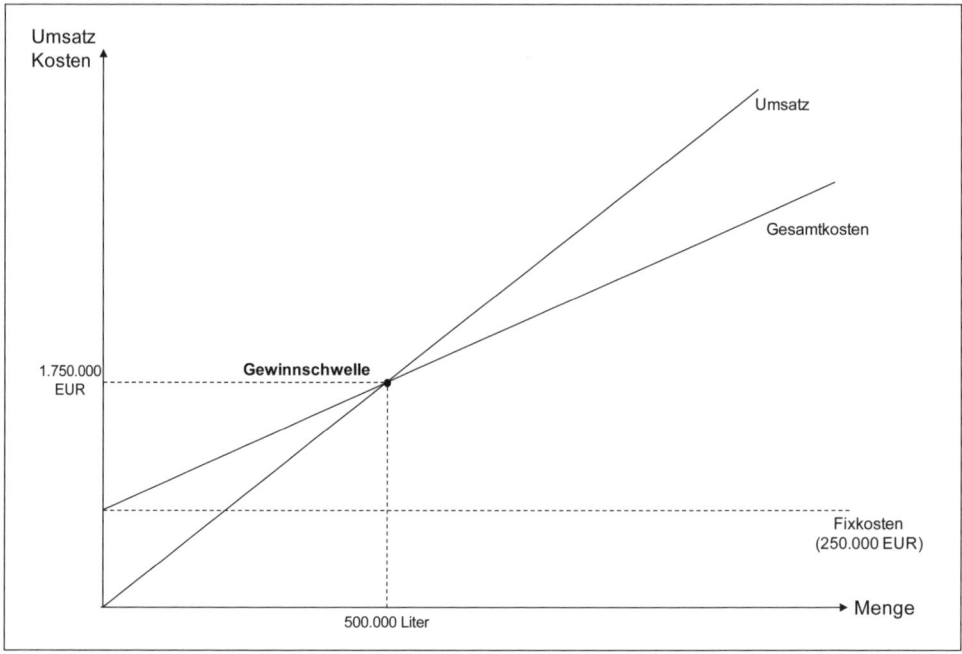

Abb. 3.12: Gewinnschwellenanalyse
(in Anlehnung an: Coenenberg/Fischer/Günther [2009], S. 305)

Bei der Analyse der Gewinnschwelle ist zu beachten, dass diese lediglich auf die Variable „Absatzmenge" ausgerichtet ist. Andere Faktoren, wie z.B. Lagerbestandsänderungen oder preisbezogene Größen bleiben hingegen unberücksichtigt; Kosten- und Erlösfunktionen werden als linear verstanden. Die hier vorgestellte Analyse fußt grundsätzlich auf einer Ein-Produkt-Betrachtung, sie kann jedoch auch zu einer Mehr-Produkt-Betrachtung erweitert werden.

Schließlich ist zu bedenken, dass die Gewinnschwelle zwar einen strategisch bedeutsamen Punkt für den Erfolg des Unternehmens darstellt, für die Entscheidungsfindung aber vielmehr die Frage nach der Realisierbarkeit der notwendigen Absatzmenge im Mittelpunkt steht.

Praxistipp: Zwar zeigt die Gewinnschwelle, welche Absatzmenge zur Gewinnerzielung mindestens notwendig ist. Wichtig ist aber, ob diese tatsächlich erreicht werden kann.

3.5   Finanzierungsstruktur und Mittelherkunft

Beispiel

Max Mustermann hat sich inzwischen mit dem Kapitalbedarf in der Gründungsphase befasst. Er kommt zu dem Ergebnis, dass er in den ersten 6 Monaten seines Geschäftsbetriebes Kapital in Höhe von 600.000 EUR benötigt.
Ihm selbst stehen rund 200.000 EUR in Form eigener Ersparnisse zur Verfügung. Auch hat ihn der Bankberater bei seiner Hausbank darauf hingewiesen,
dass für seinen etwaigen Fremdkapitalbedarf eine Kreditwürdigkeitsprüfung
unumgänglich ist.

Im Zuge der Vorbereitungen für eine Prüfung seiner wirtschaftlichen Verhältnisse trägt Mustermann die notwendigen Daten zu seinem Vermögen zusammen. So stehen ihm neben einem von seinen Eltern geerbten Wohnhaus
auch eine Kapitallebensversicherung sowie ein Aktienpaket zur Verfügung,
die als Sicherheit für eine Kreditgewährung dienen können.

Im Gespräch mit einem Gründungsberater erfährt Mustermann schließlich auch, dass sogenannte Beteiligungsgesellschaften oftmals Eigenkapital
in innovative Start-ups investieren und dafür meist keine Sicherheiten notwendig sind. Nun steht der Gründer vor der Frage, wie er sein junges Unternehmen am besten finanzieren soll.

Grundsätzlich steht dem Unternehmensgründer neben der Finanzierung seines
Geschäfts durch Eigenmittel auch die Möglichkeit der Fremdfinanzierung offen.
Während manche Gründer den Weg zur Hausbank scheuen und verstärkt auf
den Einsatz eigener Finanzmittel setzen, wird insbesondere in technologieorientierten und kapitalintensiven Branchen ein hoher Fremdkapitalanteil in Kauf genommen. Im Regelfall ist die Eigenkapitalausstattung der Gründer eher begrenzt,
was sich nicht zuletzt auf die Geschwindigkeit und die Dynamik des Unterneh-
menswachstums auswirkt. Allerdings senkt der Einsatz von Eigenmitteln im Gegenzug das Risiko einer Überschuldung des Unternehmens.

*Praxistipp: Eine Existenzgründung ohne Eigenkapital ist ein sehr riskantes Unterfan-
gen. Der Einsatz eines hohen Eigenkapitalanteils ist anzuraten. Als Faustregel für die
Finanzierung gilt: **Der Eigenkapitalanteil sollte mindestens 20% betragen!***

Auch die Finanzierung des Unternehmens funktioniert natürlich nicht ohne bestimmte Regeln. Eine besonders wichtige Regel ist dabei die goldene Finanzierungsregel. Sie stützt sich maßgeblich auf den Grundsatz der sog. Fristenkon-
gruenz und besagt, dass die Dauer der Kapitalüberlassung durch den Kapitalgeber und die Dauer der Kapitalbindung im Unternehmen möglichst deckungs-
gleich sein sollten. Probleme ergeben sich demnach, wenn das Kapital im

Unternehmen länger gebunden ist als es seitens der Kapitalgeber zur Verfügung gestellt wird. Vor allem in der Gründungsphase kommt der goldenen Finanzierungsregel eine hohe Bedeutung zu. Da die Umsetzung der Regel bzw. die Zuordnung von Kapital zu Vermögen oftmals schwer umzusetzen ist, bedient sich die Unternehmenspraxis zweier vereinfachter Vorgaben (vgl. auch Perridon/Steiner [2007], S. 544):

$$\textit{Finanzierungsregeln:} \quad \frac{\text{langfristiges Vermögen}}{\text{langfristiges Kapital}} \leq 1$$

$$\frac{\text{kurzfristiges Vermögen}}{\text{kurzfristiges Kapital}} \geq 1$$

Damit dienen die Finanzierungsregeln insbesondere der Erhaltung der Liquidität im Unternehmen. Einen ähnlichen Sachverhalt regelt zudem die goldene Bilanzregel. In der engen Auslegung besagt diese Regel, dass das Anlagevermögen des Unternehmens stets durch Eigenkapital und langfristiges Fremdkapital gedeckt sein sollte. Die weiter gefasste Regelung stellt neben dem Anlagevermögen zudem auf den längerfristig gebundenen Teil des Umlaufvermögens ab.

$$\textit{Goldene Bilanzregeln:} \quad \frac{\text{Eigenkapital} + \text{langfristiges Fremdkapital}}{\text{Anlagevermögen}} \geq 1$$

$$\frac{\text{Eigenkapital} + \text{langfristiges Fremdkapital}}{\text{Anlagevermögen} + \text{langfristiges Umlaufvermögen}} \geq 1$$

Daneben existiert zudem eine Reihe von Kennzahlen, die im Rahmen der Analyse der Unternehmenszahlen Aussagen über Deckungsgrade, Vermögensbindung, Umschlagshäufigkeiten oder die Liquidität eines Unternehmens ermöglichen (vgl. dazu vertiefend z.B. Coenenberg/Haller/Schultze [2009], S. 1013 ff.).

3.5.1 Finanzierung durch Eigenkapital

Als Eigenkapital werden grundsätzlich Mittel verstanden, die der Gründer persönlich und langfristig in das Unternehmen einbringt. Dies können z.B. private Ersparnisse und finanzielles Vermögen, aber auch Vermögenswerte wie ein Gebäude oder ein Auto und sogar eigene Leistungen (z.B. Renovierungsarbeiten) sein. Wird das Unternehmen von mehr als nur einem Inhaber gegründet, ist natürlich auch das Haftungskapital der anderen Teilhaber Eigenkapital. Eigenkapital ist nicht verzinslich sondern wird durch den Gewinn vergütet, der anteilig an die Gesellschafter des Unternehmens ausgeschüttet wird. Für die damit einhergehenden Chancen auf Gewinnausschüttungen geht der Eigenkapitalgeber aber auch das Risiko ein, im Insolvenzfall seine gesamte Kapitaleinlage zu verlieren. In bestimmten Rechtsformen ist die Eigenkapitalgewährung auch mit einem Anspruch auf Teilhabe an der Unternehmensführung verbunden (vgl. Kapitel 4.1). Grundsätzlich kann man sowohl Vorteile für eine hohe als auch für eine niedrige Eigenkapitalausstattung anführen.

Vorteile **hohes** Eigenkapital (EK)	Vorteile **niedriges** Eigenkapital (EK)
- höhere Unabhängigkeit/Flexibilität	- EK-Beschaffung ist oft schwierig
- Überschuldungsrisiko geringer	- EK-Geber erwarten Renditen
- i.d.R. keine zeitliche Begrenzung	- EK verbrieft meist Mitspracherechte
- Zins-/Tilgungszahlungen entfallen	- ggf. hohe Rücklagenbildung notwendig

Abb. 3.13: Vorteile hoher bzw. niedriger Eigenkapitalausstattung

Je nach Unternehmensform wird das Eigenkapital bei Einzelunternehmern oder Personenhandelsgesellschaften durch Einzahlung der Unternehmer bzw. Gesellschafter zugeführt. Im Falle einer GmbH erfolgt die Finanzierung über die Einzahlung des Stammkapitals in die Gesellschaft, bei einer Aktiengesellschaft durch Einzahlung des Grundkapitals. Ist der Emissionspreis höher als der Nennbetrag, wird die Differenz in die Kapitalrücklage eingestellt.

Aber auch die Darstellung des Eigenkapitals in den Büchern variiert je nach Gesellschaftsform. So zeigen Einzelunternehmen und Personenhandelsgesellschaften regelmäßig nur die Kapitalkonten der Gesellschafter, während Kapitalgesellschaften neben dem gezeichneten oder Nominalkapital verschiedene Rücklagen (Kapitalrücklage, Gewinnrücklagen) ausweisen. Diese speisen sich aus einem eventuellen Aufgeld beim Erwerb der Gesellschaftsanteile (Kapitalrücklage) oder aus dem Ergebnis des Unternehmens nach Steuern (Gewinnrücklagen). Auch werden hier Gewinn-/Verlustvorträge verrechnet. Es besteht jedoch auch die Möglichkeit, dass sich ein Investor am Unternehmen beteiligt.

a) Private Equity
Unter dem Begriff des Private Equity versteht man im heutigen Sprachgebrauch grundsätzlich die Einbringung von Eigenmitteln im Sinne von Beteiligungskapital. Oftmals wird der Begriff noch enger ausgelegt und auf rein institutionelle Investoren wie z.B. Versicherungen, Fonds oder Stiftungen begrenzt (vgl. Gräfer/Schiller/Rösner [2011], S.112). Allerdings soll im Rahmen der folgenden Ausführungen Private Equity nicht auf institutionelle Investoren beschränkt werden. Je nachdem, in welcher Phase des Lebenszyklus einer Unternehmung die Beteiligungsgesellschaft sein Engagement im Unternehmen beginnt, kann zwischen verschiedenen Formen der Private Equity-Finanzierung unterschieden werden. Abbildung 3.14 stellt dies überblicksartig dar.

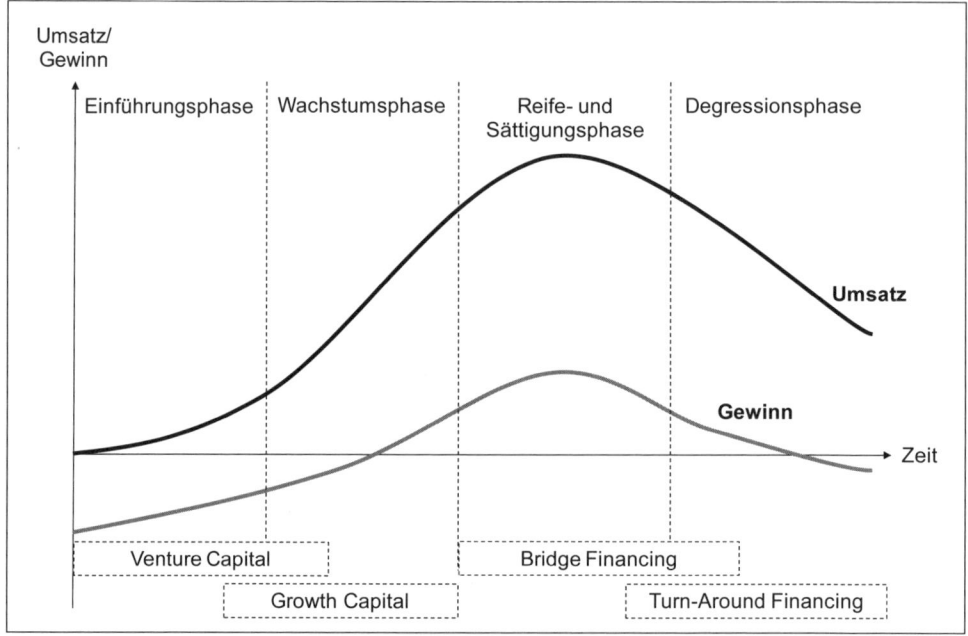

Abb. 3.14: Finanzierung in den Phasen des Lebenszyklus eines Unternehmen
(vgl. ähnlich: Gräfer/Schiller/Rösner, S. 112)

a.1) Venture Capital

Oftmals stellen sogenannte Venture-Capital-Gesellschaften jungen Unternehmen Risikokapital zur Verfügung. Dieses Risiko- oder Wagniskapital stellt außerbörsliches Beteiligungskapital dar, mit dem sich die Venture-Capital-Gesellschaft an jungen Unternehmen beteiligt, die meist in sehr risikoreichen Branchen tätig sind. Häufig sind dies innovative, technologieorientierte Branchen mit einem hohen Kapitalbedarf und hohem Erfolgsrisiko, wie beispielsweise die Biotechnologie.

Im Gros der Fälle wird das Risikokapital dem Unternehmen in Form einer Einlage in das haftende Eigenkapital zugeführt. Die Beteiligungsgesellschaft erhält dafür eine Beteiligung an dem Unternehmen (normalerweise < 50%), die während der Laufzeit der Einlage eine feste Verzinsung abwirft oder am Ergebnis der Gesellschaft teilhat.

Beteiligungsgesellschaften können seitens privater Investoren bestehen, die sich in risikoreichen Branchen mit ihrem Engagement hohe Renditen erhoffen. Aber auch im Bankenbereich existieren derartige Gesellschaftsformen, die über Investmentfonds das Kapital der Anleger investieren. Auch hier steht das Wachstums- und Renditepotenzial der Unternehmen im Mittelpunkt des Interesses. Schließlich existieren aber auch Beteiligungsgesellschaften unter Mitwirkung der öffentlichen Hand, deren Augenmerk primär auf die Förderung bestimmter Industriezweige gerichtet ist (vgl. Kapital 3.6).

> **Praxistipp:** *Oft ist eine komplexe Antragstellung nötig, um eine Finanzierung über Venture-Capital zu erhalten. Ein spezialisierter Unternehmensberater kann dem Gründer oftmals bei der Suche nach passenden Angeboten behilflich sein.*

Der Vorteil dieser Finanzierungsform ist, dass bei der Finanzierung durch einen Venture-Capital-Geber regelmäßig keine Sicherheiten für die Finanzierungszusage nötig sind. Zudem stellen manche Risikokapitalgeber dem Unternehmer betriebswirtschaftliches Know-How zur Verfügung, um den oftmals unerfahrenen Jungunternehmer beim erfolgreichen Aufbau des Geschäftsbetriebs zu unterstützen. In diesem Zusammenhang wird teilweise auch von intelligentem Kapital (sog. „Smart Capital") gesprochen. Damit kann der Kapitalgeber ggf. aktiv in die Geschäftstätigkeit des Jungunternehmens eingebunden werden. Dies kann zwar durchaus positive Effekte haben, wie beispielsweise die Einbindung in bestehende Netzwerke der Beteiligungsgesellschaft oder die Vermittlung von qualifiziertem Personal, dem Unternehmensgründer muss jedoch auch bewusst sein, dass er im Gegenzug gewisse Freiheitsgrade aufgibt und dem Kapitalgeber meist umfangreiche Informations-, Kontroll- und Mitspracherechte einräumt.

Im Hinblick auf die Risikokapital-Finanzierung existieren in der Regel verschiedenen Phasen und Anlässe, die im Folgenden kurz dargestellt werden sollen. In der Gründungsphase (Seed-Phase) eines Unternehmens erfolgt die erstmalige Umsetzung der ursprünglichen Geschäftsidee. Die Idee wird dabei zu einem Konzept entwickelt, der Business Plan wird erstellt und es wird ggf. ein Prototyp oder ein Produktmuster produziert. Das Risiko ist in der Seed-Phase besonders hoch, da normalerweise noch kein marktreifes Produkt vorliegt und das zur Verfügung stehende Kapital des Unternehmens meist in Forschung und Entwicklung fließt. Steigt ein Venture-Capital-Geber in dieser Phase ein, ist dies aufgrund des hohen Risikos oft mit einer hohen Beteiligungsquote verbunden.

Die Frühentwicklungsphase (Early-Stage) eines Unternehmens zeichnet sich meist dadurch aus, dass das Produkt zur Serienreife entwickelt wird. Hierfür sind in der Regel Produkttests oder Studien nötig. Kapital fließt regelmäßig aber auch in das Marketing oder den Aufbau von Fabrikationskapazitäten und Organisationsstrukturen. Mit der sinkenden Unsicherheit hinsichtlich der Produktreife sinkt auch das unternehmerische Risiko. Eine erfolgreiche Markteinführung ist aber auch in dieser Phase noch kaum absehbar.

In der Wachstumsphase (Later-Stage) des Unternehmens, nach der Markteinführung, erzielt das Unternehmen mit dem Produkt erste Umsätze am Markt und offenbart weitere Erfolgspotenziale. Kapitalbedarf resultiert in dieser Phase des Unternehmens aus der Notwendigkeit für Kapazitätserweiterungen und Ausbau der Absatzwege. Aufgrund des gegenwärtigen Erfolgs ist das Risiko für den Kapitalgeber vergleichsweise gering. Daher wird er für einen eher geringen Anteil am Unternehmen einen relativ hohen Preis zahlen.

a.2) Growth Capital
Wachstumskapital wird meist an junge Unternehmen begeben, die sich zwar bereits am Markt etabliert haben, deren oftmals schnelles Wachstum aber nicht umfassend durch die oftmals noch eingeschränkten Möglichkeiten zur Aufnahme von Fremdkapital finanziert werden kann. Hier ergeben sich starke Überschneidungen zur Finanzierung in der Later-Stage der Risikokapitalfinanzierung.

a.3) Bridge Financing
Da Unternehmensgründungen selten die Rechtsform einer AG oder einer KGaA haben, kann auch der Gang an die Börse eine Option für das Unternehmen sein. Da hierfür jedoch bestimmte Zulassungsvoraussetzungen zu erfüllen und verschiedenste Voraussetzungen einzuhalten sind, wird in der sog. Überbrückungsphase (Bridge-Phase) der Börsengang vorbereitet und der Börsenprospekt erstellt. Hierbei handelt es sich bereits um die Vorbereitung eines Rückzugs des Kapitalgebers aus dem Unternehmen. Oftmals findet eine derartige Überbrückungsfinanzierung in der Reife- oder Sättigungsphase des Unternehmens statt.

a.4) Turn-Around Financing
Es kann aber auch vorkommen, dass sich Unternehmen nicht in der gewünschten Weise entwickeln. Insbesondere in der Degenerationsphase des Lebenszyklus ist dieses Phänomen verstärkt zu beobachten. Das Unternehmen stürzt somit in eine wirtschaftliche Krisensituation und eine Trendumkehr wird notwendig. In dieser Phase stellt der Private Equity-Geber neben finanziellen Mitteln oftmals auch (Sanierungs-)Know-How und seine meist weitläufigen Kontakte zur Verfügung, um das Unternehmen aus der Krise zu führen.

a.5) Exit
Das Beteiligungsverhältnis mit der Beteiligungsgesellschaft ist i.d.R. auf 3-7 Jahre angelegt. Der Ausstieg (Exit) des Kapitalgebers kann auf vielfältige Art und Weise erfolgen. Eine vergleichsweise häufig angestrebte und bekannte Ausstiegsform ist der Börsengang (Initial Public Offering). Dabei verkauft der Kapitalgeber seine Anteile am Markt und erzielt damit in der Regel eine gute Rendite. Die vom Unternehmer oftmals favorisierte Alternative für den Exit des Private Equity-Gebers ist hingegen der Unternehmensrückkauf (Company-Buy-Back). Dabei erwirbt der Unternehmer die Anteile der Beteiligungsgesellschaft an seinem Unternehmen zurück. Aber auch die Übernahme des Unternehmens durch ein externes Management (Management-Buy-Out) oder ein anderes Unternehmen, meist aus derselben oder einer verwandten Branche, stellen übliche Ausstiegsvarianten dar.

b) Privatinvestoren/Business Angels

Eine weitere Möglichkeit Eigenkapital zu akquirieren stellen sog. Business Angels dar. In der Regel handelt es sich dabei um Privatpersonen, die den Existenzgründer nicht nur mit einer Kapitaleinlage, sondern auch mit Know-how und Kontakten aus ihrem Netzwerk unterstützen. Business Angels sind oder waren meist selbst Unternehmer oder Manager und haben somit regelmäßig weitreichende Managementerfahrung. Um möglichst nutzbringend agieren zu können, steigen Business Angels in der Regel bereits sehr früh in das zu betreuende Unternehmen ein. Business Angels organisieren sich oftmals in Netzwerken, wie z.B. dem Business Angels Netzwerk Deutschland. Der Unterschied zum Gros der Venture-Capital-Gesellschaften liegt darin, dass sich diese oftmals zu einem deutlich späteren Zeitpunkt an einem Unternehmen beteiligen und – je nach Ausgestaltung der Beziehung – ggf. weniger Einfluss auf die Tätigkeit des Unternehmens nehmen.

c) Voraussetzungen für die Zusammenarbeit

Eine der wichtigsten Voraussetzungen für die Zusammenarbeit mit Eigenkapitalgebern ist, dass sich der Unternehmensgründer gegenüber dem Kapitalgeber stets als Partner auf Augenhöhe betrachtet. Auf diese Weise vermittelt er dem Finanzierungspartner nicht nur Handlungsbereitschaft und unternehmerische Qualitäten, er festigt damit auch seine Verhandlungsposition in den Finanzierungsverhandlungen. Aber auch die Auswahl der potenziellen Investoren und die Vorbereitung des Akquisitionsprozesses sind wichtige Schritte auf dem Weg zum Beteiligungskapital. Auch wenn es für den Existenzgründer oftmals mühsam ist, sollten stets mehrere Investoren bzw. Beteiligungsgesellschaften angesprochen werden. Dadurch eröffnet sich dem Jungunternehmer zum einen die Möglichkeit verschiedene Finanzierungsalternativen zu vergleichen, zum anderen lernt er die unterschiedlichen Schwerpunkte der Gesellschaften und den Bürokratisierungsgrad in der Bearbeitung der Anfragen kennen.

Da Investoren bzw. Beteiligungsgesellschaften im Regelfall ein mehrjähriges Engagement im Unternehmen planen, sollte die Auswahl des Kapitalgebers wohlüberlegt sein. Dabei sind dessen Erfahrungen und Kontakte als genauso wichtig einzustufen wie die Vertrauenswürdigkeit oder die Bandbreite zur Verfügung stehender Beteiligungsbeträge.

> *Praxistipp: Der Gründer sollte die Auswahl des Kapitalgebers nicht überstürzen. Da die Zusammenarbeit meist über einen längeren Zeitraum angelegt ist, müssen möglichst optimale Rahmenbedingungen für ein erfolgreiches Engagement des Kapitalgebers gefunden werden.*

Im Rahmen des Prozesses zur Akquise eines Eigenkapitalgebers ist es zudem äußerst wichtig, dass der Jungunternehmer sich gewissenhaft mit den Anforderungen des Kapitalgebers auseinandersetzt. Dies gilt beispielsweise für den regelmäßig geforderten Business Plan, die Präsentation der Geschäftsidee und des Gründungskonzepts oder die Datenbereitstellung im Rahmen der Prüfung der Unterlagen (sog. Due Diligence). Schließlich darf sich der Unternehmer von einer Ablehnung eines Kapitalgebers nicht entmutigen lassen. Vielmehr muss er versuchen die Gründe für den Negativbescheid zu eruieren und daraus Lehren für andere Finanzierungsprojekte zu ziehen.

3.5.2 Finanzierung durch mezzanines Kapital

Der Begriff des Mezzanine-Kapital oder der Mezzanine-Finanzierungen leitet sich aus dem Bereich der Architektur ab und bedeutet so viel wie Zwischengeschoss. In finanzwirtschaftlicher Hinsicht beschreibt der Begriff daher Finanzierungsformen, die in Bezug auf ihre Ausgestaltung – rechtlich und/oder wirtschaftlich – eine Mischform zwischen bilanziellem Eigen- und Fremdkapital darstellen. Mezzanine Finanzierungsinstrumente können je nach Gestaltung sowohl stärkeren Eigenkapital-Charakter (Equity Mezzanine) als auch stärkeren Fremdkapital-Charakter besitzen (Debt Mezzanine), was bereits Hinweise auf die hohe Flexibilität in der Strukturierung dieser hybriden Instrumente gibt.

> *Praxistipp: Da hybride Finanzierungsinstrumente komplexe Strukturen aufweisen können, ist vor Aufnahme entsprechender Instrumente die vertragliche Ausgestaltung genauestens zu prüfen und mit den Zielen abzugleichen, die der Unternehmer mit der entsprechenden Finanzierungsform verfolgt.*

Meist sind mezzanine Finanzierungsinstrumente – bei befristeter Laufzeit – nachrangig gegenüber Fremd-, jedoch vorrangig gegenüber Eigenkapital. Im Hinblick auf das Risiko-Rendite-Verhältnis ist Mezzanine-Kapital regelmäßig so ausgestaltet, dass sowohl Risiko als auch Renditechancen verglichen mit der Fremdkapitalverzinsung deutlich höher sind. Ein Vorteil mezzaniner Finanzierung liegt z.B. darin, dass langfristiges Kapital ohne Auswirkungen auf die Stimmrechtsverteilung aufgenommen werden kann. Im Folgenden sollen einige Instrumente mezzaniner Finanzierung kurz umrissen werden (vgl. dazu exemplarisch Brezski et al. [2006], S. 25 ff.):

– *Gesellschafterdarlehen* sind Darlehen, die der Gesellschafter eines Unternehmens dem Unternehmen gewährt. Die Stellung des Gesellschafters im Unternehmen wird davon nicht beeinträchtigt.

– *Gewinnschuldverschreibungen* sind verzinsliche Wertpapiere, die eine fixe Verzinsung mit einem variablen Anspruch auf einen Gewinnanteil verbinden. Im Regelfall ist der Gewinnanteil an eine zu erreichende Dividende geknüpft.

– *Nachrangdarlehen* zeichnen sich dadurch aus, dass sie im Vergleich zu anderen, vorrangigen Darlehen nachrangig bedient werden. Dies bedeutet, dass z.B. im

Insolvenzfall zuerst die vorrangigen Verbindlichkeiten beglichen werden. Der Darlehensgeber trägt bei einem Nachrangdarlehen also ein höheres Risiko, wofür das Darlehen meist jedoch auch höher verzinst wird. Auch ist der Darlehensnehmer hier oftmals dazu verpflichtet, dem Darlehensgeber einen bestimmten Umfang an Zusatzinformationen zukommen zu lassen.

– *Verkäuferdarlehen* finden sich im Zuge von Unternehmensübernahmen. Der Verkäufer gewährt dem Käufer dabei ein Darlehen in Höhe eines bestimmten Teils des Kaufpreises, wodurch dieser gestundet wird. Dadurch verbleibt regelmäßig ein Teil des Risikos der Unternehmensentwicklung beim Verkäufer.

– *Partiarische Darlehen* sind Darlehen, bei denen die Verzinsung nicht per festen Zinssatz auf den Darlehensbetrag festgelegt wird, sondern als meist nach oben begrenzter Prozentualanteil am Unternehmensgewinn geregelt ist. Mit dieser Art der Finanzierung soll v.a. in ergebnisschwachen Jahren eine Liquiditätsbelastung durch hohe Zinszahlungen verhindert werden. Auch partiarische Darlehen sind meist mit zusätzlichen Informationspflichten des Darlehensnehmers verbunden.

– *Stille Gesellschaften* sind eine Beteiligungsform, bei der sich der sog. stille Gesellschafter per Vermögenseinlage am Handelsgewerbe eines anderen gegen eine Gewinnbeteiligung beteiligt. Die typische stille Gesellschaft ist i.d.R. nicht nach außen sichtbar (Innengesellschaft), der Gesellschafter ist nicht am Unternehmensvermögen beteiligt. Ihm stehen jedoch bestimmte Kontroll- und Informationsrechte zu (§ 233 HGB). Die Ausgestaltung kann auch vom Regelfall abweichen, man spricht dann von einer atypischen stillen Gesellschaft.

– *Genussrechte* können auf vielfältigste Art und Weise ausgestaltet werden. Dabei hat der Inhaber eines Genussrechts regelmäßig einen schuldrechtlichen Anspruch gegen das ausgebende Unternehmen. Dieser Anspruch entspricht im Grundsatz einer Beteiligung an einer frei gestaltbaren Gewinngröße (Jahresüberschuss, EBIT, EBITDA etc.) und kann in der Rangfolge beliebig variieren (vorrangig, nachrangig usw.). Oft wird – sofern ein Gewinn erzielt wird – eine Mindestverzinsung vereinbart. Im Regelfall wird das Genussrechtskapital zum Laufzeitende (5–10 Jahre) per Einmalzahlung getilgt. Einer der Vorteile dieser Finanzierungsform ist, dass der Inhaber mit dem Genussrecht keine Mitspracherechte am Unternehmen erhält.

– *Wandelanleihen* sind Schuldverschreibungen, die einen fixen oder gewinnabhängigen Zinsanspruch verbriefen. Zudem ist damit das Recht verbunden, die Anleihe in einem vorab definierten Zeitraum oder Zeitpunkt in Anteile des Unternehmens zu tauschen. Dabei ist es Ausgestaltungssache, ob diese Anteile im Rahmen einer Kapitalerhöhung geschaffen werden oder aus dem Anteilsbestand bedient werden. Eine weitere Option besteht darin, den Tausch in das Ermessen des ausgebenden Unternehmens zu stellen.

- *Optionsanleihen* gewähren im Gegensatz zu Wandelanleihen nicht das Recht, die Einlage in Anteile der Gesellschaft zu tauschen, sondern verbriefen ein Bezugsrecht auf die Anteile.

Mezzanine Finanzierungsinstrumente werden seitens der Banken bei der Bestimmung von Kreditlinien, der Bonität oder beim externen Rating oftmals wie Eigenkapital behandelt. Dies hat für den Unternehmer den Vorteil, dass dadurch i.d.R. weder die vorhandenen Sicherheiten belastet noch die Kreditlinien beeinträchtigt oder das Rating herabgestuft werden. Es ist jedoch zu beachten, dass beim Mezzanine-Kapital zum einen vergleichsweise hohe Transaktionskosten anfallen und die Prüfung vor Vergabe oftmals mit umfangreichen Datensichtungen durch den Kapitalgeber verbunden ist. Auch sichert sich der Kapitalgeber oftmals vertragliche spezielle Kündigungsrechte, z.B. im Falle der Unterschreitung bestimmter, vorab festgelegter Kennzahlenwerte (Eigenkapitalquote etc.). Als Kapitalgeber fungieren neben Banken oftmals Private Equity-Gesellschaften oder spezielle Fonds.

3.5.3 Finanzierung durch Fremdkapital

Vor allem im produzierenden Gewerbe reicht das Eigenkapital des Unternehmers oftmals nicht aus, um die Unternehmensgründung zu finanzieren. Daher benötigt der Gründer Fremdkapital, um sein Gründungsvorhaben angemessen finanzieren zu können. Dabei besitzt das Fremdkapital ausschließlich Finanzierungscharakter und eröffnet dem Kapitalgeber keine Mitspracherechte im Unternehmen. Fremdkapital zeichnet sich zudem dadurch aus, dass es dem Unternehmen nur für einen vorab definierten befristeten Zeitraum zur Verfügung steht. Das aufgenommene Fremdkapital hat der Unternehmer dem Gläubiger zum Nominalwert zurückzuzahlen, als Finanzierungskosten fallen zudem (ergebnisunabhängige) Zinszahlungen an. Für den Unternehmer stellen die Zinszahlungen Betriebsausgaben dar und mindern somit das steuerliche Einkommen.

Ähnlich wie bei den anderen Finanzierungsformen existieren auch im Bereich der Fremdfinanzierung zahlreiche Finanzierungsvarianten, von denen im Folgenden nur einige für den Existenzgründer im Regelfall auch zugängliche Formen vorgestellt werden sollen (vgl. zu Möglichkeiten der Fremdfinanzierung ausführlich Gräfer/Schiller/Rösner [2011], S. 115 ff.; Perridon/Steiner [2007], S. 373 ff.).

a) langfristige Fremdfinanzierung
Eine Fremdfinanzierungsmöglichkeit wird i.d.R. dann als langfristig bezeichnet, wenn die Kapitalüberlassung für mehr als 5 Jahre erfolgt.
- *Investitionskredite* sind langfristige Bankkredite, die seitens der Kreditinstitute oftmals auch unter Bezeichnungen wie Mittelstandskredit oder Indus-

triedarlehen angeboten werden. Derartige Darlehen sind v.a. zur Finanzierung des langfristigen Vermögens der Unternehmung wie beispielsweise von Maschinen oder Fahrzeugen üblich, kommen häufig aber auch im Falle der Unternehmensgründung oder einer Sanierung zum Zuge. Neben den Eigenmitteln der Bank speisen sich Investitionsdarlehen oftmals aus öffentlichen Fördermitteln, die über die Banken vermittelt und weitergeleitet werden.

– *Hypothekendarlehen* (Realkredite) sind demgegenüber Darlehen, die durch Hypotheken auf Grundstücke und Gebäude besichert sind, und dienen im Gros der Fälle der Finanzierung gerade dieser zu Sicherungszwecken herangezogenen Grundstücke und Gebäude.

Grundsätzlich stellt sich v.a. die langfristige Kreditfinanzierung über die regulären Geschäftsbanken jedoch deshalb dar, weil diese aufgrund ihrer Einlagenstruktur oftmals nicht in der Lage sind, den langfristigen Kapitalbedarf der kleineren Unternehmen vollumfänglich zu bedienen. Vor allem im vergangenen Jahrzehnt hat sich dabei der Begriff der „Kreditklemme" des Mittelstands etabliert (vgl. Perridon/Steiner [2007], S. 410). Vor diesem Hintergrund sind speziell Kreditinstitute wie die Kreditanstalt für Wiederaufbau (KfW) zu nennen, die insbesondere kleinen und mittelständischen Unternehmen mit Kredithilfen aushelfen.

b) kurz- und mittelfristige Fremdfinanzierung
Bei Kapitalüberlassungsfristen von weniger als 5 Jahren spricht man im Regelfall von einer kurz- (< 1 Jahr) oder mittelfristigen (1-5 Jahre) Fremdfinanzierung.

– *Kundenanzahlungen* werden grundsätzlich als eine Form der Fremdfinanzierung verstanden, da der Kunde dem Unternehmen Zahlungen vorstreckt, obwohl noch keine Leistung des Unternehmens geliefert wurde. Vor allem bei langfristigen und teuren Aufträgen, z.B. im Maschinen- oder Großanlagenbau, trägt der Kunde durch die Anzahlung zur Erhaltung der Liquidität des Unternehmens während der andauernden Leistungsphase bei.

– *Lieferantenkredite* sind – da unbesichert und formlos verhandelbar – ein gängiges Instrument der kurzfristigen Fremdfinanzierung. Dabei gewährt ein Lieferant dem Unternehmen ein Zahlungsziel, so dass der Kunde während dieser Zahlungsfrist die Möglichkeit erhält, Güter zu produzieren und diese abzusetzen. Vor allem bei engen oder bereits ausgeschöpften Kreditlinien stellt der Lieferantenkredit eine mögliche Finanzierungsalternative dar. Im Allgemeinen wird der Lieferantenkredit jedoch als vergleichsweise teuer angesehen. Dies liegt daran, dass bei Ausnutzung des Zahlungsziels ein oftmals gewährter Skontoabzug nicht mehr zur Verfügung steht und damit entfällt. Dies lässt sich anhand des folgenden Beispiels zeigen:

Der Unternehmer Stefan Schuldenfrei erhält eine Rechnung von einem Lieferanten über 5.000 EUR. Als Zahlungsziel weist die Rechnung 30 Tage aus, bei
Begleichung innerhalb von 10 Tagen werden 3% Skonto gewährt. Bei der
Hausbank hat der Unternehmer zudem einen Kreditrahmen von 10.000 EUR
ausgehandelt, der zu 12% verzinst wird. Die Kosten des Lieferantenkredits
lassen sich wie folgt bestimmen:

$$\text{Zinssatz} = \frac{\text{Skontierungssatz}}{\text{Zahlungsziel} - \text{Skontierungsfrist}} \times 360 = \frac{0{,}03}{30 - 10} \times 360 = 54\% \text{ p.a.}$$

Würde der Unternehmer den möglichen Skontoabzug in Anspruch nehmen,
entspräche dies einer Ersparnis von 150 EUR (3% von 5.000 EUR). Würde er
im selben Zuge die Lieferantenrechnung per Kontokorrentkredit finanzieren,
würden für die 20 Tage Zinsen i.H.v. 32,33 EUR anfallen. Er würde somit einen positiven Überschuss von 117,67 EUR erzielen und daher eher den
Skonto in Anspruch nehmen als den Lieferantenkredit.

– Der *Kontokorrentkredit* ist eine Kreditlinie, die die Bank dem Unternehmer auf
   sein Geschäftskonto einrichtet. In der Regel werden die entsprechenden Konditionen individuell vereinbart, es existiert aber auch der standardisierte *Dis-
   positionskredit*, der meist einheitlich ausgestaltet ist. Bei der Verhandlung der
   Konditionen für die Kapitalüberlassung kommt der Marktstellung des Unternehmens, dessen Bonität und dem Umfang vorhandener Sicherheiten eine
   entscheidende Rolle zu. Die Verzinsung des Kredits richtet sich schließlich
   nach der tatsächlichen Inanspruchnahme und nicht nach der grundsätzlich
   bereitgestellten Kreditlinie. Allerdings ist sie regelmäßig höher als die Verzinsung langfristiger Darlehen. Neben dem regulären Zins auf das in Anspruch
   genommene Kreditvolumen fallen meist noch Provisionszahlungen (z.B. Be-
   reitstellungsprovision), Kontoführungsgebühren oder Überziehungszinsen
   an. Da der Kontokorrentkredit grundsätzlich nur für die kurzfristige Finanzierung sinnvoll einzusetzen ist, sollte die entsprechende Kreditlinie nicht höher
   als ein Monatsumsatz sein.

*Praxistipp: Häufen sich Anzahl und Umfang der Überziehung der Kreditlinien, sind
diese im Regelfall zu niedrig ausgehandelt. In diesem Falle sollte mit den Banken eine
Ausweitung der Kreditlinien verhandelt werden.*

– *Betriebsmittelkredite* sind Bankkredite mit – im Vergleich zum Investitionskre-
   dit – kürzeren Laufzeiten. Sie ergänzen oftmals den Kontokorrentkredit und
   weisen niedrigere Zinssätze auf. Sie werden meist im Zusammenhang mit
   dem Betriebsmittelerwerb oder zur Vorfinanzierung der Zahlungsziele von
   Kunden genutzt.

c) Kreditwürdigkeit und Besicherung

Um sein eigenes Risiko zu minimieren führt der Gläubiger im Vorfeld eines Kreditgeschäfts oftmals eine Kreditwürdigkeitsprüfung durch. Dabei wird neben der allgemeinen Kredit- bzw. Geschäftsfähigkeit des Antragstellers auch überprüft, ob dieser sowohl im Hinblick auf die persönlichen Eigenschaften (Rückzahlungswilligkeit) als auch die materiellen Voraussetzungen (Rückzahlungsfähigkeit) einen geeigneten Kandidaten für eine Kreditvergabe darstellt. Bei Gründungsvorhaben beinhaltet die Prüfung neben einer Sichtung des zur Verfügung stehenden Vermögens sowie der Sicherheiten meist auch eine detaillierte Analyse des Business Plans und v.a. der vorliegenden Planungsrechnungen. Erfolgt die Kreditwürdigkeitsprüfung bei einem bereits bestehenden Unternehmen, wird regelmäßig eine umfassende Jahresabschlussanalyse durchgeführt und eine Sichtung wesentlicher Geschäftsunterlagen (z.B. Gesellschaftsverträge, Handelsregisterauszüge, Jahresabschlüsse, Lageberichte, Prüfungsberichte, Summen-/Saldenlisten der Kreditoren bzw. Debitoren, Steuerbescheide, Auftragslisten etc.) vorgenommen.

> **Praxistipp:** *Um einen Kreditgeber von seiner Seriosität und seiner Verlässlichkeit zu überzeugen, sollte der Unternehmer bei der Kreditwürdigkeitsprüfung die notwendigen Unterlagen stets gewissenhaft, vollständig und schnell aufbereiten.*

Oftmals wird es – vor allem bei langfristigen und umfangreichen Bankkrediten – notwendig, den Kreditbetrag oder einen Teil davon zu besichern. Auf diese Weise versucht der Kreditgeber, sein Ausfallrisiko zu minimieren. Im Falle der Zahlungsunfähigkeit des Kreditnehmers würden die Kreditsicherheiten durch Verkauf, Versteigerung etc. zur Bedienung der Schulden herangezogen. Grundsätzlich wird die Besicherung eines Kredits über sog. Realsicherheiten gewährleistet, d.h. zur Besicherung dienen Rechte an Vermögenswerten oder sonstigen Rechten (z.B. Forderungen) des Kreditnehmers. Diese fließen jedoch normalerweise nicht mit ihrem Kaufpreis oder Wiederbeschaffungswert in die Besicherung ein. Stattdessen werden auf diese Werte Abschlägen berechnet, die u.a. von der Nutzungsdauer, der Verwertbarkeit und der Werthaltigkeit des Vermögens abhängen. Die folgende Tabelle gibt einen Überblick über gebräuchliche Besicherungsanteile bestimmter Vermögenswerte und Rechte.

Sicherheit	Anteil der Besicherung
Grundbesitz, Gebäude	ca. 60-80 % des schuldenfreien Verkehrswerts
Maschinen, Warenlager	ca. 30 %
Kfz	ca. 50 % (Schwacke-Liste, bei Vollkasko)
Kapitallebensversicherung	ca. 90-100 % des Rückkaufwerts
festverzinsliche Wertpapiere	ca. 75-90 % des Kurswerts
Aktien	ca. 50 % des Kurswerts
Forderungen (Abtretung)	je nach Bonität des Schuldners
Edelmetalle (Gold, Silber etc.)	ca. 60-80 % des Marktwerts
Sparguthaben, Festgeld	100 %

Abb. 3.15: Sicherheiten und Besicherungsanteil
(in Anlehnung an: Arnold, J. [2007], S. 167)

Sollten keine ausreichenden Sicherheiten zur Verfügung stehen, kann beispielsweise auch eine Bürgschaft durch einen Dritten eingegangen werden. Dabei verpflichtet sich ein Bürge gegenüber dem Gläubiger des Unternehmers, für dessen Schulden einzustehen. Meist wird hierfür eine Bürgschaftserklärung erforderlich, nach der der Bürge im Regelfall vollumfänglich mit seinem Vermögen haftbar wird. Eine Möglichkeit der Begrenzung stellt die Höchstbetragbürgschaft dar, bei der der Bürge nur bis zum schriftlich fixierten Betrag haftet.

Praxistipp: Bürgschaftsbanken ermöglichen mittelständischen Unternehmern und Freiberuflern kreditfinanzierte Investitionen, indem sie für bis zu 80 % des Darlehensbetrages (maximal 1 Mio. Euro) Ausfallbürgschaften gewähren. Ein Schwerpunkt ihrer Tätigkeit liegt im Bereich der Gründungs- und Übernahmefinanzierung. Es sind jedoch evtl. Bearbeitungsgebühren oder Bürgschaftsprovisionen (ca. 1 % des Kreditvolumens) zu beachten.

d) Leasing als Finanzierungsvariante

Leasing ist eine inzwischen weit verbreitete Finanzierungsform und beschreibt die Überlassung eines bestimmten Leasinggegenstandes durch den Leasinggeber an den Leasingnehmer für einen bestimmten Zeitraum zur Nutzung gegen Entgelt. Damit ist unter dem Begriff des Leasingverhältnisses auch der reguläre Mietvertrag zu fassen. Allerdings ist Leasing nicht gleich Leasing. Man unterscheidet hier zwischen einem sog. Operating-Leasing und dem Finanzierungsleasing. Dabei ist das Operating-Leasing mit einem Standard-Mietverhältnis zu vergleichen, d.h. das wirtschaftliche Eigentum sowie die wesentlichen Chancen und Risiken verbleiben beim Leasinggeber. Im Gegensatz dazu stellt sich das Finanzierungsleasing wirtschaftlich eher wie ein Mietkauf dar. Das wirtschaftliche Eigentum sowie die Chancen und Risiken aus dem Leasingverhältnis gehen auf den

Leasingnehmer über. Oftmals gibt die Dauer des Leasingvertrags erste Anhaltspunkte für die Abgrenzung zwischen Operating- und Finanzierungsleasing (vgl. dazu auch Coenenberg/Haller/Schultze [2009], S. 81 f.). Besondere Bedeutung kommt dieser Klassifizierung im Zusammenhang mit der bilanziellen Abbildung (vgl. Kapitel 5.2) des Leasingverhältnisses zu. Da die Leasingbranche in Deutschland heutzutage sehr professionell arbeitet und ein hohes Investitionsvolumen in der deutschen Wirtschaft finanziert, stehen dem Unternehmer neben den Standard-Leasinggeschäften meist auch auf seine individuellen Bedürfnisse zugeschnittene Angebote zur Verfügung.

> **Praxistipp:** *Je nach Vertragsgestaltung hat der Leasingnehmer den Leasinggegenstand und eine Leasingverbindlichkeit in seinen Büchern zu zeigen (Finanzierungsleasing) oder lediglich die Leasingraten im Ergebnis zu erfassen (Operating-Leasing). Daher sollten mit der Leasinggesellschaft auch die Konsequenzen eines Vertragsabschlusses für den Leasingnehmer diskutiert und möglichst schriftlich fixiert werden.*

e) Finanzierungsplan

Im Falle einer Fremdfinanzierung ist es für den Unternehmer von besonderer Bedeutung, stets über die aus den Krediten resultierenden Tilgungs- und Zinszahlungen informiert zu sein, da er die entsprechenden Zahlungen fristgerecht zu leisten hat und sie somit in seine Planungen mit einbeziehen muss.

Anfall und Höhe der jeweiligen Zinszahlungen können dabei auf unterschiedliche Art und Weise festgelegt werden. Man unterscheidet dabei grundsätzlich zwischen Ratentilgung, Gesamttilgung und Annuitätentilgung.

– *Ratentilgung* bedeutet, dass der periodisch vereinbarte Tilgungsanteil stets gleich bleibt. Es ist jedoch zu beachten, dass die Gesamtbelastung pro Jahr sich jeweils aus Tilgungs- und Zinszahlung zusammensetzt. Da sich die Zinszahlungen pro Periode auf die Restschuld beziehen, sinkt der Zinsanteil mit fortschreitender Tilgung des Kredits. Insofern hat der Unternehmer bei der Ratentilgung zu berücksichtigen, dass v.a. in den ersten Jahren nach der Kreditaufnahme aufgrund des höheren Zinsanteils eine vergleichsweise hohe Gesamtbelastung besteht, die sich jedoch im Zeitablauf verringert.

– *Gesamttilgung* zeichnet sich im Gegensatz dazu dadurch aus, dass über die Laufzeit des Kredits lediglich konstante Zinszahlungen anfallen. Die Tilgung des Kredits erfolgt erst zum Ende der Laufzeit in einer Einmal-Zahlung. In der Planung ist dabei besonderer Wert darauf zu legen, dass zum Laufzeitende auch tatsächlich ein entsprechender Tilgungsbetrag zur Verfügung steht. Oftmals werden derartige Tilgungsmodalitäten gleichzeitig mit einer Kapitallebensversicherung auf den Unternehmer abgeschlossen. Neben der grundsätzlichen Todesfallabsicherung hat dieses Modell den Vorteil, dass die Versicherungsbeiträge – bei entsprechender Gestaltung des Vertrags – steuerlich vorteilhafte Wirkung entfalten. Da Kredit und Lebensversicherung laufzeitkongruent vereinbart werden, kann die Auszahlung der Versicherung zur Kredittilgung herangezogen werden.

– *Annuitätentilgung* bedeutet schließlich, dass über die Laufzeit des Kredits periodisch konstante Zahlungen (sog. Annuitäten) geleistet werden. Im Gegensatz zur Gesamttilgung beinhalten diese Zahlungen jedoch sowohl einen Zins- als auch einen Tilgungsanteil. Lediglich das Verhältnis zwischen Zins- und Tilgungszahlungen verändert sich im Zeitablauf, da zu Beginn ein höherer Zins auf die verbleibende Restschuld anfällt, der sich mit steigendem Tilgungsanteil jedoch stetig verringert.

Praxistipp: Neben der Berücksichtigung der Belastungen aus dem Kapitaldienst in der Erfolgs- und der Liquiditätsrechnung sollte der Unternehmer stets einen (tabellarischen) Tilgungsplan erstellen und diesen auf einem aktuellen Stand halten.

Der Unternehmer Karl Kleinlich nimmt zum 01.01.20X1 einen Ratenkredit i.H.v. 6.000 EUR über 3 Jahre zu einem Zinssatz von 10 % auf. Daraus ergibt sich folgender Tilgungsplan:

Jahr	Schuld	Tilgung	Zins	Gesamtbelastung
20X1	6.000 EUR	2.000 EUR	600 EUR	2.600 EUR
20X2	4.000 EUR	2.000 EUR	400 EUR	2.400 EUR
20X3	2.000 EUR	2.000 EUR	200 EUR	2.200 EUR

Der Tilgungsanteil bleibt dabei konstant (6.000 EUR : 3 J. = 2.000 EUR p.a.), während sich die Zinsbelastung aufgrund der Verzinsung der jeweiligen Restschuld stetig verringert. Ermittelt sich die Zinszahlung 20X1 noch durch die Verzinsung des Gesamtkredits (6.000 EUR x 0,1 = 600 EUR), ergibt sich die Zinsbelastung im Jahr 20X3 durch die Verzinsung der noch bestehenden Restschuld von 2.000 EUR, da 4.000 EUR bereits in den Vorjahren getilgt wurden. Es ermittelt sich demnach eine deutlich geringere Zinszahlung (2.000 EUR x 0,1 = 200 EUR) als zu Laufzeitbeginn.

3.6   Förderung

Beispiel

Nachdem er sich über Finanzierungsmöglichkeiten im Allgemeinen ein Bild gemacht hat, widmet sich Max Mustermann nun auch den Fördermöglichkeiten. Auf einem Gründertag der örtlichen IHK hat er gehört, dass verschiedenste Möglichkeiten zur staatlichen Förderung existieren. Mustermann interpretiert dies so, dass er vom Staat quasi ohne Gegenleistung Geld für die Umsetzung seines Gründungsvorhabens zur Verfügung gestellt bekommt. Er wendet sich nach dem offiziellen Teil der Veranstaltung direkt an den zuständigen IHK-Mitarbeiter und möchte wissen, wie er eine derartige Förderung am schnellsten erhalten kann.

Der IHK-Mitarbeiter ist von Mustermanns naiver Annahme zunächst amüsiert und klärt ihn darüber auf, dass Förderung meist nicht in Form von „Geldgeschenken" vergeben wird. Vielmehr umfasst sie überwiegend Maßnahmen wie z.B. die vergünstigte Kreditvergabe oder das Bereitstellen von Bürgschaften. Auch kann ihm der Mitarbeiter keine zentrale Anlaufstelle nennen. Er verweist stattdessen auf unterschiedlichste Träger der Förderprogramme, seien es der Bund, einzelne Bundesländer oder sonstige Stellen.

Mit dieser neuen Realität konfrontiert informiert sich Mustermann im Internet über die für sein Unternehmen passenden Fördermöglichkeiten. Schnell stellt er fest, dass dies eine sehr zeitaufwändige Tätigkeit ist. Als er ein mögliches Programm gefunden hat erkennt er zudem, dass die Voraussetzungen für die Beantragung und der damit verbundene administrative Aufwand immens sind. Nichtsdestotrotz lässt er sich nicht entmutigen und versucht, für sein Unternehmen eine Struktur in die bestehenden Förderprogramme und die notwendigen Voraussetzungen für das Antragsverfahren zu bekommen.

Der Mittelstand bildet weithin das Rückgrat der deutschen Wirtschaft. In diesem Zusammenhang kommt auch dem Bereich der Existenzgründungen im Rahmen der politischen Diskussion um die Innovationskraft der deutschen Wirtschaft und den Abbau der Arbeitslosigkeit eine besondere Bedeutung zu. Allerdings benötigen v.a. junge Unternehmen oftmals in hohem Maße Kapital, um in der Anfangsphase ihrer Geschäftstätigkeit ihren Investitionsbedarf decken und ihre Betriebsmittel finanzieren zu können. Um Existenzgründern und Jungunternehmern in dieser Situation unter die Arme greifen zu können, existieren verschiedenste Fördermöglichkeiten, sei es von Seiten des Bundes, der Länder, einzelner Gemeinden oder sonstiger Stellen und Organisationen. Neben finanziellen Fördermöglichkeiten kann die Unterstützung aber auch in Form von Beratungsangeboten etc. erfolgen.

3.6.1 Voraussetzungen für die Förderung

Förderprogramme bzw. deren Inanspruchnahme sind stets an exakt vorgegebene und klar definierte Vorgaben geknüpft. Auf diese Weise soll vermieden werden, dass Fördermittel für förderunwürdige Vorhaben verbraucht werden und lediglich dort zum Einsatz kommen, wo sowohl nachhaltige Erfolgspotenziale bestehen und auch die Gesamtfinanzierung sicher ist. Im Regelfall durchläuft der Antragsteller deshalb meist ein umfangreiches Verfahren, in dem er zum einen sein Gründungsvorhaben sowie seine Planungen darlegt und zum anderen seinen Finanzmittelbedarf erläutert. Um eine zeitlich präzise Beurteilung der Förderwürdigkeit der Vorhaben zu gewährleisten, sind entsprechende Anträge stets vor dem tatsächlichen Beginn des Vorhabens zu stellen. Dabei kann ein Vorhaben neben der Neugründung natürlich auch jedwede Investition in einem bereits bestehenden Unternehmen sein. Wurden schon vor der Antragstellung finanzielle Verpflichtungen eingegangen – beispielsweise durch den Abschluss eines Kaufvertrags für ein Grundstück – ist eine Förderung dieser Investition i.d.R. nicht mehr möglich.

Vor allem im Rahmen der Gründungs- und Wachstumsförderung fokussieren insbesondere die öffentlichen Förderungsträger regelmäßig auf kleine und mittlere Unternehmen (KMU). Um den Begriff des KMU genauer abgrenzen zu können, wurde seitens der EU die sog- KMU-Definition entwickelt. Danach werden die Unternehmen in verschiedene Größenklassen eingeteilt:

	Umsatz	Bilanzsumme	Mitarbeiter
Kleinstunternehmen	≤ 2.000.000 EUR	≤ 2.000.000 EUR	< 10
Kleine Unternehmen	≤ 10.000.000 EUR	≤ 10.000.000 EUR	< 50
Mittlere Unternehmen	≤ 50.000.000 EUR	≤ 43.000.000 EUR	< 250
Große Unternehmen	> 50.000.000 EUR	> 43.000.000 EUR	≥ 250

Abb. 3.16: Definition kleiner und mittlerer Unternehmen

Zudem muss der Gründer in aller Regel sowohl die fachliche als auch die persönliche Eignung für die Durchführung seines Gründungsvorhabens mitbringen. Insbesondere in strukturschwachen Regionen orientieren sich sowohl die Bewilligung als auch die Höhe einer etwaigen Förderung oftmals daran, ob das zu fördernde Vorhaben zu einer Verbesserung der regionalen Wirtschaftsstruktur führt, d.h. ob damit die Schaffung oder Sicherung von Arbeitsplätzen oder die Bereitstellung von Ausbildungs- und Lehrstellen verbunden ist. Somit hängt das Förderangebot häufig nicht zuletzt von den regionalpolitischen und strukturellen Gegebenheiten ab.

3.6.2 Gründungs- und Wachstumsförderung

Die Art der finanziellen Fördermöglichkeiten ist im Regelfall breit gefächert. So können Existenzgründer beispielsweise vergünstigte oder nachrangige Darlehen erhalten, Zuschüsse beantragen oder Bürgschaften in Anspruch nehmen. Dies kann sich u.a. positiv auf die Kreditwürdigkeit auswirken und so die weiterführenden Möglichkeiten der Kapitalaufnahme verbessern. Im Folgenden sollen einige Förderinstrumente vorgestellt werden, wobei kein Anspruch auf Vollständigkeit erhoben wird.

a) Zuschüsse

Eine der begehrtesten Fördermöglichkeiten stellen Zuschüsse dar. Als Zuschuss wird grundsätzlich die Bereitstellung von Geld- oder Sachmitteln bezeichnet, für die im Regelfall keine Rückzahlung zu erfolgen hat. Die Gewährung von Zuschüssen erfolgt in der überwiegenden Zahl der Fälle nur sehr restriktiv, d.h. meist nur in eng begrenzten Förderbereichen oder Regionen, und ist an strenge Voraussetzungen geknüpft. Die Antragstellung erfolgt über die Projektträger (Behörden etc.), die in ihren Programmbeschreibungen stets auch die Voraussetzungen sowie die formellen Vorgehensweisen festlegen.

– *EXIST-Gründerstipendium:* Mit diesem Instrument werden primär Gründungen aus Hochschulen/Forschungseinrichtungen heraus gefördert. Im Fokus stehen dabei Studierende und Absolventen, aber auch Wissenschaftler, die eine technologieorientierte oder wissensbasierte Existenzgründung anstreben. Das Programm wird seitens des Bundesministeriums für Wirtschaft und Technologie getragen und von der EU mitfinanziert.

– *Gründungszuschuss der Bundesagentur für Arbeit:* Ein Gründungsvorhaben aus der Arbeitslosigkeit heraus kann durch einen Gründungszuschuss gefördert werden. Dieser wird gewährt, um den Lebensunterhalt des aus der Arbeitslosigkeit kommenden Gründers zu sichern und ihm auch eine soziale Absicherung zu ermöglichen. Damit steht der Zuschuss nicht für Gründer zur Verfügung, die aus einem abhängigen Beschäftigungsverhältnis kommen. Der Gründer muss neben der Befähigung zur selbständigen Tätigkeit einen Anspruch auf Entgeltersatzleistungen haben und sein Restanspruch auf Arbeitslosengeld muss sich über mindestens 150 Tage erstrecken (vgl. hierzu auch Kapitel 2.1.3).

– *Investitionszuschüsse/-zulagen:* Sowohl im Rahmen der Regionalpolitik als auch der Mittelstandsförderung werden z.T. finanzielle Investitionshilfen gewährt, die die Durchführung gewerblicher Investitionen fördern sollen. Vor allem unter dem Primat einer verbesserten regionalen Wirtschaftsstruktur sind Investitionszuschüsse oftmals an Voraussetzungen wie die Schaffung oder Sicherung von Arbeitsplätzen oder die Bereitstellung von Lehrstellen geknüpft.

Während Investitionszulagen für Unternehmen i.d.R. steuerfrei sind, werden Investitionszuschüsse regelmäßig versteuert.

b) Beteiligungen

Auch die finanzielle Beteiligung (vgl. dazu ausführlich Kapitel 2.2.3) stellt ein anerkanntes Förderinstrument dar. Dabei wird dem Unternehmer – meist in eher technologieorientierten und kapitalintensiven Bereichen – Eigenkapital zur Verfügung gestellt,

– *MBG Mittelständische Beteiligungsgesellschaft*: Eine MBG ist eine öffentlich geförderte Beteiligungsgesellschaft, die sich im Rahmen einer stillen oder einer offenen Beteiligung an einer meist technologieorientierten Existenzgründung beteiligt und Haftungskapital einbringt. Je nachdem, in welcher Region die MBG angesiedelt ist, kann auch das Investitionsvolumen stark variieren. Wichtig ist dabei zu erwähnen, dass MBGs wettbewerbsneutrale und nichtgewinnorientierte Selbsthilfeeinrichtungen der Wirtschaft darstellen.

– *ERP-Startfonds:* Die KfW-Gruppe beteiligt sich an innovativen Technologieunternehmen, um deren hohen Finanzierungsbedarf in der Gründungsphase zu decken. Die Beteiligung beträgt maximal 5 Mio. EUR pro Unternehmen und maximal 2,5 Mio. pro Jahr (12 Monate). Allerdings können mehrere Finanzierungsrunden erfolgen. Das Unternehmen muss ein KMU sein. Zudem setzt die Beteiligung normalerweise voraus, dass ein sog. Lead-Investor sich mindestens in gleicher Höhe an dem Unternehmen beteiligt. Außerdem darf das Unternehmen bei Antragstellung noch keine 10 Jahre alt sein. Auftragsentwicklung zählt nicht zu den förderfähigen Vorhaben.

– *High-Tech Gründerfonds:* Eine Frühfinanzierung eines Gründungsvorhabens erfolgt i.d.R. bei erfolgversprechenden technologieorientierten Unternehmensgründungen. Im Fokus stehen dabei Innovation und Marktperspektive. Der Fonds beteiligt sich mit bis zu 500.000 EUR, meist als Kombination aus offener Beteiligung und Darlehen (Laufzeit 7 Jahre). Die Beteiligungsquote beträgt i.d.R. 15%, der Darlehenszins wird über bis zu vier Jahren gestundet. Neben der rein finanziellen Unterstützung werden auch unternehmerisches Know-How sowie ein breites Netzwerk zur Verfügung gestellt. Im Hinblick auf die Beteiligung sind Eigenmittel von 20% (neue Bundesländer 10%) erforderlich.

c) Förderdarlehen

Eine weitverbreitete Fördermaßnahme stellen sog. Förderdarlehen dar. Diese zeichnen sich meist durch für den Gründer vorteilhafte Konditionen, wie z.B. eine niedrige und meist langfristig fixierte Verzinsung, eine überdurchschnittliche Laufzeit oder Tilgungsverpflichtungen erst nach einigen Jahren aus. Auf diese Weise wird v.a. in der Anfangsphase der Tätigkeit der notwendige finanzielle

Spielraum ermöglicht. Der Antragsteller für ein Förderdarlehen ist die Hausbank, für die die Beantragung oftmals aufgrund von Haftungsfreistellungen attraktiv ist. Aus diesem Grund sollte das Bankgespräch gut vorbereitet werden, da die Bank über die Weiterleitung des Förderantrags entscheidet. Zeitlich ist i.d.R. darauf zu achten, dass der Antrag vor dem Beginn des Vorhabens gestellt wird. Beispiele für Förderdarlehen sind:

–   *ERP-Gründerkredit – StartGeld:* Mit diesem Gründerkredit fördert die KfW-Gruppe v.a. Existenzgründer, Freiberufler und kleine/mittlere Unternehmen mit Beträgen von bis zu 100.000 EUR (davon max. 30.000 EUR für Betriebsmittel). Die maximale Laufzeit des Darlehens beläuft sich auf 10 Jahre, wobei höchstens die ersten beiden Jahre keine Tilgung zu leisten ist. Die Hausbank wird mit 80% von der Haftung freigestellt. Neben den persönlichen Voraussetzungen des Gründers (fachlich etc.) müssen kleine Unternehmen die Definition der EU für ein KMU erfüllen und weniger als drei Jahre am Markt bestehen.

–   *ERP-Gründerkredit – Universell:* Das Darlehen ist ähnlich ausgestaltet wie der Gründerkredit StartGeld, wobei der Darlehenshöchstbetrag mit 10 Mio. EUR deutlich höher liegt. Der Bereich der geförderten Existenzgründungen schließt dabei neben der Unternehmensneugründung auch Übernahmeprojekte, tätige Beteiligungen etc. ein. Die maximale Laufzeit des Darlehens beläuft sich auf 20 Jahre, wobei höchstens die ersten drei Jahre keine Tilgung zu leisten ist. Neben den persönlichen Voraussetzungen des Gründers (fachlich etc.) müssen kleine Unternehmen die Definition der EU für ein KMU erfüllen und weniger als drei Jahre am Markt bestehen. Sanierungsfälle etc. werden nicht gefördert.

–   *KfW-Unternehmerkredit:* Die KfW fördert mit diesem Darlehen erfolgversprechende Gründungsvorhaben auf mittel-/langfristige Sicht. Das Darlehen kann als reguläres Fremdkapital und ggf. als Nachrangdarlehen ausgestaltet werden. Als Fremdkapital werden dabei maximal 10 Mio. EUR für Investitionen oder Betriebsmittel (keine Haftungsfreistellung) pro Vorhaben gewährt und für KMUs 5 Mio. EUR für Betriebsmittel (mit Haftungsfreistellung) pro Unternehmensgruppe. Nachrangkapital wird für Investitionen bis zu maximal 4 Mio. EUR bereitgestellt (ggf. 50% Haftungsfreistellung). Die Kreditvergabe ist an verschiedene Voraussetzungen geknüpft, so z.B. die Bonität des Antragstellers. Für KMUs gelten vergünstigte Konditionen.

d) Bürgschaften
Im Hinblick auf die Fremdfinanzierung bieten Bürgschaften die Möglichkeit, das Fehlen von Sicherheiten in einem gewissen Umfang aufzuwiegen. Bürgschaften können sich dabei sowohl auf Förderdarlehen als auch auf reguläre Kredite bei

einem Kreditinstitut beziehen. Die Antragstellung erfolgt i.d.R. über die Hausbank oder Bausparkassen, Versicherungsunternehmen etc.

- *Bürgschaft ohne Bank*: Bürgschaftsbanken übernehmen in manchen Bundesländern Ausfallbürgschaften für ausgewählte Unternehmensgründer. Dabei werden i.d.R. Bürgschaften für öffentliche oder Hausbankkredite, Betriebsmittel- und Avalkredite oder Leasingkredite übernommen. Sowohl die prozentuale Höhe der Bürgschaft als auch der Maximalbetrag und die Laufzeit des zu verbürgenden Kredits variieren je nach Bürgschaftsbank zum Teil erheblich. Vor der Übernahme der Bürgschaft erfolgt stets eine Plausibilitätsprüfung des Gründungsvorhabens sowie der Eignung des Gründers. Die Besonderheit dieses Programms ist, dass der Gründer den Antrag nicht über seine Hausbank stellt, sondern direkt an die Bürgschaftsbank herantritt.
- *Landesbürgschaften:* Teilweise werden Bürgschaften auch von den zuständigen Ministerien einzelner Bundesländer übernommen. Dabei wird auf die Förderwürdigkeit sowie die Vertretbarkeit des zugrundeliegenden Vorhabens abgestellt. Die Ausgestaltung der Landesbürgschaften kann stark variieren. Dabei ist es jedoch nicht unüblich, dass bis zu 80% des Gesamtrisikos bei einer Darlehenslaufzeit von 15 Jahren gesichert werden. Die Konditionen sowie die Voraussetzungen für die Antragstellung können den Bürgschaftsrichtlinien des jeweiligen Bundeslandes entnommen werden.

3.6.3 Beratungsförderung

Da dem Gründer im Rahmen der Unternehmensgründung oftmals das kaufmännische Know-How fehlt und die finanziellen Mittel für Beratungsleistungen nicht ausreichen, kann auch die Inanspruchnahme von Beratern oder die Teilnahme an weiterqualifizierenden Veranstaltungen bezuschusst werden. Eines der prominentesten Beispiele für Beratungsförderung stellt dabei das sog. Gründercoaching Deutschland dar, das im Folgenden kurz umrissen werden soll. Aber auch andere Programme, z.B. im Rahmen der Beratungsförderung des Bundes, gewähren Zuschüsse zu Beratungsleistungen, Informations-/Schulungsveranstaltungen oder Workshops. Diese müssen sich auch nicht ausschließlich auf kaufmännische Themen beziehen. Es existieren auch Programme, die Beratungsleistungen in Bereichen wie Technologie, Außenwirtschaft, Kooperationsmanagement oder Qualitätsmanagement fördern.

- *Gründercoaching Deutschland:* Mit dem Gründercoaching fördert die KfW-Gruppe die Inanspruchnahme von Beratungsleistung bei wirtschaftlichen, finanziellen und organisatorischen Fragestellungen. Dabei ist die Förderung auf die ersten fünf Jahre nach der Unternehmensgründung begrenzt und wird in den als eher strukturschwach angesehenen neuen Bundesländern durch einen Zuschuss i.H.v. 75% (alte Bundesländer: 50%) zum Beraterhonorar gewährt. Der maximale Tagessatz darf dabei 800 EUR nicht übersteigen, wobei ein Tag mit 8 Stunden berücksichtigt wird. Insgesamt darf das Beraterhonorar (netto) höchstens 6.000 EUR betragen. Erfolgt die Gründung aus der Arbeitslosigkeit heraus, erhöht sich der Zuschuss auf 90% des Beraterhonorars, wobei als Bemessungsgrundlage maximal 4.000 EUR zugrunde gelegt werden. Eine wiederholte Antragstellung ist grundsätzlich möglich. Nicht förderungsberechtigt sind Unternehmensberatungsgesellschaften sowie Gründer im Bereich der landwirtschaftlichen Primärerzeugung, Fischerei und Aquakultur sowie Unternehmen in Schwierigkeiten. Zudem gelten für den Antragsteller verschiedene Voraussetzungen, so z.B. dass die Gründung bereits erfolgt sein muss, allerdings vor nicht länger als fünf Jahren (bei Gründung aus der Arbeitslosigkeit 1 Jahr), die Gründung auf Vollexistenz ausgerichtet ist oder das Coaching zu mindestens 50% der Zeit in Anwesenheit der Gründerperson durchgeführt wird. Im Rahmen der Antragstellung werden zudem die Coachingempfehlung eines Regionalpartners sowie eine Zusage der KfW vorausgesetzt. Der Berater muss dabei in der KfW-Beraterbörse gelistet sein. Eine Förderung im Zeitraum vor der Gründung ist nicht möglich.

Praxistipp: Um die Erfolgsaussichten für die Bewilligung eines Förderungsantrags zu erhöhen, ist eine umfassende und genaue Vorbereitung der notwendigen Unterlagen wichtig. Dazu gehört i.d.R. neben der Einhaltung bzw. Erfüllung der administrativen/ formalen Anforderungen aus den programmspezifischen Vorgaben auch ein ausführlicher Businessplan (vgl. Kapitel 8), der v.a. eine aussagekräftige Finanzplanung enthält.

Praxistipp: Für das Gros der Gründer ist es außerordentlich schwierig, sich in Bezug auf die Vielzahl existierender Förderprogramme zurechtzufinden. So ist ein Teil der Programme auf bestimmte Regionen begrenzt, ein anderer Teil steht nur für bestimmte Branchen zur Verfügung und weitere Programme sind an bestimmte Vorgaben bzgl. Unternehmensgröße oder sonstige Kriterien geknüpft. Hier empfiehlt es sich, sich über spezialisierte Stellen (z.B. IHKs) eingehend beraten zu lassen. Aber auch seitens des Bundesministeriums für Wirtschaft und Technologie bereitgestellte Internetseiten wie z.B. www.foerderdatenbank.de helfen dabei, die Auswahl an Förderprorammen hinsichtlich der unternehmensspezifischen Besonderheiten einzugrenzen.

3.7   Liquiditätsplanung und Sicherstellung der Zahlungsfähigkeit

Beispiel

Max Mustermann ist zufrieden mit seiner nach den Vorgaben von Professor Wissenswert erstellten Erfolgsplanung. Er hat jedoch auch gelernt, dass Erfolg zwar mittel- und langfristig eine wesentliche Zielgröße im Unternehmen ist, kurzfristig aber die Zahlungsfähigkeit – sprich die Liquidität – des Unternehmens die höchste Priorität besitzt.

Mit Schrecken denkt er an einen befreundeten Unternehmer, Siegfried Sorglos, dem nach eigener Aussage kurz vor Monatsende einfiel, dass das Zahlungsziel einer hohen Lieferantenrechnung fast erreicht war. Um der Zahlungsverpflichtung nachzukommen stellte Sorglos einen entsprechenden Scheck aus und schickte diesen an den Lieferanten. Da Sorglos jedoch keinen Überblick über seine Liquiditätssituation hatte fiel ihm nicht auf, dass das Kreditlimit seiner Bank bereits erreicht war. Die Bank löste in der Folge den Scheck nicht ein und meldete die Nichteinlösung einer Kreditschutzorganisation, die den Betrieb von Sorglos schließlich in ihren Datenbanken mit der Wertung „schwache Bonität" führte. Daraus ergaben sich massive Nachteile für die Geschäftstätigkeit des Unternehmers.

Um nicht in eine derartige Situation zu kommen, nimmt sich Mustermann vor, eine aussagekräftige Liquiditätsplanung durchzuführen und diese einer regelmäßigen Kontrolle zu unterziehen. Entsprechend seiner inzwischen recht umfangreichen betriebswirtschaftlichen Kenntnisse weiß er, dass es bei der Liquiditätsplanung auf Zahlungen ankommt. Somit macht er sich voll Eifer an die Planung seiner Ein- und Auszahlungen

Das einleitende Beispiel zeigt, dass ein Unternehmen zur Aufrechterhaltung seiner Zahlungsfähigkeit auf eine angemessene Planung und Kontrolle seiner finanziellen Ausstattung bzw. der mit der Geschäftstätigkeit verbundenen Ein- und Auszahlungen achten muss. Ein mittel- bzw. langfristiger Liquiditätsplan greift dabei auf die Ergebnisse der in den vorangegangenen Kapiteln behandelten Themengebiete – d.h. der Kapitalbedarfs-, der Finanzierungs-, der Kosten- und der Erfolgsplanung – zurück. Im Fokus der Liquiditätsplanung steht dabei die Frage, ob das Unternehmen auf lange Sicht dazu in der Lage sein wird, seinen meist vielfältigen Zahlungsverpflichtungen in angemessener Weise nachzukommen. Aufgrund der Vielzahl an Zahlungsvorgängen, denen sich ein Unternehmen im Tagesgeschäft gegenüber sieht, ist es eine Grundvoraussetzung für die Fortführung des Geschäftsbetriebs, dass das Unternehmen jederzeit in der Lage ist, seinen finanziellen Verpflichtungen fristgerecht und in ausreichendem Umfang nachzukommen. Man spricht hierbei von finanziellem Gleichgewicht.

3.7.1 Finanzielles Gleichgewicht als Grundlage der Zahlungsfähigkeit

Um ein finanzielles Gleichgewicht zu erreichen, muss der Unternehmer die Höhe sowie den erwarteten Zeitpunkt seiner Ein- und Auszahlungen möglichst exakt ermitteln können. In diesem Zusammenhang hat der Unternehmer zu bedenken, dass Ein- und Auszahlungen im Vergleich zur Rechnungsstellung oder dem Rechnungseingang oftmals zeitlich versetzt entstehen. So ist es beispielsweise üblich, dass in Rechnungen Zahlungsziele zur zeitlich verzögerten Begleichung der offenen Beträge gewährt werden. Vor diesem Hintergrund muss der Unternehmer zwischen Ein-/Auszahlungen, die tatsächliche Zahlungsflüsse darstellen, und Einnahmen/Ausgaben, die lediglich Ansprüche auf oder Verpflichtungen zu späteren Zahlungen abbilden und somit erst zu einem späteren Zeitpunkt zu Zahlungen führen, unterscheiden (vgl. detailliert Heinhold [2010], S. 10 ff.).

> **Wichtiger Praxishinweis:** *Einnahmen/Ausgaben ≠ Einzahlungen/Auszahlungen*

Zudem darf nicht verkannt werden, dass auch das im Rahmen der Erfolgsplanung (vgl. Kapitel 3.4.2) ermittelte Ergebnis des Unternehmens (Gewinn oder Verlust) nicht mit der Liquidität gleichzusetzen ist. Dies liegt darin begründet, dass das Ergebnis von Wertzuwächsen und Wertminderungen im Unternehmen mitbestimmt wird, die nicht direkt zu Ein- oder Auszahlungen führen. Insofern ist auch in Bezug auf das Ergebnis des Unternehmens bzw. dessen Rentabilität festzuhalten, dass diese nicht der Liquidität entspricht.

Beurteilt man nun die Wichtigkeit der beiden Zielgrößen Liquidität und Rentabilität wird schnell offensichtlich, dass Liquidität wichtiger ist als Rentabilität (vgl. Stahl [2009], S. 31). Der Grund hierfür ist, dass ein Unternehmen trotz hoher Gewinne nicht zwingend dazu in der Lage ist, seinen Zahlungsverpflichtungen nachzukommen. Dies soll anhand des folgenden Beispiels erörtert werden.

Der Bauunternehmer Berti Bauträger hat erkannt, dass der Immobilienmarkt in München sehr attraktiv ist. Er kauft deshalb Grundstücke in den angesagten Münchener Vororten, baut dort Luxusimmobilien und verkauft diese teuer und mit guten Margen an wohlhabende Kunden. Dies hat ihm in den letzten Jahren gute Gewinne eingebracht. Aufgrund von Liquiditätsengpässen bei einem seiner Lieferanten ist er dort im laufenden Geschäftsjahr Verpflichtungen zu vergleichsweise kurzen Zahlungszielen eingegangen und ist daher gezwungen, die entsprechenden Verbindlichkeiten kurzfristig zu begleichen. Dabei hat er nicht bedacht, dass er auf der Kundenseite schon immer sehr lange Zahlungsziele gewährt.

Da Berti Bauträger sein flüssiges Kapital regelmäßig in den teuren Immobilien gebunden hat, die er noch nicht verkauft hat, verwendet er die verbleibenden Barreserven zur Begleichung der Schulden gegenüber seinem Lieferanten. Er muss jedoch feststellen, dass er damit nicht mehr in der Lage ist die regulären Zahlungen – d.h. Lohn- und Gehaltszahlungen an seine Mitarbeiter und die Tilgung seiner Bankdarlehen – zu begleichen.

Das Beispiel zeigt, dass die Zahlungsfähigkeit eines Unternehmens selbst dann gefährdet sein kann, wenn das Unternehmen hohe Gewinne erzielt.

Wichtiger Praxishinweis: *Liquidität ist wichtiger als Rentabilität!*

Natürlich hat der Unternehmer selbst einen gewissen Spielraum, um seine Zahlungsströme zu gestalten. So kann er beispielsweise versuchen seine Kunden durch die Gewährung attraktiver Skonti oder die Verkürzung des Zahlungsziels zu einer frühzeitigen Zahlung ihrer Rechnungen zu bewegen. Eine Vorfinanzierungswirkung kann zudem durch die Vereinbarung von Anzahlungen erreicht werden. Aber auch die Abtretung von Forderungen oder die kurzfristige Ausweitung des Kreditrahmens kann die Zahlungsströme des Unternehmens beeinflussen. Auf der Auszahlungsseite sind gängige Gestaltungsvarianten z.B. die Vereinbarung längerer Zahlungsziele, die Zahlung mit Skontoabzug (falls möglich) oder die Verschiebung bzw. der Verzicht auf umfangreichere Investitionen.

Eva Ehrlich möchte ihre Auszahlungen optimieren, nutzt dazu Skonti immer aus (sofern angeboten) und zahlt sonst am Ende des Zahlungsziels. In der ersten Maiwoche hat sie 5 Rechnungen von den Lieferanten V, W, X, Y und Z mit folgenden Zahlungsbedingungen erhalten:

	Betrag	Zahlungsbedingungen
V	20.000 EUR	Zahlbar nach 10 Tagen mit 2% Skonto, sonst nach 30 Tagen
W	17.500 EUR	Zahlbar nach 60 Tagen ohne Abzug
X	15.000 EUR	Zahlbar sofort ohne Abzug
Y	10.000 EUR	Zahlbar nach 8 Tagen mit 3% Skonto, sonst nach 30 Tagen
Z	20.000 EUR	Zahlbar nach 30 Tagen ohne Abzug

In ihrer Finanzplanung würde sich dies wie folgt niederschlagen:

Monat	Auszahlungen
Mai	44.300 EUR (19.600 + 15.000 + 9.700)
Juni	20.000 EUR
Juli	17.500 EUR

In diesem Zusammenhang ist darauf zu achten, dass im Rahmen der Liquiditätsplanung frühzeitig eine optimale und möglichst exakte Abstimmung der Ein- und
Auszahlungen erfolgt.

> **Praxistipp:** *Um die Zahlungsströme zu optimieren sind die Ein- und Auszahlungen*
> *möglichst so aufeinander abzustimmen, dass möglichst wenig Fremdfinanzierung (Kre-*
> *dite etc.) nötig ist. Auf diese Weise können Zinszahlungen vermieden werden.*

3.7.2 Erstellung des Liquiditätsplans

Ähnlich wie bei der Erfolgsplanung ist bei der Erstellung eines Liquiditätsplans
sowohl eine eher kurzfristige Detailprognose (1 Jahr, monatsgenau) als auch eine
längerfristige Prognose für 2–4 weitere Jahre durchzuführen. Die Detailplanung
ist dabei von besonderer Bedeutung, da der Unternehmer sich kurzfristig bei seinen unternehmerischen Entscheidungen auf die dort ermittelten Zahlen verlassen
können muss. Wichtig ist dabei, dass neben den vergleichsweise weniger problematisch zu bestimmenden regelmäßigen Zahlungen wie Gehalt oder Betriebsmit-
telanschaffungen, die auf Basis der Personal- oder Materialplanungen ermittelt
werden, auch unregelmäßige Zahlungen wie Anlageninvestitionen, Bonuszah-
lungen oder Abfindungen Berücksichtigung finden müssen. Selbiges gilt natürlich für Zahlungsströme, die saisonalen Schwankungen unterliegen. Zu beachten
ist außerdem, dass v.a. im ersten Jahr die Gründungsauszahlungen die Liquidität
belasten, gleichzeitig oftmals aber auch Einzahlungen aus aufgenommenen Krediten oder eingegangene Fördermittel zu berücksichtigen sind. Privatentnahmen
sind ebenfalls zu prognostizieren, wobei hier zu bedenken ist welchen Eindruck
zu hoch geplante Entnahmen auf eventuelle Kapitalgeber machen. Ein wesentlicher Bestandteil des Liquiditätsplans sind schließlich Zahlungsmittelbestände
und -reserven in Form regulärer Bar- oder Bankguthaben, aber auch ungenutzte
Kreditlinien etc.

   Da eine detaillierte kurzfristige Liquiditätsplanung ein äußerst wichtiges In-
formations- und Entscheidungsinstrument für den Unternehmer darstellt, sollte
sie im Rahmen der Planungsrechnungen stetig aktualisiert und an geänderte Un-
ternehmens- oder Umfeldsituationen angepasst werden.

> **Praxistipp:** *Um in den Folgejahren möglichst frühzeitig auf Liquiditätsschwankungen*
> *reagieren zu können ist ca. 3–6 Monate vor Beginn des Jahres von der groben Jahres-*
> *planung auf eine monatsgenaue Detailplanung umzustellen.*

Im Folgenden soll beispielhaft der Aufbau eines monatlichen Liquiditätsplans (in
tabellarischer Form) abgebildet werden.

Liquiditätsplanung	01/20XX EUR	02/20XX EUR	...	12/20XX EUR
a) Einzahlungen				
Kundeneinzahlungen			...	
Privateinzahlungen			...	
Kreditaufnahme			...	
Kapitalerträge			...	
Sonstige Einzahlungen			...	
Summe Einzahlungen			...	
b) Auszahlungen				
Investitionen			...	
Materialkosten			...	
Personalkosten			...	
Mietzahlungen			...	
Instandhaltungskosten			...	
Marketingkosten			...	
Reisekosten			...	
Kosten Fuhrpark			...	
Verwaltungskosten			...	
Versicherungsbeiträge			...	
Sonstige Beiträge/Gebühren			...	
Kreditrückzahlung			...	
Zinszahlungen			...	
Privatentnahmen			...	
Sonstige Auszahlungen			...	
Summe Auszahlungen			...	
c) Liquide Mittel				
Barmittelbestand			...	
Bankguthaben			...	
Summe			...	
d) Deckungsbereich				
Unter-/Überdeckung [a + c - b]			...	
Kreditlinie			...	
e) Liquidität			...	

Abb. 3.17: Beispiel für einen monatlichen Liquiditätsplan

3.8 Vorbereitung des Bankengesprächs

Beispiel

Nachdem sich Max Mustermann nun ausgiebig Gedanken über die Finanzierung seiner Geschäftsidee gemacht hat, ist er zu dem Schluss gekommen, dass er neben seinen eigenen Ersparnissen auch auf eine Fremdfinanzierung angewiesen ist. Da er im Zuge der Kapitalbedarfs-, Erfolgs- und Liquiditätsplanung ausführliche Prognosen erstellt hat, schätzt er den Bedarf an Fremdmitteln auf ca. 60 % des gesamten Kapitalbedarfs im ersten Geschäftsjahr.

Zwischenzeitlich ist der Jungunternehmer auch einer regionalen Unternehmervereinigung beigetreten und nimmt sehr interessiert an den 14-tägigen Treffen der Organisation teil. Da an den Veranstaltungen oftmals auch die Vorstandsmitglieder der örtlichen Kreditinstitute teilnehmen, kommt Mustermann schnell mit verschiedenen Entscheidern aus dem Bankenbereich ins Gespräch und erhält von diesen wertvolle Tipps. So rät ihm z.B. Anton Ackergaul vom Bankhaus Wald & Wiese, sich detailliert auf das Bankengespräch vorzubereiten. Der Ingenieur muss es in diesem Gespräch schaffen, den technischen Laien aus der Kreditabteilung der Bank seine Geschäftsidee und deren Erfolgsaussichten selbstbewusst, plastisch und glaubhaft vermitteln. Da sich der Existenzgründer selbst nicht als einen großen Entertainer einschätzt, macht er sich sogleich ans Werk und bereitet seine Unterlagen strukturiert für das anstehende Gespräch mit den Banken auf.

Um den Kapitalbedarf vor allem in der Gründungsphase decken zu können, ist der Jungunternehmer oftmals auf die Fremdfinanzierung durch eine Bank angewiesen. Aber auch öffentliche Fördermittel werden häufig über Banken vermittelt oder zur Verfügung gestellt. Insofern kommt dem Gespräch mit der Bank für die Existenzgründung meist entscheidende Bedeutung zu. Um im Bankengespräch den Verhandlungspartner zu einer Finanzierungszusage zu bewegen, sind aber nicht nur eine gute Geschäftsidee, sondern auch deren Präsentation und die Selbstdarstellung des Unternehmers wichtig. Aus Sicht der Bank geht es dabei immer um eine Beurteilung des mit der Finanzierung der Gründung verbundenen Risikos – sowohl geschäftlicher als auch persönlicher Natur. Dies bedeutet aber nicht, dass negative Aspekte eines Gründungsvorhabens (z.B. ein erst spätes Erreichen der Gewinnschwelle, ein Schufa-Eintrag des Gründers oder eine übermäßige Konkurrenz) nicht angemessen einbezogen oder gar verschwiegen werden sollen. Dies würde ein Vertrauensverhältnis unmöglich machen und ein Scheitern der Verhandlungen nach sich ziehen.

Um eben dieses Vertrauen der Bank in den Gründer und seine Idee zu stärken ist es wichtig, die für das Bankengespräch wichtigen Unterlagen vollständig, strukturiert und aussagekräftig vorzubereiten. Der Jungunternehmer minimiert auf diese Weise auch das Risiko von Missverständnissen zwischen Gründer und Kapitalgeber. Diese resultieren im Regelfall aus einer unzureichenden Information der Gegenpartei, aus fehlenden oder wirr aufbereiteten Planungsrechnungen oder Fehlern im Verhalten des Gründers. Ein zu forderndes Auftreten, Unpünktlichkeit bei geschäftlichen Terminen oder offensichtliche Schwächen bei der Argumentation bzgl. der Erfolgsaussichten der Geschäftsidee können sich negativ auf die Kreditvergabeentscheidung auswirken. Selbiges gilt im Hinblick auf das äußere Erscheinungsbild, das dem Anlass angemessen sein sollte. Damit der Gründer optimal auf die Vorstellungen der Kapitalgeber eingehen kann, sollte er sich möglichst vorab über deren Anforderungen, Kundenstruktur und Standardprozesse bei Existenzgründungsverfahren informieren.

> **Praxistipp:** *Nur wer selbst vom Erfolg seiner Geschäftsidee überzeugt ist, kann auch den potenziellen Kapitalgeber von seiner Idee überzeugen.*

Bei der Auswahl der zu kontaktierenden Banken sollte keine einseitige Fokussierung auf die Hausbank stattfinden. Zwar hat der Kontakt zur Hausbank den Vorteil, dass diese den finanziellen Hintergrund des Gründers kennt, jedoch sollte hier auch die Möglichkeit in Erwägung gezogen werden andere Banken zu kontaktieren. Auf diese Weise kann sich der Jungunternehmer ein Bild von den unterschiedlichen Konditionen verschiedener Kreditinstitute machen, die Vorgehensweisen der Banken vergleichen und auch einen persönlichen Eindruck unterschiedlicher Berater gewinnen.

Einen weiteren wichtigen Aspekt im Rahmen des Bankengesprächs stellen die Teilnehmer – sowohl seitens des Gründers als auch seitens der Bank – dar. Sollte es sich bei den Gründern um mehrere Personen handelt, ist die Zusammensetzung des Teams so zu wählen, dass das Vorhaben optimal präsentiert werden kann. Nimmt der Gründer eine Gründungsberatung in Anspruch, kann es durchaus vorteilhaft sein, den Berater mit zum Bankengespräch zu nehmen.

> Der Betriebswirt Gerhard Geldmacher und der Ingenieur Thomas Tüftel wollen zusammen ein Unternehmen zur Produktion innovativer Elektromotoren gründen. Dabei soll die Verantwortung für betriebswirtschaftliche Sachverhalte bei Geldmacher, für produktionsbezogenen Aspekte bei Tüftel liegen.
>
> Für das Bankengespräch ist es in dieser Konstellation sinnvoll, dass beide Gründer teilnehmen, da voraussichtlich Tüftel die Besonderheiten des Produkts bzw. des Produktionsprozesses besser erläutern kann, die betriebs- und finanzwirtschaftlichen Rahmendaten und Planungsrechnungen mit hoher Wahrscheinlichkeit von Geldmacher besser dargestellt werden können.

Im Hinblick auf die erforderlichen Unterlagen sollten die folgenden Daten vorbereitet und der Bank (in Absprache) ggf. schon vorab zur Verfügung gestellt werden:

- Beschreibung des Gründungsvorhabens/der Geschäftsidee
- Businessplan (inkl. Branchen-, Markt-, Konkurrenz-, Standortanalysen)
- Angaben zur Person des Gründers, Lebenslauf
- Unbedenklichkeitsbescheinigung des Finanzamts
- Ausbildungs-/Befähigungsnachweise
- Angaben zur Rechtsform und zur Gesellschafterstruktur
- Investitions- und Finanzierungsplan
- Erfolgs- und Liquiditätsplan
- bereits abgeschlossene Verträge (Miet-/Pachtvertrag)
- Vermögensaufstellung, laufende Kredite etc.

Während des Gesprächs sind offene, noch zu klärende Fragen klar zu formulieren und die Verantwortlichkeiten für deren Abarbeitung inklusive eines dafür festgelegten Zeitrahmens zu definieren. Auch bei diesen Fragestellungen ist auf eine klare, vollständige und pünktliche Abarbeitung zu achten.

Schließlich ist eine Entscheidung über eine angebotene Finanzierungsvariante nicht vorschnell zu treffen. Die Zusammensetzung der finanziellen Mittel sollte für die Zwecke des Unternehmers optimal gestaltet werden.

Dipl.-Kfm. Matthias Baumann

Kapitel 4: Steuern und Formalitäten

4.1 Rechtsformwahl

> **Beispiel**
> Nachdem Max Mustermann davon ausgeht, dass seine Existenzgründung aus
> einer finanzwirtschaftlichen Sicht heraus erfolgreich umgesetzt werden kann,
> macht er sich nun Gedanken darüber, welche Rechtsform er dafür zugrunde
> legen möchte. Da er sich bisher keine Gedanken über mögliche Risiken ge-
> macht hat, tendiert er grundsätzlich zur Rechtsform des Einzelunternehmers.
> Er geht davon aus, dass ihm auf diese Weise die geringsten formalen Anfor-
> derungen und damit auch Kosten entstehen. Erst nach einem Gespräch mit
> seinem Steuerberater wird er auf mögliche Risiken aufmerksam gemacht.
> Max Mustermann war bisher nicht klar, dass er sich und damit auch seine
> Familie z.B. mit möglichen Schadensersatzforderungen, ausgelöst durch ei-
> nen etwaigen Defekt seiner Bauteile, in existenzielle Nöte bringen kann, da er
> als Einzelunternehmer auch mit seinem gesamten privaten Vermögen haftet.
> Der Steuerberater rät ihm zur Gründung einer GmbH oder einer UG (haf-
> tungsbeschränkt), da hierdurch die Haftung im Schadensfall in erster Linie
> auf das Gesellschaftsvermögen beschränkt ist. Max Mustermann geht zum
> Notar seines Vertrauens und lässt sich über die Gründung einer GmbH aus-
> führlich beraten.

Mitunter einer der wichtigsten Punkte bei der Existenzgründung ist die optimale
Rechtsformwahl. Diese sollte vor der Gründung sorgfältig bedacht und dabei die
Chancen und Risiken sowie mögliche Kosten abgewogen werden (vgl. hierzu ausführlich auch Ossola-Haring [2005], S. 101–111). Es empfiehlt sich jedoch, die
Wahl der richtigen Rechtsform nicht ausschließlich an den Kosten oder an Steuer-
gestaltungsmöglichkeiten festzumachen. Vielmehr ist die persönliche Situation
und eventuelle persönliche Haftung des Unternehmers entscheidend. Mit der
Wahl der Rechtsform stellt der Existenzgründer zwar auch die Weichen für die
steuerliche Behandlung seines neu gegründeten Unternehmens, jedoch kann er
gleichzeitig in unterschiedlicher Weise auch persönlich für sein unternehmerisches Handeln haftbar gemacht werden, bspw. als Einzelunternehmer. Handelt es
sich bei dem neu zu gründenden Unternehmen um ein produzierendes Gewerbe,
sollten ebenfalls etwaige Risiken, die allein durch den Betrieb von Maschinen zu
einer Gefährdung von Mensch und Umwelt führen können, berücksichtigt werden, da diese im Schadensfall immense Kosten verursachen können. Nach dem
Prüfen solcher möglichen unternehmerischen Risiken (vgl. hierzu Emm-
rich/Specht [2002], S. 177–180) empfiehlt es sich daher, parallel nach entsprechenden Versicherungen zu suchen, die diese Risiken abdecken (vgl. Hertel [2002],
S. 193–202). Dem Existenzgründer stehen folgende übergeordnete Möglichkeiten

der Rechtsformwahl offen: Einzelunternehmer, Personengesellschaft, Kapitalgesellschaft. Abbildung 4.1 zeigt weitere Untergliederungsmöglichkeiten, ohne dabei eine vollständige Darstellung aller möglichen Rechtsformen für sich in Anspruch nehmen zu wollen. In den folgenden Kapiteln sollen die grundlegenden Merkmale verschiedener Rechtsformen dargestellt und erläutert werden. Dabei werden jedoch nur die für Existenzgründer gängigen Rechtsformen behandelt.

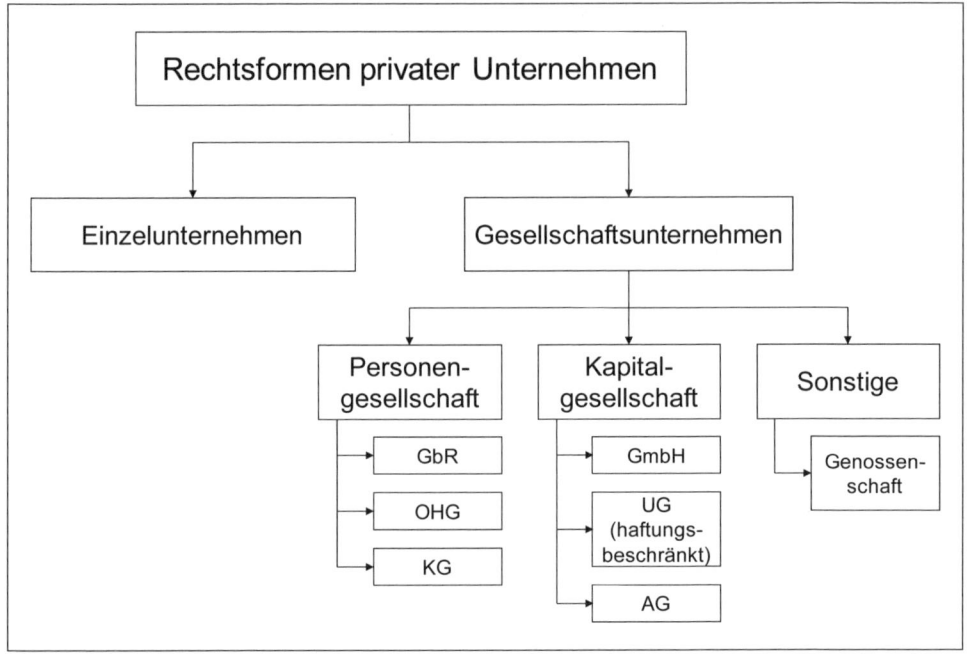

Abb. 4.1: Arten möglicher Rechtsformen

4.1.1 Einzelunternehmer

Der Einzelunternehmer ist die einfachste und gängigste Variante der Existenzgründung, da hier der Kosten- und Verwaltungsaufwand am geringsten ist. Als Einzelunternehmer ist lediglich eine Gewerbeanmeldung beim zuständigen Gewerbeamt erforderlich (Kosten je nach Gemeinde ca. 20 – 40 EUR). Sollte nicht explizit eine andere Rechtsform gewählt werden, wird man automatisch als Einzelunternehmer eingestuft. Dieser Automatismus kann jedoch zur Haftungsfalle für den Existenzgründer werden, sofern bspw. entsprechende Versicherungen noch nicht abgeschlossen wurden oder noch keine andere Rechtsform gewählt wurde. Einzelne Berufsgruppen können zusätzlich genehmigungspflichtig sein oder spezielle berufliche Qualifikationen (z.B. Handwerksmeister o.ä.) erfordern.

Bei der Rechtsform des Einzelunternehmers gibt es – wie der Name bereits andeutet – nur einen Unternehmer. Dieser ist ausschließlich für sich selbst verantwortlich. Sind mehrere Partner an der Gründung beteiligt, führt dies bei ähnlichen Voraussetzungen meist zur gängigen Variante der GbR (Gesellschaft bürgerlichen Rechts, vgl. hierzu Kapitel 4.2.3).

Der Existenzgründer hat zwar als Einzelunternehmer einen großen persönlichen Entscheidungsspielraum, ihm muss jedoch bewusst sein, dass er für sein
unternehmerisches Handeln und daraus resultierende mögliche Fehler oder
Schäden persönlich mit dem gesamten betrieblichen und privaten Vermögen haftet. Die Haftung endet also nicht nur mit dem Betriebsvermögen, sondern erstreckt sich auf das gesamte Privatvermögen des Existenzgründers. Dazu gehört
z.B. auch das Eigenheim, das private Auto oder sonstiges privates Vermögen.
Hier ist deshalb genau zu prüfen, inwieweit Fehler oder Schäden von Versiche-
rungsgesellschaften abgedeckt sowie Kundenforderungsausfälle vermieden werden können und welches Risiko darüber hinaus persönlich eingegangen werden
sollte.

Um Vollkaufmann zu werden, ist die Eintragung im Handelsregister erforderlich. Die Bezeichnung „e.K." (eingetragener Kaufmann) signalisiert in gewisser
Weise die Seriosität des Unternehmers, da hier die Vorschriften des HGB gelten
und das Handelsregister Informationen zum Unternehmer öffentlich bereithält.
Ein Vollkaufmann ist zur doppelten Buchführung gem. HGB § 238 Abs. 1 verpflichtet; ein Einzelunternehmer kann bis zur Grenze von 50 TEUR Gewinn und
weniger als 500 TEUR Umsatz von der doppelten Buchführungspflicht jedoch
befreit sein (HGB § 241a). Der Einzelunternehmer hat keine Offenlegungspflicht
des Jahresabschlusses im Handelsregister sowie beim elektronischen Bundesanzeiger, der die Unterlagen für die Öffentlichkeit im Internet zugänglich macht
(vgl. Beatge/Kirsch/Thiele [2009], S. 42). Dies spart zusätzliche Kosten und verhindert, dass Dritte die Zahlen der Rechenwerke (Bilanz, GuV) im Rahmen eines
Konkurrenzkampfes gegen das Unternehmen verwenden könnten (z.B. Analyse
der Kostenstruktur, Gewinnsituation, Preisgestaltung).

Durch die persönliche Haftung hat der Einzelunternehmer – entsprechendes
(Privat)vermögen vorausgesetzt – bei Kreditinstituten und Kunden einen deutlichen Vorteil gegenüber rein auf das Betriebsvermögen haftungsbeschränkten Gesellschaften. Dies führt zu besseren Chancen bei einer Kreditvergabe von Banken
an den Existenzgründer, da dieser persönlich für sein Unternehmen einsteht und
so ggf. über größere Sicherheiten verfügt (vgl. Schefczyk/Pankotsch [2003], S. 66).

Der Einzelunternehmer im Kurzüberblick:
– Persönliche Haftung mit gesamtem Betriebs- und Privatvermögen

- Doppelte Buchführungspflicht erst ab 50 TEUR Gewinn oder über 500 TEUR Umsatz
- Keine Eintragung ins Handelsregister erforderlich
- Gründungskosten: Gewerbeschein ca. 20-40 EUR (je nach Gemeinde)

Der eingetragene Kaufmann (Vollkaufmann) im Kurzüberblick:
- Persönliche Haftung mit gesamtem Betriebs- und Privatvermögen
- Eintragung e.K. signalisiert Seriosität
- Doppelte Buchführungspflicht
- Gründungskosten: Gewerbeschein ca. 20-40 EUR (je nach Gemeinde) sowie Handelsregistereintrag beim Notar ca. 300-600 EUR (je nach Betriebsvermögen)

4.1.2 Freiberufler

Freiberufler sind ähnlich zu beurteilen wie der gewerbliche Einzelunternehmer. Jedoch genießen Freiberufler gewisse steuerliche Erleichterungen gegenüber einem Gewerbebetrieb. Beispielsweise sind Freiberufler von der Gewerbesteuer sowie der doppelten Buchführungspflicht befreit. Jedoch gibt es auch Nachteile: Es besteht bei bestimmten Berufsgruppen ein eingeschränktes Werbeverbot oder eine verpflichtende Kammerzugehörigkeit (z.B. Kammer für Steuerberater, Rechtsanwälte, Architekten, Ingenieure, Notare o.ä.).

Die Einstufung als Freiberufler lässt sich in der Praxis oftmals nur schwer abgrenzen. Einkommensteuergesetz (EStG) § 18 Abs. 1 Nr. 1 sowie Partnerschaftsgesellschaftsgesetz (PartGG) § 1 Abs. 2 liefern hierfür unterstützende Definitionen sowie Beispiele des Freien Berufes. Aber auch der Bundesverband der Freien Berufe stellt auf seiner Website www.freie-berufe.de eine Reihe wichtiger Informationen sowie eine Liste sogenannter Katalogberufe zusammen. Hierzu zählen u.a.:
- *Heilberufe* (Ärzte, Zahnärzte, Tierärzte, Heilpraktiker, Dentisten, Krankengymnasten, Apotheker jedoch ohne den Betrieb einer Apotheke)
- *Rechts-, steuer- und wirtschaftsberatende Berufe* (Rechtsanwälte, Steuerberater, Steuerbevollmächtigte, Patentanwälte, Notare, Wirtschaftsprüfer, beratende Volks- und Betriebswirte, vereidigte Buchprüfer und Bücherrevisoren)
- *Naturwissenschaftliche und technische Berufe* (Vermessungsingenieure, Ingenieure, Handelschemiker, Architekten, Lotsen)
- *Informationsvermittelnde Berufe* (Journalisten, Bildberichterstatter, Dolmetscher, Übersetzer)
- *Kulturberufe* (Schriftsteller, Bildhauer, Schauspieler, Musiker)

In der Praxis werden oft freiberufliche und gewerbliche Tätigkeiten gleichzeitig ausgeübt, dies erschwert die Abgrenzung der Einkunftsarten. Es ist in diesem Fall empfehlenswert, sich gegebenenfalls von einem Steuerberater unterstützen zu lassen, da die zutreffende Trennung der Einkunftsarten Auswirkungen bis hin zur Gewerbesteuer- und Bilanzierungspflicht haben kann.

Der Freiberufler im Kurzüberblick:

- Persönliche Haftung mit gesamtem Betriebs- und Privatvermögen
- Keine doppelte Buchführungspflicht
- Keine Gründungskosten; zeitnahe, formlose Mitteilung des Beginns der Tätigkeit beim zuständigen Finanzamt
- Keine Gewerbesteuer
- Kammerzugehörigkeit oftmals erforderlich
- Einstufung als Freiberufler regelt EStG § 18 Abs. 1 und PartGG § 1 Abs. 2

4.1.3 Gesellschaft des bürgerlichen Rechts (GbR)

Wie beim Einzelunternehmer auch, entsteht die GbR – ebenfalls bekannt unter der Bezeichnung BGB-Gesellschaft – automatisch bei Gründung durch mehrere Personen, die ein gemeinsames Geschäftsziel verfolgen und keine andere Rechtsform ausgewählt haben. Die GbR ist schnell und einfach zu gründen, ähnlich wie das Einzelunternehmen. Für diese Rechtsform genügt es bereits, wenn sich mindestens zwei Beteiligte mit gemeinsamem Geschäftsziel zusammenschließen. Ein schriftlicher Gesellschaftsvertrag ist nicht zwingend notwendig. Es ist jedoch zu empfehlen, einen schriftlichen GbR-Vertrag mit professioneller Hilfe zu verfassen (vgl. Wien [2009], S. 67 f.). Dies bietet den beteiligten Gründern den Vorteil, auch zukünftig alle getroffenen Absprachen sowie Beteiligungsverhältnisse in schriftlicher Form festzuhalten. Im Falle von Streitigkeiten könnte dieses Dokument somit problemlos als Beweisurkunde fungieren. Folgende Punkte sollten u.a. zwischen den Gesellschaftern in einem solchen Vertrag geregelt werden:

- Beteiligungsverhältnisse am Unternehmen (prozentual)
- Mitspracherechte
- Handlungsvollmachten (z.B. Vergabe von Rabatten)
- Vertretungsberechtigungen
- Vorgehen bei Austritt aus der Gesellschaft
- Regelungen zu Entscheidungsfindungen

Musterverträge können z.B. von IHKs bezogen werden. Allerdings ist es ratsam den Vertrag nach Ausarbeitung von einem Rechtsanwalt prüfen zu lassen, falls die Vertragspunkte nicht bereits unter fachmännischer Leitung erarbeitet wurden.

Praxistipp:

GbR-Vertrag

Zwischen

Herrn Dominik Müller, Musterweg 1, 12345 Musterhausen,

und

Frau Karin Schneider, Mustergasse 3, 12345 Musterhausen,

wird der folgende Gesellschaftsvertrag geschlossen:

§ 1 Name und Sitz der Gesellschaft

(1) Die Unterzeichner gründen mit dem vorliegenden Vertrag eine Gesellschaft bürgerlichen Rechts unter der Bezeichnung „Karin Schneider und Dominik Müller, Sicherheitstechnik".

(2) Sitz der Gesellschaft ist Musterhausen.

§ 2 Zweck der Gesellschaft

Der Zweck der Gesellschaft ist die Produktion, der Vertrieb und die Installation von sicherheitstechnischen Geräten.

§ 3 Beginn und Dauer der Gesellschaft

(1) Die Geschäfstätigkeit der Gesellschaft beginnt am 01.01.20X1.

(2) Die Gesellschaft wird auf unbestimmte Zeit gegründet.

(3) Eine Kündigung des Gesellschaftsvertrags ist unter Einhaltung einer Frist von sechs Monaten je zum Schluss eines Kalenderjahres möglich. Die Kündigung muss schriftlich erfolgen.

§ 4 Geschäftsjahr

Das Geschäftsjahr entspricht dem Kalenderjahr.

§ 5 Einlagen der Gesellschafter, Anteile

(1) Herr Müller bringt 2.000 EUR in bar sowie technische Anlagen im Wert von 8.000 EUR ein. Frau Schneider bringt 5.000 EUR in bar sowie Einrichtungs- und Ausstattungsgegenstände im Wert von 5.000 EUR ein.

(2) Die beiden Gesellschafter sind – entsprechend ihrer Anteile – ab sofort zu jeweils 50 % am Gesellschaftsvermögen beteiligt.

(3) Die Übertragung von Geschäftsanteilen auf Dritte ist ausgeschlossen.

§ 6 Geschäftsführung, Vertretung und Haftung

(1) Jeder der beiden Gesellschafter ist zur alleinigen Geschäftsführung berechtigt. Er vertritt die Gesellschaft im Außenverhältnis allein.

(2) Im Innenverhältnis sind bestimmte Rechtshandlungen oder Rechtsgeschäfte nur bei Zustimmung beider Gesellschafter möglich. Dabei handelt es sich um:

- An-/Verkauf und Belastung von Grundstücken;
- Abschluss jedweder Miet- und Dienstverträge;
- Kreditaufnahme, Bürgschaftsübernahme von Bürgschaften;
- Aufnahme neuer Gesellschafter, Einlagenerhöhung.

(3) Die Haftung für Verbindlichkeiten der Gesellschaft gegenüber Dritten erfolgt gemeinschaftlich und unbegrenzt. Die Haftungsübernahme im Innenverhältnis erfolgt ebenso gemeinschaftlich. Lediglich im Falle einer vorsätzlichen oder grob fahrlässigen Schädigung haftet der Gesellschafter alleine, der den Schaden verursacht hat.

§ 7 Pflichten der Gesellschafter, Wettbewerbsverbot

(1) Keinem der Gesellschafter ist es gestattet, ohne das schriftliche Einverständnis des anderen Gesellschafters und unabhängig von der Branche außerhalb der Gesellschaft eine Geschäftstätigkeit auszuüben. Dies schließt auch die mittelbare oder unmittelbare Beteiligung an gleichartigen Unternehmen mit ein. Für den Fall von Zuwiderhandlungen wird eine Vertragsstrafe in Höhe von jeweils 1.000 EUR festgelegt. Die fristlose Kündigung bleibt vorbehalten.

(2) Es steht jedem der Gesellschafter frei, alle auf eigene Rechnung abgeschlossenen Geschäfte des Mitgesellschafters als für die Gesellschaft eingegangen zu werten. Dies hat zur Folge, dass die auf diese Weise erzielten Vergütungen bzw. entsprechende Ansprüche an die Gesellschaft abzutreten sind.

§ 8 Gewinn/Verlust, Entnahmerechte

(1) Die Ergebnisse der Gesellschaft (Gewinn/Verlust) werden entsprechend der Kapitalanteile der Gesellschafter aufgeteilt. Neben einer Tätigkeitsvergütung steht es jedem Gesellschafter frei, zulasten seines späteren Gewinnanteils eine Vorabvergütung zur Begleichung für Steuer(voraus)zahlungen zu entnehmen. Die Höhe der Entnahme orientiert sich an den dafür erforderlichen Beträgen.

(2) Eine gemeinsame Rücklagenbildung der Gesellschafter ist nicht vorgesehen.

§ 9 Kündigung eines Gesellschafters

(1) Im Kündigungsfall scheidet der kündigende Gesellschafter aus der Gesellschaft aus. Der verbleibende Gesellschafter ist zur Fortführung des Unternehmens durch Übernahme der Aktiva und Passiva – unter Ausschluss der Liquidation – berechtigt.

(2) Die Übernahme ist dem ausscheidenden Gesellschafter innerhalb eines Monats nach der Kündigung zu erklären. Im Falle der Nichtübernahme erfolgt die Auflösung und Liquidation der Gesellschaft.

(3) Der ausscheidende Gesellschafter hat Anspruch auf Auszahlung eines Auseinandersetzungsguthabens. Die Feststellung des Auseinandersetzungsguthabens erfolgt unter Zugrundelegung der wahren Werte der Aktiva und Passiva. Ein eventueller Geschäftswert sowie schwe-
bende Geschäfte finden keine Berücksichtigung.

(4) Das Auseinandersetzungsguthaben wird in zwei gleichlautenden Halbjahresraten ohne Zu-
gabe von Zinsen ausbezahlt, wobei die erste Rate sechs Monate nach dem Tag des Ausschei-
dens fällig ist.

(5) Wird hinsichtlich der Höhe des Auseinandersetzungsguthabens keine Einigung erzielt, so
wird diese von einem unabhängigen Wirtschaftsprüfer oder Steuerberater ermittelt. Die anfallenden Kosten tragen der verbleibende und der ausscheidende Gesellschafter je zur Hälfte.

§ 10 Tod eines Gesellschafters

Im Falle des Todes eines Gesellschafters gilt § 9 entsprechend. Die Auseinandersetzungsbilanz
ist dabei jedoch zum Todestag des verstorbenen Gesellschafters aufzustellen.

§ 11 Einsichts-/Informationsrecht

(1) Jeder der Gesellschafter ist berechtigt, sich durch Einsichtnahme in die Geschäftsunterlagen
über die Angelegenheiten der Gesellschaft zu informieren. Dies beinhaltet auch die Anferti-
gung von Unterlagen zum Stand des Gesellschaftsvermögens.

(2) Das Einsichts-/Informationsrecht kann durch jeden Gesellschafter auch durch Beauftragung
eines zur Berufsverschwiegenheit verpflichteten Dritten wahrgenommen werden. Die hat jedoch auf eigene Kosten des Auftraggebers zu erfolgen.

§ 12 Salvatorische Klausel

(1) Für den Fall, dass eine der Bestimmungen dieses Vertrags unwirksam sein sollte, so bleiben
die übrigen Vertragsbestimmungen trotzdem wirksam.

(2) Die Gesellschafter verpflichten sich, im Falle der Unwirksamkeit bestimmter Vertragsbestimmungen eine neue Regelung zu formulieren, die der unwirksamen Regelung im wirtschaftlichen Sinne weitestgehend entspricht.

§ 13 Änderungen des Vertrages

Änderungen und Ergänzungen des vorliegenden Vertrags bedürfen der Schriftform.

Musterhausen, den 01.01.20X1

..................…..........................

Dominik Müller Karin Schneider

**Dieser Mustervertrag soll lediglich eine erste Hilfestellung bei der Vertragsgestaltung
geben. Er erhebt keinerlei Anspruch auf Vollständigkeit!**

Besondere Vorsicht ist bei der GbR bezüglich der Haftungsverhältnisse geboten. Gesetzlich vorgeschrieben ist, auch wenn im Gesellschaftsvertrag etwas anderes vereinbart wurde, dass alle Partner nach außen uneingeschränkt mit ihrem gesamten Privatvermögen haften. Dies hat zur Folge, dass jeder Gesellschafter vollständig mit seinem gesamten betrieblichen und privaten Vermögen auch für Fehler der anderen Gesellschafter haftbar gemacht werden kann. Daher ist es nur ratsam, eine GbR mit Partnern zu gründen, welche man genau kennt und denen man vertrauen kann. Da jeder Partner die volle Haftung trägt, genießt die GbR bei Kreditgebern ein gutes Image und es ist somit leichter Kredite zu erhalten (vgl. Schefczyk/Pankotsch [2003], S. 66).

Im rechtsgeschäftlichen Verkehr müssen die einzelnen Gesellschafter der GbR mit ausgeschriebenem Vor- und Nachnamen aufgeführt sein. Der Zusatz GbR ist aber nicht unbedingt notwendig. Auch Freiberuflern steht die Möglichkeit zur Gründung einer GbR offen. Besonders zu beachten ist hier jedoch, dass der Status der Freiberufler schon durch einen Gesellschafter, der gewerbliche Einkünfte erzielt, gefährdet werden kann.

Die GbR im Kurzüberblick:
– Persönliche Haftung mit gesamtem Betriebs- und Privatvermögen, auch für Fehler andere Gesellschafter: „Einer für alle"
– Doppelte Buchführungspflicht erst ab 50 TEUR Gewinn oder über 500 TEUR Umsatz
– Keine Eintragung ins Handelsregister erforderlich
– Gründungskosten: Gewerbeschein ca. 20 – 40 EUR pro Gesellschafter (je nach Gemeinde)
– Hohe Flexibilität der Gesellschaftsverhältnisse, da sich aus dem Gesetzestext nur wenige zwingende Regelungen ergeben

4.1.4 Offene Handelsgesellschaft (OHG)

Die OHG zählt, wie die GbR, zu den Personengesellschaften. Jedoch ist die OHG im Handelsregister eingetragen und eignet sich nicht für Freiberufler. Des Weiteren kann eine OHG bereits durch mindestens zwei Gesellschafter über einen Gesellschaftsvertrag gegründet werden. Gesellschafter einer OHG können natürliche und juristische Personen sein. Anders als bei einer Kapitalgesellschaft steht nicht die Einbringung des Kapitals, sondern der persönliche Einsatz der Gesellschafter im Vordergrund. Die Gesellschafter selbst sind Vollkaufleute.

Die OHG ist besonders geeignet für gleichberechtigte Partner, die meist selbst in der Gesellschaft tätig sind. Die unbeschränkte Haftung erfordert ein hohes Maß an Vertrauen unter den Gesellschaftern.

Die OHG ist vor allem für Familienbetriebe und mittelständische Unternehmen gut geeignet. Bei Banken oder anderen Geldgebern genießt diese Rechtsform hohe Kreditwürdigkeit aufgrund der unbeschränkten Haftungsverhältnisse der Gesellschafter (vgl. Collrepp [2007], S. 108 f.).

Der Gewinn der OHG wird einheitlich und gesondert festgestellt und den jeweiligen Gesellschaftern zugerechnet. Bei den Gesellschaftern unterliegen die Gewinnanteile der Einkommensteuer oder aber der Körperschaftsteuer, je nachdem, welche Rechtsform sie haben, bzw. ob diese natürliche oder juristische Personen sind.

Die OHG im Kurzüberblick:
– Persönliche Haftung mit gesamtem Betriebs- und Privatvermögen, auch für Fehler anderer Gesellschafter
– Doppelte Buchführungspflicht
– Handelsregistereintragung verpflichtend
– Gründungskosten: Gewerbeschein ca. 20-40 EUR pro Gesellschafter (je nach Gemeinde) sowie Handelsregistereintrag beim Notar ca. 300-600 EUR (je nach Betriebsvermögen)

4.1.5 Gesellschaft mit beschränkter Haftung (GmbH)

Die GmbH ist eine Kapitalgesellschaft und stellt eine eigenständige (juristische) Person dar. Aufgrund dieser Eigenständigkeit ist es geboten, mit der eigenen GmbH Geschäfte zu tätigen, wie unter „fremden Dritten", also z.B. fremdübliche Verzinsung von Darlehen, Wahrung der Schriftform, fremdübliche Arbeits- und Pachtverträge. Die GmbH eignet sich für kleine und mittlere Familiengesellschaften ebenso wie für Großunternehmen. Obwohl sie eine Kapitalgesellschaft ist, ist sie doch in vielerlei Hinsicht personenbezogen und wird daher oftmals bevorzugt, wenn es eine persönliche Beziehung zwischen den Gesellschaftern gibt (vgl. Frotscher [2011], Rz. 1).

Es sind die folgenden zwei Organe der GmbH zu unterscheiden:
– Die *Gesellschafter* (= Inhaber) einer GmbH haben Informationsrechte, Gewinnbezugsrechte sowie Stimmrechte und fassen ihre Beschlüsse im Rahmen einer Gesellschafterversammlung.
– Der *Geschäftsführer* (= Angestellter der GmbH, Vertreter der GmbH und Chef der GmbH-Mitarbeiter in einem) ist für die ordnungsgemäße und gewissenhafte Führung der GmbH und für die Umsetzung der Gesellschafterbeschlüsse vollumfänglich verantwortlich und haftet gegebenenfalls persönlich für

Pflichtverletzungen. Mehrere Geschäftsführer oder Gesellschafter-Geschäftsführer, aber auch Fremdgeschäftsführer sind möglich.

Nach § 1 GmbHG ist auch eine Einpersonen-Gründung zulässig: Der Existenzgründer kann 100%-Gesellschafter und alleiniger Geschäftsführer sein. Die oben genannten Empfehlungen hinsichtlich der Beachtung der personellen Eigenständigkeit „seiner" GmbH wie unter Fremden, bis hin zur peniblen Beachtung der Schriftform hinsichtlich Beschlüssen und Verträgen, gilt hier gleichwohl.

Ein wichtiges Argument für die Gründung einer GmbH ist die Haftungsbeschränkung auf das Betriebsvermögen (§ 13 Abs. 2 GmbHG). Dies bedeutet, dass die Haftung der Gesellschafter grundsätzlich auf das von ihnen in die GmbH eingebrachte Vermögen begrenzt ist, sofern die Stammeinlage bereits voll erbracht wurde. Sollte den Gläubigern der GmbH, wie bspw. der Bank, zusätzlich private Sicherheiten gegeben worden sein, ist diese gesetzliche Haftungsbegrenzung allerdings nicht mehr gegeben (vgl. Frotscher [2011], Rz. 2 f.).

Besonders zu beachten sind die Haftungsverhältnisse in der Gründungsphase einer GmbH, d.h. nachdem der Gesellschaftsvertrag bereits abgeschlossen wurde, aber noch keine Eintragung ins Handelsregister erfolgt ist. In diesem Stadium der sog. Vor-GmbH (Vorgesellschaft) ist die Haftung der Gesellschafter noch persönlich und uneingeschränkt. Erst mit der offiziellen Eintragung in das Handelsregister erfolgt die Umwandlung zur beschränkten Haftung der Gesellschafter.

Bei (nachweislich) ordnungsgemäßer und gewissenhafter Führung der GmbH bleibt der Geschäftsführer grundsätzlich frei von persönlicher Haftung. Die Pflichten eines Geschäftsführers sind jedoch umfangreich, insbesondere hinsichtlich des unverzüglichen Handlungsbedarfs im Falle einer (drohenden) insolvenzrechtlichen Überschuldung der GmbH. Der Geschäftsführer sollte sich daher umfassend über seine Pflichten in Kenntnis setzen und gegebenenfalls zeitnah fachkundigen Rat einholen. Bei Pflichtversäumnissen, wie bspw. bei Insolvenzverschleppung, kann der Geschäftsführer nämlich persönlich zur Haftung herangezogen werden.

Die Gründung einer GmbH ist aufwändiger und deutlich kostspieliger als bei einem Einzelunternehmen, da hier diverse Formvorschriften einzuhalten sind. Die Gesellschafter bilden in der Gründungsphase noch eine GbR (vgl. Kapitel 4.1.3), und erarbeiten einen Gesellschaftsvertrag zur GmbH–Gründung (GmbH-Vertrag). Diese Phase der Gründung bis hin zur haftungsbeschränkenden Handelsregistereintragung kann sich unter Umständen über einen längeren Zeitraum (oftmals 6-8 Wochen) erstrecken.

Der GmbH-Vertrag ist notariell zu beurkunden und muss gesetzlich vorgeschriebenen Mindestanforderungen genügen. Als Beispiele sind hier Firmenbezeichnung, Sitz, Gegenstand des Unternehmens, Höhe des Stammkapitals und

Namen der Gründungsgesellschafter zu nennen (§ 3 Abs. 1 GmbHG). Entsprechende Eintragungen im Handelsregister sind daraufhin vorzunehmen.

Praxistipp: Seit November 2008 existiert ein vereinfachtes Verfahren zur Gründung einer GmbH, wenn die Gesellschaft aus maximal 3 Personen besteht, nur ein Geschäftsführer bestellt wird, Befreiung des Geschäftsführers vom Verbot des Insichgeschäfts vereinbart wird und es sich um eine Bargründung handelt. Anstelle eines komplexen Gesellschaftervertrags können vordefinierte Musterprotokolle verwendet werden. Gründungskosten können so deutlich reduziert werden (vgl. hierzu auch Kapitel 4.1.6 Unternehmergesellschaft (UG haftungsbeschränkt) und Olfert/Rahn [2010], S. 128).

Die Firmenbezeichnung der GmbH kann frei gewählt werden, an die Namen der Gesellschafter angelehnt sein, oder aus einer Kombination dieser entstehen. Auch eine Tätigkeitsbeschreibung ist zulässig. Zwingender Bestandteil des Namens einer GmbH ist immer der Zusatz „Gesellschaft mit beschränkter Haftung" oder auch abgekürzt „GmbH". Die Industrie- und Handelskammer hilft den Existenzgründern in Zweifelsfällen bei Findung eines zulässigen Firmennamens. Im elektronischen Handelsregister können alle existierenden Firmenbezeichnungen unter www.unternehmensregister.de abgefragt werden. Bestehende und eingetragene Markennamen können zusätzlich beim Deutschen Patent- und Markenamt nachgefragt werden. Ggf. hilft auch eine Suche im Internet über eventuell bereits bestehende Namensbezeichnungen weiter.

Es empfiehlt sich, bereits in der Vertragsentwurfphase beim Notar fachlichen Rat über mögliche Alternativen und Anforderungen einzuholen sowie den möglichen Gründungsablauf zu erfragen. In der Regel unterstützt der Notar auch bei Eintragungen ins Handelsregister. Grundsätzlich empfiehlt sich die fachkundige steuerrechtliche Betreuung bereits ab der Gründungsphase.

Da es sich bei der GmbH um eine Kapitalgesellschaft handelt, ist es gesetzlich vorgeschrieben, jährlich einen Jahresabschluss (mindestens bestehend aus Bilanz, Gewinn- und Verlustrechnung nebst Anhang) zu erstellen. Zudem sind bestimmte Daten hieraus beim elektronischen Bundesanzeigerverlag im Internet zu veröffentlichen. Der Umfang der Publizitätspflicht ist nach § 267 HGB abhängig von der Größe der GmbH: Kleine GmbHs, die bestimmte Schwellenwerte nicht überschreiten, haben weniger Informationen offen zu legen (zu den Größenklassen vgl. auch Kapitel 5.2.6).

Das Stammkapital in Höhe von 25.000 EUR muss bei mehreren Gesellschaftern grundsätzlich nur bis zur Hälfte des Mindeststammkapitals erbracht werden, sofern kein weiterer Bedarf vorhanden ist. Allerdings haften die Gesellschafter – wie bereits erwähnt – für noch nicht eingezahltes Stammkapital persönlich. Dieses eingesetzte Kapital darf sogleich für Zwecke der GmbH verwendet werden, nicht jedoch ohne Weiteres an die Gesellschafter zurückgeführt werden. Neben der reinen Bargründung ist auch die Sachgründung möglich, bei der anstelle von Kapital Gegenstände in das Unternehmen eingebracht werden. Allerdings führt diese zu (voraussichtlich) kostspieligen „Sachwert-Prüfungspflichten". Bei einer Bargründung hingegen ist eine solche Gründungsprüfung nicht erforderlich (vgl. Frotscher [2011], Rz. 6, 8).

Die GmbH ist als Kapitalgesellschaft automatisch gewerbesteuerpflichtig. Statt der Einkommensteuer unterliegt die GmbH mit ihrem steuerlichen Gewinn der Körperschaftsteuer. Jedoch kann die Besteuerung der Kapitalgesellschaft mit einem gerade in der Anfangsphase oft niedrigen Gewinn mit Körperschaftsteuer, Solidaritätszuschlag und Gewerbesteuer in Höhe von insgesamt ca. 30% (je nach Gewerbesteuerhebesatz der maßgebenden Gemeinde) deutlich höher sein, als die Besteuerung des Einzelunternehmers mit seinem persönlichen Einkommensteuersatz nebst Solidaritätszuschlag.

Ist der Existenzgründer bspw. gleichzeitig (angestellter) Geschäftsführer, kann dieser auch Arbeitnehmereinkünfte aus seiner GmbH erzielen, welche allerdings der Einkommensteuer unterliegen. Je nach Branche und Größe des Betriebs existieren unterschiedliche Höhen von Geschäftsführergehältern und -provisionen, die erfahrungsgemäß ertragsteuerliche Anerkennung finden. Unter Ausschöpfung der vorhandenen Spielräume kann das Geschäftsführergehalt so ausgestaltet werden, dass (nur) noch ein relativ geringer Gewinn (in ebenfalls erfahrungsgemäß ertragsteuerlich anerkannter Höhe) in der GmbH verbleibt, welcher dort zu besteuern ist (im Falle einer Gewinnausschüttung wäre der Gewinn dann nochmals zu besteuern). Auf diese Art kann – unter Berücksichtigung der prognostizierten Verbleibzeiten von Gewinnen in der GmbH – eine individuelle Balance zwischen der Besteuerung mit dem persönlichen Einkommensteuersatz von grundsätzlich bis zu 42 v.H. (= Geschäftsführergehalt), der Besteuerung von in der GmbH verbleibenden Gewinnen (ca. 30 v.H., abhängig vom Gewerbesteuerhebesatz der Gemeinde) und der Ausschüttungsbesteuerung zu einem (eventuell viel) späteren Zeitpunkt gefunden werden. In solchen Fällen ist es ratsam, steueroptimale Lösungen zusammen mit einem Berater zu erarbeiten.

Die GmbH im Kurzüberblick:
- Haftung lediglich mit dem Gesellschaftsvermögen
- Ein-Mann-GmbH ist möglich
- Verstärkte Formvorschriften (z.B. Gesellschaftsvertrag) im Gegensatz zum Einzelunternehmen
- Handelsregistereintragung verpflichtend
- Unterliegt als Kapitalgesellschaft der Körperschaftssteuer

4.1.6 Unternehmergesellschaft (UG haftungsbeschränkt)

Die Unternehmergesellschaft, kurz UG (haftungsbeschränkt), – der Zusatz „haftungsbeschränkt" darf nicht abgekürzt werden – ist bis auf wenige Besonderheiten der GmbH gleichzusetzen. Sie wurde 2008 aufgrund des Gesetzes zur Modernisierung des GmbH-Gesetzes (MoMiG) zur Vermeidung von Missbräuchen eingeführt.

Die in der Praxis auch als „Mini-GmbH" bezeichnete UG (haftungsbeschränkt) kann auch mit geringerem Stammkapital gegründet werden (ab 1 EUR) als die GmbH (ab 25.000 EUR), was eine Existenzgründung erheblich erleichtern kann. Eine Einlage von Sachanlagevermögen als Stammkapital ist im Gegensatz zur GmbH nicht möglich. Allerdings könnte man den Gesellschaftsvertrag so formulieren, dass aus der UG (haftungsbeschränkt) nach „Ansparen" von ausreichendem Stammkapital eine GmbH werden kann. In diesem Fall müssten jedes Jahr 25% des Gewinns in eine gesetzliche Rücklage eingestellt werden, bis das Stammkapital einer GmbH in Höhe von 25.000 EUR erreicht wurde. Danach kann – eine Pflicht besteht hier nicht – die UG (haftungsbeschränkt) leicht in eine GmbH umgewandelt werden (vgl. Olfert/Rahn [2010], S. 130).

Die Gründung einer UG (haftungsbeschränkt) ist oftmals einfacher und schneller als die einer GmbH. Beispielsweise ist ein Musterprotokoll für die UG (haftungsbeschränkt) vorgesehen (Voraussetzung insbesondere: maximal 3 Gesellschafter, nur 1 Geschäftsführer). Der Gesellschaftsvertrag ist – wie bei der „normalen" GmbH auch – notariell zu beurkunden. Die folgende Darstellung zeigt ein derartiges Musterprotokoll.

Praxistipp: Musterprotokoll für die Gründung einer Mehrpersonengesellschaft

mit bis zu drei Gesellschaftern
UR. Nr.

Heute, den _____,
erschienen vor mir,_____,
Notar/in mit dem Amtssitz in _____,

Herr/Frau[1]

_____[2],

Herr/Frau[1]

_____[2],

Herr/Frau[1]

_____[2].

1. Die Erschienenen errichten hiermit nach § 2 Abs. 1a GmbHG eine Gesellschaft mit
   beschränkter Haftung unter der Firma _____ mit
   Sitz in _____.

2. Gegenstand des Unternehmens ist _____.

3. Das Stammkapital der Gesellschaft beträgt _____EUR
   (i.W. _____ Euro) und wird wie folgt übernommen:
   Herr/Frau[1] _____ ,
   übernimmt einen Geschäftsanteil mit einem Nennbetrag in Höhe von _____ EUR
   (i.W._____ Euro) (Geschäftsanteil Nr. 1),
   Herr/Frau[1] _____ ,
   übernimmt einen Geschäftsanteil mit einem Nennbetrag in Höhe von _____ EUR
   (i.W._____ Euro) (Geschäftsanteil Nr. 2),
   Herr/Frau[1] _____ ,
   übernimmt einen Geschäftsanteil mit einem Nennbetrag in Höhe von _____ EUR
   (i.W._____ Euro) (Geschäftsanteil Nr. 3).

   Die Einlagen sind in Geld zu erbringen, und zwar sofort in voller Höhe/zu 50 Prozent
   sofort, im Übrigen sobald die Gesellschafterversammlung ihre Einforderung be-
   schließt[3].

4. Zum Geschäftsführer der Gesellschaft wird Herr/Frau[4]_____,
   geboren am _____, wohnhaft in _____, bestellt.

   Der Geschäftsführer ist von den Beschränkungen des § 181 des Bürgerlichen Gesetz-
   buchs befreit.

5. *Die Gesellschaft trägt die mit der Gründung verbundenen Kosten bis zu einem Ge-*
   samtbetrag von 300 EUR, höchstens jedoch bis zum Betrag ihres Stammkapitals.
   Darüber hinausgehende Kosten tragen die Gesellschafter im Verhältnis der Nenn-
   beträge ihrer Geschäftsanteile.

6. *Von dieser Urkunde erhält eine Ausfertigung jeder Gesellschafter, beglaubigte Ablich-*
   tungen die Gesellschaft und das Registergericht (in elektronischer Form) sowie eine
   einfache Abschrift das Finanzamt – Körperschaftsteuerstelle –.

7. *Die Erschienenen wurden vom Notar/von der Notarin insbesondere auf Folgendes hin-*
   gewiesen: _____.

Hinweise:
[1] *Nicht Zutreffendes bitte streichen. Bei juristischen Personen ist die Anrede wegzulassen.*
[2] *Hier sind neben der Bezeichnung des Gesellschafters und den Angaben zur notariellen Identitätsfest-*
   stellung ggf. der Güterstand und die Zustimmung des Ehegatten sowie die Angaben zu einer etwaigen
   Vertretung zu vermerken.
[3] *Nicht Zutreffendes bitte streichen. Bei der Unternehmergesellschaft ist die zweite Alternative zu strei-*
   chen.
[4] *Nicht Zutreffendes bitte streichen.*

Des Weiteren muss dieser Gründungsvertrag gesetzlichen Mindestanforderungen, wie korrekte Firmenbezeichnung, Sitz der Gesellschaft, Gegenstand des Unternehmens, Höhe des Stammkapitals sowie die Namen der Gründungsgesellschafter, erfüllen. Auch bei der UG (haftungsbeschränkt) ist es ratsam, bereits ab
der Gründungs- bzw. Vertragsentwurfsphase fachlichen Rat einzuholen. Zur
Vermeidung von Haftungsrisiken über das Betriebsvermögen hinaus empfiehlt
sich die UG (haftungsbeschränkt) gerade für Existenzgründer mit wenig Eigenkapital. Auch die schnelle Gründung spricht für die UG (haftungsbeschränkt).

Bezüglich der Besteuerung des Gewinns einer UG (haftungsbeschränkt) sei an
dieser Stelle auf Abschnitt 4.1.5 verwiesen, da sich die Sachverhalte sowie die
Möglichkeiten für steueroptimale Lösungen identisch wie bei einer GmbH gestalten. Auf eine steuerliche Beratung im Einzelfall sollte auch hier nicht verzichtet
werden.

4.2 Wichtige Steuern

Beispiel

Mit einem Geschäftsfreund diskutiert Max Mustermann die steuerlichen Aspekte einer selbständigen Tätigkeit. Sein Geschäftsfreund, der selbst seit langen Jahren als Einzelunternehmer tätig ist, berichtet ihm in diesem Zusammenhang von der Kleinunternehmerregel und deren möglichen Vorteilen in der Gründungsphase, erzählt von umsatzsteuerlichen Problembereichen und weist auch auf einkommen- und gewerbesteuerliche Aspekte hin. Dies verwirrt Mustermann, da von seinem letzten Besuch beim Steuerberater noch den Begriff der Körperschaftsteuer im Hinterkopf hat. Ihm wird klar, dass der die Zusammenhänge zwischen verschiedenen Steuerarten und der Rechtsform sowie die daraus ggf. resultierenden Vor- und Nachteile noch nicht umfassen verstanden hat. Seine Unkenntnis ist ihm vor dem Geschäftsfreund jedoch peinlich, weswegen er diesen nicht im Hinblick auf offene Fragen anspricht.

Da ihm das Gespräch über die steuerlichen Feinheiten des Unternehmertums nicht aus dem Kopf geht, wendet sich Mustermann in der nächsten Woche noch einmal an seinen Steuerberater. Er möchte genau wissen, welche steuerlichen Regelungen für welche Rechtsform gelten und wie er – neben Haftungsaspekten – auch für seine Zwecke steueroptimal agieren kann. Der Steuerberater nimmt sich lange Zeit für seinen Mandanten und setzt ihm dezidiert die steuerlichen Aspekte der Unternehmensgründung auseinander.

Der Existenzgründer hat für eine ordnungsgemäße Meldung, Erklärung und Abführung von Steuern Sorge zu tragen. Hierbei ist es unumgänglich, dass sich dieser mit folgenden wichtigen Steuerarten vertraut macht:

- *Umsatzsteuer* für alle Unternehmer
  - umfassend für Regelunternehmer
  - vereinfachend für Kleinunternehmer
- *Einkommensteuer* für unternehmerische, natürlichen Personen
  - Einzelunternehmer (Gewerbe und Freiberufler)
  - Gesellschafter (GbR und OHG)
- *Gewerbesteuer* für gewerbliche Unternehmer
  - gewerbetreibende Einzelunternehmer
  - gewerbetreibende Gesellschafter
  - GmbH
  - UG (haftungsbeschränkt)
- *Körperschaftsteuer* für juristische Personen (Kapitalgesellschaften)
  - GmbH
  - UG (haftungsbeschränkt)

Zum Nachweis der steuerrelevanten Sachverhalte, insbesondere gegenüber den Finanzbehörden, hat der Unternehmer Aufzeichnungen und Belege vorzuhalten, für schnelle Lesbarkeit zu sorgen und die umfassenden Unterlagen sorgfältig aufzubewahren. Es sind eine Reihe von Formalitäten zu beachten.

4.2.1 Umsatzsteuer

In einem ersten Schritt müssen Umsätze grundsätzlich danach unterschieden werden, ob sie in Deutschland oder in einem anderen Land umsatzsteuerbar sind. Im Folgenden sollen lediglich solche Umsätze betrachtet werden, die ausschließlich dem deutschen Umsatzsteuerrecht unterliegen (d.h. in Deutschland umsatzsteuerbar sind). Für andere Umsätze empfiehlt sich bereits von vorneherein eine fachkundige Einzelfallberatung unter Einbeziehung von ausländischem Recht.

Spezielle Umsatzarten können grundsätzlich umsatzsteuerbefreit sein. Im Gegenzug wird hierfür kein Vorsteuerabzug gewährt. Als Beispiele seien Umsätze, die unter das Grunderwerbsteuergesetz fallen (z.B. Grundstücksverkauf) sowie die Tätigkeit als Bausparkassenvertreter, Versicherungsvertreter, Versicherungsmakler sowie die Vermittlung von Krediten genannt. Hat das Finanzamt davon Kenntnis, dass es sich ausschließlich um diese Art von Umsätzen handelt, wird in der Praxis auf die im Folgenden beschriebenen Meldeformalitäten verzichtet.

Auch im Rahmen der Kleinunternehmerregelung kann der Existenzgründer für eigentlich umsatzsteuerpflichtige Umsätze auf das Abführen von Umsatzsteuer verzichten (§ 19 UStG). Im Gegenzug wird kein Vorsteuerabzug gewährt, sofern der Umsatz im Erstjahr (monatsgenaue Betrachtungsweise!) 17.500 EUR und im Folgejahr voraussichtlich 50.000 EUR nicht überschreiten wird. Hierbei ist zu beachten, dass zum berücksichtigungspflichtigen Gesamtumsatz auch andere Umsätze zählen können, die der Existenzgründer außerhalb der Neugründung erzielt hat bzw. erzielen wird (vgl. Wengel [2008], S. 81), z.B. aus dem Betrieb einer bereits bestehenden, nicht betrieblichen Photovoltaikanlage. Bei der Photovoltaikanlage wird in vielen Fällen bereits auf Regelunternehmerschaft optiert, so dass sich dem Existenzgründer die Frage nach der Kleinunternehmerregelung nicht mehr stellt.

Sollte nun die Kleinunternehmerregelung beansprucht werden, darf allerdings keine Umsatzsteuer in der Rechnung ausgewiesen werden. Die steuerrechtliche Behandlung entspricht dann der einer Privatperson.

> *Praxistipp:* Um Nachfragen von Kunden zu vermeiden, sollte in der Rechnung ein
> Hinweis auf Anwendung der Kleinunternehmerregelung gem. § 19 Abs. 1 UStG gegeben
> werden. Dies könnte z.b. folgendermaßen formuliert werden:
> *„Kein Umsatzsteuerausweis möglich, da die Kleinunternehmerregelung gem. § 19 Abs. 1
> UStG in Anspruch genommen wird."*

Die Vereinfachung der Kleinunternehmerregelung kann insbesondere dann günstig sein, wenn nur wenig Vorsteuer aus Eingangsrechnungen „verloren" geht. Dies ist bspw. der Fall, wenn in der Gründungsphase des Unternehmens nur wenig Investitionen getätigt bzw. Waren eingekauft werden müssen. Des Weiteren ist eine Anwendung der Kleinunternehmerregelung dann zu befürworten, wenn zum Kundenkreis vor allem sog. Endverbraucher zählen, die die Leistung des Existenzgründers für nichtunternehmerische Zwecke in Anspruch nehmen. Da diese die Umsatzsteuer ihrerseits nicht als Vorsteuer beim Finanzamt geltend machen können, bewirkt die Umsatzsteuer hier eine zusätzliche Verteuerung der Leistung, bzw. die Inanspruchnahme der Kleinunternehmerregelung dann einen Wettbewerbsvorteil gegenüber anderen Unternehmen. Dies kann z.B. bei haushaltsnahen Dienstleistungen wie kleinen Reinigungs- oder Hausmeisterfirmen vorteilhaft sein.

Die Annahme der Kleinunternehmerregelung ist kein Zwang. Über einen Antrag beim Finanzamt kann freiwillig darauf verzichtet werden, was den Existenzgründer allerdings für 5 Jahre daran bindet (vgl. Grefe [2010], S. 409 f.). Diese Vorschrift soll verhindern, dass der Existenzgründer z.B. nur im Erstjahr (= Jahr der hohen Vorsteuer aufgrund hoher Investitionen) den Vorteil der Vorsteuerrückerstattung für sich in Anspruch nimmt, später aber aus seinen Umsätzen keine Umsatzsteuer mehr zu zahlen hat. Hat das Finanzamt davon Kenntnis, dass die Kleinunternehmerregelung in Anspruch genommen wird, wird in der Praxis auf die im Folgenden beschriebenen Meldeformalitäten verzichtet.

Sofern der Existenzgründer nicht von diesen Sonderfällen betroffen ist bzw. sofern er freiwillig auf die Kleinunternehmerregelung verzichtet (die Einordnung ist sorgfältig vorzunehmen), sind die Umsätze grundsätzlich umsatzsteuerpflichtig und unterliegen der monatlichen Meldepflicht. Der Existenzgründer ist dann ein sog. umsatzsteuerlicher „Regelunternehmer". Dies bedeutet, dass er aus seinen Gesamt-Bruttoumsätzen die Umsatzsteuer an das Finanzamt abzuführen hat.

In der Regel beträgt die Umsatzsteuer nach § 12 Abs. 1 UStG 19% des Netto-Umsatzes, für konkrete Ausnahmen existiert der ermäßigte Umsatzsteuersatz von 7% (§ 12 Abs. 2 UStG). Die Unterscheidung ist sorgfältig vorzunehmen. Zur Unterstützung kann das BMF-Schreiben vom 05.08.2004, BStBl. 2004 I S. 638 herangezogen werden, das die wichtigsten mit 7% ermäßigt besteuerten Produkte und Leistungen aufführt.

Jeder Regelunternehmer hat auf seiner Ausgangsrechnung an einen Kunden den auf den Verkaufspreis (Nettowert) des Produktes bzw. der Leistung entfallenden Umsatzsteuerbetrag separat auszuweisen. Handelt es sich bspw. um den Verkauf von Lebensmitteln, muss zusätzlich zwischen den verschiedenen Steuersätzen unterschieden werden.

10 St.	Brötchen	4,50 EUR	
1 Fl.	Milch	1,00 EUR	
1 Fl.	Wein	8,50 EUR	
		14,00 EUR	(Nettowert)
		0,39 EUR	(7% USt)
		1,61 EUR	(19% USt)
		16,00 EUR	(Bruttowert)

Obwohl alle drei Artikel Lebensmittel sind, entfallen für den Wein 19% USt und für die Brötchen und die Milch lediglich 7%.

Im Gegenzug darf der Unternehmer die Vorsteuerzahlungen aus seinen Eingangsrechnungen mit den Umsatzsteuerbeträgen verrechnen. Unter dem Begriff „Vorsteuer" versteht man jene Umsatzsteuerbeträge der Eingangsrechnungen bspw. von Lieferanten, die der Existenzgründer beim Einkauf seiner unternehmerischen Gegenstände und Leistungen zu zahlen hat.

Somit bleiben dem Unternehmer durch den Verkauf seiner Leistungen nur die Netto-Umsätze, bzw. wird dieser aufgrund unternehmerischer Einkäufe lediglich in Höhe der Netto-Beträge belastet. Die Umsatzsteuer ist für den Unternehmer damit ein sog. „durchlaufender Posten", d.h. sie verursacht dem Unternehmer selbst keine Kosten, solange er nicht als Endverbraucher fungiert.

Der Existenzgründer hat von Beginn seiner Tätigkeit an monatliche Umsatzsteuer-Voranmeldungen jeweils bis zum 10. des darauffolgenden Monats auf elektronischem Wege an das Finanzamt zu übermitteln und bis zum 13. des Folgemonats zu zahlen (vgl. Haberstock/Breithecker [2010], S. 100). Gängige Finanzbuchhaltungsprogramme bieten die Möglichkeit einer solchen Datenübermittlung an das Finanzamt an. Über die Homepage des zuständigen Finanzamtes oder direkt unter www.elster.de können Informationen zur elektronischen Übermittlung der Umsatzsteuer-Voranmeldung eingeholt werden.

Sowohl bei bereits geringfügig verspäteter Abgabe der Voranmeldung als auch bei bereits geringfügig verspäteter Zahlung können empfindliche Zuschläge seitens des Finanzamtes festgesetzt werden.

Praxistipp: Die Teilnahme am Lastschriftverfahren ist zu empfehlen, damit das Finanzamt die regelmäßig anfallenden USt-Voranmeldungsbeträge pünktlich erhält und so unnötige Bußgelder vermieden werden können.

Bei Bedarf kann der Unternehmer auf elektronischem Wege eine Dauerfristverlängerung für die Abgabe der Umsatzsteuervoranmeldungen beantragen. Die Abgabefrist der monatlichen Voranmeldungen und -zahlungen verlängert sich dadurch jeweils um einen Monat. Jedoch erfolgen auch eventuelle Erstattungen entsprechend zeitverzögert.

Grundsätzlich haben Existenzgründer eine Sondervorauszahlung in Höhe von 1/11 der voraussichtlichen Jahressumme der USt-Vorauszahlungen anzumelden und zu leisten, um eine Dauerfristverlängerung zu erhalten. Die hierfür notwendigen zukünftigen Umsätze sowie Vorsteuerbeträge sind sorgfältig zu schätzen. Diese geleistete Sondervorauszahlung geht dem Existenzgründer allerdings nicht verloren, sondern wird im Rahmen der USt-Voranmeldung Dezember – durch Nennung in dem dafür vorgesehenen Feld – wieder angerechnet. Eine Dauerfristverlängerung gilt im Rahmen der monatlichen USt-Voranmeldungspflicht nur bis zum Ende des jeweiligen Kalenderjahres.

Der USt-Voranmeldungszeitraum für Januar 2012 läuft bis zum 10. Februar 2012. Bis zu diesem Zeitpunkt sind alle relevanten Daten an das zuständige Finanzamt zu übermitteln. Die Zahlung muss schließlich bis zum 13. Februar 2012 erfolgen.

Wurde zuvor jedoch eine Dauerfristverlängerung beantragt, verlängert sich die Einreichungsfrist für Januar 2012 auf den 10. März 2012. In diesem Fall ist dann spätestens am 13. März 2012 zu zahlen.

Praxistipp: Sofern in der Gründungsphase ein Vorsteuerüberhang – d.h. höhere Vorsteuer- als Umsatzsteuerbeträge – erwartet wird, bspw. aufgrund umfangreicher Anschaffungen wie Maschinen oder Waren, empfiehlt sich auf die Dauerfristverlängerung zu verzichten, um die Liquidität frühzeitig zu erhalten.

Die USt-Voranmeldepflicht bleibt voraussichtlich die ersten beiden Jahre der Unternehmensgründung als Monats-Meldepflicht bestehen, jedenfalls solange das Finanzamt nichts anderes bestimmt. Erst bei einer Umsatzsteuer-Jahreszahllast im Vorjahr von 1.000 EUR bis 7.500 EUR erhält man eine Mitteilung des Finanzamtes, dass künftig nur noch vierteljährliche Voranmeldungen abzugeben sind. Sollte die Umsatzsteuer-Jahreszahllast im Vorjahr unter 1.000 EUR liegen, kann das Finanzamt auf die unterjährigen Voranmeldungen verzichten.

> *Praxistipp: Bei hohem Vorsteuerguthaben kann es sinnvoll sein, dem Finanzamt unaufgefordert Rechnungskopien von hohen Anschaffungen zu übersenden, um evtl. Nachfragen zu vermeiden und so die Rückerstattung zu beschleunigen. Auf der USt-Voranmeldung ist ein Feld vorgesehen, das zu kennzeichnen ist, sofern dem Finanzamt parallel hierzu solche Belege zugesandt wurden.*

Zusätzlich zu den Umsatzsteuervoranmeldungen ist nach Ablauf eines jeden Kalenderjahres eine Umsatzsteuer-Jahreserklärung beim Finanzamt grundsätzlich bis zum 31.05. des Folgejahres abzugeben. Hier wird die für das gesamte Jahr maßgebliche „Ist"-Umsatzsteuerzahllast unter Anrechnung der bereits bezahlten Umsatzsteuervorauszahlungen („USt-Vorauszahlungs-Soll") errechnet.

> *Praxistipp: Eine selbst errechnete Abschlusszahlung in der Umsatzsteuerjahreserklärung wird in der Regel ohne weitere schriftliche Mitteilung des Finanzamtes innerhalb eines Monats nach Abgabe der Erklärung zur Zahlung fällig.*

Sofern eine Vorsteuerabzugsberechtigung für den Existenzgründer besteht (der Existenzgründer ist also Regelunternehmer mit Umsätzen die den Vorsteuerabzug zulassen und kein Kleinunternehmer oder Erzeuger umsatzsteuerfreier Umsätze ohne Vorsteuerabzug), darf der Vorsteuerabzug grundsätzlich nur dann vorgenommen werden, wenn die Leistung bereits erbracht wurde und eine ordnungsgemäße Rechnung des Leistenden vorliegt. Eine ordnungsgemäße Rechnung im umsatzsteuerlichen Sinn muss folgende Angaben enthalten (vgl. auch Wengel [2008], S. 75 f.):

1. vollständiger Name sowie vollständige Anschrift des Leistenden und des Leistungsempfängers
2. Steuernummer oder Umsatzsteueridentifikationsnummer (USt-ID-Nr.) des Leistenden
3. Ausstellungsdatum der Rechnung
4. (fortlaufende) Rechnungsnummer
5. Menge und Art der gelieferten Gegenstände bzw. Art und Umfang der sonstigen Leistung
6. Zeitpunkt der Lieferung oder der sonstigen Leistung
7. nach Steuersätzen aufgeschlüsseltes Entgelt (z.B. 19% getrennt von 7% USt) bzw. Hinweis auf Steuerbefreiung
8. anzuwendender Steuersatz sowie Steuerbetrag

9. bei bestimmten Werklieferungen oder sonstigen Leistungen im Zusammenhang mit einem Grundstück: Hinweis auf die Aufbewahrungspflicht des Leistungsempfängers

Bei einer Rechnung, deren Gesamtbetrag inkl. USt 150 EUR nicht übersteigt (sog.
Kleinbetragsrechnung), genügen folgende Angaben:
1. vollständiger Name und vollständige Anschrift des Leistenden
2. Ausstellungsdatum
3. Menge und Art der gelieferten Gegenstände bzw. Umfang und Art der
   sonstigen Leistung
4. Entgelt und den darauf entfallenden Steuerbetrag in einer Summe sowie den anzuwendenden Steuersatz

*Praxistipp: Zusätzlich zu diesen Pflichtangaben ist es sinnvoll, folgende Angaben auf
der Rechnung zu vermerken:*
- Zahlungsfrist
- Bankverbindung

Nicht nur selbst ausgestellte Rechnungen, sondern auch Rechnungen, die der Unternehmer von anderen erhält, sind genau zu prüfen.

*Praxistipp: Es sollte jede erhaltene Rechnung dahingehend kontrolliert werden, ob alle
Pflichtangaben vollständig und zutreffend ausgewiesen wurden, da andernfalls – hier
genügt lediglich eine fehlende Pflichtangabe – der Vorsteuerabzug verloren geht. In diesem Fall muss die Rechnung vom Leistenden zeitnah berichtigt bzw. ergänzt werden.*

Auf Wunsch des Kunden hat der Existenzgründer eine Rechnung im umsatzsteuerlichen Sinne auszustellen. Für bestimmte Werklieferungen und sonstige Leistungen im Zusammenhang mit einem Grundstück kann der Existenzgründer sogar verpflichtet sein, innerhalb von 6 Monaten nach Leistungserbringung eine
Rechnung auszustellen.
    Für bestimmte Umsätze, z.B. im Zusammenhang mit der Herstellung von
Werklieferungen sowie sonstigen Leistungen bezüglich eines Grundstücks oder
als Subunternehmer eines Bauleisters, kann die Umsatzsteuerlast auf den Leis-
tungsempfänger verlagert werden; hier ist eine steuerliche Beratung jedoch empfehlenswert.
    Zusätzliche Angaben sind bei steuerfreien innergemeinschaftlichen Lieferun-
gen oder Leistungen – d.h. Lieferungen und Leistungen innerhalb der EU – erforderlich. In diesem Fall muss die eigene sowie die Umsatzsteueridentifikationsnummer des Kunden angegeben werden. Zudem muss auf die innergemein-

schaftliche Lieferung oder Leistung hingewiesen werden (vgl. Wengel [2008], S. 83 f.).

> **Praxistipp:** *Die Umsatzsteueridentifikationsnummer kann beim Bundeszentralamt für Steuern auch telefonisch oder über deren Homepage www.bzst.de beantragt werden. Hierzu sind lediglich die Angabe der Steuernummer sowie die Angabe der Adresse nötig.*

> **Praxistipp:** *Im Zusammenhang mit der Bestimmung von Art oder Ort der Leistung sowie aus Gründen, welche in der Person des Kunden liegen, ergibt sich eine Vielzahl umsatzsteuerlicher Sonderfälle und Ausnahmen. Um den damit verbundenen umsatzsteuerlichen Anforderungen in korrekter Weise gerecht zu werden, ist es empfehlenswert, Musterfälle sowie Musterrechnungen von fachkundigen Stellen als Unterstützung in Anspruch zu nehmen. Diese bieten Vorlagen und Informationen zu den unterschiedlichsten Branchen an.*

Michael König entschließt sich, auf dem Dach seines Einfamilienhauses eine Photovoltaikanlage zu installieren. Er bekommt nach Inbetriebnahme der Anlage einen Fragebogen des Finanzamtes zur steuerlichen Erfassung zugeschickt und traut sich zu, diesen selbst auszufüllen. Die Frage, ob er zukünftig „Kleinunternehmer" sein möchte, bejaht er, da er aus seinem Verständnis heraus nur neben seiner Tätigkeit als „normaler" Arbeitnehmer Strom produzieren und verkaufen möchte. Die Höhe der Erlöse schätzt er eher gering ein, er geht davon aus, dass er die Marke von 17.500 EUR pro Jahr nicht überschreiten wird. Die weitreichenden umsatzsteuerlichen Konsequenzen durch seine Wahl des Kleinunternehmers sind ihm nicht bewusst und auch nicht bekannt. Nach langem, vergeblichem Warten auf die Vorsteuererstattung, die Herrn König vom Verkäufer der Photovoltaikanlage zugesichert und daher auch in der Liquiditätsrechnung berücksichtigt wurde, entschließt er sich beim Finanzamt anzurufen. Hier wurde auf die Angaben im Fragebogen verwiesen, mit dem Hinwies, dass eine Vorsteuererstattung nicht möglich sei. Daraufhin entschließt sich Herr König Rat beim Steuerfachmann einzuholen. Dieser erklärt, dass Herr König bei der Wahl der Kleinunternehmerregelung auf die ihm zustehende Vorsteuererstattung freiwillig verzichtet hatte. Nachdem der Fragebogen geändert und sämtliche Belege beim Finanzamt nachgereicht wurden, erhielt er die Vorsteuer auf sein Konto erstattet. Zukünftig hat Herr König regelmäßig monatliche Umsatzsteuervoranmeldungen an das Finanzamt zu senden, da die Erlöse der Einspeisevergütung nun zuzüglich 19% Umsatzsteuer ausbezahlt werden.

Frau König ist Hausfrau und entschließt sich zur Familienkasse auch etwas beizusteuern. Da sie tagsüber viel mit ihren Kindern zu tun hat und so nur vormittags sowie abends Zeit für den Hinzuverdienst bleibt, entschließt sie sich zur Anmeldung eines Gewerbes. Sie möchte einen Bügelservice anbieten, da sie hier keine hohen Investitionskosten hat und sich die Arbeitszeit flexibel einteilen kann. Sie besitzt bereits ein gutes Bügelbrett sowie ein Bügeleisen. Da nach der Gewerbeanmeldung auch bei ihr der Fragebogen des Finanzamtes zum Ausfüllen eingetroffen ist und sie sich noch gut an die Schwierigkeiten ihres Mannes beim Ausfüllen erinnern kann, will sie nun sofort Hilfe bei einem Steuerberater in Anspruch nehmen. Auf die Frage von Frau König nach der Kleinunternehmereigenschaft erklärt ihr der Steuerberater, dass in ihrem Fall (im Gegensatz zu ihrem Mann mit der Photovoltaikanlage) die Wahl der Kleinunternehmerregelung durchaus sinnvoll sein kann, da sie keine großen Anschaffungen tätigen muss und sie ihre Dienstleistung hauptsächlich an Privatkunden erbringt. Zudem liegt ihr zu erwartender Umsatz auch deutlich unter 17.500 EUR, da sie nur begrenzt Zeit für ihre neue Tätigkeit aufwenden möchte. In ihrem Gewerbe fallen zudem kaum Rechnungen mit Vorsteuer an, die durch die Wahl der Kleinunternehmereigenschaft „verschenkt" wird. Der Hauptaufwand von Frau König ist ihre eigene Arbeitsleistung. Des Weiteren kann sie ihren Endkunden durch die Wahl der Kleinunternehmerregelung ihre Dienstleistung günstiger anbieten, da keine Mehrwertsteuer auf den Rechnungsbetrag aufgeschlagen werden muss. Somit hat sie auch einen Wettbewerbsvorteil gegenüber bspw. größeren Wäschereien, bei denen die Dienstleistung für den Endkunden durch Umsatzsteuer „verteuert" wird.

4.2.2 Einkommensteuer

Der Einkommensteuer unterliegen grundsätzlich alle Gewinne von Einzelunternehmern (Gewerbetreibenden und Freiberuflern) sowie alle Gewinnanteile der Gesellschafter einer GbR und OHG.

Vereinfachend wird von einem ledigen Existenzgründer und der damit verbundenen Einzelveranlagung zur Einkommensteuer ausgegangen. Würde der Existenzgründer mit seinem Ehepartner zusammenleben, könnten sich durch die Wahl der Zusammenveranlagung einkommensteuerliche Vorteile ergeben.

Das zu versteuernde Einkommen errechnet sich insbesondere aus der Summe der Einkünfte (siehe auch § 2 Abs.1 EStG, z.B. Gewinne und Verluste aus Gewerbe oder freiberuflicher Tätigkeit) abzüglich Sonderausgaben (z.B. Vorsorgeaufwendungen bis zu einer gewissen Höhe sowie Spenden) und abzüglich außergewöhnlicher Belastungen (z.B. nach Überschreitung eines gewissen Schwellenwerts nicht von der Krankenkasse übernommener Krankheitskosten; vgl. zur Ermittlung der Einkünfte Grefe [2010], S. 88).

Durch Berücksichtigung eines Grundfreibetrags von derzeit 8.004 EUR pro Kalenderjahr wird zu versteuerndes Einkommen in dieser Höhe – als Existenzminimum – einkommensteuerfrei gestellt.

Praxistipp: *Ein Gewinn in Höhe von ca. 10.000 EUR aus Gewerbe oder freiberuflicher Tätigkeit kann durch einen ledigen Existenzgründer praktisch einkommensteuerfrei erzielt werden, sofern z.B. Kranken- und private Haftpflichtversicherungsbeiträge in Höhe von 2.000 EUR Berücksichtigung finden und darüber hinaus im betrachteten Kalenderjahr keine weiteren positiven Einkünfte erzielt wurden.*

Der Bezug von Arbeitslosengeld ist grundsätzlich einkommensteuerfrei. Allerdings könnte sich in diesem Fall trotzdem eine Einkommensteuerlast ergeben, denn das Arbeitslosengeld erhöht das insgesamt zu versteuernde Einkommen und damit den Steuersatz, mit dem dieser Gewinn zu besteuern ist (Progressionsvorbehalt).

Nach Überschreiten des Grundfreibetrags steigt die Einkommensteuerbelastung von 14% bis auf den Spitzensteuersatz von 42% (ab einem zu versteuernden Einkommen in Höhe von 52.882 EUR) an.

Der Existenzgründer hat bei der Optimierung der Einkommensteuerbelastung auf seinen persönlichen Einkommensteuersatz zu achten. Durch Ausschöpfung gewisser Spielräume bei der Berechnung des einkommensteuerlichen Gewinns kann auf die Höhe der Einkommensteuerlast Einfluss genommen werden. Solche Spielräume ergeben sich bspw. durch die Wahl zwischen degressiver oder linearer Abschreibung auf Anlagevermögen sowie die Wahl einer Sonderabschreibung. Die Bestimmung der Nutzungsdauern, die Wahl zwischen Einnahmenüberschussrechnung und Bilanzierung und die gewinnmindernde Bildungen von Investitionsabzugsbeträgen für geplante künftige Investitionen ins Anlagevermögen sind weitere Beispiele, um die Höhe des einkommensteuerlichen Gewinns zu verändern.

Ein mögliches Ziel wäre es, z.B. im Gründungsjahr einen einkommensteuerlichen Gewinn zu erzielen, der den Grundfreibetrag optimal ausschöpft. Ebenso könnte versucht werden, durch die Erzielung von Verlusten bereits vorausgezahlte Steuern wieder zurück zu erhalten. Hat der Existenzgründer bspw. vor seiner Unternehmensgründung als gewöhnlicher Arbeitnehmer gearbeitet, so könnte dieser im Gründungsjahr versuchen, einen möglichst großen Verlust aufgrund der Anfangsaufwendungen zu erreichen, um diesen mit den vorher erzielten Einkünften aus nichtselbstständiger Tätigkeit zu verrechnen. Auf diese Weise kann er eine zuvor gezahlte Lohnsteuer wieder zurück erhalten.

Sofern es der Arbeitgeber erlaubt, kann der Existenzgründer parallel nebenberuflich tätig sein (vgl. Kapitel 2.1.1) und so seine Anfangsverluste mit positiven Arbeitnehmer-Einkünften verrechnen, bis sich eine tragfähige Existenz ergibt. Wurde im Vorjahr noch als Arbeitnehmer gearbeitet und das Unternehmen zu Beginn des neuen Jahres gegründet, so kann ein Verlust im Gründungsjahr (maximal) 1 Jahr zurück getragen werden und somit im Vorjahr mit positiven Einkünften verrechnet werden. Lohnsteuerabzüge des Vorjahres könnten so zurückgeholt werden.

Praxistipp: Es ist unbedingt zu beachten, dass das Finanzamt automatisch den gesamten Verlust in das Vorjahr zurückträgt, soweit im Vorjahr positive Einkünfte vorhanden waren. Sollte dies nicht gewünscht sein (z.B. um den Grundfreibetrag im Vorjahr auszuschöpfen, da dieser – wie bereits erwähnt— praktisch einkommensteuerfrei sein kann), dann hat der Steuerpflichtige die gewünschte Beschränkung des Verlustrücktrages auf der Einkommensteuererklärung extra zu vermerken.

Ein zu versteuerndes Einkommen unterhalb des Grundfreibetrags oder ein Verlust, der nicht steuerentlastend mit positiven Einkünften des Gründungsjahres oder des Vorjahres verrechnet werden kann, wäre vermutlich nicht steueroptimal. Idealerweise sollte der Existenzgründer seinen angestrebten Gewinn möglichst genau planen und schon während des Gründungsjahres die tatsächlichen Einnahmen, Ausgaben und Abschreibungsmöglichkeiten beobachten, um ggf. gestalterisch im gesetzlich erlaubten Rahmen eingreifen zu können.

Der Einnahmen-Überschussrechner könnte zum Jahresende z.B. durch Vorziehen von Ausgaben in das Gründungsjahr den Gewinn senken, oder ggf. durch entsprechende Zahlungsbedingungen in der Art und Weise auf seine Kunden einwirken, dass diese noch im Gründungsjahr oder eben erst Anfang des Folgejahres offene Rechnungen begleichen.

Aber auch nach Ablauf des Jahres bzw. nach dem Bilanzstichtag kann bspw. über die Höhe der Abschreibungsbeträge von Wirtschaftsgütern des Anlagevermögens der Gewinn noch gestaltet werden. So können geringwertige Wirtschaftsgüter (Anschaffungskosten bis 410 EUR netto) bereits im Jahr des Erwerbs voll abgeschrieben oder aber die Anschaffungskosten über die Nutzungsdauer verteilt werden. Für die Findung der wirtschaftlichen Nutzungsdauer des Wirtschaftsguts kann man sich an den amtlichen Abschreibungstabellen bzw. an den steuerrechtlichen AfA-Tabellen orientieren (vgl. Schmidt/Lindberg/Müller [2011], Rz. 73 ff). Die Abschreibung muss jeweils monatsgenau ab dem Monat der Anschaffung vorgenommen werden. Mögliche Arten der Abschreibung beweglicher Wirtschaftsgüter sind die degressive (maximal 25% der Anschaffungskosten) oder die lineare Abschreibung (vgl. zu den Abschreibungsarten Kapitel 3.4.1).

Für kleine und mittlere Unternehmen ist die Möglichkeit einer zusätzlichen Sonderabschreibung von bis zu 20% der Anschaffungskosten im Jahr des Erwerbs möglich. Diese Unternehmen dürfen auch gewinnmindernde Investitionsabzugsbeträge von bis zu 40% der voraussichtlichen Netto-Investitionen bilden, sofern eine Anschaffung beweglicher Wirtschaftsgüter des Anlagevermögens (egal ob neu oder gebraucht) innerhalb der nächsten 3 Jahre geplant ist und diese mindestens 1 Jahr im Inland (fast) ausschließlich betrieblich genutzt werden sollen.

Sofern diese geplanten Investitionen nicht oder nicht in voller Höhe durchgeführt oder „fehlgenutzt" werden, wird der Einkommensteuerbescheid des Bildungsjahres durch entsprechende Gewinnerhöhung wieder geändert. Auf die Steuernachzahlung werden Zinsen erhoben.

Für den Existenzgründer könnte es sich lohnen, eine exakte „Gebraucht-Inventarliste" über die zum Gründungstag von Privat in den Betrieb übernommenen Wirtschaftsgüter (z.B. Werkzeuge, Computer, Büromöbel) aufzustellen und diese glaubhaft mit geschätzten Gebrauchtwerten zu diesem Stichtag zu bewerten. Diese Güter – sofern sie Anlagevermögen darstellen – können dann gewinnmindernd abgeschrieben werden oder – sofern sie Vorräte darstellen – als Wareneinsatz bzw. Rohstoffverbrauch den Gewinn mindern.

Für die einkommensteuerliche Behandlung eines Pkws kommen grundsätzlich vier Möglichkeiten infrage:

1. *Pkw im Privatermögen*
   Befindet sich der Pkw im Privatvermögen des Existenzgründers, so dürfen die einzelnen Kosten des Pkws (Kfz-Steuer, Kfz-Versicherung, Treibstoff, Reparaturen) und die Pkw-Abschreibung grundsätzlich nicht in die Betriebsausgaben aufgenommen werden. Die einkommensteuerliche Berücksichtigung erfolgt lediglich anteilig:
   a) *Pauschal 0,30 EUR pro betrieblich gefahrenem Kilometer:*
      Als Beleg der betrieblichen Fahrten könnte eine vom Existenzgründer erstellte Tabelle dienen, die (lediglich) die betrieblichen Fahrten mit Datum, Uhrzeit, Reiseziel, Reiseanlass und gefahrenen Kilometern enthält. Es empfiehlt sich, entsprechende Belege (z.B. Tankrechnungen) über diese Fahrten aufzubewahren, auch wenn diese Kosten hier nicht direkt anzusetzen sind, sondern nur indirekt als Beweis der Fahrt dienen.

      Bei sehr hohen betrieblichen Fahrleistungen besteht die Gefahr, dass das Finanzamt dem Ansatz der Pauschale nicht mehr folgt, da dies zu einer unangemessenen Begünstigung des Steuerpflichtigen führen könnte; es wäre dann wie unter Punkt 1.b) genannt zu rechnen. Der Pkw könnte aber auch seitens des Finanzamts als Betriebsvermögen (statt Privatvermögen) angesehen werden. Die Kosten sind dann (nur) wie unter Punkt 2.) beschrieben in tatsächlicher Höhe anzusetzen.

b) *Tatsächliche Kosten pro betrieblich gefahrenem Kilometer:*
Notwendig ist hierzu, dass die Gesamt-Kilometer und Gesamt-Kosten ermittelt werden, einschließlich Abschreibung, damit die tatsächlichen Kosten pro Kilometer errechnet werden können. Diese Methode ist also deutlich aufwendiger als der Ansatz der Pauschale. Ein großer einkommensteuerlicher Vorteil gegenüber der unter Punkt 1.a) genannten Pauschale lässt sich vermutlich nur bei sehr teuren oder reparaturanfälligen Fahrzeugen erzielen.

2. *Pkw im Betriebsvermögen*
Befindet sich der Pkw im Betriebsvermögen, so sind in einem ersten Schritt alle Kosten des Pkws sowie die Abschreibung als Betriebsausgaben gewinnmindernd zu erfassen. In einem zweiten Schritt erfolgt dann die gewinnerhöhende Zurechnung bzw. die Ermittlung der „Erträge" für Privatfahrten:
a) *1%-Brutto-Listen-Neupreis-Methode:*
Für jeden begonnenen Monat wird pauschal 1% des Brutto-Listen-Neupreises des Fahrzeugs ermittelt und dieser Betrag als Gewinnerhöhung für die Möglichkeit der privaten Verwendung angesetzt. Auch bei mit Rabatt gekauften oder gebrauchten Pkws ist der Listenpreis bzw. der (damalige) Neupreis des Pkws maßgeblich. Durch diese Methode wäre es rechnerisch möglich, dass die pauschale Gewinnerhöhung größer ist als die tatsächlichen Kosten des Pkws, was letztendlich zu einer benachteiligenden Gesamtgewinnerhöhung führen würde. Dies hat der Gesetzgeber erkannt und festgelegt, dass eine solche Gewinnerhöhung (Ertrag) die Höhe der zuvor ermittelten tatsächlichen Kosten (inkl. Abschreibung) nicht überschreiten darf. Somit kann sich höchstens ein Gewinn von Null aus einem solchen betrieblichen Pkw ergeben.
   Auch wenn ein weiterer Pkw im Privatvermögen existiert, um bspw. den betrieblichen Pkw nicht zusätzlich für Privatfahrten nutzen zu müssen, muss die 1%-Regelung angewendet werden.
b) *Fahrtenbuchmethode:*
Lediglich das zeitnahe Führen eines lückenlosen Fahrtenbuchs (das nicht unbemerkt verändert werden kann; Achtung: Computertabellen könnten unbemerkt verändert werden und finden daher keine Anerkennung!) wird als Alternative zur unter Punkt 2.a) genannten pauschalen Regelung vom Finanzamt akzeptiert. Die tatsächlichen Kosten nebst Abschreibung können hierdurch exakt in „privat" und „betrieblich" aufgeteilt werden.
Zu beachten ist, dass ein solches Fahrtenbuch eines betrieblichen Pkws ganzjährig zu führen ist. Nur sofern unterjährig ein Pkw-Wechsel stattgefunden hat, darf neu zwischen den Methoden gewählt werden.

Praxistipp: Zum konsequenten Führen eines Fahrtenbuchs muss man sich in der Praxis oft selbst überwinden. Jedoch kann hier (verglichen mit der teuren 1%-Regelung) ein echter Steuerspareffekt eintreten. Bei unterjährigen Existenzgründungen oder Pkw-Wechsel hilft vielleicht der Gedanke, dass es bis zum Ende des Kalenderjahres keine ganzen 12 Monate mehr sind, die man „durchhalten" muss. Und mit dem neuen Jahr könnte die Methode gewechselt werden.

Grundsätzlich gilt für einen Pkw einkommensteuerlich Folgendes: Ein Pkw ist zwingend Privatvermögen bei weniger als 10% betrieblicher Nutzung. Ab 50% betrieblicher Nutzung ist der Pkw zwingend Betriebsvermögen. Zwischen 10% und 50% betrieblicher Nutzung darf der Unternehmer die Zuordnung wählen.

Für die Fahrten zwischen Wohnung und Betrieb ist die Höhe der einkommensteuerlichen Absetzbarkeit der tatsächlichen Kosten des Pkws gedeckelt auf maximal 0,15 EUR pro gefahrenen Kilometer, wenn das Fahrzeug dem Betriebsvermögen zugeordnet ist. Ist das Fahrzeug dem Privatvermögen zugeordnet, werden pauschal grundsätzlich 0,15 EUR pro gefahrenen Kilometer einkommensteuerlich anerkannt (vgl. hierzu auch Hartmann [2011], S. 243 ff).

Praxistipp: Oftmals stehen Existenzgründer vor der Frage, ob es einkommensteuerlich günstiger ist, ein Geschäftsfahrzeug zu kaufen (mit Eigenmitteln oder Darlehen) oder zu leasen. In der Praxis hat sich gezeigt, dass es hier (über die Leasinglaufzeit des Fahrzeugs betrachtet) oftmals mehr auf die Konditionen ankommt (z.B. Händlerrabatt beim Barkauf, Effektivzinshöhe bei Finanzierung, „versteckter" Zins beim Leasing, Rückgabemodalitäten beim Leasing), als auf die (sich hieraus lediglich ergebende) einkommensteuerliche Folge.

Auch bei betrieblich genutzten Räumen gelten bestimmte Richtlinien. Die Kosten (z.B. Miete, Nebenkosten) für (zumindest nahezu ausschließlich) betrieblich genutzte Räume sind grundsätzlich einkommensteuerlich berücksichtigungsfähig. Wird der Betrieb in den eigenen Räumen geführt, ist auch die Abschreibung dieses Gebäudeteils grundsätzlich einkommensteuerlich zu berücksichtigen. Für Werkstätten, Praxen, Lagerräume sowie ähnliche Räume gilt dies in unbeschränkter Höhe. Für häusliche Arbeitszimmer können Abzugsbeschränkungen auf 1.250 EUR pro Jahr bzw. Abzugsverbote gelten, sofern dieses Zimmer nicht den Mittelpunkt der gesamten beruflichen und betrieblichen Betätigung bildet.

Eigene Räume, die betrieblich genutzt werden, werden grundsätzlich automatisch zu Betriebsvermögen des Existenzgründers. Ein einkommensteuerlicher Nachteil kann dann entstehen, wenn die betriebliche Tätigkeit in diesen Räumen (insbesondere nach langen Jahren) aufgegeben wird. Beim Rückfall der Räume in das

Privatvermögen sind eventuell angesammelte stille Reserven der Einkommensteuer zu unterwerfen. Diese stillen Reserven berechnen sich grundsätzlich wie folgt:

> tatsächlicher Wert zum Zeitpunkt der Entnahme des
> Grundstücks in das Privatvermögen
> - Restbuchwert laut Anlagespiegel
> _____
> = stille Reserven

Dieser Nachteil kann auch entstehen, wenn z.B. die GmbH oder UG (haftungsbeschränkt) Räumlichkeiten eines Gesellschafters betrieblich nutzt. Eine steuerliche Gestaltungsvariante wäre in solch einem Fall bspw. der private Erwerb des Grundstücks durch den Ehegatten und Vermietung an den Unternehmer. Bei größeren Werten im Eigentum empfiehlt sich eine steuerliche Beratung schon vor betrieblicher Nutzung oder sogar schon vor Eigentumserwerb, wobei auch den nichtsteuerlichen Folgen (z.B. Zuordnung des Eigentums) Beachtung geschenkt werden sollte.

Bei Geschäftsreisen kann der Unternehmer neben den oben beschriebenen Pkw-Kosten grundsätzlich die vollen Kosten (z.B. öffentliche Verkehrsmittel und Übernachtungskosten) einkommensteuerlich berücksichtigen. Verpflegungsmehraufwand kann einkommensteuerlich jedoch nur im Rahmen folgender Pauschalen Ansatz finden (unabhängig von der tatsächlichen Höhe):
- ab 8 Std. (kalendertäglich, muss nicht zusammenhängend sein): 6 EUR
- ab 14 Std. (kalendertäglich, muss nicht zusammenhängend sein): 12 EUR
- ab 24 Std. (d.h. den ganzen Kalendertag): 24 EUR

Weitere Besonderheiten gelten insbesondere für Nachtschichten und Reiseziele, die länger als 3 Monate angefahren werden.

Ausgaben vor Beginn der Tätigkeit (sog. vorweggenommene Betriebsausgaben) sollten exakt erfasst werden, auch wenn diese bereits im Kalenderjahr vor Eröffnung des Betriebs getätigt wurden. Dies ist notwendig, um gegebenenfalls vorweggenommene Betriebsausgaben geltend machen zu können. Die Gewerbesteuer ist pauschal auf die Einkommensteuer anrechenbar (vgl. hierzu Kapitel 4.2.3).

Bilanzierende Unternehmer haben die Möglichkeit, durch einen Antrag nicht aus dem Betriebsvermögen entnommene Gewinne mit maximal 28,25% zu besteuern. Hierbei handelt es sich um jene Gewinne, die der Unternehmer nicht bereits (z.B. nicht zur Bestreitung seines privaten Bedarfs) entnommen hat. Da jedoch solche vorerst begünstigt versteuerten Gewinne im späteren Entnahmefall mit nochmaligen 25% (und damit insgesamt höher als mit dem „normalen" Spitzensteuersatz von 42%) besteuert werden, wird dieser Antrag nur bei solchen Gewinnen interessant sein, die möglichst lange Zeit im Betrieb verbleiben sollen. Eine detaillierte Berechnung und Prognose wäre vor der Entscheidung über einen solchen Antrag empfehlenswert.

Gewinne einer Kapitalgesellschaft (z.B. GmbH, UG (haftungsbeschränkt)) unterliegen nicht der Einkommensteuer, sondern der Körperschaftsteuer (siehe Kapitel 4.2.4). Jedoch kann der Gesellschafter einer Kapitalgesellschaft von „seiner" Kapitalgesellschaft Einkünfte erzielen (z.B. Einkünfte aus nichtselbständiger Tätigkeit als Geschäftsführer, Einkünfte aus Vermietung von Geschäftsräumen, Zinseinkünfte aus Gesellschafterdarlehen), die einerseits den Gewinn der Kapitalgesellschaft und damit die Körperschaftsteuer mindern können, andererseits jedoch beim Empfänger der Einkommensteuer unterliegen. Hieraus ergibt sich ein steuerliches Gestaltungspotenzial.

4.2.3 Gewerbesteuer

Der Gewerbesteuer unterliegen alle gewerbetreibenden Einzelunternehmer und gewerbetreibenden Gesellschaften. Zur Unterscheidung zwischen Freiberuflern und Gewerbetreibenden nach dem Inhalt der Tätigkeit vgl. Abschnitt 4.1.2. Auch Kapitalgesellschaften (z.B. alle GmbHs und UG (haftungsbeschränkt)) erzielen gewerbliche Einkünfte, unabhängig vom Inhalt ihrer Tätigkeit.

Bemessungsgrundlage dieser Steuer ist der Gewerbeertrag. Dieser ergibt sich, indem zum ertragsteuerlichen Gewinn bestimmte Hinzurechnungen und Kürzungen vorgenommen werden. Hinzuzurechnen sind z.B. Schuldzinsen und Mieten, allerdings nur zu gewissen Bruchteilen. Ein Viertel der Gesamtsumme wird angesetzt, soweit diese 100.000 EUR übersteigt. Kürzungen werden bspw. dann vorgenommen, wenn ein Betriebsgrundstück vorhanden ist. Die Höhe beträgt einen Bruchteil vom Einheitswert (vgl. Macht [2011], S. 435 ff).

Bei den gewerbetreibenden Einzelunternehmern und gewerbetreibenden Gesellschaften wird vom (auf volle 100 EUR abgerundeten) Gewerbeertrag ein Freibetrag von 24.500 EUR abgezogen. Multipliziert mit 3,5% ergibt sich der Gewerbesteuer-Messbetrag. Dieser Betrag ist anschließend mit dem individuellen Gewerbesteuer-Hebesatz der Gemeinde (z.B. 340%) zu multiplizieren, was dann die Gewerbesteuerschuld ergibt.

Für Kapitalgesellschaften (z.B. GmbHs und UG (haftungsbeschränkt)) existiert kein Freibetrag, der vom Gewerbeertrag abgezogen werden darf, da hier der Gesetzgeber davon ausgeht, dass das Geschäftsführergehalt schon den gewerbesteuerpflichtigen Gewinn der Kapitalgesellschaft gemindert hat.

Die Gewerbesteuer selbst darf den ertragsteuerlichen Gewinn nicht mindern. Ist die Gewerbesteuer also als Betriebsausgabe schon gewinnmindernd abgezo-

gen worden, so ist sie (zur Berechnung des einkommensteuerlichen oder körper-
schaftsteuerlichen Gewinns) wieder hinzuzurechnen.

Allerdings dürfen gewerbetreibende Einzelunternehmen und (anteilig) die
Gesellschafter gewerbetreibender Gesellschaften – nicht jedoch Kapitalgesellschaften – das 3,8-fache des Gewerbesteuer-Messbetrags von ihrer Einkommensteuerlast abziehen, maximal jedoch in Höhe der tatsächlich gezahlten Gewerbesteuer und sofern überhaupt Einkommensteuer auf die gewerblichen Einkünfte
entfällt. Die Gewerbesteuer ist also bestenfalls ein „durchlaufender" Posten, ohne
echte zusätzliche Belastung für den Existenzgründer.

> **Praxistipp:** *Bei der Standortwahl ist zu beachten, dass bei Städten bzw. Gemeinden mit*
> *sehr hohem Gewerbesteuer-Hebesatz letztendlich eine Restbelastung mit Gewerbesteuer*
> *verbleiben könnte.*

Sofern der Existenzgründer nun aus seinem Gewerbebetrieb so hohe Gewinne
erwirtschaftet, dass Gewerbesteuer anfällt, gleichzeitig aber aus einer anderen
Einkunftsart nur negative Einkünfte bzw. Verluste erzielt und somit daraus keine
Einkommensteuerschuld entsteht, bleibt der Steuerpflichtige in diesem ungünsti-
gen Fall von Gewerbesteuerzahlungen nicht verschont.

Ebenso könnte dies der Fall sein, wenn die gewerbesteuerlichen Hinzurechnungen auf einen kleinen ertragsteuerlichen Gewinn so hoch sind, dass zwar keine Einkommensteuerlast entsteht, jedoch Gewerbesteuer zu zahlen ist.

Bei Kapitalgesellschaften führt die Gewerbesteuer dagegen immer zu einer
definitiven Belastung, da hier keine Anrechnung auf die Körperschaftsteuer vorgesehen ist. Steuerliche Optimierungen könnten hier z.B. über die Regulierung
der Höhe des Geschäftsführergehalts angestrebt werden. Dieses wird nämlich
dem persönlichen Einkommensteuersatz des Geschäftsführers unterworfen. Als
Kostenbestandteil mindert das Geschäftsführergehalt schließlich den ertragsteuerlichen Gewinn und somit den Gewerbeertrag der Kapitalgesellschaft (vgl. zur
Ermittlung der Gewerbesteuer auch Mertes [2011], S.105 ff).

4.2.4 Körperschaftsteuer

Kapitalgesellschaften (z.B. GmbH, UG (haftungsbeschränkt)) als juristische Personen unterliegen mit ihrem ertragsteuerlichen Gewinn der Körperschaftsteuer
(15%).

Die Körperschafsteuer ist – wie auch die Gewerbesteuer – eine nicht abziehba-
re Steuer. Das heißt, sie darf den ertragsteuerlichen Gewinn nicht mindern. Wurde also bei der Berechnung des (handelsrechtlichen) Gewinns diese Steuer ge-

winnmindernd berücksichtigt, so ist diese Steuer wieder (zur Berechnung des ertragsteuerlichen Gewinns) hinzuzurechnen.

Vereinfacht kann die Steuerbelastung wie folgt geschätzt werden: Körperschaftsteuer (plus Solidaritätszuschlag von 5,5% auf die Körperschaftsteuer) zuzüglich Gewerbesteuer (individuell je nach Hebesatz der Gemeinde) betragen ca. 30% des Gewinns vor Ertragsteuern.

Im Gegensatz zu bspw. Einzelunternehmern hat bei Kapitalgesellschaften das Gesellschafter- bzw. Geschäftsführergehalt schon den Gewinn der Gesellschaft gekürzt. Der sog. Unternehmerlohn ist also ein Kostenbestandteil der Gesellschaft. Lediglich der übersteigende Betrag wird dann bei der Gesellschaft besteuert.

Die Gesellschafterversammlung kann beschließen, ob der verbleibende Gewinn (nach Steuern) im Unternehmen verbleibt (als Gewinnvortrag in das nächste Jahr) oder in welcher Höhe der Gewinn an die Gesellschafter ausgeschüttet wird.

Diese Gewinnausschüttung ist förmlich zu beschließen und beim Betriebsfinanzamt über ein elektronisches Formular anzumelden. Kapitalertragsteuer in Höhe von 25% der Ausschüttung sowie Solidaritätszuschlag (5,5% der Kapitalertragsteuer) sind zeitnah an das Finanzamt durch die Körperschaft abzuführen. Nur der verbleibende Betrag darf von der Kapitalgesellschaft an die Gesellschafter ausgeschüttet werden.

Die Gesellschafter erhalten dann von der Kapitalgesellschaft eine Steuerbescheinigung über die abgeführte Kapitalertragsteuer nebst Solidaritätszuschlag.

Im Rahmen der persönlichen Einkommensteuererklärung des Gesellschafters ist dann zu prüfen, ob es bei dieser Kapitalertragsteuerbelastung (Abgeltungsbesteuerung) bleiben soll, oder ob es einkommensteuerlich günstiger ist, sich diese Kapitalertragsteuer auf die persönliche Einkommensteuer anrechnen zu lassen. Sofern der Existenzgründer bereits Geschäftsführergehalt aus seiner Kapitalgesellschaft bezieht, ist vermutlich der persönliche, einkommensteuerliche Spitzensteuersatz so hoch, dass es günstiger ist, die Ausschüttung mit nur 25% Abgeltungssteuer zu belassen.

Es sei darauf hingewiesen, dass die Ertragsteuern inklusive Solidaritätszuschlag auf Gewinne von Kapitalgesellschaften sehr hoch sein können, ehe diese dem Existenzgründer persönlich zufließen. Hier lassen sich Werte von ca. 30% des Gewinns vor Steuern zuzüglich 26,3% des Ausschüttungsbetrags nennen.

Praxistipp: Über die Gestaltung von z.B. Geschäftsführergehalt, Mieten, Zinsen der Gesellschafter, lassen sich sowohl die persönliche Einkommensteuerbelastung beim Existenzgründer als auch die Körperschaftsteuerbelastung der Kapitalgesellschaft beeinflussen. Gewisse Spielräume können hier ausgeschöpft werden, jedoch sollte auf Fremdvergleiche (d.h. wie es unter Fremden üblich wäre) geachtet werden, um die steuerliche Anerkennung nicht zu gefährden.

4.3 Formalitäten

> **Beispiel**
> Nachdem Max Mustermann sein Unternehmen beim Gewerbeamt angemeldet hat, befasst er sich in einem nächsten Schritt mit wichtigen Formalitäten im Zusammenhang mit der Existenzgründung. Einige Zeit nach der Anmeldung erhält er beispielsweise vom Finanzamt einen mehrseitigen Fragebogen zur steuerlichen Erfassung. Alleine der Umfang des Bogens schreckt den Jungunternehmer ab, weswegen er diese Formalie seiner Frau gegenüber als eine der für ihn herausforderndsten Aufgaben zu Beginn der Unternehmenstätigkeit bezeichnet. Es stehen aber auch noch andere Aufgaben an, über die er sich bei einem Seminar der örtliche IHK informieren möchte. Der Besuch der Veranstaltung ist für Mustermann sehr hilfreich, da er hier Detailwissen erhält, wie z.B. zur Erstellung einer Vorlage für die korrekte Rechnungsstellung oder die Aufzeichnungspflichten, denen sein Unternehmen unterliegt.

Gerade in der Anfangsphase der Existenzgründung ist es schwierig, den Überblick über die Abrechnung, die geforderten Dokumentationsvorschriften sowie die laufende Buchführung zu behalten. Die meisten Unternehmer erlernen dies erst mühsam in der Praxis. Dies erfordert oftmals erhebliche Mehrarbeit und somit auch Mehrkosten, z.B. wenn ein Kunde eine Änderung einer Rechnung verlangt, da diese mangelnde Rechnungsangaben aufweist oder ein Ausgabenabzug aufgrund fehlender Belege durch das Finanzamt nicht gewährt wird. Alle Einnahmen und Ausgaben müssen daher durch den Existenzgründer einzeln dokumentiert werden.

4.3.1 Buchhaltung und Verwaltungsformalitäten, Gewinnermittlungsarten

Je nach Art der Tätigkeit und Wahl der Gesellschaftsform sind Buchhaltung und Verwaltung gewissen Formalitäten unterworfen sowie die Art der steuerlichen Gewinnermittlung zu wählen.

Für Freiberufler und Gewerbetreibende, die bestimmte Grenzen nicht überschreiten (vgl. dazu auch Kapitel 5.2.1 ff.), stehen zwei Arten der steuerlichen Gewinnermittlung zur Auswahl, die unterschiedliche Gestaltungsspielräume hinsichtlich Gewinnhöhe bieten: die (formal einfacher zu handhabende) Einnahmenüberschussrechnung sowie die Bilanzierung. Eine ausführliche Darstellung der Anforderungen findet sich in Kapitel 5.2.

Verpflichtend ist die Bilanzierung für Gewerbetreibende, die die oben genannten Grenzen überschreiten sowie für den eingetragenen Kaufmann (e.K.), die offene Handelsgesellschaft (OHG), die Kommanditgesellschaft (KG) und für alle Kapitalgesellschaften wie die GmbH oder die UG (haftungsbeschränkt).

a) Einnahmenüberschussrechnung

Die einfachste Art der Gewinnermittlung ist die Berechnung des Einnahmenüberschusses. Hierbei wird pro Kalenderjahr von der Summe der Einnahmen die Summe der Ausgaben abgezogen. Die wesentliche steuerliche Gestaltungsmöglichkeit besteht daher im Lenken des Zu- und Abflusses. Eine Ausnahme von diesem Zufluss-/Abflussprinzip bilden die Ausgaben für Wirtschaftsgüter des Anlagevermögens. Diese Ausgaben sind, ab Netto-Anschaffungskosten in Höhe von mehr als 410 EUR, nicht vollständig im Jahr der Ausgabe abziehbar, sondern über die wirtschaftliche Nutzungsdauer zu verteilen (Abschreibung). Die Berechnung der sogenannten Abschreibung, also des pro Kalenderjahr abziehbaren Betrags, wird in einem sog. Anlagenspiegel vorgenommen.

Einnahmenüberschussrechner sind nicht buchführungspflichtig, haben also nicht lückenlos und streng geordnet alle Geschäftsvorgänge des Unternehmens zahlen- und belegmäßig aufzuzeichnen.

b) Bilanzerstellung

Diese Art der Gewinnermittlung vergleicht das Betriebsvermögen am Ende des Wirtschaftsjahres mit dem Betriebsvermögen zu Beginn des Wirtschaftsjahres. Dies setzt eine Buchführung voraus. Es gelten die Grundsätze der ordnungsmäßigen Buchführung: Lückenlos und streng geordnet sind alle Geschäftsvorgänge des Unternehmens zahlen- und belegmäßig aufzuzeichnen. EDV-Buchführungsprogramme bieten die Möglichkeit, die wesentlichen Erfassungen selbst vorzunehmen. Die Buchführung kann aber auch an Experten ausgelagert werden. Aus den Daten der Buchführung wird am Ende des Wirtschaftsjahres die Bilanz erstellt. Die Erlöse und Aufwendungen im Wirtschaftsjahr lassen sich aus der Gewinn- und Verlustrechnung ablesen, aus der sich letztendlich der Gewinn ergibt. Im Gegensatz zur Einnahmenüberschussrechnung gilt: Gewinnwirksam sind grundsätzlich nur Erlöse und Aufwendungen, die dem betreffenden Wirtschafsjahr zuzuordnen sind, auf das Kalenderjahr der Zahlung kommt es nicht an.

4.3.2 Ausstellung einer korrekten Rechnung

Zwar ist das äußere Erscheinungsbild einer Rechnung wichtig, da sich der Unternehmer auch über seine Geschäftsdokumente präsentiert, für den Kunden ist es jedoch hauptsächlich wichtig, dass ausgestellte Rechnungen gewissen formalen Anforderungen gerecht werden.

In der Rechnung ist üblicherweise zu nennen:

1. Name und Anschrift des Leistenden
2. Entgelt
3. Beschreibung des Gegenstands bzw. der Leistung
4. Datum

Die für eine gültige Rechnung im umsatzsteuerlichen Sinn notwendigen, zwingend zusätzlichen Angaben finden sich im Abschnitt 4.2.1 zur Umsatzsteuer.

Praxistipp: Quittungen für gebrauchte Waren für das Unternehmen, die bei Privatpersonen eingekauft wurden, weisen keine Umsatzsteuer aus. Es ist jedoch trotzdem sinnvoll, sich vom Verkäufer eine Quittung über den Kauf ausstellen zu lassen, um einen Nachweis für die Buchhaltung über den Kauf und somit über die Ausgaben zu haben. Eine solche Quittung berechtigt zwar nicht zum Vorsteuerabzug, mindert jedoch den einkommensteuerlichen Gewinn.

4.3.3 Aufzeichnungspflichten des Unternehmers

Als Unternehmer ist man generell verpflichtet, Aufzeichnungen zu führen, die zur Festsetzung der Steuer dienen. Umfangreiche Aufzeichnungen sind allein schon im Interesse des Unternehmers. Zur Führung seines Unternehmens sollte der Unternehmer neben seiner Kerntätigkeit auch die finanztechnische Seite seines Betriebs (Rechnungswesen) kennen. Zeitnah sollten daher Aufzeichnungen geführt werden, die den Einblick insbesondere hinsichtlich laufenden Einnahmen und Ausgaben ermöglichen. Wird darüber hinaus noch ein Anlageverzeichnis geführt, das den Bestand, die Zu- und Abgänge sowie den Abschreibungsverlauf zeigt, so sind schon die Pflichten der einfachsten Form der einkommensteuerlich zulässigen Gewinnermittlung (Einnahmenüberschussrechnung) erfüllt. Darüber hinaus sollte der Unternehmer seine offenen Forderungen und Verbindlichkeiten kennen. Eine doppelte Buchhaltung als Grundlage für die Aufzeichnungspflichterfüllung von bilanzierenden Unternehmen bietet hierfür den geeigneten Rahmen. Zudem sollte der Unternehmer seinen Liquiditätsspielraum kennen und auf der Basis seiner Aufzeichnungen seine Tätigkeit nachkalkulieren.

Die gesetzlichen Pflichten zur Aufzeichnung der Geschäftstätigkeit leiten sich insbesondere ab vom Gedanken der objektiven Nachprüfbarkeit der Abläufe durch einen fachkundigen, fremden Dritten, zum Beispiel zum Zwecke der Prüfung der Steuerhöhe. Hierzu existieren eine Fülle von Einzelvorschriften, je nach Art und Umfang der Tätigkeit. Oftmals ist Hintergrund einer solchen Vorschrift, Behörden zu ermöglichen, den betrieblichen Bezug oder eine Steuerfreiheit belegen zu können oder Kenntnis über den Geschäftspartner oder über die Art, den Ort oder den Zeitraum der Tätigkeit zu erlangen. Kritisch sollte man daher seine Unterlagen dahingehend regelmäßig prüfen, ob diese geeignet sind, einem fachkundigen Prüfer in angemessener Zeit einen ausreichenden Einblick zu gewähren.

Neben dieser intuitiv kritischen Betrachtung ist, je nach Art und Umfang des Unternehmens, auf Grund der Vielzahl von Details konkrete fachliche Beratung empfehlenswert. So könnten zum Beispiel gewisse Mustervorlagen und standar-

disierte Punktelisten erarbeitet werden, die den Einstieg in die Aufzeichnungspflichterfüllung erleichtern und in der Folgezeit, wiederholt angewandt, bald zur
Routine werden.

4.3.4 Fragebogen zur steuerlichen Erfassung

Nach erfolgter Gewerbeanmeldung bei der örtlich zuständigen Gemeinde wird
dem Existenzgründer nach etwa zwei bis vier Wochen der Fragebogen zur steuerlichen Erfassung vom Finanzamt zugesendet, da die Gemeinde das zuständige
Finanzamt automatisch über die getätigte Gewerbeanmeldung informiert hat.
Dieser Fragebogen muss innerhalb einer vom Finanzamt gesetzten Frist beantwortet und an dieses zurückgesendet werden.

> *Praxistipp: Um die Gewerbeanmeldung und die Erteilung einer Steuernummer zu be-
> schleunigen besteht auch die Möglichkeit, den Fragebogen bereits ohne Aufforderung dem
> Finanzamt ausgefüllt zuzusenden. Den Fragebogen erhält der Gründer auf den Internet-
> seiten des zuständigen Finanzamts unter den Formularen zum Download. Somit entfällt
> die Zeit, bis das Finanzamt den Fragebogen an den Existenzgründer versendet.*

Nachfolgend wird beispielhaft ein solcher Fragebogen des Finanzamtes gezeigt
und dessen Bearbeitung durch den Existenzgründer detailliert vorgestellt.

An das Finanzamt

Eingangsstempel oder -datum

2 Steuernummer

Fragebogen zur steuerlichen Erfassung

3 ☐ Aufnahme einer gewerblichen, selbständigen (freiberuflichen) oder land- und forstwirtschaftlichen Tätigkeit

4 ☐ Beteiligung an einer Personengesellschaft / -gemeinschaft
– Bitte beantworten Sie nur die Fragen zu Abschnitt 1, Abschnitt 2 – nur Textziffer 2.7, Abschnitt 3 und Abschnitt 8 –

1. Allgemeine Angaben

1.1 Steuerpflichtige(r) / Beteiligte(r)

5 Name / Vorname

6 Ggf. Geburtsname

7 Ausgeübter Beruf / Geburtsdatum

8 Straße / Haus-Nr / Haus-Nr.-Zusatz

9 Postleitzahl / Wohnort

10 Postleitzahl / Ort (Postfach) / Postfach

11 Identifikationsnummer / Identifikationsnummer
Religionsschlüssel:
Evangelisch = EV
Römisch-Katholisch = RK
nicht kirchensteuerpflichtig = VD **Religion**

Kommunikationsverbindungen

12 Telefon: Vorwahl international / Vorwahl national / Rufnummer

13 Telefax: Vorwahl international / Vorwahl national / Rufnummer

14 E-Mail

15 Internetadresse

Familienstand

16 Verheiratet seit dem / Verwitwet seit dem / Geschieden seit dem / Dauernd getrennt lebend seit dem

1.2 Ehegatte

17 Name / Vorname

18 Ggf. Geburtsname

19 Ausgeübter Beruf / Geburtsdatum

20 Falls von den Zeilen 8 und 9 abweichend: Straße / Haus-Nr / Haus-Nr.-Zusatz

21 Postleitzahl / Wohnort

22 Identifikationsnummer / Identifikationsnummer
Religionsschlüssel:
Evangelisch = EV
Römisch-Katholisch = RK
nicht kirchensteuerpflichtig = VD **Religion**

1.3 Bankverbindung(en) für Steuererstattungen / Lastschrifteinzugsverfahren (LEV)

Alle Steuererstattungen sollen an folgende Bankverbindung erfolgen (bitte **entweder** Kto.Nr., BLZ **oder** IBAN, BIC angeben):

23 Kontonummer / Bankleitzahl

24 IBAN

25 BIC

26 Geldinstitut (Name, Ort)

27 Kontoinhaber(in) (Steuerpflichtige(r))

28 Ggf. abweichende(r) Kontoinhaber(in)

2011FsEEU011NET — Mai 2011 — 2011FsEEU011NET

Steuernummer

31   **Personensteuererstattungen**   (Bitte **entweder** Kto.Nr., BLZ
     (z.B. Einkommensteuer) sollen an folgende Bankverbindung erfolgen: oder IBAN, BIC angeben)

32   Kontonummer   Bankleitzahl

33   IBAN

34   BIC

35   Geldinstitut (Name, Ort)

36   Kontoinhaber(in) (Steuerpflichtige/r)

37   Ggf. abweichende(r) Kontoinhaber(in):

38   **Betriebssteuererstattungen**   (Bitte **entweder** Kto.Nr., BLZ
     (z.B. Umsatz-, Lohnsteuer) sollen an folgende Bankverbindung erfolgen: oder IBAN, BIC angeben)

39   Kontonummer   Bankleitzahl

40   IBAN

41   BIC

42   Geldinstitut (Name, Ort)

43   Kontoinhaber(in) (Steuerpflichtige/r)

44   Ggf. abweichende(r) Kontoinhaber(in):

     Möchten Sie am **Lastschrifteinzugsverfahren**, dem für beide Seiten einfachsten Zahlungsweg, teilnehmen?

45   Ja, die ausgefüllte Teilnahmeerklärung ist beigefügt.

46   **1.4 Steuerliche Beratung**   Nein   Ja

     Firma:

47

     oder

     Name   Vorname

48   Straße   Haus-Nr.   Haus-Nr.-Zusatz

49

     Postleitzahl   Ort

50   Postleitzahl   Ort (Postfach)   Postfach

51

     Kommunikationsverbindungen
     Telefon:
     Vorwahl international   Vorwahl national   Rufnummer

52   Telefax:
     Vorwahl international   Vorwahl national   Rufnummer

53   E-Mail

54

55   mit Empfangsvollmacht (Bitte fügen Sie in diesem Fall eine gesonderte Vollmacht bei)

     1.5 Empfangsbevollmächtigte(r) für alle Steuerarten

     Firma:

56   **oder**
     Name   Vorname

57   Straße   Haus-Nr.   Haus-Nr.-Zusatz

58   Postleitzahl   Ort

59   Postleitzahl   Ort (Postfach)   Postfach

60

Steuernummer

Kommunikationsverbindungen

Telefon:

61 | Vorwahl international | Vorwahl national | Rufnummer

Telefax:

62 | Vorwahl international | Vorwahl national | Rufnummer

63 | E-Mail

Zuständigkeit der / des Empfangsbevollmächtigten

64 | Feststellungs- / Festsetzungs- und Erhebungsverfahren | **nur** Feststellungs- / Festsetzungsverfahren | **nur** Erhebungsverfahren

1.6 Bisherige persönliche Verhältnisse

65 | Falls Sie innerhalb der letzten 12 Monate zugezogen sind: | Zugezogen am

66 | Straße | Haus-Nr. | Haus-Nr.-Zusatz

67 | Postleitzahl | Wohnort

68 | Postleitzahl | Ort (Postfach) | Postfach

Waren Sie (oder ggf. Ihr Ehegatte) in den letzten drei Jahren für Zwecke der Einkommensteuer steuerlich erfasst?

69 | Nein | Ja | Finanzamt

70 | Steuernummer

2. Angaben zur gewerblichen, selbständigen (freiberuflichen) oder land- und forstwirtschaftlichen Tätigkeit

2.1 Art des ausgeübten Gewerbes / der Tätigkeit (Ggf. den Schwerpunkt angeben!)

71 |

2.2 Anschrift des Unternehmens

72 | Bezeichnung

73 | Straße | Haus-Nr. | Haus-Nr.-Zusatz

74 | Postleitzahl | Ort

75 | Postleitzahl | Ort (Postfach) | Postfach

ggf. abweichender Ort der Geschäftsleitung

76 | Straße | Haus-Nr. | Haus-Nr.-Zusatz

77 | Postleitzahl | Ort

Kommunikationsverbindungen

Telefon:

78 | Vorwahl international | Vorwahl national | Rufnummer

Telefax:

79 | Vorwahl international | Vorwahl national | Rufnummer

80 | E-Mail

81 | Internetadresse

Steuernummer

2.3 Betriebstätten

91 Werden in mehreren Gemeinden Betriebstätten unterhalten?　　　Nein

　　lfd. Nr.　　Bezeichnung

92　Ja　0 0 1

93　Anschrift, Straße　　　　　　　　　　　　　　　Haus-Nr.　Haus-Nr.-Zusatz

94　Postleitzahl　　Ort

95　Telefon:　Vorwahl international　Vorwahl national　　Rufnummer

　　lfd. Nr.　　Bezeichnung

96　0 0 2

97　Anschrift, Straße　　　　　　　　　　　　　　　Haus-Nr.　Haus-Nr.-Zusatz

98　Postleitzahl　　Ort

99　Telefon:　Vorwahl international　Vorwahl national　　Rufnummer

100　Bei mehr als zwei Betriebstätten:　　Gesonderte Aufstellung ist beigefügt.

101 **2.4 Kammerzugehörigkeit (Handwerks- / Industrie- und Handelskammer)**　　Ja　　Nein

2.5 Handelsregistereintragung

102　Ja, seit　　　　　　　　Nein　　Eine Eintragung ist beabsichtigt.

103　Bitte Handelsregisterauszug beifügen!　　　Antrag beim Handelsregister gestellt

104　beim Amtsgericht　　　　am

105

106　Registernummer

2.6 Gründungsform (Bitte ggf. die entsprechenden Verträge beifügen!)

107　Neugründung zum　　　　　　Verlegung zum

108　Übernahme (z.B. Kauf, Pacht, Vererbung, Schenkung) zum　　Umwandlung / Einbringung / Verschmelzung zum

109　Vorheriges Unternehmen: Firma

　oder

110　Name　　　　　　　　Vorname

111　Straße　　　　　　　　Haus-Nr.　Haus-Nr.-Zusatz

112　Postleitzahl　　Ort

113　Finanzamt　　　　　　Steuernummer

114　ggf. Umsatzsteuer-Identifikationsnummer

Steuernummer	

2.7 Bisherige betriebliche Verhältnisse

Ist in den letzten Jahren schon ein Gewerbe, eine selbständige (freiberufliche) oder eine land- und forstwirtschaftliche Tätigkeit ausgeübt worden oder waren Sie an einer Personengesellschaft oder zu mehr als 1% an einer Kapitalgesellschaft beteiligt?

121   Nein   Ja

122   Art der Tätigkeit / Beteiligung

123   Ort

124   Dauer vom   bis

125   Finanzamt   Steuernummer

   ggf. Umsatzsteuer-Identifikationsnummer

3. Angaben zur Festsetzung der Vorauszahlungen (Einkommensteuer, Gewerbesteuer)

3.1 Voraussichtliche Einkünfte aus	im Jahr der Betriebseröffnung		im Folgejahr	
	Steuerpflichtiger EUR	Ehegatte EUR	Steuerpflichtiger EUR	Ehegatte EUR
126 Land- und Forstwirtschaft				
127 Gewerbebetrieb				
128 Selbständiger Arbeit				
129 Nichtselbständiger Arbeit				
130 Kapitalvermögen				
131 Vermietung und Verpachtung				
132 Sonstigen Einkünften (z. B. Renten)				
3.2 Voraussichtliche Höhe der				
133 Sonderausgaben				
134 Steuerabzugsbeträge				

4. Angaben zur Gewinnermittlung

135 Gewinnermittlungsart   Einnahmenüberschussrechnung

136   Vermögensvergleich (Bilanz)   Eröffnungsbilanz   liegt bei.   wird nachgereicht.

137   Gewinnermittlung nach Durchschnittssätzen (nur bei Land- und Forstwirtschaft)

Liegt ein vom Kalenderjahr abweichendes Wirtschaftsjahr vor?

138   Nein   Ja,   Beginn

5. Freistellungsbescheinigung gemäß § 48b Einkommensteuergesetz - EStG - ("Bauabzugsteuer")

Das Merkblatt zum Steuerabzug bei Bauleistungen steht Ihnen im Internet unter www.bzst.de zum Download zur Verfügung. Sie können es aber auch bei Ihrem Finanzamt erhalten.

139   Ich beantrage die Erteilung einer Bescheinigung zur Freistellung vom Steuerabzug bei Bauleistungen gemäß § 48b EStG.

6. Angaben zur Anmeldung und Abführung der Lohnsteuer

140 Zahl der Arbeitnehmer (einschließlich Aushilfskräfte)   Insgesamt   a) davon Familien-angehörige   b) davon geringfügig Beschäftigte

141 Beginn der Lohnzahlungen

142 Anmeldungszeitraum (voraussichtliche Lohnsteuer im Kalenderjahr)   **monatlich** (mehr als 4 000 EUR)   **vierteljährlich** (mehr als 1 000 EUR)   **jährlich** (nicht mehr als 1 000 EUR)

Steuernummer

Die für die Lohnberechnung maßgebenden Lohnbestandteile werden zusammengefasst im Betrieb / Betriebsteil:

151 Bezeichnung

152 Straße | Haus-Nr. | Haus-Nr.-Zusatz

153 Postleitzahl | Ort

7. Angaben zur Anmeldung und Abführung der Umsatzsteuer

7.1 Summe der Umsätze (geschätzt) | im Jahr der Betriebseröffnung EUR | im Folgejahr EUR

154

7.2 Geschäftsveräußerung im Ganzen (§ 1 Abs. 1a Umsatzsteuergesetz - UStG -)

Es wurde ein Unternehmen oder ein in der Gliederung eines Unternehmens gesondert geführter Betrieb erworben:

155 ☐ Nein ☐ Ja (siehe Eintragungen zu Tz. 2.6 Übernahme)

7.3 Kleinunternehmer-Regelung

156 ☐ Der auf das Kalenderjahr hochgerechnete Gesamtumsatz wird die Grenze von 17 500 EUR voraussichtlich nicht überschreiten. Es wird die Kleinunternehmer-Regelung (§ 19 Abs. 1 UStG) in Anspruch genommen.
In Rechnungen wird keine Umsatzsteuer gesondert ausgewiesen und es kann kein Vorsteuerabzug geltend gemacht werden.
Hinweis: Angaben zu Tz. 7.7 und 7.8 sind nicht erforderlich; Umsatzsteuer-Voranmeldungen sind grundsätzlich nicht abzugeben.

157 ☐ Der auf das Kalenderjahr hochgerechnete Gesamtumsatz wird die Grenze von 17 500 EUR voraussichtlich nicht überschreiten. Es wird auf die Anwendung der Kleinunternehmer-Regelung verzichtet.
Die Besteuerung erfolgt nach den allgemeinen Vorschriften des Umsatzsteuergesetzes **für mindestens fünf Kalenderjahre** (§ 19 Abs. 2 UStG); Umsatzsteuer-Voranmeldungen sind monatlich in elektronischer Form abzugeben.

7.4 Organschaft (§ 2 Abs. 2 Nr. 2 UStG)

Ich bin Organträger folgender Organgesellschaft:

158 Firma

159 Straße | Haus-Nr | Haus-Nr.-Zusatz

160 Postleitzahl | Ort

161 Postleitzahl | Ort (Postfach) | Postfach

162 Rechtsform

163 Beteiligungsverhältnis (Bruchteil) /

164 Finanzamt | Steuernummer

165 ggf. Umsatzsteuer-Identifikationsnummer

Hinweis: Weitere organschaftliche Verbindungen bitte in einer Anlage (formlos) mitteilen.

7.5 Steuerbefreiung

Es werden ganz oder teilweise steuerfreie Umsätze gem. § 4 UStG ausgeführt:

166 ☐ Nein ☐ Ja | Art des Umsatzes / der Tätigkeit | (§ 4 Nr. UStG)

7.6 Steuersatz

Es werden Umsätze ausgeführt, die ganz oder teilweise dem ermäßigten Steuersatz gem. § 12 Abs. 2 UStG unterliegen:

167 ☐ Nein ☐ Ja | Art des Umsatzes / der Tätigkeit | (§ 12 Abs. 2 Nr. UStG)

Steuernummer	

7.7 Soll- / Istversteuerung der Entgelte

171 Ich berechne die Umsatzsteuer nach ☐ vereinbarten Entgelten (Sollversteuerung).

172 ☐ vereinnahmten Entgelten. Ich beantrage hiermit die Istversteuerung, weil

173 ☐ der Gesamtumsatz für das Gründungsjahr voraussichtlich nicht mehr als 250.000 EUR (bis 31. Dezember 2011: 500.000 EUR) betragen wird.

174 ☐ ich von der Verpflichtung, Bücher zu führen und auf Grund jährlicher Bestandsaufnahmen regelmäßig Abschlüsse zu machen, nach § 148 der Abgabenordnung befreit bin.

175 ☐ ich Umsätze aus einer Tätigkeit als Angehöriger eines freien Berufs im Sinne von § 18 Abs. 1 Nr. 1 des Einkommensteuergesetzes ausführe.

7.8 Dauerfristverlängerung

176 ☐ Ich beabsichtige, die Dauerfristverlängerung für die Abgabe der Umsatzsteuer-Voranmeldung zu nutzen. Mir ist bekannt, dass bei monatlicher Abgabe der Umsatzsteuer-Voranmeldungen eine Sondervorauszahlung zu berechnen und zu entrichten ist.

Hinweis: Der Antrag auf Dauerfristverlängerung und die Anmeldung der Sondervorauszahlung sind auf elektronischem Weg zu übermitteln.

7.9 Umsatzsteuer-Identifikationsnummer

177 ☐ Ich benötige für die Teilnahme am innergemeinschaftlichen Waren- und Dienstleistungsverkehr eine Umsatzsteuer- Identifikationsnummer (USt-IdNr.).

178 ☐ Ich habe bereits für eine frühere Tätigkeit folgende USt-IdNr. erhalten:

179 USt-IdNr. _____   Vergabedatum: _____

8. Angaben zur Beteiligung an einer Personengesellschaft/-gemeinschaft

180 Bezeichnung der Gesellschaft / Gemeinschaft

181 Straße _____ Haus-Nr ____ Haus-Nr.-Zusatz

182 Postleitzahl _____ Ort

183 Postleitzahl _____ Ort (Postfach) _____ Postfach

184 Finanzamt _____ Steuernummer

(Fügen Sie bitte eine Kopie des Gesellschaftsvertrags bei!)

Hinweis: Die mit diesem Fragebogen angeforderten Daten werden aufgrund der §§ 85, 88, 90, 93 und 97 der Abgabenordnung erhoben.

185 _____   _____
Ort, Datum   Unterschrift des / der Steuerpflichtigen und ggf. des Ehegatten bzw. des / der Vertreter(s) oder Bevollmächtigten

2011FsEEU017NET   2011FsEEU017NET

Steuernummer

191 Anlagen: Teilnahmeerklärung für das LEV (Tz. 1.3)

192   Empfangsvollmacht (Tz. 1.4/1.5)

193   Aufstellung über Betriebstätten (Tz. 2.3)

194   Handelsregisterauszug (Tz. 2.5)

195   Verträge bei Übernahme bzw. Umwandlung (Tz. 2.6)

196   Eröffnungsbilanz (Tz. 4)

197   Weitere organschaftliche Verbindungen (Tz. 7.4)

198   Gesellschaftsvertrag (Tz. 8)

199

Finanzamt

Erläuterungen zum Fragebogen:

– Zu 1.1-1.2: Hier sind allgemeine Angaben zur eigenen Person und ggf. dem Ehegatten und Kindern einzutragen.

– Zu 1.3: Meist ist es hier ratsam, dem Finanzamt z.B. den Bankeinzug von betrieblichen Steuern z.B. Umsatzsteuer, Lohnsteuer und Körperschaftsteuer zu erlauben. Man spart sich somit die Mühe und die Zeit, an sämtliche Fristen zu denken und Überweisungen manuell zu tätigen. Außerdem kann das Finanzamt sog. Säumniszuschläge festsetzten, sofern Steuern nicht pünktlich an das Finanzamt abgeführt wurden. Es besteht auch die Möglichkeit, für private Steuerzahlungen und Steuererstattungen ein anderes Konto zu nennen.

– Zu 1.4: Hier könnte, sofern vorhanden, der steuerliche Berater eingetragen werden.

– Zu 1.5: An dieser Stelle kann eine dritte Person als Empfangsbevollmächtigter benannt werden. Dies ist aber nur in seltenen Ausnahmefällen zu empfehlen, weil Zugänge beim Bevollmächtigten bereits Rechtsbehelfsfristen zum Laufen bringen können.

– Zu 1.6: Das Finanzamt möchte wissen, ob der Existenzgründer bisher schon steuerlich erfasst war. Hier ist, sofern bekannt, die bisherige Steuernummer sowie das bisher zuständige Finanzamt anzugeben. Diese Daten sind z.B. auf dem letzten Einkommensteuerbescheid zu finden.

– Zu 2.1: Auf die genaue Angabe des Gewerbes oder der Tätigkeit sollte hier unbedingt geachtet werden. Diese wurde z.B. auch schon bei der Gewerbeanmeldung bei der Gemeinde genannt.

– Zu 2.2: Bei mehreren Betriebsstätten ist die Hauptfiliale als Anschrift zu nennen. Nachfolgend sind unter 2.3, sofern vorhanden, weitere Betriebsstätten anzugeben. Ansonsten ist die Anschrift des Unternehmens hier einzutragen.

– Zu 2.4: Kaufleute sind Pflichtmitglied in der Industrie- und Handelskammer (IHK), Handwerker gehören der Handwerkskammer (HWK) an.

– Zu 2.5: Sofern der Existenzgründer sich zur Gründung einer OHG, einer KG, GmbH oder auch als e.K. entschlossen hat, sind hier weitere Angaben gefordert. In diesem Fall ist eine Kopie des aktuellen Handelsregisterauszugs dem Fragenbogen hinzuzufügen.

– Zu 2.6: Hier ist nach der Gründungsform und dem Gründungsdatum gefragt. Vorbereitungshandlungen, wie z.B. der Einkauf von Waren, begründen bereits die Unternehmereigenschaft. Somit kann auch das hier einzutragende Datum vor der eigentlichen Gewerbeanmeldung bei der Gemeinde liegen. Sofern eine Übernahme, eine Verlegung oder eine Geschäftsumwandlung vorliegt, sind weitere Angaben des vorherigen Unternehmens nötig.

– Zu 2.7: Hier werden bisherige betriebliche Verhältnisse abgefragt.

– Zu 3.1-3.2: Der Existenzgründer soll seine selbstständigen und anderen Einkünfte schätzen, um dem Finanzamt eine möglichst exakte Festsetzung von Steuervorauszahlungen zu ermöglichen. Es empfiehlt sich, anstelle einer euphorischen Gewinnprognose eine eher vorsichtige und realitätsnahe Schätzung vorzunehmen, um Liquidität für die anlaufende Geschäftstätigkeit bereitzuhalten. Auch etwaige Sonderausgaben und Steuerabzugsbeträge sollten grob ermittelt und geschätzt werden. Sollte sich zu einem späteren Zeitpunkt herausstellen, dass die erzielten Gewinne eine Festsetzung deutlich höherer Vorauszahlungen erfordern, so wäre dies dem Finanzamt zeitnah nachzumelden.

– Zu 4.: Die häufigste, da einfachste Form der Gewinnermittlung ist bei Gründern die Einnahmenüberschussrechnung. An dieser Stelle wird die Entscheidung nur vorläufig getroffen; Änderungen sind später noch möglich. Eine Bilanz sowie eine Eröffnungsbilanz sind zum Beispiel bei Kapitalgesellschaften erforderlich (siehe Kapitel 4.3.1.).

– Zu 5.: Sollte das neu gegründete Gewerbe Bauleistungen erbringen, sollte hier eine Freistellungsbescheinigung beantragt werden. Bauleistungen sind grundsätzlich alle Leistungen, die zur Herstellung, Instandsetzung, Instandhaltung, Änderung oder Beseitigung von Bauwerken dienen. Bauleister, die Aufträge ab jeweils 5.000 EUR abwickeln, haben nämlich folgende einkommensteuerliche Besonderheit zu beachten: Kunden sind dann grundsätzlich (mit wenigen Ausnahmen) per Gesetz verpflichtet, 15% des Rechnungsbetrags als eine Art „Einkommensteuervorab" direkt an das Finanzamt abzuführen und zahlen somit nur 85% an den Bauleister selbst aus. Zwar wird diese Steuervorauszahlung dem Bauleister vom Finanzamt im Rahmen des Einkommensteuerbescheids wieder angerechnet, doch stellt diese Umsatzkürzung sicherlich zumindest eine erhebliche Liquiditätsbeschränkung dar. Vermeiden kann dies der Bauleister, indem er dem Kunden (in der Praxis zusammen mit der Rechnung) eine gültige Freistellungsbescheinigung vorlegt. Das Finanzamt stellt dem Bauleister diese Bescheinigung (nur) aus, wenn die Behörde (z.B. aufgrund der Erfahrungen mit diesem Steuerpflichtigen) davon ausgehen kann, dass kein Steuerausfall droht.

– Zu 6.: Sofern bereits jetzt lohnsteuerpflichtige Angestellte in der neu gegründeten Firma eingestellt werden, sind hier weitere Angaben nötig. Für Minijobber ist grundsätzlich nur die Bundesknappschaft zuständig. Insoweit müssen hier keine Angaben zu Minijobbern gemacht werden.

– Zu 7.1: Zur Beantwortung der Fragen zum Umsatz ist unbedingt zu beachten, dass diese Werte mit den Angaben unter Punkt 3.1 harmonieren. Überschlägig geht man bei einem Dienstleister von folgender Formel aus: Umsatz – 30% = Gewinn. Des Weiteren sollte die Angabe zum Umsatz auch mit Punkt 7.3

abgestimmt werden. Wird von einem Umsatz über 17.500 EUR ausgegangen, kann unter Punkt 7.3 die Kleinunternehmerregelung nicht in Anspruch genommen werden.

– Zu 7.3: Mit der Frage zur Kleinunternehmereigenschaft besteht für den Unternehmer die Möglichkeit, auf das Abführen der Umsatzsteuer an das Finanzamt zu verzichten. Dies betrifft Existenzgründer, deren Umsatz im Gründungsjahr die Grenze von 17.500 EUR (monatsgenau zu berechnen, also bei unterjähriger Gründung nur anteilig) und im Folgejahr voraussichtlich die Grenze von 50.000 EUR nicht übersteigt. Lohnenswert ist diese Kleinunternehmerregelung jedoch nur, wenn der Existenzgründer keine oder nur in geringem Umfang Waren und anderen Bedarf einkaufen möchte, da die Möglichkeit des Vorsteuerabzugs bei deren Wahl verwehrt bleibt. Wichtig ist für den Gründer ebenfalls, dass bei der Wahl der Kleinunternehmerregelung keine Umsatzsteuer auf den Rechnungen ausgewiesen werden darf. Oft wird jedoch bei Unternehmensneugründungen auf die Anwendung der Kleinunternehmerregel verzichtet, da gerade in der Gründungsphase hohe Investitionen anstehen. Bei freiwilligem Verzicht, also Verzicht trotz Einhaltung der Umsatzgrenze, ist der Gründer an den Verzicht 5 Jahre gebunden. An dieser Stelle wird die Entscheidung nur vorläufig getroffen; Änderungen sind später noch möglich.

– Zu 7.4: Organschaft nur bei komplexen Gebilden wie Mutter- und Tochtergesellschaften.

– Zu 7.5: Siehe hierzu das Kapitel Umsatzsteuer; hier sind Angaben zur Art des Umsatzes zu machen, sofern steuerfreie Umsätze getätigt werden.

– Zu 7.6: Siehe hierzu das Kapitel Umsatzsteuer; hier sind Angaben zur Art des Umsatzes zu machen, sofern Umsätze mit ermäßigtem Steuersatz (7%) getätigt werden.

– Zu 7.7: Für den Existenzgründer empfiehlt sich in der Regel die Wahl der Ist-Besteuerung, wenn der Gesamtumsatz voraussichtlich nicht mehr als 250.000 EUR beträgt. Dies bedeutet für ihn, dass die Umsatzsteuer an das Finanzamt erst zur Zahlung fällig wird, wenn das Geld auch tatsächlich vom Kunden bezahlt wurde. Im Gegensatz dazu ist bei der Soll-Versteuerung die ausgewiesene Umsatzsteuer bereits für den Umsatzsteuervoranmeldungszeitraum abzuführen, in dem die Lieferung oder sonstige Leistung erbracht wurde, egal ob schon eine Rechnung gestellt wurde, oder ob der Kunde die Rechnung bereits bezahlt hat.

– Zu 7.8: Die Frist für die Abgabe der Umsatzsteuervoranmeldungen (bei monatlicher Abgabepflicht ist dies jeweils zum 10. des Folgemonats) kann im Rahmen der Dauerfristverlängerung um einen Monat verlängert werden. Diese Fristverlängerung wird gewährt, sofern der Unternehmer eine Sondervorauszahlung leistet. Beim Existenzgründer ist diese auf 1/11 der voraussichtlichen Jahres-Umsatzsteuerzahllast zu schätzen. Die Sondervorauszahlung ist nicht verloren, sondern wird üblicherweise im Rahmen der Dezember-Voranmeldung wieder angerechnet. Der Antrag auf Dauerfristverlängerung ist auf elektronischem Weg beim Finanzamt zu stellen.

– Zu 7.9: Die Beantragung einer Umsatzsteueridentifikationsnummer ist empfehlenswert, auch wenn man am innergemeinschaftlichen Waren- und Dienstleistungsverkehr nicht teilnimmt. Diese Nummer kann auf den Briefköpfen
und Rechnungen des Unternehmers die Steuernummer ersetzen. Dadurch
kann Missbrauch vorgebeugt werden, bspw. Versuche Fremder, telefonisch
Auskunft beim Finanzamt über vertrauliche Daten zu erhalten.

– Zu 8.: Sofern eine GbR gegründet wird oder der Existenzgründer sich an einer
anderen Gesellschaft beteiligt, sind hier Angaben zur Gesellschaft nötig.

Praxistipp: *Vorsicht Dilemma (Formular Punkt 3.1)!*
Bei der Darstellung der Gewinnprognose gilt es stets abzuwägen. Einerseits bietet eine gute Gewinnprognose bessere Chancen bei potenziellen Geldgebern (Kreditinstitute) und Existenzgründungsförderern (Arbeitsagenturen), andererseits wäre eine niedrige Gewinnprognose bezüglich der Einkommensteuervorauszahlungen (Finanzamt) zu bevorzugen.

Prof. Dr. Christian Fink

Kapitel 5: Rechnungswesen im Betrieb

5.1 Rechnungswesen als Informationsinstrument

Unter dem Begriff des Rechnungswesens versteht man grundsätzlich die Gesamtheit aller Rechenwerke in einem Unternehmen. Die Aufgabe dieser Rechenwerke ist es, die während eines Geschäftsjahres stattfindenden Transaktionen – v.a. solche, die mit der laufenden Geschäftätigkeit des Unternehmens verbunden sind – monetär oder z.T. auch mengenmäßig zu erfassen und für die unterschiedlichen Rechnungszwecke aufzubereiten. Diese Rechenzwecke lassen sich wie folgt zusammenfassen (vgl. auch Coenenberg/Haller/Mattner/Schultze [2009], S. 5).

1) Dokumentation

Im Rahmen der Dokumentationsfunktion werden im Rechnungswesen alle Geschäftsvorfälle des Unternehmens erfasst und so abgebildet, dass die Vermögens-, Finanz- und Ertragslage der Unternehmung bestmöglich dargestellt wird. Auf diese Weise soll den Adressaten entscheidungsnützliche Informationen zur Verfügung gestellt werden. Man spricht in diesem Zusammenhang von der Informationsfunktion des Rechnungswesens. Als Adressaten können neben internen Informationsinteressenten wie dem Management oder den Eigentümern auch externe Stakeholder wie Investoren, Gläubiger, Vertragspartner oder staatliche Behörden genannt werden. Daneben besitzt das Rechnungswesen aber auch eine sog. Zahlungsbemessungsfunktion. So werden sowohl die Ausschüttungen an die Anteilseigner oder Tantiemen als auch die Steuerzahlungen gegenüber dem Finanzamt anhand der Daten aus dem Rechnungswesen ermittelt.

2) Planung

Die Daten des Rechnungswesens dienen aber auch der Vorbereitung zukünftiger Entscheidungen. So basieren z.B. Dispositionsentscheidungen regelmäßig auf entsprechenden Plandaten. Zudem werden im Rahmen der Planung oft Ziele oder Soll-Größen erarbeitet, an denen das zukünftige Handeln des Unternehmens orientiert ist. Im Zusammenhang mit der Existenzgründung kommt vor allem der Finanz- und Finanzierungsplanung eine besondere Bedeutung zu (vgl. Kapitel 3).

3) Kontrolle

Schließlich wird das Rechnungswesen auch zu Kontrollzwecken eingesetzt. Dabei werden beispielsweise den im Rahmen der Planung definierten Soll-Größen die tatsächlich realisierten Ist-Größen gegenübergestellt. Auf diese Weise kann die Wirtschaftlichkeit des unternehmerischen Handelns beurteilt und ein Zielerreichungsgrad ermittelt werden. Auf dieser Basis können wiederum Verbesserungspotenziale identifiziert und sinnvolle Maßnahmen zu deren Verwirklichung erarbeitet werden.

Damit dient das Rechnungswesen grundsätzlich der umfassenden Abbildung und Strukturierung der Unternehmenstätigkeit und fungiert als umfassendes Entscheidungsinstrumentarium in allen Prozessphasen. Jedoch hängt die Qualität der aus dem Rechnungswesen bezogenen Informationen zum einen von den dort vorhandenen Kapazitäten und somit dem Detaillierungsgrad der durchgeführten Rechnungen, zum anderen aber auch von der aus anderen Bereichen des Unternehmens bereitgestellten Datenbasis ab. Dies bedeutet jedoch nicht, dass beispielsweise in einem Kleinstunternehmen ein oder mehrere Mitarbeiter ausschließlich Aufgaben des Rechnungswesens übernehmen müssen. Auch hier sind vor dem Hintergrund des Wirtschaftlichkeitsgedankens stets Kosten-Nutzen-Abwägungen vorzunehmen.

> **Praxistipp:** *Um das Rechnungswesen als umfassendes Entscheidungsinstrument einsetzen und damit verlässliche Informationen generieren zu können, ist stets auf eine zeitnahe, vollständige und strukturierte Datenbereitstellung zu achten.*

Anhand der bereits beschriebenen Aufgaben des Rechnungswesens kann grundsätzlich eine Unterscheidung in internes und externes Rechnungswesen vorgenommen werden. Dabei obliegt dem internen Rechnungswesen die Erfassung, Steuerung und Kontrolle der betrieblichen Tätigkeit im Rahmen der Kosten- und Erlösrechnung. Man spricht dabei auch von der sog. Betriebsbuchhaltung. In diesem Zusammenhang werden sowohl Planungs- als auch Entscheidungs- und Kontrollrechnungen durchgeführt, um die Daten für eine sinnvolle Entscheidungsfindung aufzubereiten. Ergänzend wird anhand der Finanz- und Finanzierungsrechnung die Liquidität des Unternehmens analysiert und gesteuert.

Im Gegensatz dazu wird das externe Rechnungswesen im Wesentlichen von der Erstellung des Jahresabschlusses aus den Daten der Finanzbuchhaltung bestimmt. Dabei wird die Systematik der doppelten Buchführung (sog. Doppik) verwendet. Anders als für das interne Rechnungswesen existieren für Inhalt und Struktur der externen Rechenwerke gesetzliche Vorgaben. Für deutsche Unternehmen gelten dabei – je nach Rechtsform – insbesondere die Vorschriften des Handelsgesetzbuchs (HGB). Bei kapitalmarktorientierten Unternehmen ist die Erstellung eines Konzernabschlusses nach den Vorgaben der International Financial Reporting Standards (IFRS) verpflichtend (vgl. Pellens, B./Fülbier, R. U./Gassen, J./Sellhorn, T. [2011]). Eine Kapitalgesellschaft ist nach den Vorgaben des § 264d HGB kapitalmarktorientiert, wenn sie einen organisierten Markt im Sinn des § 2 Abs. 5 des Wertpapierhandelsgesetzes (WpHG) durch von ihr ausgegebene Wertpapiere im Sinn des § 2 Abs. 1 Satz 1 WpHG in Anspruch nimmt oder die Zulassung solcher Wertpapiere zum Handel an einem organisierten Markt beantragt hat.

Da dem Rechnungswesen, wie beschrieben, unterschiedlichste Aufgaben im Unternehmen zukommen, wird im Regelfall systematisch zwischen verschiedenen Teilgebieten des betrieblichen Rechnungswesens unterschieden. Abbildung 5.1 gibt einen graphischen Überblick über diese Teilgebiete des Rechnungswesens sowie deren maßgebliche Instrumente.

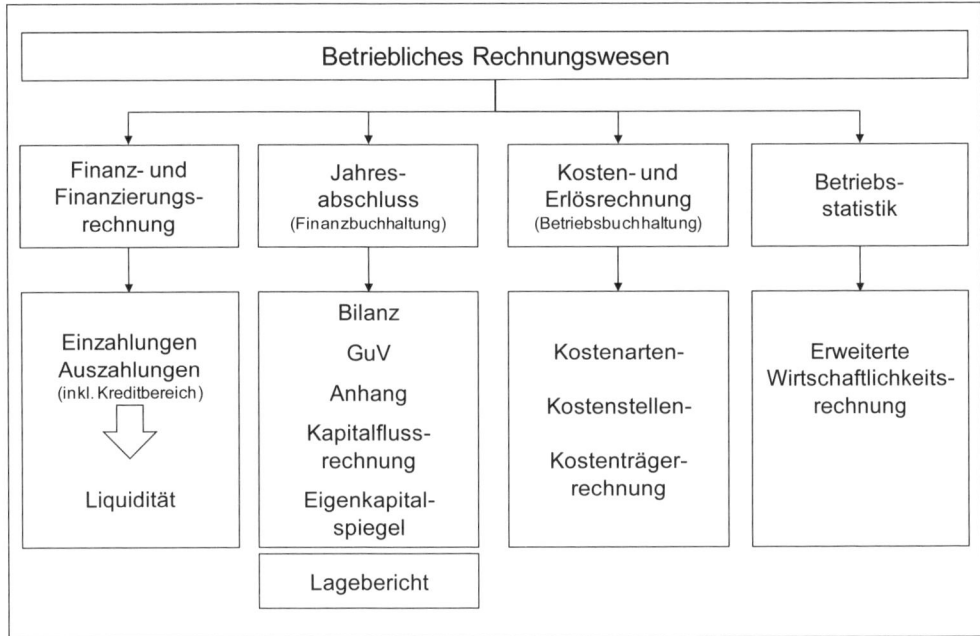

Abb. 5.1: Teilbereiche des betrieblichen Rechnungswesens

Der Finanz- und Finanzierungsrechnung kommt in diesem Zusammenhang die Aufgabe zu, die Liquidität des Unternehmens zu beurteilen und eine optimale Zusammensetzung der Finanzierungsmöglichkeiten zu gewährleisten. Da dieses Themengebiet bereits in Kapitel 3 ausführlich behandelt wurde, soll an dieser Stelle lediglich auf die entsprechenden Ausführungen verwiesen werden. Ähnliches gilt für im Rahmen der Betriebsstatistik durchzuführende Betriebsvergleiche. Hierzu sei auf die Ausführungen in Kapitel 3.2.3 verwiesen.

Im Folgenden soll daher ein besonderer Fokus auf den Jahresabschluss und die Kosten- und Erlösrechnung als Kernelemente des betrieblichen Rechnungswesens gelegt werden.

5.2 Finanzbuchhaltung und Jahresabschluss

Beispiel

Max Mustermann hat nun die ersten Ausgaben für sein Unternehmen getätigt. Rechnungen, Angebotsschreiben und sonstige Korrespondenz sammelt er ungeordnet in einer Schublade seines Schreibtischs. Dies bereitet ihm jedoch einige schlaflose Nächte, da er nicht weiß, ob seine Aufzeichnungen vollständig sind. Zudem hat er gehört, dass die Erstellung eines Jahresabschlusses für viele Unternehmen verpflichtend sei. Daher sucht er zum Anfang des nächsten Monats den Unternehmensberater Klaus König auf.

König besitzt aus seiner langjährigen Tätigkeit als Berater in mehreren größeren Industriebetrieben Erfahrungen in der Finanzbuchhaltung sowie in der Erstellung des Jahresabschlusses. Er erklärt Mustermann, dass er in einem ersten Schritt alle Belege in der Finanzbuchhaltung erfassen muss. Hierzu bringt er ihm sowohl die Grundlagen der Belegorganisation als auch eine sinnvolle Struktur der zu führenden Bücher bei. Daraufhin strukturiert er mit Mustermann zusammen den Prozess der Abschlusserstellung und setzt ihn über die gesetzlichen Pflichten und Fristvorgaben in Kenntnis. Schließlich zeigt er ihm, wie er auf Basis der nunmehr zur Verfügung stehenden Daten einen Jahresabschluss nach den gesetzlichen Vorgaben erstellen und veröffentlichen kann.

Hauptaufgabe der Finanzbuchhaltung ist es, dem Adressaten der Bücher ein den tatsächlichen Verhältnissen entsprechendes Bild der Vermögens-, Finanz- und Ertragslage zu vermitteln. Dieses Ziel wird in der Regel durch die strukturierte Aufstellung einer Gewinn- und Verlustrechnung und einer Bilanz verfolgt.

5.2.1 Buchführungspflicht

Gemäß § 238 Abs. 1 HGB ist jeder Kaufmann zur Führung von Büchern verpflichtet. Als Kaufmann gilt dabei jeder Gewerbetreibende, dessen Tätigkeit einen in kaufmännischer Weise eingerichteten Geschäftsbetrieb erfordert. Ein Indiz hierfür ist regelmäßig auch die Eintragung ins Handelsregister. Kleingewerbetreibende, deren Tätigkeit keinen wie oben beschriebenen Geschäftsbetrieb erfordert, gehören grundsätzlich nicht der Gruppe der Kaufleute an. Sie können jedoch selbst über eine Eintragung ins Handelsregister entscheiden. Allerdings sollte sich der Kleingewerbetreibende darüber bewusst sein, dass er Kraft Eintragung ins Handelsregister entsprechend § 2 HGB zum Kaufmann wird, was unweigerlich u.a. auch die Buchführungspflicht nach sich zieht. Schließlich gelten auch Kapitalgesellschaften und Genossenschaften als Kaufleute per Rechtsform (§ 6 HGB).

Befreiungsregelungen gelten nach den Vorgaben des § 241a HGB für Einzelkauf-
leute, die an den Abschlussstichtagen von zwei aufeinander folgenden Geschäftsjahren folgende Schwellenwerte nicht überschreiten:

– Umsatzerlöse in Höhe von 500.000 Euro und

– Jahresüberschuss in Höhe von 50.000 Euro.

Nicht als Kaufleute im Sinne des Handelsrechts gelten die selbständigen Tätigkeiten gem. § 18 EStG. Darunter fallen u.a. Freiberufler, staatliche Lotteriebetriebe
oder sonstige selbständige Tätige (z.B. Testamentsvollstrecker, Vermögensverwal-
ter, Aufsichtsräte). Zu den freiberuflichen Tätigkeiten gehören z.B. die selbständig
ausgeübte wissenschaftliche, künstlerische, schriftstellerische, unterrichtende
oder erzieherische Tätigkeit, die selbständige Berufstätigkeit der Ärzte, Zahnärzte, Tierärzte, Rechtsanwälte, Notare, Patentanwälte, Vermessungsingenieure, Ingenieure, Architekten, Handelschemiker, Wirtschaftsprüfer, Steuerberater, bera-
tenden Volks- und Betriebswirte, vereidigten Buchprüfer, Steuerbevollmächtig-
ten, Heilpraktiker, Dentisten, Krankengymnasten, Journalisten, Bildberichterstatter, Dolmetscher, Übersetzer, Lotsen und ähnlicher Berufe.

Neben diesen handelsrechtlichen Regelungen erwachsen aber auch steuerrechtlich Buchführungspflichten. So besteht nach § 140 der Abgabenordnung
(AO) auch steuerrechtlich eine Buchführungspflicht, wenn eine entsprechende
Verpflichtung nach einem anderen Gesetz – z.B. dem Handelsrecht – besteht. Zudem wird der Kreis der steuerrechtlich Buchführungspflichtigen mit § 141 AO
noch erweitert. Danach sind Gewerbetreibende sowie Land- und Forstwirte buchführungspflichtig, wenn einer der folgenden Schwellenwerte überschritten wird:

– Umsatzerlöse > 500.000 Euro,

– Wirtschaftswert > 25.000 Euro,

– Gewinn > 50.000 Euro.

Neben diesen Regelungen existieren aber auch noch detailliertere Vorgaben, wie
beispielsweise zur Ermittlung der Umsatzsteuerbemessungsgrundlage. Diese resultieren aus den jeweiligen Rechtsgrundlagen, so z.B. im vorliegenden Fall aus
dem Umsatzsteuergesetz. Aber auch im Hinblick auf die Lohnzahlungen und die
gesetzlichen Sozialabgaben sind einkommensteuerliche Aufzeichnungsvorgaben
zu berücksichtigen.

5.2.2 Einnahmenüberschussrechnung

Die Erstellung einer Einnahmenüberschussrechnung stellt die einfachste Art der
Aufzeichnungspflicht dar. Die Notwendigkeit hierzu resultiert daraus, dass nur
auf diese Weise die Voraussetzungen für eine Steuerfestsetzung geschaffen wer-

den können. Demnach haben z.b. Kleingewerbetreibende oder Freiberufler, die keiner allgemeinen Buchführungspflicht unterliegen (vgl. Kapitel 5.2.1), zumindest eine Einnahmenüberschussrechnung zu erstellen. In dieser stellt der Unternehmer seine Betriebseinnahmen und -ausgaben einander gegenüber. Dabei ist zu beachten, dass das Finanzamt eine Erläuterung der entsprechenden Aufzeichnungen einfordern kann. Dazu sind im Regelfall Belege wie z.b. Rechnungen oder Kontoauszüge nötig. Die Einnahmenüberschussrechnung ist auf einem amtlichen Vordruck des Finanzamts zu erstellen. Diesen sowie einschlägige Anleitungen zum Ausfüllen finden Sie auf der Website des Bundesfinanzministeriums. Liegen die Betriebseinnahmen des Steuerpflichtigen unterhalb von 17.500 Euro, so hat die Einnahmenüberschussrechnung keinem bestimmten Schema zu folgen. Optimalerweise richtet sich ihre Struktur jedoch nach der in der Buchführung verwendeten Strukturierung. Die folgende Abbildung stellt ein komprimiertes und stark zusammengefasstes Beispiel für die Struktur einer Einnahmenüberschussrechnung dar.

Vereinfachte Einnahmenüberschussrechnung vom 01.01.X1 – 31.12.X1	in EUR
Betriebseinnahmen, USt-pflichtig (19%)	xxx.xxx,xx
+ Betriebseinnahmen, USt-pflichtig (7%)	xxx.xxx,xx
+ Betriebseinnahmen, USt-frei	xxx.xxx,xx
[a] Summe Betriebseinnahmen	xxx.xxx,xx
- Waren, Rohstoffe, Hilfsstoffe (inkl. Nebenkosten)	xxx.xxx,xx
- Bezogene Fremdleistungen	xxx.xxx,xx
- Ausgaben für eigenes Personal	xxx.xxx,xx
- Absetzung für Abnutzung	xxx.xxx,xx
- Raumkosten und sonstige Grundstücksaufwendungen	xxx.xxx,xx
- Sonstige unbeschränkt abziehbare Betriebsausgaben	xxx.xxx,xx
- Beschränkt abziehbare Betriebsausgaben und Gewerbesteuer	xxx.xxx,xx
- Kraftfahrzeugkosten und andere Fahrtkosten	xxx.xxx,xx
[b] Summe Betriebsausgaben	xxx.xxx,xx
[a] – [b]	xxx.xxx,xx
± steuerrechtliche Korrekturen	xxx.xxx,xx
= Steuerpflichtiger Gewinn/Verlust	xxx.xxx,xx
Ergänzende Angaben zu Rücklagen, stillen Reserven etc.	xxx.xxx,xx
Einnahmen und Entnahmen	xxx.xxx,xx

Abb. 5.2: Vereinfachtes Schema einer Einnahmenüberschussrechnung

Um der etwaigen Erläuterungspflicht gegenüber dem Finanzamt jederzeit nachkommen zu können, hat der Steuerpflichtige alle Einnahmen und Ausgaben aufzuzeichnen und zu belegen.

> *Praxistipp:* Eine Einnahmenüberschussrechnung kann ohne die Hilfe eines Steuerberaters erstellt werden. Ergeben sich jedoch Unsicherheiten beim Ausfüllen der Pflichtformulare, kann jederzeit ein fachkundiger Berater zu Rate gezogen werden.

5.2.3 Aufbewahrungspflicht und Fristen

Die Aufbewahrung von Geschäftsunterlagen und die damit einhergehenden Aufbewahrungsfristen sind in § 257 HGB sowie in § 147 AO kodifiziert. Danach sind folgende Unterlagen aufzubewahren:

– Handelsbücher, Inventare, Eröffnungsbilanzen, Jahresabschlüsse, Einzelabschlüsse nach § 325 Abs. 2a HGB, Lageberichte, Konzernabschlüsse, Konzernlageberichte sowie die zu ihrem Verständnis erforderlichen Arbeitsanweisungen und sonstigen Organisationsunterlagen,
– empfangene Handelsbriefe (hierzu zählen auch Faxe und E-Mails),
– Wiedergaben der abgesandten Handelsbriefe,
– Buchungsbelege in den nach § 238 Abs. 1 HGB zu führenden Büchern

Die Aufbewahrungsfristen betragen für Handelsbücher, Inventare, Eröffnungsbilanzen, (Konzern-)Jahresabschlüsse, (Konzern-)Lageberichte und die entsprechenden Arbeits- und Organisationsunterlagen sowie sämtliche Buchungsbelege zehn Jahre. Für empfangene und versandte Handelsbriefe gilt hingegen eine Aufbewahrungspflicht von nur sechs Jahren. Die Frist beginnt mit dem Geschäftsjahr, das auf das Geschäftsjahr des jeweiligen Geschäftsvorfalls folgt.

> *Praxistipp:* Eine strukturierte und vollständige Sammlung der Belege ist für die Aufbereitung der Daten für das Finanzamt unerlässlich. Daher sollten Belege stets zeitnah und sachlich sortiert in entsprechenden Ordnern abgelegt werden.

Ein Beleg beinhaltet dabei in der Regel betrags- und mengenmäßige Angaben zum zugrundeliegenden Geschäftsvorfall, das Datum des Geschäftsvorfalls, einen erläuternden Text bzw. eine Beschreibung sowie ggf. die Signatur eines Zeichnungsberechtigten (vgl. Coenenberg/Haller/Mattner/Schultze [2009], S. 125). Ein gesonderter Mehrwertsteuerausweis ist für die Vorsteuererstattung beim Finanzamt wichtig. Belege können sowohl in Papierform als auch elektronisch auf geeigneten Datenträgern erstellt und aufbewahrt werden.

5.2.4 Inventur und Inventar

Im Inventar zeichnet der Kaufmann entsprechend dem Grundsatz der Vollständigkeit seinen gesamten Vermögensbestand und seine Schulden auf. Als Saldogröße wird schließlich das Reinvermögen oder Eigenkapital ermittelt. Das Inventar enthält Informationen über Art, Menge und Wert der genannten Größen. Es ist gem. § 240 HGB erstmals mit dem Beginn der Geschäftstätigkeit zu erstellen. Von diesem Zeitpunkt an ist zu jedem Ende eines Geschäftsjahres eine entsprechende Inventarerstellung gefordert. Der Vorgang, anhand dessen die Bestände für das Inventar ermittelt werden, nennt sich Inventur. Diese stellt eine meist physische Bestandsaufnahme aller Vermögensgegenstände und Schulden dar. Neben dieser körperlichen Inventur ist es aber auch möglich, eine sog. Buchinventur oder eine Inventur per Anlagenkartei durchzuführen. Unter einer Buchinventur versteht man die wertmäßige Erfassung aller nicht-materiellen Vermögensbestandteile und Schulden auf Basis von betrieblichen Aufzeichnungen und Belegen. Zum nicht-materiellen Vermögen zählen z.B. Forderungen oder Bankguthaben. Zudem kann eine Anlagenkartei die physische Bestandsaufnahme im Anlagevermögen ersetzen, wenn diese Angaben u.a. zur Bezeichnung des Vermögens, Anschaffungsdatum, Anschaffungskosten, Nutzungsdauer, Abschreibungsbeträgen oder Abgangsdatum enthält.

Grundsätzlich sind bei der Inventur folgende Inventurverfahren zu unterscheiden (vgl. Schmolke/Deitermann [20011], S. 13):

– *Stichtagsinventur*: Diese mengenmäßige Bestandsaufnahme wird am Bilanzstichtag selbst bzw. maximal zehn Tage zuvor oder danach durchgeführt.

– *Verlegte Inventur*: Um eine zeitliche Entlastung zu ermöglichen, ist auch eine vor- bzw. nachverlagerte Stichtagsinventur erlaubt. Die vorverlagerte Stichtagsinventur findet bis zu drei Monate vor, die nachverlagerte bis zu zwei Monate nach dem Bilanzstichtag statt (§ 241 Abs. 3 HGB). Allerdings ist dabei eine ordnungsgemäße Fortschreibung bzw. Rückrechnung zu gewährleisten.

– *Permanente Inventur*: Es ist außerdem möglich, eine stetig fortlaufende Bestandserfassung vorzunehmen. Dazu sind alle Bestandsveränderungen während des Geschäftsjahres belegmäßig zu erfassen und zu verzeichnen. In bestimmten Situationen, so z.B. bei äußerst wertvollem Vermögen, ist die permanente Inventur nicht zulässig.

– *Stichprobeninventur*: Unter bestimmten Voraussetzungen ist es zudem möglich, eine mathematisch-statistische Hochrechnung anhand einer physisch aufgenommenen Stichprobe ausgewählter Positionen durchzuführen.

Praxistipp: Eine Inventur ist stets sorgfältig vorzubereiten. Dies beinhaltet i.d.R. die Festlegung eines Inventurverantwortlichen, die Erstellung von Inventurlisten (Vordrucke) sowie ggf. die Auswahl geeigneter Stichproben. Die Inventurlisten sollten dabei möglichst nicht schon die verzeichneten Soll-Bestände enthalten, da auf diese Weise oftmals die Sorgfalt der Inventurteilnehmer negativ beeinträchtigt wird.

Inventar der XY GmbH, Musterstadt, zum 31.12.20X1		
A. Vermögen	**in EUR**	**in EUR**
I. Immaterielles Vermögen		
1. Lizenz der Firma ABC GmbH vom 30.08.20X0		10.000,00
2. Patent Nr. 12345 vom 22.08.20X1		20.000,00
II. Anlagevermögen		
1. Grundstücke und Bauten		
unbebautes Grundstück, Musterstr. 14	100.000,00	
bebaute Grundstücke, Musterstr. 16-18	250.000,00	
Fertigungshalle auf Musterstr. 16	175.000,00	
Verwaltungsgebäude auf Musterstr. 18	90.000,00	615.000,00
2. Technische Anlagen/Maschinen		
Stanzmaschine, Anlagennummer AV_011		50.000,00
3. Betriebs-/Geschäftsausstattung		
Notebook, Lenovo X220t, Anlagennummer AV_012	500,00	
Schreibtisch, IKEA, Anlagennummer AV_013	1.000,00	1.500,00
III. Umlaufvermögen		
1. Roh-, Hilfs- und Betriebsstoffe		
100 t Aluminium, Artikelnr. 01234	4.000,00	
500 l Diesel, Artikelnr. 12345	250,00	4.250,00
2. Unfertige Erzeugnisse		
50 Stk. Artikelnr. 23456		500,00
3. Fertige Erzeugnisse/Waren		
900 Aluminiumfelgen Artikelnr. 34567 zu je 95 EUR		15.000,00
4. Forderungen aus Lieferungen und Leistungen		
BCD GmbH, Rechnung Nr. 001 vom 09.07.20X1	5.100,00	
CDE AG, Rechnung Nr. 002 vom 09.04.20X0	10.500,00	15.600,00
5. Wertpapiere		
500 Aktien der EFG AG, Erwerb am 07.06.20X0		1.250,00
6. Liquide Mittel		
Kassenbestand	750,00	
Scheck, Nr. 0001 vom 28.11.20X1	250,00	
Bankguthaben, Sparkasse Musterstadt, Kontonr. 111	4.000,00	5.000,00
B. Schulden		
1. Verbindlichkeiten gegenüber Kreditinstituten		
Sparkasse Musterstadt, Kontonr. 111	2.500,00	
Postbank Musterstadt, Darlehenskonto 222	400.000,00	402.500,00
2. Verbindlichkeiten aus Lieferungen und Leistungen		
YZ GmbH, Rechnung vom 19.03.20X1	46.360,00	
UV GmbH, Rechnung vom 01.06.20X1	30.905,00	77.265,00
C. Ermittlung des Eigenkapitals		
Summe des Vermögens		738.500,00
- Summe der Schulden		479.765,00
= Eigenkapital (Reinvermögen)		**258.735,00**

Abb. 5.3: Beispiels eines Inventars der XY GmbH

Neben der Erfassung sind Vermögen und Schulden auch zu bewerten. Für das Anlagevermögen gilt dabei das sog. Niederstwertprinzip. Danach sind Vermögensgegenstände mit dem niedrigeren Wert aus dem beizulegenden Zeitwert (Markt-, Börsenwert etc.) und den fortgeführten Anschaffungskosten aufzunehmen. Eine außerplanmäßige Abschreibung wird allerdings nur dann durchgeführt, wenn es sich um eine voraussichtlich dauerhafte Wertminderung handelt. Zudem stellen die ursprünglichen Anschaffungskosten generell die Obergrenze für die Bewertung des Vermögens dar. Man spricht daher vom Anschaffungskostenprinzip. Im Hinblick auf die Bewertung des Umlaufvermögens gilt das strenge Niederstwertprinzip, d.h. hier wird auch im Falle einer nur vorübergehenden Wertminderung eine außerplanmäßige Abschreibung vorgenommen.

Schließlich existieren zur Bewertung des Vermögens noch verschiedene Vereinfachungsmöglichkeiten. So kann unter bestimmten Umständen vom Einzelbewertungsgrundsatz abgewichen werden, wenn es sich bei dem zu bewertenden Vermögen beispielsweise gleichartige Vermögensgegenstände mit gleichartigem Verwendungszweck und vergleichbarem Wert handelt. In diesem Fall können die Vermögenswerte zu einer Gruppe zusammengefasst und mit dem Durchschnitt bewertet werden. Des Weiteren ist die Verwendung sog. Verbrauchsfolgefiktionen möglich, die einen meist zeitlich oder wertmäßig vordefinierten Verbrauch suggerieren und damit auch die Bewertung des Endbestands vorgeben (vgl. Abbildung 5.4). Schließlich ist noch eine Festbewertung, d.h. eine Bewertung zu einem gleichbleibenden Wertansatz möglich, wenn sich Zu- und Abgänge in etwa aufheben und die Vermögensposition insgesamt von untergeordneter Bedeutung ist (vgl. zu den Verfahren im Detail Meffle/Heyd/Weber [2003], S. 458 ff.)

Methode	Verbrauchsfiktion	Endbestandsfiktion
FiFo *(first in first out)*	Verbräuche werden zuerst aus Anfangsbestand und ersten Zugängen errechnet	Endbestand wird zuerst aus den letzten Zugängen ermittelt
LiFo *(last in first out)*	Verbräuche werden zuerst aus den letzten Zugängen errechnet	Endbestand wird aus Anfangsbestand und ersten Zugängen ermittelt
HiFo *(highest in first out)*	Verbräuche werden zuerst aus den teuersten Zugängen errechnet	Endbestand wird aus billigsten Zugängen ermittelt
LoFo *(lowest in first out)*	Verbräuche werden zuerst aus den billigsten Zugängen errechnet	Endbestand wird aus teuersten Zugängen ermittelt

Abb. 5.4: Verbrauchsfolgeverfahren

Im Hinblick auf die Vorarbeiten für den Jahresabschluss ist zu beachten, dass nicht alle Bewertungsverfahren rechtlich zulässig sind. So sind nach Handelsrecht neben der Durchschnittsmethode lediglich das Fifo- und das Lifo-Verfahren, nach Steuerrecht nur das Lifo-Verfahren erlaubt.

5.2.5 Die doppelte Buchführung

Die doppelte Buchführung zeichnet sich dadurch aus, dass jeder Geschäftsvorfall – dem Namen entsprechend – auf mindestens zwei Konten und in zwei Büchern erfasst wird. Diese Erfassung kann entweder chronologisch oder sachlich gegliedert erfolgen. Dabei wird im Grundbuch oder Journal die chronologische Aufzeichnung aller Geschäftsvorfälle vorgenommen, während im Hauptbuch in Vorbereitung auf den Jahresabschluss eine sachliche Sortierung und Zusammenfassung der Geschäftsvorfälle erfolgt. Ergänzend werden zu den beiden genannten Büchern auch unterstützende Neben- bzw. Hilfsbücher geführt, die eine detailliertere Aufzeichnung von Sachverhalten eines bestimmten Hintergrunds ermöglichen. Beispiele hierfür sind das Kassenbuch, das Lohnbuch oder das Kontokorrentbuch. Eine Pflicht zur Führung von Neben-/Hilfsbüchern besteht jedoch nicht (vgl. Wöhe/Kussmaul [2008], S. 84).

Um das Kontierungsschema übersichtlich zu strukturieren, bietet sich die Verwendung eines individuellen Kontenplans an. Aus Gründen der Vereinheitlichung haben verschiedene Wirtschaftsverbände bereits standardisierte Kontenrahmen entwickelt, an denen sich der individuelle Kontenplan eines Unternehmens orientieren kann. In diesem Zusammenhang haben sich bereits der sog. Industriekontenrahmen (IKR), der Gemeinschaftskontenrahmen der Industrie (GKR) oder der daran angelehnte Standardkontenrahmen (SKR) etabliert. Diese Kontenrahmen liegen oftmals auch der Standardsoftware für die Buchführung zugrunde. Die Firma DATEV bietet beispielsweise verschiedene Versionen des Standardkontenrahmens SKR an. Die folgende Abbildung zeigt schematisch die Struktur des aktuellen SKR 04 auf.

Kontenklassen						
Bilanzkonten		Erfolgskonten				Abschluss-konten
Kontenklassen 0 – 1 aktive Bestandskonten	Kontenklassen 2 – 3 passive Bestandskonten	Kontenklasse 4 betriebliche Erträge	Kontenklassen 5 – 6 betriebliche Aufwendungen	Kontenklasse 7 weitere Erträge und Aufwendungen	Kontenklassen 9 Abschluss und Statistik

Abb. 5.5: Struktur eines Kontenrahmens nach SKR 04

Grundsätzlich bietet ein Kontenrahmen zehn Kontenklassen, die in weiteren Schritten in Kontengruppen, Kontenarten und einzelne Konten untergliedert werden. Auf diese Weise kann eine eindeutige Kontenzuordnung erfolgen. Je nachdem, ob sich die Struktur des Kontenrahmens an der Abschlussgliederung oder am Produktionsprozess orientiert, kann zwischen dem Bilanzgliederungs- und dem Prozessgliederungsprinzip unterschieden werden.

Eine eindeutige Kontonummer (hier: SKR 04) ist dabei wie folgt aufgebaut:

Kontenklasse: **0** (Anlagevermögen)

Kontengruppe: 0**1** (immaterielle Vermögensgegenstände)

Kontenart: 01**4** (Lizenzen an gewerblichen Schutzrechten etc.)

Konto: 014**7** (Rezepte, Verfahren, Prototypen)

> **Praxistipp:** *Es sollte ein auf die Anforderungen des Unternehmens hin individualisierter Kontenplan verwendet werden. Dabei ist es sachgerecht, einen standardisierten Kontenrahmen – z.B. der Branche – zu adaptieren und entsprechend der Bedürfnisse des Unternehmens anzupassen.*

Aus Gründen der Vereinfachung geht der Trend stetig in Richtung des Einsatzes elektronischer Buchführungssysteme. Da ein händischer Übertrag der Einträge in die verschiedenen Bücher meist zeitaufwändig und fehleranfällig ist, kann mit dem Einsatz entsprechender EDV-Lösungen durchaus eine deutliche Ersparnis einhergehen. Beim Einsatz einer Buchführungssoftware sollte es sich jedoch immer um zertifizierte und originale Programme handeln. Zudem sollte darauf geachtet werden, dass einerseits die Dateneingabe einfach und intuitiv erfolgen kann und andererseits das Ausgabeformat der Daten den Anforderungen des Unternehmens entspricht. In kleineren Unternehmen wird der Buchhaltungsprozess allerdings oftmals auch ausgelagert und seitens des Steuerberaters etc. übernommen.

5.2.6 Der handelsrechtliche Jahresabschluss

Ein handelsrechtlicher Jahresabschluss ist vom Kaufmann gem. § 242 HGB erstmals mit dem Beginn der Geschäftstätigkeit aufzustellen. Von diesem Zeitpunkt an ist zu jedem Ende eines jeden Geschäftsjahres ein entsprechender Abschluss verpflichtend gefordert. Die Pflichtbestandteile sowie der Umfang eines Jahresabschlusses sind dabei abhängig von der Rechtsform des Unternehmens. So besteht der Abschluss eines Einzelkaufmanns oder einer Personengesellschaft i.d.R. nur aus Bilanz und Gewinn- und Verlustrechnung, während Kapitalgesellschaften nach § 264 HGB zusätzlich einen erläuternden Anhang sowie einen Lagebericht und – im Falle einer kapitalmarktorientierten Kapitalgesellschaft, die nicht zur Aufstellung eines Konzernabschlusses verpflichtet ist – eine Kapitalflussrechnung und einen Eigenkapitalspiegel erstellen müssen. Es ist zudem zu beachten, dass für bestimmte Personenhandelsgesellschaften die Vorschriften für Kapitalgesellschaften anzuwenden sind (§ 264a HGB).

	Kleine Kapitalgesellschaft	mittelgroße Kapitalgesellschaft	große Kapitalgesellschaft
Jahresab-schluss	Erleichterungen gem. § 264 Abs. 1, § 266 Abs. 1, § 274a, § 276 und § 288 HGB	Erleichterungen gem. § 276 und § 288 HGB	keine Erleichterungen
Lagebericht	Befreiung nach § 264 Abs. 1 Satz 4 HGB	keine Befreiung	keine Befreiung
Frist zur Aufstel-lung	6 Monate (§ 264 Abs. 1 HGB)	3 Monate (§ 264 Abs. 1 HGB)	3 Monate (§ 264 Abs. 1 HGB)
Frist zur Fest-stellung	11 Monate (§ 42a GmbHG)	8 Monate (§ 42a GmbHG)	8 Monate (§ 42a GmbHG)

Abb. 5.6: Tabelle größenbedingter Erleichterungen und Fristen zur Erstellung des Jahresab-schlusses

	kleine Kapitalgesellschaft	mittelgroße Kapitalgesellschaft	große Kapitalgesellschaft
Bilanz	Erleichterungen (§ 326 HGB)	verkürzt (§ 327 HGB)	keine Erleichterungen
GuV	nicht offenzulegen	verkürzt (§ 327 HGB)	keine Erleichterungen
Anhang	nur bzgl. Bilanz offenzu-legen	verkürzt (§ 327 HGB)	keine Erleichterungen
Lagebericht	Befreiung (§ 264 Abs. 1 HGB)	keine Befreiung	keine Befreiung
Prüfungspflicht	nein (§ 316 Abs. 1 HGB)	ja	ja
Frist zur Offenle-gung	12 Monate (§ 325 HGB)	12 Monate (§ 325 HGB)	12 Monate (§ 325 HGB)

Abb. 5.7: Tabelle größenbedingter Erleichterungen und Fristen zur Offenlegung und Prüfung des Jahresabschlusses

Im Hinblick auf die mit der Jahresabschlusserstellung verbundenen Pflichten wird nach deutschem Handelsrecht zwischen unterschiedlichen Größenklassen differen-ziert. Diese Differenzierung bezieht sich beispielsweise die Gliederungsvorschriften für Bilanz und GuV, auf den Umfang der Angabe- und Erläuterungspflichten, auf die Offenlegungs- sowie auf die Prüfungspflicht (vgl. Abbildung 5.7). Die entspre-chenden Schwellenwerte werden in § 267 HGB vorgegeben. Ein Unternehmen ist einer der Größenklassen zuzuordnen, wenn es mindestens zwei der Kriterien einer Klasse an zwei aufeinanderfolgenden Abschlussstichtagen erfüllt sind.

Kapitalgesellschaft	kleine	mittelgroße	große
Bilanzsumme (Mio. EUR)	≤ 4.840.000	≤ 19.250.000	> 19.250.000
Umsatz (Mio. EUR)	≤ 9.680.000	≤ 38.500.000	> 38.500.000
Arbeitnehmer	≤ 50	≤ 250	> 250

Tab. 5.8: Größenklassen gem. § 267 HGB

Für kapitalmarktorientierte Gesellschaften i.S.d. § 264d HGB, die einen organisierten Markt nach § 2 Abs. 5 WpHG durch von ihr ausgegebene Wertpapiere i.S.d. § 2 Abs. 1 Satz 1 WpHG in Anspruch nehmen oder die Zulassung solcher Wertpapiere zum Handel an einem organisierten Markt beantragt haben, gelten immer die Regelungen für große Kapitalgesellschaften.

Unabhängig von der Rechtsform sind große Unternehmen i.S.d. § 1 des Publizitätsgesetzes (PublG) teilweise wie große Kapitalgesellschaften zu behandeln. Dabei steht die gesamtwirtschaftliche Bedeutung des Unternehmens im Mittelpunkt der Argumentation. So haben diese Unternehmen ihren Jahresabschluss nach § 5 PublG entsprechend den Vorschriften für große Kapitalgesellschaften zu erstellen, wenn mindestens zwei der folgenden Kriterien an drei aufeinanderfolgenden Abschlussstichtagen erfüllt sind.

	großes Unternehmen i.S.d. § 1 PublG
Bilanzsumme (Mio. EUR)	> 65.000.000
Umsatz (Mio. EUR)	> 130.000.000
Arbeitnehmer	> 5.000

Abb. 5.9: Größenklassen des § 1 PublG

Die Veröffentlichung der offenlegungspflichtigen Unterlagen (vgl. zu den Fristen Abbildung 5.7) hat für alle Kapitalgesellschaften sowie diesen gleichgestellte Unternehmen unter Einhaltung der relevanten Fristen im elektronischen Bundesanzeiger und nicht mehr im Handelsregister zu erfolgen (www.ebanz.de). Für einen gem. § 290 HGB aufzustellenden Konzernabschluss gelten spezielle Regelungen. Erleichterungen ergeben sich hier u.a. nach § 327a HGB.

Verstöße gegen diese rechtlichen Rahmenbedingungen, die oftmals den Tatbestand der Bilanzfälschung oder -manipulation erfüllen, können strafrechtlich geahndet werden und neben Geldbußen zu Freiheitsstrafen von bis zu drei Jahren führen (vgl. Fink/Reuther [2010], S. 6). Dies regelt u.a. § 331 HGB sowie im Zusammenhang mit Insolvenzstraftaten § 283 StGB, der z.B. im Falle von Bilanzverschleierung Freiheits- oder Geldstrafen festlegt.

Neben den bereits genannten rechtlichen Rahmenvorgaben zum Jahresabschluss existieren aber auch z.T. nicht gesetzlich kodifizierte Grundsätze ordnungsmäßiger Buchführung (GoB), an denen sich das Unternehmen sowohl im Hinblick auf die Buchführung als auch bei der Aufstellung des Jahresabschlusses zu orientieren hat. Sie stellen eine Art allgemein anerkannter Regeln zur Führung der Bücher und zur Aufstellung des Abschlusses einer Unternehmung dar und sind per Verweis in § 238 HGB verpflichtend anzuwenden. Da sie nicht in vollem Umfang gesetzlich festgeschrieben sind, wird ihnen stets eine gewisse Flexibilität in der Umsetzung/Anwendung attestiert. Grundsätzlich muss die Buchführung dabei so beschaffen sein, dass sie einem sachverständigen Dritten innerhalb angemessener Zeit einen Überblick über die Geschäftsvorfälle und über die Lage des Unternehmens vermitteln kann. Die Geschäftsvorfälle müssen sich dabei in ihrer Entstehung und Abwicklung verfolgen lassen. In Übereinstimmung mit den GoB sind Buchungen stets richtig, klar und vollständig vorzunehmen. In Bezug auf die Abschlusserstellung sind die Grundsätze der Vorsicht und der Stetigkeit sowie verschiedene Abgrenzungsgrundsätze – Realisations- und Imparitätsprinzip sowie sachliche und zeitliche Abgrenzung – zu befolgen (vgl. ausführlich Leffson [1987] sowie zusammenfassend Coenenberg/Haller/Schultze [2009], S. 52 ff.).

Der handelsrechtliche Jahresabschluss der Kapitalgesellschaft besteht nach § 264 HGB aus Bilanz, GuV und Anhang. Des Weiteren ist er um einen Lagebericht zu ergänzen, der jedoch kein Bestandteil des Jahresabschlusses ist. Kapitalmarktorientierte Kapitalgesellschaften, die nicht zur Aufstellung eines Konzernabschlusses verpflichtet sind, haben zudem eine Kapitalflussrechnung und einen Eigenkapitalspiegel zu erstellen. Beide Berichtsinstrumente sind gem. § 297 Abs. 1 HGB Pflichtbestandteile eines Konzernabschlusses der Kapitalgesellschaft.

a) Bilanz

Die Bilanz ist eine Aufstellung der Vermögensgegenstände und Kapitalbestände des Unternehmens zum Abschlussstichtag. Sie ist entsprechend den Gliederungsvorschriften des § 266 HGB in Kontoform aufzustellen. Abbildung 5.10 zeigt das gesetzliche Mindestgliederungsschema der Bilanz der Kapitalgesellschaften. Kleine Kapitalgesellschaften können jedoch aus Vereinfachungsgründen eine verkürzte Bilanz aufstellen. Danach ist für kleine Kapitalgesellschaften nur bis auf die mit römischen Ziffern versehene Ebene zu gliedern.

Aktiva	Passiva

A. Anlagevermögen
I. Immaterielle Vermögensgegenstände
1. Selbst geschaffene gewerbl. Schutzrechte und ähnliche Rechte/Werte
2. Entgeltlich erworbene Konzessionen, gewerbl. Schutzrechte und ähnliche Rechte/Werte sowie Lizenzen an solchen Rechten/Werten
3. Geschäfts- oder Firmenwert
4. Geleistete Anzahlungen
II. Sachanlagen
1. Grundstücke, grundstücksgleiche Rechte und Bauten einschließlich der Bauten auf fremden Grundstücken
2. Technische Anlagen und Maschinen
3. Andere Anlagen, Betriebs- und Geschäftsausstattung
4. Geleistete Anzahlungen und Anlagen im Bau
III. Finanzanlagen
1. Anteile an verbundenen Unternehmen
2. Ausleihungen an verbundene Unternehmen
3. Beteiligungen
4. Ausleihungen an Untern., mit denen ein Beteiligungsverhältnis besteht
5. Wertpapiere des Anlagevermögens
6. sonstige Ausleihungen
B. Umlaufvermögen
I. Vorräte
1. Roh-, Hilfs- und Betriebsstoffe
2. unfertige Erzeugnisse, unfertige Leistungen
3. fertige Erzeugnisse und Waren
4. geleistete Anzahlungen
II. Forderungen und sonstige Vermögensgegenstände
1. Forderungen aus Lieferungen und Leistungen
2. Forderungen gegen verbundene Unternehmen
3. Forderungen gegen Untern., mit denen ein Beteiligungsverhältnis besteht
4. sonstige Vermögensgegenstände
III. Wertpapiere
1. Anteile an verbundenen Unternehmen
2. sonstige Wertpapiere
IV. Kassenbestand, Bundesbankguthaben, Guthaben b. Kreditinstituten, Schecks
C. Rechnungsabgrenzungsposten
D. Aktive latente Steuern
E. Aktiver Unterschiedsbetrag aus der Vermögensverrechnung
	A. Eigenkapital:
	I. Gezeichnetes Kapital
	II. Kapitalrücklage
	III. Gewinnrücklagen
	1. Gesetzliche Rücklage
	2. Rücklage für Anteile an einem herrschenden/mehrheitl. beteiligten Untern.
	3. satzungsmäßige Rücklagen
	4. andere Gewinnrücklagen
	IV. Gewinnvortrag/Verlustvortrag
	V. Jahresüberschuss/Jahresfehlbetrag
	B. Rückstellungen
	1. Rückstellungen für Pensionen und ähnliche Verpflichtungen
	2. Steuerrückstellungen
	3. sonstige Rückstellungen
	C. Verbindlichkeiten
	1. Anleihen
	   davon konvertibel
	2. Verbindlichkeiten gegenüber Kreditinstituten
	3. erhaltene Anzahlungen auf Bestellungen
	4. Verbindlichkeiten aus Lieferungen und Leistungen
	5. Verbindlichk. aus Annahme gezogener und Ausstellung eigener Wechsel
	6. Verbindlichkeiten gegenüber verbundenen Unternehmen
	7. Verbindlichk. ggü. Untern., mit denen ein Beteiligungsverhältnis besteht
	8. sonstige Verbindlichkeiten
	   davon aus Steuern
	   davon im Rahmen der sozialen Sicherheit
	D. Rechnungsabgrenzungsposten
	E. Passive latente Steuern

Abb. 5.10: Bilanzgliederungsschema gem. § 266 HGB

b) Gewinn- und Verlustrechnung (GuV)

Im Gegensatz zur zeitpunktbezogenen Bilanz bezieht sich die GuV auf einen Abrechnungszeitraum, im Regelfall das Geschäftsjahr oder eine unterjährige Periode. Die GuV stellt die Erträge der Periode den angefallenen Aufwendungen gegenüber und schreibt dabei gem. § 275 HGB formal die Staffelform vor. Eine Saldierung von Aufwands- und Ertragspositionen ist im Gliederungsschema nicht vorgesehen (Bruttoform). Im Hinblick auf die GuV-Gliederung sieht das Gesetz zwei unterschiedliche Gliederungsformen vor: Das Gesamtkostenverfahren (GKV) oder das Umsatzkostenverfahren (UKV). Die GuV nach dem Gesamtkostenverfahren ordnet die Aufwandsposition entsprechend der im Unternehmen vorliegenden Kostenarten. Die folgende Abbildung 5.11 zeigt das gesetzliche Mindestgliederungsschema für eine GuV nach dem Gesamtkostenverfahren.

1	Umsatzerlöse
2	Erhöhung/Verminderung des Bestandes an fertigen und unfertigen Erzeugnissen
3	andere aktivierte Eigenleistungen
4	sonstige betriebliche Erträge
5	Materialaufwand a) Aufwendungen für Roh-, Hilfs- und Betriebsstoffe b) Aufwendungen für bezogene Leistungen
6	Personalaufwand a) Löhne und Gehälter b) soziale Abgaben und Aufwendungen für Altersversorgung und für Unterstützung, davon für Altersversorgung
7	Abschreibungen a) auf immaterielle Vermögensgegenstände des Anlagevermögens und Sachanlagen b) auf Vermögensgegenstände des Umlaufvermögens, soweit diese die in der Kapitalgesellschaft üblichen Abschreibungen überschreiten
8	sonstige betriebliche Aufwendungen
9	Erträge aus Beteiligungen, davon aus verbundenen Unternehmen
10	Erträge aus anderen Wertpapieren und Ausleihungen des Finanzanlagevermögens
11	sonstige Zinsen und ähnliche Erträge, davon aus verbundenen Unternehmen
12	Abschreibungen auf Finanzanlagen und Wertpapiere des Umlaufvermögens
13	Zinsen und ähnliche Aufwendungen, davon aus verbundenen Unternehmen
14	Ergebnis der gewöhnlichen Geschäftstätigkeit
15	außerordentliche Erträge
16	außerordentliche Aufwendungen
17	außerordentliches Ergebnis
18	Steuern vom Einkommen und Ertrag
19	sonstige Steuern
20	Jahresüberschuss/Jahresfehlbetrag

Abb. 5.11: GuV-Gliederung gem. § 275 Abs. 2 HGB nach dem Gesamtkostenverfahren

Die nach dem Gesamtkostenverfahren aufgebaute GuV stellt den gesamten Aufwand der Periode – gegliedert nach Kostenarten – allen erbrachten Leistungen gegenüber. Dies bedeutet, dass neben den Umsatzerlösen auch produzierte aber (noch) nicht verkaufte Güter einbezogen werden. Wird also z.B. Ware auf Lager produziert, findet sie Einzug in die GuV. Selbiges gilt für sog. aktivierte Eigenleistungen, d.h. hergestellte Güter, die im Unternehmen selbst genutzt werden.

Im Gegensatz dazu ist das Umsatzkostenverfahren kostenstellenorientiert aufgebaut, d.h. es bildet die Aufwandspositionen entsprechend der Kostenstellenstruktur (vgl. Kapitel 5.3.2) des Unternehmens ab. Zudem wird nach dem Umsatzkostenverfahren nicht auf die Gesamtleistung des Unternehmens abgestellt, sondern lediglich auf die Umsatzerlöse. Entsprechend wird – zumindest in Bezug auf die Herstellungskosten – nur auf den Aufwand der tatsächlich veräußerten Produkte und Leistungen abgestellt. Die Herstellungskosten werden demnach nur anteilig im Verhältnis dieser zur Erzielung der Umsatzerlöse erbrachten Leistungen einbezogen (Abbildung 5.12). Sonstige Aufwendungen, wie z.B. Verwaltungs- oder Vertriebskosten, werden hingegen vollumfänglich unterhalb des Bruttoergebnisses vom Umsatz berücksichtigt.

1	Umsatzerlöse
2	Herstellungskosten der zur Erzielung der Umsatzerlöse erbrachten Leistungen
3	Bruttoergebnis vom Umsatz
4	Vertriebskosten
5	allgemeine Verwaltungskosten
6	sonstige betriebliche Erträge
7	sonstige betriebliche Aufwendungen
8	Erträge aus Beteiligungen, davon aus verbundenen Unternehmen
9	Erträge aus anderen Wertpapieren und Ausleihungen des Finanzanlagevermögens
10	sonstige Zinsen und ähnliche Erträge, davon aus verbundenen Unternehmen
11	Abschreibungen auf Finanzanlagen und Wertpapiere des Umlaufvermögens
12	Zinsen und ähnliche Aufwendungen, davon aus verbundenen Unternehmen
13	Ergebnis der gewöhnlichen Geschäftstätigkeit
14	außerordentliche Erträge
15	außerordentliche Aufwendungen
16	außerordentliches Ergebnis
17	Steuern vom Einkommen und Ertrag
18	sonstige Steuern
19	Jahresüberschuss/Jahresfehlbetrag

Abb. 5.12: GuV-Gliederung gem. § 275 Abs. 3 HGB nach dem Umsatzkostenverfahren

Trotz der unterschiedlichen Struktur und den teilweise abweichenden Mengengerüsten in den beiden Verfahren unterscheidet sich das Ergebnis, d.h. der Jahresüberschuss bzw. -fehlbetrag, unter Verwendung gleichbleibender Prämissen jedoch nicht.

c) Anhang

Der Anhang dient grundsätzlich der Erläuterung der Daten des Jahresabschlusses. Der Abschluss selbst enthält oftmals stark aggregierte Daten. Der Anhang zum Jahresabschluss liefert u.a. quantitative Angaben zu den Bestandteilen der einzelnen Bilanzpositionen, er erläutert aber auch die angewendeten Bilanzierungs- und Bewertungsmethoden, liefert Zusatzinformationen zur Vermeidung von Fehlinterpretationen und weist auf nicht in der Bilanz enthaltene Sachverhalte hin. Hinsichtlich der Gliederung finden sich keine handelsrechtlichen Bestimmungen, im Regelfall werden jedoch meist in einem ersten Schritt die allgemeinen Bilanzierungs- und Bewertungsmethoden dargestellt bevor die einzelnen Posten der Bilanz und GuV erläutert und schließlich weiterführende Angaben ergänzt werden. Einen Großteil der erforderlichen Anhangangaben kodifizieren die §§ 284 und 285 HGB, es finden sich aber auch verschiedentlich andere Angabepflichten in anderen Paragraphen. Für mittelständische Unternehmen stellen oftmals v.a. die Anhangangaben zu außerbilanziellen Geschäften gem. § 285 Nr. 3 HGB sowie zu Geschäften mit nahe stehenden Unternehmen und Personen nach § 285 Nr. 21 HGB eine besondere Herausforderung dar. Ausnahmeregelungen von den Berichtspflichten sind z.B. in § 286 HGB festgeschrieben. Die Regelungen zum Anhang im Rahmen eines Konzernabschlusses finden sich in den §§ 313 ff. HGB.

> *Praxistipp: Um einen vollständigen und korrekten Anhang zu erstellen bietet es sich an, mit sog. Anhang-Checklisten zu arbeiten. Diese Checklisten sind i.d.R. über den Steuerberater oder frei im Internet erhältlich. Allerdings gewährleistet der Bezug über den Steuerberater im Regelfall die Aktualität und Anwendbarkeit der Checklisten.*

d) Eigenkapitalspiegel

Der Eigenkapitalspiegel, auch Eigenkapitalveränderungsrechnung genannt, zeigt auf, wie sich das Eigenkapital der Unternehmung außer durch das Jahresergebnis und dessen Verwendung noch verändert hat. Die Darstellung der Entwicklung des Eigenkapitals erfolgt i.d.R. in Form einer Matrix, in der zum einen die Gründe für eine Eigenkapitalveränderung, zum anderen die Bestandteile des bilanziellen Eigenkapitals aufgeführt werden. Als Gründe für eine Veränderung des Eigenkapitals können beispielsweise Kapitalerhöhungen, Dividendenzahlungen oder bei Konzernen die Veränderung des Konsolidierungskreises genannt werden. Die sich dabei verändernden Positionen sind meist das gezeichnete Kapital, Kapital-/ Gewinnrücklagen oder eigene Anteile.

e) Kapitalflussrechnung

Ähnlich wie die GuV ist auch die Kapitalflussrechnung eine Stromgrößenrechnung, d.h. sie bezieht sich auf die Stromgrößenveränderungen während eines Abrechnungszeitraums. Meist handelt es sich dabei um das Geschäftsjahr oder eine unterjährige Berichtsperiode. Als Stromgrößen werden in der Kapitalflussrechnung jedoch keine Aufwendungen und Erträge, sondern ausschließlich Zahlungsströme – also Einzahlungen und Auszahlungen – erfasst. Auf diese Weise erläutert die Kapitalflussrechnung die Veränderung der in der Bilanz dargestellten liquiden Mittel zwischen Beginn und Ende eines Geschäftsjahres. Eine Analyse der Kapitalflussrechnung kann dem Adressaten daher aufschlussreiche Informationen über die Liquidität bzw. die Kreditwürdigkeit eines Unternehmens zugänglich machen und ermöglicht eine Abschätzung der Fähigkeiten des Unternehmens, Zahlungsüberschüsse zu erwirtschaften (vgl. detailliert Meyer [2007]).

Im Hinblick auf die Ermittlung bzw. Aufstellung einer Kapitalflussrechnung ergeben sich grundsätzlich zwei Möglichkeiten, die direkte und die indirekte Ermittlung. Bei der direkten Ermittlung werden jeweils die in der Finanzbuchhaltung erfassten Ein- und Auszahlungen bestimmten Teilbereichen zugeordnet und sinnvoll strukturiert. Dies erfordert jedoch regelmäßig die separate Zuordnung bestimmter Zahlungen zu Kategorien und verursacht damit regelmäßig administrativen Zusatzaufwand. Daher hat sich gemeinhin die indirekte Ermittlung in der Unternehmenspraxis durchgesetzt. Dabei werden die bereits vorhandenen Daten der GuV als Grundlage verwendet und durch Eliminierung der nicht zahlungswirksamen Aufwendungen und Erträge eine Art Rückrechnung durchgeführt. Schließlich werden die unterschiedlichen Zahlungsströme nach Herkunft oder Verwendungszweck sortiert und teilweise aggregiert, um eine nähere Betrachtung der sachlich zusammengehörigen Stromgrößen zu ermöglichen.

	Einzahlungen aus der operativen Geschäftstätigkeit
-	Auszahlungen aus der operativen Geschäftstätigkeit
=	*Cashflow aus laufender Geschäftstätigkeit (operativer Cashflow) [1]*
+	Einzahlungen aus dem Investitionsbereich
-	Auszahlungen aus dem Investitionsbereich
=	*Investitionscashflow [2]*
	Einzahlungen aus dem Finanzierungsbereich
-	Auszahlungen aus dem Finanzierungsbereich
=	*Finanzierungscashflow [3]*
=	**Veränderung der liquiden Mittel [1] + [2] + [3]**

Abb. 5.13: Systematik der Kapitalflussrechnung

Der operative Cashflow spiegelt dabei die aus der laufenden Geschäftstätigkeit resultierenden Zahlungsmittelüberschüsse wider. Diese fallen v.a. im Rahmen der

Verwertung der Güter und Dienstleistungen des Unternehmens an, d.h. aus den Umsatz generierenden Tätigkeiten. Der Investitionscashflow stellt hingegen den Zahlungsmittelüberschuss aus der Investitionstätigkeit dar. Er speist sich u.a. aus den Mittelzuflüssen aus der Desinvestitionstätigkeit des Unternehmens sowie aus den Auszahlungen für den Erwerb langfristigen Anlagevermögens. Den Saldo aus operativem und Investitionscashflow bezeichnet man als sog. „Free Cash-flow". Dieser frei verfügbare Zahlungsmittelüberschuss steht dem Unternehmen nun z.B. zur Tilgung von Schulden oder zur Zahlung von Dividenden zur Verfügung. Der Finanzierungscashflow bildet den Zahlungsmittelüberschuss aus Finanzierungstransaktionen wie beispielsweise der Aufnahme neuer Darlehen oder Kapitalauszahlungen an die Anteilseigner ab. Die Summe der einzelnen Teil-Cashflows zeigt schließlich die Veränderung der liquiden Mittel während des Geschäftsjahres an.

f) Lagebericht

Der Lagebericht wird nicht als Bestandteil des Jahresabschlusses betrachtet, sondern als ergänzendes Berichtsinstrument. Dies ist v.a. darauf zurückzuführen, dass der Lagebericht – im Gegensatz zum Jahresabschluss – in hohem Maße verbale und zukunftsorientierte Informationen enthält. Die inhaltliche Ausgestaltung der Lageberichterstattung wird nach deutschem Handelsrecht grundsätzlich in § 289 HGB für den Einzel- bzw. in § 315 HGB für den Konzernabschluss geregelt.

So sind im Rahmen des Lageberichts der Geschäftsverlauf des Unternehmens einschließlich des Geschäftsergebnisses sowie die Lage der Gesellschaft darzustellen. Dies beinhaltet eine ausgewogene und umfassende Analyse von Geschäftsverlauf und Lage. Ferner sind Chancen und Risiken der künftigen Entwicklung zu berücksichtigen, was i.d.R. im Risiko- und Prognosebericht erfolgt. Neben diesen Angaben sind auch Erläuterungen zu Vorgängen von besonderer Bedeutung, die nach dem Bilanzstichtag eingetreten sind, zum Risikomanagement in Bezug auf Finanzinstrumente, zur Forschungs- und Entwicklungstätigkeit, zu bestehenden Zweigniederlassungen sowie zu Vergütungssystemen zu machen. In Abhängigkeit von der Größe ist zudem unter bestimmten Voraussetzungen eine Angabepflicht für nicht-finanzielle Leistungsindikatoren, wie Informationen über Umwelt- und Arbeitnehmerbelange, kodifiziert. Bestimmte Kapitalgesellschaften (AG, KGaA) haben darüber hinaus über übernahmerechtliche Sachverhalte zu berichten. Schließlich haben kapitalmarktorientierte Gesellschaften im Lagebericht die wesentlichen Merkmale des internen Kontroll- und Risikomanagementsystems im Hinblick auf den Rechnungslegungsprozess zu beschreiben (vgl. ausführlich Hoffmann/Lüdenbach [2012], §§ 289 und 315 HGB).

5.3   Kosten- und Erlösrechnung

Beispiel

Nachdem Max Mustermann nun über die gesetzlichen Regelungen zur Finanzbuchhaltung informiert ist, möchte er die im Rahmen der Buchhaltung vorhandenen Daten auch zur Unterstützung seiner betrieblichen Entscheidungsfindung nutzen. So hat er beispielsweise gehört, dass viele Unternehmer die Daten aus der Finanzbuchhaltung auch verwenden, um auf dieser Basis ihre Produktpreise zu kalkulieren und den betrieblichen Erfolg, der oftmals nicht mit dem nach gesetzlichen Vorgaben ermittelten Jahresergebnis übereinstimmt, zu messen. Dies dient nicht zuletzt auch der Kontrolle der Wirtschaftlichkeit. Grundlage hierfür sei die Einrichtung einer sog. Kosten- und Erlösrechnung.

In seinem Business Club hat sich Mustermann bereits des Öfteren mit Theo Thiele, dem Chef-Controller eines größeren Automobilherstellers unterhalten. So nimmt er das nächste Treffen zum Anlass, Thiele nach Tipps für die Implementierung einer Kosten- und Erlösrechnung zu fragen. Dazu holt dieser weit aus und erläutert Mustermann, sowohl die Teilbereiche der Kosten- und Erlösrechnung als auch deren Rechengrößen und Zielsetzungen. Mit diesem neuen Wissen ausgestattet geht Mustermann am nächsten Tag voller Elan an die Strukturierung seiner Kosten- und Leistungsrechnung und beginnt damit, die in der Finanzbuchhaltung enthaltenen Daten für die Zwecke der Kosten- und Leistungsrechnung anzupassen und zu ergänzen.

Im Rahmen der Kosten- und Erlösrechnung (im Folgenden kurz: Kostenrechnung) wird – im Gegensatz zu Finanzbuchhaltung und Jahresabschluss – das Hauptaugenmerk auf den innerbetrieblichen Bereich gelegt. Dies bedeutet, dass im Rahmen der Kostenrechnung oder Betriebsbuchhaltung die Daten so aufbereitet werden, dass diese i.S.d. Unternehmens entscheidungsrelevant im Hinblick auf dessen betriebliche Tätigkeit sind. Dabei stellen sich dem Unternehmer grundsätzlich drei Fragenkomplexe, die es anhand der Kostenrechnung zu beantworten gilt (vgl. detailliert auch Haberstock [2008], S. 8 ff.):

1. *Welche Kosten sind entstanden und in welcher Höhe?*

Mit dieser Frage beschäftigt sich die Kostenartenrechnung. Dabei werden alle Kosten im Unternehmen erfasst und systematisch gruppiert. Aber auch eine evtl. Umbewertung oder Ergänzung der Kostendaten erfolgt in diesem Teilbereich der Kostenrechnung. Nur eine derart strukturierte Aufbereitung der Daten kann in den nächsten Schritten zu einer entscheidungsnützlichen Datenverwertung führen.

2. *Wo bzw. an welchen Stellen sind die Kosten im Unternehmen angefallen?*

Die Kostenstellenrechnung ordnet in einem nächsten Schritt die nicht direkt einem Produkt oder sonstigen Kostenträger zurechenbaren Kosten einzelnen Kostenstellen (Abteilungen, Unternehmensbereiche etc.) direkt oder indirekt über Schlüsselgrößen zu. Auch die innerbetriebliche Leistungsverrechnung erfolgt im Rahmen der Kostenstellenrechnung. Dabei werden Leistungsbeziehungen zwischen einzelnen Kostenstellen verrechnet. Aus der Kostenstellenrechnung wird schließlich der sog. Betriebsabrechnungsbogen generiert, der sowohl eine Kostenkontrolle der einzelnen Kostenstellen ermöglicht, als auch die Voraussetzungen für eine Zurechnung der Kosten auf einzelne Kostenträger schafft.

3. *Wofür sind die Kosten angefallen, d.h. für welche Leistungen?*

Die Kostenträgerrechnung besteht grundsätzlich aus zwei Teilrechnungen. Zum einen ermittelt die Kostenträgerstückrechnung, auch Kalkulation genannt, die Herstell- und Selbstkosten eines Kostenträgers und unterstützt den Unternehmer so bei der Kaufpreisbestimmung oder der Bewertung der Lagerbestände. Zum anderen ermittelt die Kostenträgerzeitrechnung das Betriebsergebnis der jeweiligen Periode. Man spricht daher auch von der kurzfristigen Erfolgsrechnung.

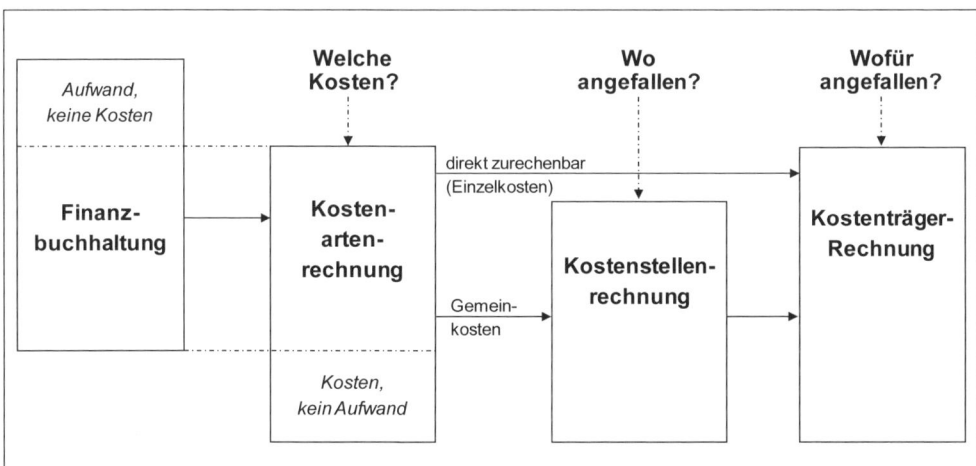

Abb. 5.14: Prozessstruktur der Kostenrechnung

Es sei darauf hingewiesen, dass die Kosten- und Erlösrechnung natürlich auch die anfallenden Erlöse betrachtet, es soll an dieser Stelle jedoch aufgrund deren besonderer Bedeutung im Rahmen der betriebswirtschaftlichen Entscheidungsprozesse auf die Betrachtung der Kosten fokussiert werden.

5.3.1 Kostenartenrechnung

Im Rahmen der Kostenartenrechnung werden – um sie für die weiterführenden Rechnungen sinnvoll nutzbar zu machen – die entsprechenden Kosten nach Kostenarten gruppiert. Um jedoch den Kostenbegriff verstehen zu können, ist er zuerst von den im externen Rechnungswesen verwendeten Aufwendungen abzugrenzen. Während Aufwendungen den gesamten Wertverzehr einer Periode abbilden, der aufgrund gesetzlicher Vorgaben buchhalterisch verrechnet wird, beschränken sich Kosten auf den betriebstypischen Wertverzehr der Periode. Somit finden im Rahmen der Kostenrechnung keine betriebsfremden, periodenfremden oder außerordentlichen Aufwendungen Berücksichtigung. Dies liegt u.a. darin begründet, dass derartiger Aufwand das reguläre Ergebnis der betriebstypischen Tätigkeit verzerren und damit falsche Planungs- oder Kontrollprämissen vorgeben würde.

> Die im Fertighausbau tätige Bau GmbH hat sich zu Beginn des Jahres 20X1 zu Anlagezwecken Aktien der Kurssturz AG gekauft. Zum Ende des Geschäftsjahres haben die Wertpapiere aufgrund einer fatalen Finanzmarktkrise jedoch 75 % ihres ursprünglichen Börsenkurses voraussichtlich dauerhaft eingebüßt. Da damit ein außerordentlicher Wertverzehr das handelsrechtliche Vermögen der Unternehmung gemindert hat, hat die Bau GmbH diese Wertminderung per außerplanmäßiger Abschreibung aufwandswirksam bei der Ermittlung des handelsrechtlichen Jahresergebnisses für das Geschäftsjahr 20X1 zu berücksichtigen. Da der Kursverfall der Aktien jedoch in keinem direkten Zusammenhang mit der originären Tätigkeit des Unternehmens – nämlich dem Bau von Fertighäusern – steht und somit auch keinen direkten Einfluss auf die Wirtschaftlichkeit der Unternehmenstätigkeit oder die in Zukunft erwartete Entwicklung des Geschäfts hat, wird dieser außerordentliche Aufwand nicht in die Kostenrechnung übernommen.

Auf der anderen Seite werden insbesondere zu Planungszwecken aber auch Kosten in die Entscheidungsfindung einbezogen, die keinen Aufwand i.S.d. handelsrechtlichen Jahresabschlusses darstellen (Zusatzkosten) oder aber einen anderen Umfang ausweisen (Anderskosten). Man spricht dabei von sog. kalkulatorischen Kosten, die speziell für die Verwendung im Rahmen der Kostenrechnung ermittelt werden. Die Daten aus der Finanzbuchhaltung werden in diesem Zusammenhang also teilweise umbewertet oder ergänzt.

> *Praxistipp: Vor allem in kleineren Unternehmen wird oftmals keine Unterscheidung zwischen bilanziellen und kalkulatorischen Größen vorgenommen. Dies kann v.a. bei größeren Abweichungen zu Verzerrungen in der Darstellung und Analyse der Kostendaten und in der Folge zu Fehlentscheidungen führen.*

In der Praxis werden oftmals folgende kalkulatorische Kosten verwendet:

– *Kalkulatorische Abschreibungen*: Während die bilanzielle Abschreibung entsprechend den handelsrechtlichen Vorgaben stets auf Basis der Anschaffungs- oder Herstellungskosten ermittelt wird, stellt die kalkulatorische Abschreibung meist auf die Wiederbeschaffungskosten des Vermögensgegenstands zum Ersatzzeitpunkt ab. Auf diese Weise sollen steigende Beschaffungskosten im Rahmen der Preisfindung für die erstellten Güter berücksichtigt werden und so der künftige Erwerb z.B. einer neuen Maschine über den Verkaufspreis der Güter verdient werden. Da bilanzielle und kalkulatorische Kosten somit oftmals betragsmäßig auseinanderfallen, stellen die kalkulatorischen Abschreibungen ein klassisches Beispiel für Anderskosten dar.

– *Kalkulatorische Zinsen*: Kalkulatorische Zinsen beziehen nicht nur die tatsächlich gezahlten Zinsen auf Fremdkapital ein, sie berücksichtigen auch die Opportunitätskosten aus der Eigenkapitalüberlassung. Dies bedeutet, dass zwar für das Eigenkapital keine Zinsen gezahlt werden, dieses aber auch nicht für gewinnbringende Alternativanlagen zur Verfügung steht. Es wird also der entgangene Gewinn aus der Überlassung des Kapitals mit einbezogen. Grundlage für die Ermittlung der kalkulatorischen Zinsen ist damit das gesamte betriebsnotwendige Kapital.

– *Kalkulatorische Miete*: Der Grundgedanke hinter der kalkulatorischen Miete ist, dass durch die unentgeltliche Nutzung der entsprechenden Räumlichkeiten für betriebliche Zwecke diese nicht zur Erzielung von Mieterträgen zur Verfügung stehen.

– *Kalkulatorischer Unternehmerlohn*: Ein Geschäftsführergehalt wird in der handelsrechtlichen GuV eines Einzelunternehmens oder einer Personengesellschaft nur dann erfasst, wenn der Geschäftsführer nicht auch Gesellschafter des Unternehmens ist. Übt der Unternehmer hingegen auch die Geschäftsführungsfunktion aus, wird unterstellt, dass das Gehalt bereits durch den Gewinn der Gesellschaft abgegolten ist. Somit gilt als Unternehmerlohn das Gehalt, das dem Gesellschaftergeschäftsführer eines derartigen Unternehmens dadurch entgeht, dass er seine Tätigkeit nicht in einem vergleichbaren dritten Unternehmen ausübt. Der kalkulatorische Unternehmerlohn ist ein Paradebeispiel für handelsrechtlich nicht relevante Zusatzkosten.

– *Kalkulatorische Wagnisse*: Kalkulatorische Wagniskosten dienen der Berücksichtigung branchen- oder unternehmensspezifischer Risiken. Beispielhaft hierfür kann das Beständewagnis, also z.B. eine Wertminderung der Lagerbestände aufgrund von Veralterung oder Preisverfall, genannt werden. Auf diese Weise sollen die mit diesen Risiken verbundenen Kosten in der Kostenrechnung erfasst und bei der Preisfindung berücksichtigt werden. Man spricht in diesem Zusammenhang oftmals von einer Art „Selbstversicherung" des

Unternehmens. Kalkulatorische Wagniskosten werden häufig mit den handelsrechtlich zu bildenden Rückstellungen verglichen. Ein allgemeines Unternehmerrisiko, das z.B. aus einer negativen Konjunkturentwicklung resultiert, wird hingegen nicht berücksichtigt, da es regelmäßig durch den Gewinn abgegolten ist.

Abbildung 5.15 stellt den Zusammenhang zwischen handelsrechtlichem Aufwand und Kosten im Sinne Kostenrechnung noch einmal graphisch dar.

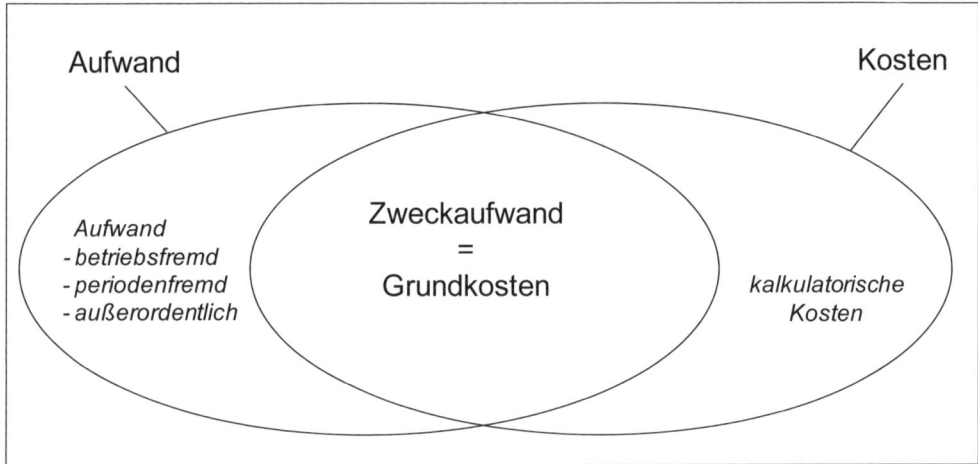

Abb. 5.15: Zusammenhang zwischen Aufwand und Kosten

Nachdem sich der Unternehmer ein Bild über die verschiedenen Kostenarten gemacht hat, die in seinem Unternehmen anfallen, sind diese im Hinblick auf ihre Zurechenbarkeit auf einzelne Kostenträger zu untergliedern. Kosten, die einem Kostenträger (i.d.R. Güter oder Dienstleistungen) direkt zugerechnet werden können, werden als Einzelkosten bezeichnet. Sie können direkt in die Kostenträgerrechnung übernommen werden, eine Schlüsselung über die Kostenstellen ist somit nicht notwendig. Gemeinkosten werden hingegen nicht von nur einem Kostenträger verursacht und sind somit nur indirekt verrechenbar (vgl. zur Einzel- und Gemeinkostenplanung Kapitel 3.4.1). Eine solche Verrechnung findet regelmäßig im Rahmen der Kostenstellenrechnung statt.

5.3.2 Kostenstellenrechnung

Die Kostenstellenrechnung dient u.a. der Verrechnung der Kostenarten auf die Kostenstellen. Eine Kostenstelle ist dabei ein Teilbereich des Unternehmens, der im Rahmen der Kostenrechnung separat betrachtet und abgerechnet wird. Der Fokus liegt dabei auf der möglichst verursachungsgerechten Verteilung der Gemeinkosten auf die Kostenstellen. Auf dieser Basis kann dann beispielsweise die Wirtschaftlichkeit einer Kostenstelle kontrolliert und der Kostenstellenverantwortliche anhand dessen beurteilt werden. Dies ist nur möglich, wenn Kostenstellen so festgelegt wurden, dass die Verantwortlichkeit für die Kostenstelle eindeutig zugeordnet werden kann. Zudem muss es möglich sein, die Leistung einer Kostenstelle eindeutig zu bemessen. Nur so kann eine verursachungsgerechte Verrechnung auf die Kostenträger gewährleistet werden.

> *Praxistipp: Bei der Festlegung der einzelnen Kostenstellen ist darauf zu achten, dass der Kostenstellenplan einen sinnvollen und einfach handhabbaren Umfang aufweist. Ein zu komplexer oder umfangreicher Kostenstellenplan kann zu uneindeutigen Kostenzuordnungen oder verzerrten Verantwortlichkeiten führen. Dem Prinzip der Wirtschaftlichkeit ist in diesem Zusammenhang ein hoher Stellenwert beizumessen.*

Besondere Bedeutung hat die Kostenstellenrechnung aber auch für die sog. innerbetriebliche Leistungsverrechnung. So existieren im Unternehmen oftmals auch Kostenstellen, die ausschließlich Leistungen für andere Kostenstellen im Unternehmen erbringen und somit nicht direkt auf die Kostenträger, sondern auf eben diese anderen Kostenstellen verrechnet werden. Man spricht hier von Vorkostenstellen. Im Gegensatz dazu wird die Leistung von Endkostenstellen direkt auf die Kostenträger verrechnet (vgl. zu den Verfahren der innerbetrieblichen Leistungsverrechnung ausführlich Freidank [2008], S. 144 ff.).

> Die Holzbau GmbH fertigt Möbel und hat drei Kostenstellen. Die Leistung der Materialkostenstelle und der Fertigungskostenstelle fließt direkt in die Möbel ein. Es handelt sich daher um Endkostenstellen. Die Kostenstelle „Energieerzeugung" produziert hingegen selbst Strom für das Unternehmen. Ihre Leistung wird demnach ausschließlich für andere Kostenstellen (Material/ Fertigung) erbracht. Energieerzeugung ist somit eine Vorkostenstelle.

Im Betriebsabrechnungsbogen (BAB) werden nun die Kostenarten, diese sind in den Zeilen angetragen, auf die spaltenweise angeordneten Kostenstellen verteilt. In diesem Zusammenhang werden zuerst die primären, d.h. extern verursachten Gemeinkosten den Kostenstellen verursachungsgerecht zugerechnet. Im Rahmen der sog. Sekundärkostenverrechnung werden anschließend die Kosten der leistenden Vorkostenstellen auf die Endkostenstellen verteilt. Die Summe aus den dadurch ermittelten Gemeinkosten und den Einzelkosten ergibt schließlich die Gesamtkosten einer Kostenstelle. Abbildung 5.16 zeigt ein Beispiel für einen solchen Betriebsabrechnungsbogen.

Kostenstellen / Kostenarten	∑	Vorkostenstellen		Endkostenstellen		
		Kantine	Energie	Material	Fertigung	Vertrieb
Einzelkosten						
Fertigungslöhne	50.000				50.000	
Fertigungsmaterial	60.000			60.000		
∑ Einzelkosten [1]	*110.000*			*60.000*	*50.000*	
Primäre Gemeinkosten						
sonst. Personalkosten	55.000	1.000	2.000	13.000	21.000	18.000
Betriebsstoffe	21.000	3.000	4.000	9.000	3.000	2.000
kalk. Abschreibungen	28.000	5.000	6.000	4.000	8.000	5.000
∑ prim. Gemeinkosten [2]	*104.000*	*9.000*	*12.000*	*26.000*	*32.000*	*25.000*
Sekundäre Gemeinkosten						
Umlage Kantine	0	-9.000	1.000	2.000	4.000	2.000
Umlage Energie	0		-13.000	3.000	6.000	4.000
∑ sekund. Gemeinkosten [3]	*0*	*-9.000*	*-12.000*	*5.000*	*10.000*	*6.000*
Gesamtkosten [1] + [2] + [3]	**214.000**	**0**	**0**	**91.000**	**92.000**	**31.000**
Zuschlagssatz ([2] + [3])/[1]				51,7%	84,0%	16,7%*
* im Nenner werden beim Vertriebsgemeinkostenzuschlagssatz die gesamten Herstellkosten verwendet (183.000 EUR)						

Abb. 5.16: Beispiel für einen Betriebsabrechnungsbogen (Stufenleiterverfahren)

Eine Wirtschaftlichkeitskontrolle anhand der Daten des Betriebsabrechnungsbogens kann beispielsweise durch einen Vergleich von Soll- und Ist-Werten vorgenommen werden. Aber auch für die Ermittlung von Planzahlen können die Kostenstelleninformationen sehr hilfreich sein. Eine Weiterverarbeitung der Daten aus der Kostenstellenrechnung findet regelmäßig im Rahmen der Kostenträgerrechnung statt.

5.3.3 Kostenträgerrechnung

Die Kostenträgerrechnung als dritter Teilbereich der Kostenrechnung untergliedert sich noch einmal weiter in die Bereiche Kostenträgerstückrechnung und Kostenträgerzeitrechnung. Dabei befasst sich die Kostenträgerstückrechnung mit der Ermittlung der Herstell- und Selbstkosten eines Kostenträgers, die Kostenträgerzeitrechnung errechnet dagegen das Betriebsergebnis der jeweiligen Abrechnungsperiode.

a) Kostenträgerstückrechnung (Kalkulation)

Ein gängiges Verfahren zur Ermittlung der Herstell- bzw. Selbstkosten eines Produkts, insbesondere in Mehrproduktunternehmen, ist die Zuschlagskalkulation (vgl. ausführlich Däumler/Grabe [2008], S. 266 ff.). Dabei werden den einzelnen Produkten die Gemeinkosten als prozentualer Anteil zu den korrespondierenden

Einzelkosten zugerechnet. Andere Verfahren wie beispielsweise die Divisionskalkulation – bei dieser werden zur Stückkostenermittlung lediglich die Gesamtkosten durch die Gesamtstückzahl geteilt – sind zwar teilweise einfacher, liefern dafür aber oftmals nur unzureichende Stückkostendaten im Mehrproduktbetrieb.

Vor allem die differenzierende Zuschlagskalkulation hat sich in der Unternehmenspraxis durchgesetzt. Sie stellt den spezifischen Gemeinkostengrößen (Material, Fertigung etc.) jeweils die zugehörigen Einzelkosten (Material, Fertigungslöhne etc.) als Bezugsgrößen gegenüber. Im Falle der Verwaltungs- und Vertriebsgemeinkosten werden hingegen regelmäßig die Herstellkosten als Bezugsgröße verwendet. Eine entsprechende Ermittlung erfolgt i.d.R. im BAB (vgl. dazu auch Abbildung 5.16). Die resultierenden Stückkosten dienen beispielsweise der Bewertung der Lagerbestände an fertigen oder unfertigen Erzeugnissen (Herstellkosten) oder der Preiskalkulation. Die Preisfindung erfolgt dabei in einem ersten Schritt oftmals per Addition eines Gewinnaufschlags auf die Selbstkosten des Produkts oder der Leistung. Das folgende Schema stellt eine schematische Preiskalkulation, basierend auf einer differenzierenden Zuschlagskalkulation, beispielhaft dar.

	Materialeinzelkosten [1]	
+	Materialgemeinkosten [2]	(als prozentualer Zuschlag auf [1])
+	Fertigungseinzelkosten [3]	
+	Fertigungsgemeinkosten [4]	(als prozentualer Zuschlag auf [3])
=	Herstellkosten [5]	([1] + [2] + [3] + [4])
+	Verwaltungsgemeinkosten [6]	(als prozentualer Zuschlag auf [5])
+	Vertriebsgemeinkosten [7]	(als prozentualer Zuschlag auf [5])
=	Selbstkosten [8]	([5] + [6] + [7])
+	Gewinnaufschlag [9]	(als prozentualer Zuschlag auf [8])
=	Netto-Verkaufspreis	([8] + [9])

Abb. 5.17: Preisfindung und Zuschlagskalkulation

Die Preisfindung beinhaltet neben diesen Faktoren jedoch auch andere, oftmals strategische Überlegungen. So muss neben der grundsätzlichen Frage, welchen Preis der Kunde überhaupt bereit ist zu zahlen, auch die Vereinbarkeit des Preises mit z.B. einem durchschnittlichen Branchenpreis vor dem Hintergrund der allgemeinen Preisstrategie des Unternehmens geprüft werden (vgl. Kapitel 3.2.2).

Um nun den letztendlichen Brutto-Verkaufspreis zu ermitteln ist ergänzend die Umsatz- bzw. Mehrwertsteuer in Höhe von 19 % zum Netto-Verkaufspreis hinzuzurechnen. Arbeitet das Unternehmen mit Schwellenpreisen, ist ggf. eine Rückrechnung auf den Netto-Verkaufspreis erforderlich.

Die Spielspaß GmbH, ein Produzent hochwertiger Handpuppen, verwendet in ihrer Kostenträgerrechnung zur Verrechnung der Gemeinkosten die differenzierende Zuschlagskalkulation. Der Kopf der Handpuppen besteht aus Holz und wird in der hauseigenen Schreinerei gefertigt, während der Torso in der Näherei aus Brokat hergestellt wird. Die Gemeinkosten im Material- und Fertigungsbereich werden anhand der entsprechenden Einzelkostenbezugsgrößen verrechnet, Verwaltungs- und Vertriebsgemeinkosten basierend auf den Herstellkosten. Für die Abrechnungsperiode 20X1 stehen folgende Daten zur Verfügung.

	in EUR
Materialeinzelkosten	262.500
Materialgemeinkosten	21.000
Fertigungslöhne Schreinerei	420.000
Fertigungsgemeinkosten Schreinerei	105.000
Fertigungslöhne Näherei	135.000
Fertigungsgemeinkosten Näherei	202.500
Verwaltungsgemeinkosten	77.355
Vertriebsgemeinkosten	94.545

Des Weiteren sind folgende direkt zurechenbare Einzelkostenbestandteile (Material und Fertigung) pro Stück für die beiden Handpuppen „Kasperle" und „Krokodil" bekannt. Pro Puppe wird zudem mit einer Gewinnmarge von 10%, bezogen auf die jeweiligen Selbstkosten, gerechnet.

in EUR	Kasperle	Krokodil
Materialeinzelkosten	12,00	8,25
Fertigungslöhne Schreinerei	16,20	11,40
Fertigungslöhne Näherei	6,75	4,50

Die Zuschlagssätze für die Gemeinkosten ergeben sich durch Division der jeweiligen Gemeinkosten durch die entsprechende Bezugsgröße. Dies soll im Folgenden anhand der Materialkosten beispielhaft aufgezeigt werden.

$$\text{Materialgemeinkostenverrechnungssatz} = \frac{\text{Materialgemeinkosten}}{\text{Materialeinzelkosten}} = \frac{21.000}{262.500} = 8\%$$

Die Verrechnungssätze für die Fertigungsgemeinkosten der Schreinerei und der Näherei werden analog berechnet. Lediglich bei den Verwaltungs- und Vertriebsgemeinkosten werden als Bezugsgröße die Herstellkosten (1.146.000 EUR) verwendet, woraus ein entsprechender (gemeinsamer) Zuschlagssatz von 15% resultiert.

$$\text{Verwaltungs-/Vertriebsgemeinkostenverrechnungssatz} = \frac{(77.355 + 94.545)}{1.146.000} = 15\%$$

in EUR	Kasperle	Krokodil
Materialeinzelkosten	12,00	8,25
Materialgemeinkosten (Zuschlag 8%)	0,96	0,66
Fertigungslöhne Schreinerei	16,20	11,40
Fertigungsgemeinkosten Schreinerei (Zuschlag 25%)	4,05	2,85
Fertigungslöhne Näherei	6,75	4,50
Fertigungsgemeinkosten Näherei (Zuschlag 150%)	10,13	6,75
Herstellkosten	50,09	34,41
Verwaltungs-/Vertriebsgemeinkosten (Zuschlag 15%)	7,51	5,16
Selbstkosten	57,60	39,57
Gewinnaufschlag (10%)	5,76	3,96
Netto-Verkaufspreis	63,36	43,53

Der Netto-Verkaufspreis ist schließlich um die Umsatzsteuer (19%) zu ergänzen, was zu einem Brutto-Verkaufspreis von 75,40 EUR für die Puppe „Kasperle" und von 51,80 EUR für die Puppe „Krokodil" führen würde.

b) Kostenträgerzeitrechnung (Betriebsergebnisrechnung)

Im Fokus der Betriebsergebnisrechnung, oft auch als kurzfristige Erfolgsrechnung bezeichnet, steht nun nicht der einzelne Kostenträger im Mittelpunkt des Interesses. Vielmehr wird hierbei eine spezifische Abrechnungsperiode fokussiert und das Betriebsergebnis für diese Periode ermittelt. Dabei kann die Betriebsergebnisrechnung – ähnlich wie die GuV (vgl. Kapitel 5.2.6) – entweder nach dem Gesamtkostenverfahren oder nach dem Umsatzkostenverfahren aufgestellt werden. Es ist jedoch zu beachten, dass die Betriebsergebnisrechnung nicht mit Aufwendungen und Erträgen rechnet, sondern Kosten und Erlöse verwendet (vgl. zur Abgrenzung Kapitel 5.3.1).

Als Grundlage für die Erstellung der Betriebsergebnisrechnung dient i.d.R. der Betriebsabrechnungsbogen, aus dem sich die Ergebnisrechnung ableiten lässt, und zwar sowohl nach dem Umsatz- als auch nach dem Gesamtkostenverfahren. Zwar kommen beide Verfahren grundsätzlich zum selben Ergebnis, den Rechnungen liegen jedoch unterschiedliche Mengengerüste zugrunde. So verwendet das Umsatzkostenverfahren (UKV) in Bezug auf die Erlöse und die Herstellkosten lediglich die veräußerten Produkte, während das Gesamtkostenverfahren (GKV) auf die Gesamtzahl der in der Periode erstellten Produkte abzielt. Dies gilt selbst dann, wenn diese auf Lager liegen oder im Unternehmen selbst verwendet werden. Das nachfolgende Beispiel zeigt die Unterschiede zwischen beiden Darstellungsformen.

Im ersten Quartal 20X1 (Abrechnungsperiode) produzierte die ScanMe GmbH 4.000 Handscanner. Zum Periodenende waren erst 3.000 Stk. zu einem Stückpreis von 1.280 EUR verkauft. Es liegt folgender Betriebsabrechnungsbogen (BAB) vor.

| in EUR | | Kostenstellen | | | |
Kostenarten		Fertigung	Material	Verwalt.	Vertrieb
Einzelkosten					
Fertigungslöhne	400.000	400.000			
Fertigungsmaterial	600.000		600.000		
Summe Einzelkosten	1.000.000	400.00	600.000		
Gemeinkosten					
Sonst. Personalkosten	440.000	140.000	80.000	140.000	80.000
Betriebsstoffe	320.000	140.000	20.000	120.000	40.000
Abschreibungen	200.000	80.000	20.000	60.000	40.000
Summe Gemeinkosten	960.000	360.000	120.000	320.000	160.000
Gesamtkosten	**1.960.000**				

Zur Ableitung der Betriebsergebnisrechnung aus dem vorliegenden Betriebsabrechnungsbogen – nach Umsatz- sowie Gesamtkostenverfahren – sind zuerst die Herstellungskosten pro Scanner zu ermitteln.

Fertigungseinzelkosten	100 EUR	(400.000 EUR/4.000 Stk.)
Materialeinzelkosten	+150 EUR	(600.000 EUR/4.000 Stk.)
Fertigungsgemeinkosten	+90 EUR	(360.000 EUR/4.000 Stk.)
Materialgemeinkosten	+30 EUR	(120.000 EUR/4.000 Stk.)
Herstellungskosten	=370 EUR	

Basierend auf dieser Berechnung und dem BAB kann im Folgenden die Ergebnisrechnungen nach Umsatz- und Gesamtkostenverfahren erstellt werden.

Ergebnisrechnung nach dem Umsatzkostenverfahren (in EUR)		
Umsatzerlöse	3.840.000	*(3.000 Stk. x 1.280 EUR)*
Herstellungskosten des Umsatzes	-1.110.000	*(3.000 Stk. x 370 EUR)*
Bruttoergebnis vom Umsatz	**2.730.000**	
Verwaltungsaufwendungen	-320.000	*(vgl. BAB, Spalte Verwaltung)*
Vertriebsaufwendungen	-160.000	*(vgl. BAB, Spalte Vertrieb)*
Sonstige betriebliche Erträge	0	*(im Bsp. nicht vorhanden)*
Sonstige betriebliche Aufwendungen	0	*(im Bsp. nicht vorhanden)*
Ergebnis vor Steuern	**2.250.000**	

Das Berechnungsschema zeigt, dass sich das Bruttoergebnis vom Umsatz mengenmäßig ausschließlich aus den veräußerten Gütern/Leistungen speist, und zwar sowohl erlös- als auch kostenseitig (hier werden lediglich die Herstellkosten der 3.000 verkauften Güter abgezogen). Verwaltungs- und Vertriebsaufwendungen, die nicht zu den Herstellkosten zählen, werden hingegen in ihrer Gesamtheit vom Bruttoergebnis abgesetzt – gegliedert nach Kostenstellen bzw. Funktionsbereichen.

Die Ergebnisrechnung nach dem Gesamtkostenverfahren bezieht die nach Kostenarten gegliederten Gesamtkosten (vgl. BAB) auf die gesamte Unternehmensleistung, d.h. sowohl die veräußerten Produkte zu tatsächlich erzielten Verkaufspreisen als auch die 1.000 auf Lager liegenden Scanner zu Herstellkosten. Daraus ergibt sich folgende schematische Ergebnisrechnung.

Ergebnisrechnung nach dem Gesamtkostenverfahren (in EUR)		
Umsatzerlöse	3.840.000	*(3.000 Stk. x 1.280 EUR)*
Bestandsveränderung	+370.000	*(1.000 Stk. x 370 EUR)*
Andere aktivierte Eigenleistungen	0	*(im Bsp. nicht vorhanden)*
Gesamtleistung	**4.210.000**	
Materialaufwand	-920.000	*(600.000 EUR + 320.000 EUR)*
Personalaufwand	-840.000	*(400.000 EUR + 440.000 EUR)*
Abschreibungen	-200.000	*(200.000 EUR)*
Sonstige betriebliche Erträge	0	*(im Bsp. nicht vorhanden)*
Sonstige betriebliche Aufwendungen	0	*(im Bsp. nicht vorhanden)*
Ergebnis vor Steuern	**2.250.000**	

Welches der dargestellten Verfahren im Unternehmen Anwendung findet, hängt von verschiedenen Faktoren ab. So erfordert beispielsweise die Anwendung des Umsatzkostenverfahrens v.a. unterjährig eine laufende Erfassung der Zu- und Abgänge im Lagerbestand. Aber auch branchenspezifische Besonderheiten können sich auf die Wahl des Verfahrens auswirken. So wird z.B. im langfristigen Anlagenbau der Umsatz erst vergleichsweise spät im Prozess realisiert. Bei Anwendung des Umsatzkostenverfahrens bedeutet dies, dass solange auch kein Erlös oder keine Bestandsveränderung in Form erbrachter Bauleistungen gezeigt werden kann. Findet hingegen das Gesamtkostenverfahren Anwendung, werden bis zur Umsatzrealisierung zumindest die Veränderungen der Bestände an unfertigen Erzeugnissen abgebildet (vgl. Kajüter/Voß [2011], S. 248 ff.).

Praxistipp: Bei der Wahl der Aufstellungsmethode für die Betriebsergebnisrechnung sollte auch bedacht werden, dass die Gewinn- und Verlustrechnung aus Vereinfachungsgründen oftmals analog aufgebaut wird.

c) Vollkosten- vs. Teilkostenrechnung

Vor allem bei der Entscheidungsfindung in Bezug auf Produktion oder Fremdbe-zug, das Produktionsprogramm oder die Annahme von Zusatzaufträgen ist oft-mals eine Unterscheidung zwischen Voll- und Teilkosten sinnvoll. Die Vollkos-tenrechnung bezieht dabei – wie bislang unterstellt – sowohl fixe als auch variable Kosten ein. Dies bedeutet im Umkehrschluss, dass bei der Kalkulation den Kos-tenträgern jeweils ein i.d.R. proportionaler Fixkostenanteil zugerechnet wird. Die-se Proportionalisierung kann jedoch kaum verursachungsgerecht sein. Diese Problematik beseitigt die Teilkostenrechnung, indem sie auf eine Fixkostenver-rechnung verzichtet und den Kostenträgern lediglich variable Kosten belastet. Die Fixkosten werden in der Betriebsergebnisrechnung en bloc berücksichtigt.

Unter der Prämisse gegebener Kapazitäten, von denen man aufgrund der kurzfristigen Perspektive in der Kostenrechnung grundsätzlich ausgehen kann, sind die Fixkosten (d.h. die mengenunabhängigen Kosten) i.d.R. nicht mehr ver-meidbar/veränderbar und damit für verschiedene Entscheidungen irrelevant. Auf kurze Sicht kommt damit z.T. den variablen Kosten erhöhte oder gar alleinige Entscheidungsrelevanz zu (vgl. zur Unterscheidung zwischen Voll- und Teilkos-tenrechnung ausführlich Hoitsch [2002], Sp. 2100 ff.). Dies zeigt sich auch im Auf-bau des BAB, in dem nun ebenfalls eine Trennung zwischen fixen und variablen Kosten stattfindet. Auf die Kostenträger werden dann – der Logik der Teilkosten-rechnung entsprechend – nur die variablen Kosten verrechnet.

Ein Instrument der Teilkostenrechnung ist die Deckungsbeitragsrechnung. Sie kann als Spielart der Ergebnisrechnung (nach dem UKV) angesehen werden, d.h. sie stellt den Umsatzerlösen die variablen Selbstkosten gegenüber. Ein besonderer Informationsgehalt resultiert dabei aus der Tatsache, dass diese Gegenüberstel-lung auf Ebene der einzelnen Kostenträger vollzogen wird. Der Deckungsbeitrag kann dabei als der Betrag verstanden werden, den ein individueller Kostenträger zur Deckung der (gesamten) Fixkosten beiträgt. Ein Vergleich der Deckungsbei-träge einzelner Produkte kann also z.B. für Produktionsprogrammentscheidungen hilfreich sein. So sollte vom Grundsatz her regelmäßig das Produkt primär ver-trieben werden, das den höchsten Deckungsbeitrag erzielt. Hierbei ist jedoch zu bedenken, dass in der Realität meist Restriktionen in Bezug auf Absatzvolumina oder Kapazitäten bestehen. Beim Vorliegen derartiger Restriktionen (z.B. Produk-tionszeiten etc.) ist hingegen eher auf einen relativen Deckungsbeitrag, d.h. den Deckungsbeitrag im Verhältnis zu einer begrenzten Messgröße, abzustellen.

Praxistipp: Unter Berücksichtigung etwaiger Restriktionen ist bei bestehender Nach-frage das Produkt mit dem höchsten absoluten Deckungsbeitrag primär anzubieten. Beim Vorliegen von Engpässen ist hingegen der relative Deckungsbeitrag vorzuziehen.

Wie bereits dargestellt, werden die Fixkosten bei der Deckungsbeitragsrechnung grundsätzlich en bloc (außerhalb der Einzelproduktbetrachtung) betrachtet. Hier kann jedoch noch eine weiterführende Differenzierung stattfinden. So sind zwar manche Fixkosten für alle Produkte bzw. das gesamte Unternehmen als fix zu betrachten (z.B. die Kosten der Geschäftsleitung), andere Fixkostenteile sind jedoch nur für bestimmte Teilbereiche konstant, beispielsweise für bestimmte Produktarten oder Produktgruppen. Entsprechend ist auch die Verrechnung der Fixkosten nach Teilbereichen zu differenzieren (vgl. ausführlich Sorg [2002], S. 227).

Die Bookprint GmbH produziert BWL-Fachbücher. Dabei werden die Unternehmensbereiche Lehrbücher und Kommentare unterschieden. Der Bereich Kommentare umfasst die Produkte Handelsrecht (HR) und Steuerrecht (SR), der Bereich Lehrbücher die Produktgruppen Rechnungslegung und Controlling. Die Produktgruppe Rechnungslegung umfasst die Produkte HGB und IFRS, die Gruppe Controlling die Produkte Strategisches Controlling (SC) und Operatives Controlling (OC). Für die Abrechnungsperiode Mai 20X1 liegen folgende Verkaufs- und Kostendaten vor:

	HR	SR	HGB	IFRS	SC	OC
Absatzpreis (EUR/Stk.)	120,00	100,00	50,00	60,00	40,00	35,00
Materialkosten (EUR/Stk.)	-40,00	-35,00	-10,00	-15,00	-15,00	-13,00
Lohnkosten (EUR/Stk.)	-65,00	-52,00	-28,00	-32,00	-24,00	-21,00
Stückdeckungsbeitrag	**=15,00**	**=13,00**	**=12,00**	**=13,00**	**=1,00**	**=1,00**
Absatzmenge (Stk.)	650	500	1.200	900	1.100	1.000

Zudem fallen produktgruppenfixe Kosten für Lehrbücher zur Rechnungslegung i.H.v. 5.000 EUR an, für Lehrbücher zum Controlling 2.000 EUR. Der Bereich Kommentare verursacht bereichsfixe Kosten von 4.000 EUR, der Bereich Lehrbücher 6.000 EUR. Zudem entstanden im Mai unternehmensfixe Kosten i.H.v. 8.000 EUR.

	Kommentare		Lehrbücher			
			Rechnungslegung		Controlling	
(in EUR)	HR	SR	HGB	IFRS	SC	OC
Umsatzerlöse	78.000	50.000	60.000	54.000	44.000	35.000
- variable Gesamtkosten	68.250	43.500	45.600	42.300	42.900	34.000
= Deckungsbeitrag I	9.750	6.500	14.400	11.700	1.100	1.000
Zwischensumme DB I	16.250		26.100		2.100	
- produktgruppenfixe Kosten	---		-5.000		-3.000	
= Deckungsbeitrag II	16.250		21.100		**-900**	
Zwischensumme DB II	16.250		20.200			
- bereichsfixe Kosten	-4.000		-6.000			
= Deckungsbeitrag III	12.250		14.200			
Zwischensumme DB III	26.450					
- unternehmensfixe Kosten	- 8.000					
= DB IV (Gewinn)	**18.450**					

Die differenzierte Betrachtung der Fixkosten zeigt, dass die Produktgruppe Lehrbücher zum Controlling einen negativen Deckungsbeitrag (-900 EUR) erwirtschaftet. Bei undifferenzierter Fixkostenbetrachtung würde dies nicht auffallen, da auf Basis des Deckungsbeitrags I jeweils ein positiver Produktdeckungsbeitrag erwirtschaftet wird und bei Abzug der fixen Gesamtkosten ein positiver Erfolg, d.h. ein Gewinn, erwirtschaftet wird.

Im Hinblick auf die Produktionsprogrammentscheidung fällt beim Vergleich der Stückdeckungsbeiträge auf, dass Kommentare zum Handelsrecht den höchsten absoluten Stückdeckungsbeitrag erzielen. Eine reine Fokussierung auf diese Kommentare sollte jedoch vorsichtig überdacht werden, da für derartig spezialisierte Werke oftmals ein nur begrenzter Markt besteht (Absatzrestriktion). Aber auch strategische Überlegungen wie z.B. das Cross Selling fließen hier mit ein. So wird ein Mitarbeiter einer betriebswirtschaftlichen Fachabteilung ggf. eher einen Kommentar der Bookprint GmbH kaufen, wenn er bereits im Studium gute Erfahrungen mit deren Lehrbüchern gemacht hat.

Exkurs: Kostenmanagement

Vor allem in Krisenzeiten kommt dem Kostenmanagement eine besondere Bedeutung zu. Aber auch um im regulären Tagesgeschäft wettbewerbsfähig zu bleiben ist es oftmals notwendig, die Kostensituation im Unternehmen zu optimieren. Als Kostenmanagement bezeichnet man demnach Maßnahmen, um die Kosten im Sinne des Unternehmens zu gestalten. Die Ansatzpunkte für ein effektives Kostenmanagement sind dabei ähnlich zahlreich wie die zur Verfügung stehenden Instrumente. So können Kostenoptimierungspotenziale z.B. sowohl produktseitig als auch organisationsseitig vorliegen. Im Hinblick auf das Produkt kann z.B. eine hohe Variantenvielfalt eines Produktes die Kosten in die Höhe treiben, aber auch vom Kunden nicht genutzte Funktionen des Produktes verursachen oftmals unnötige Kosten in der Herstellung. Aber auch der Ressourceneinsatz, d.h. die Menge an eingesetzten Produktionsfaktoren (Arbeit, Material etc.) sowie deren Preise wirken sich in nicht unerheblichem Maße auf die Kostensituation des Unternehmens aus. Organisationsbezogene Kostentreiber finden sich hingegen meist im Prozessbereich. Insbesondere Prozesse, die über Jahre hinweg unverändert durchgeführt werden, bergen z.T. ungeahntes Optimierungspotenzial.

Um diese Optimierungspotenzial erkennen und nutzen zu können, existieren verschiedenste Ansätze. Diese können danach unterschieden werden, in welchem Maße sie auf die Gestaltung der Produkte oder Prozesse selbst einwirken. Instrumente, die die Produkt-/Prozessgestaltung nicht verändern, sind z.B. die flexible Plankostenrechnung oder unterschiedliche Budgetierungsmethoden. Unmittelbaren Einfluss auf die Produkt-/Prozessgestaltung nehmen hingegen z.B. die Zielkostenrechnung (Target Costing) oder die Prozesskostenrechnung (vgl. zu verschiedenen Verfahren ausführlich Coenenberg/Fischer/Günther [2009], S. 301 ff.).

5.4   Grundzüge des Controlling

Beispiel
Der Betrieb von Max Mustermann ist in den letzten Monaten stark gewachsen. Er hat einige Mitarbeiter eingestellt und arbeitet selbst hart an den operativen Aufgaben mit. Für sein Rechnungswesen hat er die erfahrene Finanzbuchhalterin Anja Anderson eingestellt. Sie verbucht seine Belege, kalkuliert seine Produkte und erstellt für ihn die notwendigen Unterlagen zum Jahresabschluss. Da Mustermann selbst nicht mehr dazu kommt, übernimmt sie auch die Planungsaufgaben und extrapoliert das Wachstum der vergangenen Monate in die Zukunft. Die Daten trägt Anderson in eine dafür vorgesehene Excel-Datei auf dem allgemeinen Server ein und setzt Mustermann mit einer kurzen E-Mail davon in Kenntnis. Was sie nicht weiß ist, dass diese E-Mail im Tagesgeschäft untergeht und von Mustermann nicht gelesen wird.

Am Ende des nächsten Quartals ist Mustermann entsetzt. Im Auftragsbuch findet sich eine immense Zahl von nicht abgearbeiteten Aufträgen, die er aufgrund der nur begrenzt vorhandenen Kapazitäten nicht termingerecht bearbeiten kann. Wutentbrannt zitiert er Frau Anderson in sein Büro und stellt sie zur Rede. Nach seinem Verständnis hätte sie aufgrund ihrer Planungen entsprechende Investitionen anstoßen und Personalanforderungen kommunizieren sollen. Dies kann Frau Anderson nicht nachvollziehen. Sie erläutert dem Jungunternehmer, dass sie zwar verschiedene Daten aufbereitet hat, die Entscheidungskompetenz sowie die entsprechende Verantwortung jedoch immer noch bei ihm als Unternehmer liegen. Dies sieht Mustermann nach einiger Diskussion zähneknirschend ein.

Basierend auf den Ergebnissen ihrer Diskussion kommen Mustermann und Anderson darin überein, dass ein Controller Mustermann bei seiner Entscheidungsfindung unterstützen soll und zur Informationsverarbeitung und -bereitstellung in den Planungs- und Kontrollprozess mit eingebunden werden muss. Da hierfür aufgrund der Größe und Struktur des jungen Unternehmens jedoch keine Vollzeitstelle nötig ist, stellt Mustermann den selbständigen Unternehmensberater Klaus König als freien Mitarbeiter auf Stundenbasis ein. Zudem werden gleich jeweils zu Beginn und zum Ende einer Abrechnungsperiode fixe Termine vereinbart, zu denen der Berater Mustermann über die aktuellen Entwicklungen informiert und auch ggf. Maßnahmen vorschlägt.

Aufgabe des Controlling ist es, die Geschäftsleitung bei der Steuerung des Unternehmens und den damit verbundenen Entscheidungen zu unterstützen (vgl. Berens/Bertelsmann [2002], Sp. 280). Dabei sind die Instrumente des Controlling und deren Ausprägung oftmals genauso individuell wie das Unternehmen selbst. Im Zentrum dieser Steuerungs- und Entscheidungsunterstützungsaufgabe steht die Bereitstellung entscheidungsnützlicher Informationen. Eine der Hauptaufgaben des Controllers ist demnach die Beschaffung, Verarbeitung und Analyse entsprechender Daten (vgl. zur Informationsversorgung ausführlich Weber/Schäffer [2011], S. 75 ff.). Dabei orientiert sich der Controllingprozess regelmäßig an den typischen Managementprozessen: Im Rahmen der **Planung** werden Ziele definiert. Diese Ziele können sowohl finanzieller als auch nicht-finanzieller Natur und – je nach Struktur des Unternehmens – hierarchisch gegliedert sein. Das vorliegen zu realisierender Ziele führt zu entsprechenden Aktivitäten im Unternehmen, die der Erreichung dieser Ziele dienen sollen. Aufgrund verschiedenster externer wie interner Einflüsse weicht die tatsächliche Ausprägung der Zielerreichung jedoch im Regelfall von den definierten Plan-/Soll-Werten ab. Derartige Abweichungen werden im Rahmen der **Kontrolle** identifiziert und analysiert. Damit umfasst der Kontrollaspekt neben der reinen Durchführung von Soll-Ist-Vergleichen auch die Analyse der Gründe für die Abweichungen und deren Beurteilung. Schließlich werden die Ergebnisse dieser Analysen dazu verwendet Maßnahmen zu erarbeiten, um ggf. die Zielerreichung zu verbessern. Aber auch die Möglichkeit von Zielrevisionen darf hierbei nicht außer Acht gelassen werden. In diesem Zusammenhang ist es für das Verständnis des Controlling von essenzieller Bedeutung, dass die Verantwortung für die Entscheidungen und die Durchführung von Maßnahmen stets bei der Unternehmensleitung liegt. Der Controller stellt hingegen die für eine sinnvolle Beurteilung der Entscheidungsmöglichkeiten notwendigen Daten bereit und arbeitet diese im Hinblick auf ihre Auswirkungen auf die Unternehmensziele aus. Wie das Controlling im Unternehmen organisiert ist, hängt weitestgehend von der Organisation des Unternehmens, seiner Größe sowie verschiedensten weiteren Faktoren ab (vgl. zur Organisation des Controlling, v.a. in größeren Unternehmen Preißner [2010], S. 15 ff.). Es ist jedoch auch nicht ausgeschlossen, dass die Controllingaufgaben an externe Dienstleister wie Unternehmensberater ausgelagert werden. Insbesondere in kleineren Unternehmen kann eine derartige Lösung wirtschaftlich sein.

Praxistipp: Controlling muss, v.a. in sehr kleinen Unternehmen, nicht unbedingt in einer separaten Stelle organisiert sein. Controllingaufgaben können auch vom Management selbst, von Mitarbeitern in der Finanzbuchhaltung oder von externen Beratern erledigt werden. Wichtig ist, dass das Controlling zu Struktur und Größe des Unternehmens passt und dadurch effektiv eingesetzt werden kann.

Im Hinblick auf die weiterführende Spezifizierung der Aufgaben des Controlling wird oftmals in zwei grobe Subsysteme des Controlling unterschieden: das operative und das strategische Controlling (vgl. zu dieser Unterscheidung detailliert auch Baum/Coenenberg/Günther [2007], S. 9 ff.). Das **operative** Controlling ist dabei regelmäßig eher kurzfristig orientiert. Dies bedeutet, dass bestimmte interne wie externe Rahmenbedingungen im Unternehmen als gegeben anzusehen

sind und lediglich deren möglichst effiziente Umsetzung forciert wird. Zu beein-
flussende Zielgrößen sind in diesem Zusammenhang meist der Gewinn oder die
Liquidität, weswegen sich die Hauptaufgaben des operativen Controlling auch
auf die bereits dargestellten Bereiche der Kosten- und Erlösrechnung und des Jahresabschlusses beziehen (vgl. Kapitel 5.2 und 5.3). Das Datenmaterial, das hierbei
verarbeitet wird, ist demnach meist quantitativ und bei korrekter Ermittlung relativ verlässlich. Im Gegensatz dazu fokussiert das **strategische** Controlling auf das
Erfolgspotenzial der Unternehmung, d.h. der Betrachtungshorizont ist mittel- bis
langfristig gewählt. Diese zeitliche Orientierung führt jedoch dazu, dass das Gros
der Annahmen einer hohen Unsicherheit unterliegt. Im Umkehrschluss bedeutet
dies jedoch auch einen deutlich größeren Spielraum, was die Gestaltbarkeit der
Rahmenbedingungen – sowohl extern als in besonderem Maße auch intern – an-
geht. Als Zielgröße des strategischen Controlling gilt neben dem Erfolgspotenzial
meist auch der Unternehmenswert, der durch strategische Maßnahmen langfristig
beeinflusst werden kann. Datentechnisch speist sich das strategische Controlling
verstärkt aus qualitativen Informationen, die im Rahmen der Unternehmensbe-
richterstattung am ehesten dem Lagebericht zu entnehmen sind (vgl. zur Erfolgspotenzialanalyse anhand des Lageberichts Fink [2007]).

Dipl.-Kffr. Eva Vogelsang

Kapitel 6: Personal- und Arbeitsorganisation

6.1 Personalmanagement

Beispiel

Max Mustermann steht nun vor einer schwierigen Aufgabe. Bisher hat er alleine für sich gearbeitet, nun merkt er immer öfter, dass er alleine nicht weiter machen kann, sondern Personal benötigt, um bestimmte Aufträge in der vorgegebenen Zeit erledigen zu können. Er geht zum Arbeitsamt und gibt dort bekannt, dass er mehrere offene Stellen in der Produktion zu besetzen hat. Auf Nachfrage gibt er noch an, dass die neuen Mitarbeiter Kenntnisse in der Metallverarbeitung haben sollten. Schon nach einigen Tagen wird er überschüttet mit Bewerbungsunterlagen. Da er sich noch nie mit Bewerbungsunterlagen beschäftigt hat und auch keine Zeit hat, lädt er sich einfach die ersten 10 Kandidaten ein. Fünf davon sind ihm nicht sympathisch, die anderen fünf sollen sofort beginnen. Auf die Frage eines Bewerbers wie viel er zahlen würde kann er nur ausweichend antworten und nimmt sich vor, in den nächsten Wochen bei der IHK anzufragen wie hoch denn der richtige Lohn wäre. Schon nach zwei Tagen kommt einer der Mitarbeiter nicht mehr, er hört nur von einem anderen die Arbeit hätte ihm nicht gefallen. Zwei der Mitarbeiter findet Max Mustermann wirklich gut. Beide sind fleißig und kennen sich aus. Die beiden anderen dagegen machen viele Probleme... Einer scheint sehr nett und willig, hat aber keine Fachkenntnisse und kann deshalb nur unter Anleitung arbeiten. Der andere ist ständig unpünktlich, macht sehr viele Pausen und scheint nicht motiviert. Ihn möchte Max Mustermann so schnell wie möglich los werden. Leider hat er keinen Arbeitsvertrag ausgehändigt und auch keine Probezeit vereinbart... und das Problem mit der Entlohnung ist ebenfalls noch ungelöst.

Das oben beschriebene Beispiel ist nur sehr kurz und lediglich ein kleiner Aspekt des Personalwesens, verdeutlicht aber, wie schnell fehlende Personalarbeit zu Problemen führen kann, und zwar zu zwischenmenschlichen, organisatorischen wie auch arbeits-, sozialsteuer- und lohnsteuerrechtlichen und damit auch immer zu finanziellen Risiken. Personalmanagement ist elementar für jeden Unternehmer, der mindestens einen Mitarbeiter beschäftigen möchte. Im Folgenden sollen die Grundzüge des Personalmanagements erläutert werden.

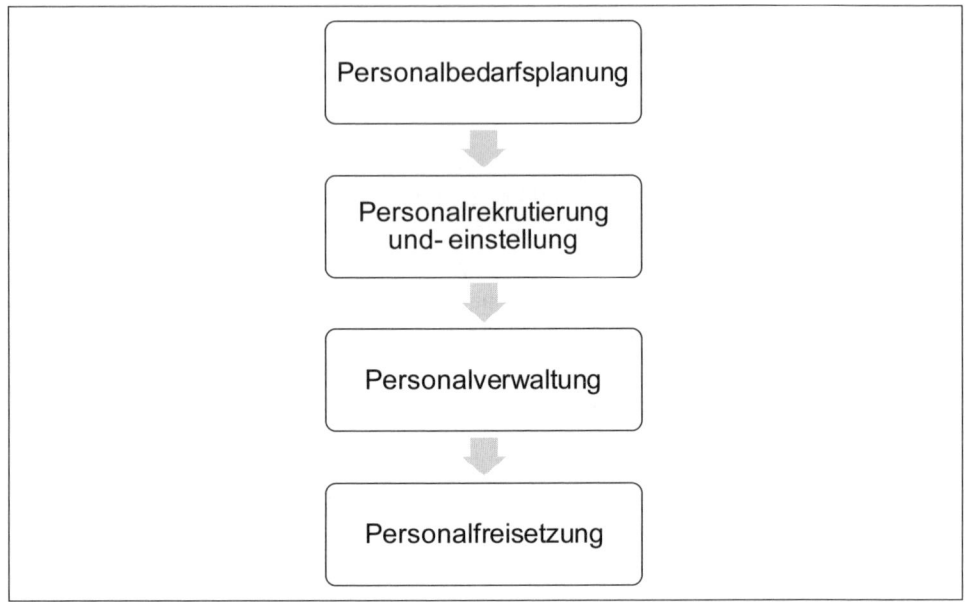

Abb. 6.1: Aufgaben des Personalwesens

6.1.1 Personalplanung

Die Personalplanung oder Bedarfsbestimmung beschäftigt sich mit der Erhebung des erforderlichen Soll-Personalbestandes und umfasst per Definition alle Maßnahmen zur Ermittlung des derzeitigen und zukünftigen quantitativen und qualitativen Bedarfs an Mitarbeitern eines Unternehmens (vgl. Stock-Homburg [2010], S. 102). Sie ist das Bindeglied zwischen der Produktions- und Absatzplanung und der Personaleinsatzplanung. Personalunterdeckungen ebenso wie Personalüberdeckungen schlagen sich unmittelbar negativ auf das Unternehmensergebnis aus. Sie sind in ihrer Konsequenz immer sehr kostspielig. Bei Personalunterdeckung sind mögliche Produktionsmengen oder Absatzziele nicht zu erfüllen, bei Personalüberdeckung wirken sich zu hohe Kosten ungünstig aus. Es ist demnach wichtig, auch für kleine Unternehmen, sich zunächst intensiv mit der Bedarfsplanung auseinanderzusetzen.

Die Personalplanung ist Teil der Unternehmensplanung und spiegelt zukunftsbezogen wider, welche Anforderungen die unternehmerischen Ziele in qualitativer wie quantitativer Hinsicht auf den Personalbedarf haben.

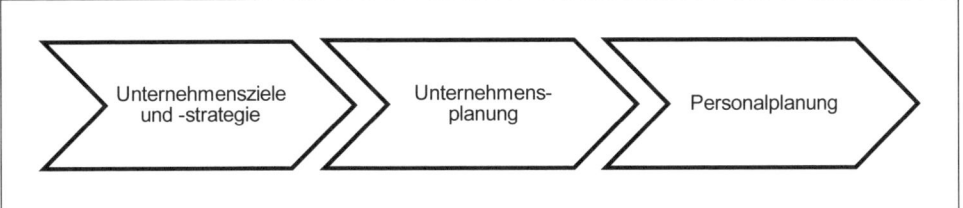

Abb. 6.2: Personalplanung
(vgl. Scholz u.a. [2011], HaufeIndex 912432)

Grundsätzlich gibt es die qualitative und die quantitative Personalplanung. Die qualitative Personalplanung beschreibt die Anforderungen einer Stelle, die quantitative Personalplanung beschäftigt sich mit der Menge der einzustellenden Personen. Der Prozess der Personalbedarfsplanung sollte vor allem in zwei Schritten vollzogen werden:

1. Schritt: Ermittlung der aktuellen Personalausstattung nach Quantität und Qualität (hierzu gehört auch der Unternehmer selbst als Arbeitskraft)
2. Schritt: Ermittlung des zukünftigen Personalbedarfs nach Quantität und Qualität

Hierbei fällt der erste Schritt vermutlich leicht, während die Prognose des zukünftigen Personalbedarfs weitaus schwieriger ist. Bestimmungsfaktoren für den zukünftigen Bedarf können interne und externe Einflussgrößen sein. Interne Bestimmungsfaktoren sind die Unternehmenspläne, wie z.B. die Absatzplanung. Externe Einflussgrößen sind die Entwicklung der Nachfrage am Markt, das Verhalten der Konkurrenz und die Lage am Arbeitsmarkt.

Der Planungshorizont sollte kurz- und mittelfristig sein. Kurzfristig wird für ein Jahr geplant, mittelfristig bis zu fünf Jahre. Die mittelfristige Perspektive sollte man als Unternehmer im Hinterkopf behalten, während die 1-Jahres-Planung so genau wie möglich und schriftlich festgelegt werden sollte.

Ziel der Bedarfsplanung ist die Ermittlung der zukünftig erforderlichen Mitarbeiteranzahl in quantitativer und qualitativer Hinsicht. Natürlich kann die Erhebung des Personalbedarfs immer nur ein Annäherungsprozess sein. Möglich sind dafür verschiedene Methoden, von denen einige im Folgenden vorgestellt werden sollen. Der Unternehmer kann diese parallel verwenden, um noch mehr Planungssicherheit zu bekommen und alle Aspekt bedacht zu haben, oder nach mehrjähriger Erfahrung nur noch eine Methode verwenden:

a) Schätzverfahren
Bei der einfachen Schätzung basieren die Bedarfszahlen auf Erfahrungen der Unternehmensführung. Dieses Verfahren ist zwar einfach, dennoch können die Bedarfszahlen in vielen Unternehmen damit ermittelt werden, so lange sich die Un-

ternehmensführung ausreichend Gedanken über die nötige Menge und die Qualifikationen der Mitarbeiter in den einzelnen Bereichen macht.

b) Trendverfahren

Beim Trendverfahren wird versucht, Daten aus der Vergangenheit in die Zukunft fortzuschreiben und mögliche Trends weiter zu prognostizieren. Voraussetzung dafür ist, dass man genügend Datenmaterial aus der Vergangenheit besitzt, ein Umstand, der bei Existenzgründern nicht immer gegeben ist.

c) Kennzahlenmethode

Die Kennzahlenmethode ist eine mathematische Vorgehensweise, die versucht, eine stabile Beziehung zwischen einem Bestimmungsfaktor und dem Personalbedarf herauszufinden. Die am häufigsten gebrauchte Kennzahl ist hierbei die Arbeitsproduktivität. Eine Ertragsgröße (meist Umsatz) wird zu einer Kennzahl des Arbeitseinsatzes (z.B. Arbeitszeit oder Beschäftigtenzahl) in Beziehung gesetzt:

Arbeitsproduktivität = X (EUR Umsatz) / Y (Beschäftigte)

Nach Ermittlung der Arbeitsproduktivität wird mit dem geschätzten zukünftigen Umsatz der zukünftige Personalbedarf ermittelt:

zukünftiger Personalbedarf = zukünftiger Umsatz X / Arbeitsproduktivität

---

Die Berechnung der Arbeitsproduktivität wird entweder aufgrund von Vergangenheitswerten berechnet oder muss geschätzt werden. (vgl. Scholz u.a. [2011], HaufeIndex 912432).

Der Kapazitätsbedarf errechnet sich z.B. auch durch die Multiplikation von notwendigen Arbeitszeiten pro Arbeitsgang oder Arbeitsaufgabe und Vorgangsmengen. Hierbei wird jeweils dieselbe Zeiteinheit zu Grunde gelegt, beispielsweise alles bezogen auf eine Woche oder alle Kennzeichen bezogen auf einen Monat:

$$\text{Personalbedarf} = \frac{\text{Arbeitszeit pro Arbeitsaufgabe} \times \text{Arbeitsmenge}}{\text{Arbeitszeit pro Mitarbeiter}}$$

Berücksichtigt werden muss bei dieser Methode noch ein Zuschlag für Ausfallzeiten des Mitarbeiters durch Urlaub oder Krankheit, d.h. das Ergebnis sollte immer noch aufgerundet werden.

Für die genauere Planung der geleisteten Arbeitsstunden pro Mitarbeiter kann folgende Formel verwendet werden:

Planung der geleisteten Arbeitstage pro Vollzeit – Mitarbeiter	
Kalendertage	365
abzüglich Samstag und Sonntag	104
abzüglich Feiertage	9 (kann je Bundesland variieren)
abzüglich Urlaub	24 (Mindesturlaub)
abzüglich Krankheit	10 (Bundesdurchschnitt 2010)
abzüglich Fortbildung	6 (sollte ab Jahr 2 auf Unternehmenswerten basieren)
= geleistete Arbeitstage	212
abzüglich Leerlauf- oder Vorbereitungszeiten	20 (sollte ab Jahr 2 auf Unternehmenswerten basieren)
= verfügbare Arbeitstage	192 (bei einer 40-Std. Woche = 1.536 Std. pro Jahr)

Abb. 6.3: Personalplanung
(in Anlehnung an: Scholz u.a. [2011], HaufeIndex 912432)

Ein mathematisches Beispiel für die Kennzahlenmethode wird im Businessplan in Kapitel 8 dargestellt.

d) Stellenplanmethode

Bei der Stellenplanmethode wird der Bedarf anhand eines Stellenplans ermittelt. Darin sollten Aufgaben und Qualifikationen festgehalten werden. Dies kann bei kleineren Unternehmen anhand eines Organigrammes geschehen, bei größeren Unternehmen in Tabellenform:

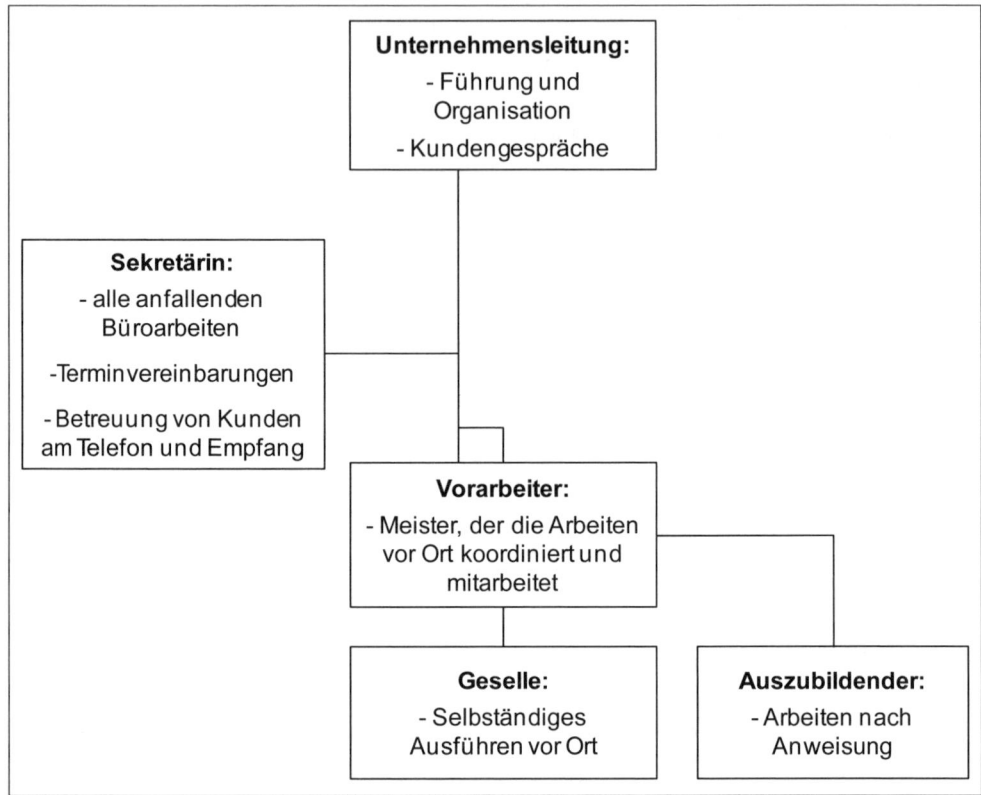

Abb. 6.4: Beispiel-Organigramm eines Handwerksbetriebs mit den wichtigsten Aufgaben

Man sieht, dass ein Organigramm allenfalls bei wenigen Mitarbeitern ausreichend sein kann, denn schon die wichtigsten Qualifikationen dort unterzubringen, wird mit größerer Anzahl schwierig. Genauer kann ein Unternehmer die Anforderungen sowie nötigen Fähigkeiten und Kenntnisse in Tabellenform darstellen:

Aufgaben	Können/Kompetenzen/ Fähigkeiten	Motive/Wollen/ Persönlichkeit	Einschätzung des Bewerbers: +, 0,-
Telefondienst	- Gute Englischkenntnisse	- Freundlichkeit - Höflichkeit - Dienstleistungsgedanke	
Buchhaltung	- Ausbildung zur Bürokraft - Praktische Erfahrung in der Buchhaltung, mindestens 2 Jahre	- Freude an genauem Arbeiten	
Lohn- und Gehalts- abrechnung	- Mindestens ein Jahr Erfah rung in der Abrechnung		
Büro- organisation	- Organisationstalent - erste Erfahrungen	- Spaß an Organisation	
Angebots und Rechnungs- stellung	- Erste Grunderfahrung		
Allgemeine Korrespon- denz	- Gute Maschinenkenntnisse - Gute Kenntnisse in MS Word - Perfekte Rechtschreibung		
Vorbereitung von Präsenta- tionen	- Sehr gute Kenntnisse in MS PowerPoint		
Repräsentie- ren am Emp- fang	- passend gekleidet - gutes Benehmen	Offenheit Hilfsbereitschaft	

Abb. 6.5: Beispiel für ein Anforderungsprofil eines Teamassistenten

Das Anforderungsprofil ist dann auch die Grundlage für die Stellenausschreibung und den gesamten Personalauswahlprozess. Die Zeit, die in die Analyse der genauen Anforderungen gesteckt wird, zahlt sich aus, denn nichts ist teurer als eine falsche Personaleinstellung. Die Zeit zur Einarbeitung eines neuen Mitarbeiters verursacht erhebliche Kosten, und erst nach durchschnittlich ca. einem Jahr arbeitet ein Arbeitnehmer effizient. Geht ein Arbeitnehmer in diesem Zeitraum bedeutet das, dass die kompletten Einarbeitungskosten für das Unternehmen verloren sind. Außerdem ist bei Fehlbesetzungen mit Leistungsverlusten zu rechnen, evtl. mit Kundenunzufriedenheit und Reklamationen, meist auch mit Störungen des Betriebsfriedens, Demotivation der weiteren Beschäftigten oder Leistungsminderung des Teams. Dazu kommen dann die direkten Kosten eine Fehlentscheidung wieder zu korrigieren und sich von dem Mitarbeiter zu trennen, d.h. zum Beispiel die Zahlung einer Abfindung oder den Kündigungsprozess anzustoßen und im schlimmsten Falle die Kosten eines Arbeitsgerichtsprozesses. In der Literatur werden die Folgekosten einer Fehlbesetzung mit der Notwendigkeit erneuter Personalsuche mindestens mit dem 1,5-fachen Jahresgehalt der Stelle angesetzt (vgl. Rohrschneider [2011], HaufeIndex 583235).

Doch nicht nur der Aufwand für eine notwendige Trennung und damit der schlechteste anzunehmende Fall sollte bedacht werden, sondern auch der erlöstechnische Unterschied zwischen der Einstellung eines Mitarbeiters mit mittelmäßigem Leistungsbeitrag im Gegensatz zum Erlösbeitrag einer Spitzenkraft. Personalauswahl muss immer langfristig ausgelegt sein und ist einer der wichtigsten Erfolgsfaktoren für Unternehmen. Die Kosten und der Zeitaufwand für eine strukturierte und durchdachte Personalauswahl sollten deshalb aus rein rechnerischen Gründen in ausreichender Höhe investiert werden.

Erfolgreich ist die Personalauswahl, wenn es schnell gelingt, den Mitarbeiter zu finden, bei dem Fähigkeiten und Motivation zu den Unternehmensanforderungen und Stellenzielen passen und der sich zügig und unkompliziert in die bestehende Mannschaft integriert. Diese Kongruenz wird zum langfristigen Motivations-, Leistungs- und Erfolgsfaktor für den Mitarbeiter und zum Gewinnfaktor auf Seiten des Unternehmens.

Der Unternehmer muss sich zunächst darüber im Klaren sein, ob er ständigen oder nur kurzfristigen Bedarf an Arbeitskräften hat. Ist der Bedarf eher kurzfristig oder noch sehr unsicher, sind Personalleasingfirmen gut geeignet, um Engpässe zu schließen. Auch bei Abwesenheit von bereits vorhandenem Personal bietet sich die gewerbsmäßige Arbeitnehmerüberlassung an. Zudem können hier potenzielle Kandidaten getestet und bei langfristigem Bedarf evtl. übernommen werden. Die Arbeitnehmerüberlassung ist deshalb auch als externer Beschaffungsweg zu sehen. Es sollte jeweils eine Kostenanalyse durchgeführt werden, ob es sinnvoller ist eine Tätigkeit an externe Dienstleister zu vergeben, z.B. für administrative Aufgaben wie Buchführung und Steuern, oder selbst Mitarbeiter dafür einzustellen.

Die Arbeitnehmerüberlassung verursacht für das entleihende Unternehmen in der Regel höhere Kosten als Eigenpersonal, vermindert jedoch das Risiko von Fehleinstellungen.

6.1.2 Personalrekrutierung

Nach Festlegung des Anforderungsprofils ist die Erstellung der Stellenanzeige einfach zu bewerkstelligen. Die wichtigsten Voraussetzungen für Bewerber und die Beschreibung der Aufgabe ergeben sich automatisch aus dem Anforderungsprofil. Zudem sollte man zu Beginn der Stellenanzeige das Unternehmen kurz beschreiben und die gewünschten Bewerbungsunterlagen definieren. Um nicht in Konflikt mit dem Allgemeinen Gleichbehandlungsgesetz (AGG) zu kommen sollten am besten „vollständige" Bewerbungsunterlagen angefordert werden und nicht explizit ein Foto verlangt werden. Zudem muss die Stellenausschreibung geschlechtsneutral formuliert sein und darf keine Angaben über das gewünschte

Alter eines Bewerbers enthalten. Das AGG verbietet in Beschäftigung und Beruf allgemein Benachteiligungen aufgrund der geschützten acht Merkmale Rasse, ethnische Herkunft, Religion, Weltanschauung, Behinderung, Alter, sexuelle Identität und Geschlecht. Für die Ausschreibung einer Stelle stellt das Gesetz in den §§ 1, 7, 11 AGG ausdrücklich dar, dass eine Stelle nicht unter Verstoß gegen dieses Diskriminierungsverbot ausgeschrieben werden darf. Verstößt der Arbeitgeber dagegen, können allen dadurch benachteiligten Bewerbern Schadenersatzansprüche gegen das Unternehmen zustehen.

Wichtig ist zu entscheiden, für welchen Zeitraum die Stelle ausgeschrieben werden soll und an welche Adresse oder email-Adresse Bewerbungen geschickt werden können. Der Unternehmer muss zudem festlegen, ob er die Stelle nur bei der Agentur für Arbeit bekannt machen möchte oder z.B. in Tageszeitung oder Internet veröffentlicht. Eine Veröffentlichung der Stellenanzeige verursacht zwar Kosten, ist aber gleichzeitig auch Werbung für das Unternehmen und die große Chance, dass sich mehr qualifizierte Bewerber auf die Stelle bewerben.

Grundsätzlich ist es positiv, besonders in Zeiten des prognostizierten Fachkräftemangels, aus vielen Bewerbungen auswählen zu können. Werden es allerdings Massen, müssen Überlegungen angestellt werden, wie eine fundierte Vorauswahl getroffen werden kann. Der administrative Aufwand dabei ist auch ein Kostenfaktor. Besser ist es deshalb im Vorfeld in der Stellenanzeige alle notwendigen Qualifikationen zu beschreiben, um möglichst nur die Bewerber anzusprechen, die geeignet sein könnten. Auch bei der Bewerbungssichtung hilft immer wieder das anfangs erstellte Anforderungsprofil, das an den eingegangenen Bewerbungen gespiegelt wird. So könnte man im Beispiel oben also zunächst alle Bewerbungen aussortieren, die keine kaufmännische Ausbildung und nicht die entsprechende Berufserfahrung in Jahren haben. Zudem sollten die Bewerbungen aussortiert werden, die nicht ordentlich aussehen oder Rechtschreibfehler enthalten, denn für die oben beschriebene Stelle als Sekretärin sind dies Voraussetzungen, die als unabdingbar festgelegt wurden. Sind nach dieser ersten Auswahl immer noch zu viele Bewerber übrig, sollte man nach Lücken im Lebenslauf suchen und sich die Zeugnisse der Bewerber näher ansehen.

Die Arbeitszeugnisse sind in ihren Formulierungen in der Regel verschlüsselt. Um bewerten zu können, wie gut oder schlecht ein Arbeitszeugnis ist, sollte man zumindest die zusammenfassende Bewertung und die wichtigsten Floskeln „übersetzen" können:

Zusammenfassende Leistungsbeurteilung in Arbeitszeugnissen:

1	2	3	4
Wir waren mit seinen Leistungen stets in jeder Hinsicht außerordentlich zufrieden.	hat die ihm übertragenen Aufgaben stets zu unserer vollen Zufriedenheit erledigt.	hat die ihm übertragenen Aufgaben zu unserer vollen Zufriedenheit erledigt.	hat die ihm übertragenen Aufgaben zu unserer Zufriedenheit erledigt.
hat die ihm übertragenen Aufgaben stets zu unserer vollsten Zufriedenheit erledigt.	Seine Leistungen fanden stets unsere volle Anerkennung.	Wir waren mit seinen Leistungen voll zufrieden.	Mit seinen Leistungen waren wir zufrieden.

Beurteilung des Sozialverhaltens:

1	2	3	4
Das persönliche Verhalten war stets vorbildlich. Bei Vorgesetzen, Kollegen und Geschäftspartnern ist er sehr geschätzt.	Das persönliche Verhalten war stets einwandfrei. Bei Vorgesetzten, Kollegen und Mitarbeitern ist er geschätzt.	Das persönliche Verhalten gegenüber Vorgesetzten, Kollegen und Kunden war einwandfrei.	Das Verhalten war höflich und korrekt.

Grund der Beendigung:

Mitarbeiterkündigung	Arbeitgeberkündigung	Aufhebungsvertrag	Befristung
...verlässt uns zum ... auf eigenen Wunsch.	...verlässt uns zum...	... verlässt unser Unternehmen in gegenseitigem Einverständnis.	Das befristete Arbeitsverhältnis endete zum ....

Schlussformulierung:

1	2	3	4
Wir bedanken uns bei ihm für seine allzeit sehr gute Arbeit und wünschen ihm für seine berufliche wie persönliche Zukunft alles Gute und weiterhin viel Erfolg.	Wir danken ihm für seine Mitarbeit und wünschen ihm für seine Zukunft alles Gute und weiterhin Erfolg.	Wir danken ihm für seine Mitarbeit und wünschen ihm für die Zukunft alles Gute.	Wir wünschen ihm für die Zukunft alles Gute.

Wird einem Kandidaten in einem Arbeitszeugnis eine Bewertung schlechter als „2" bescheinigt, sollte man im Vorstellungsgespräch darauf eingehen und nachfragen, ob es Probleme gab. Wird einem Bewerber von mehreren verschiedenen Arbeitgebern eine „3" oder schlechter bezeugt, sollte man von der Bewerbung besser Abstand nehmen.

Praxistipp: Pro einzustellendem Mitarbeiter sollten nach der Vorauswahl mindestens 5 Kandidaten zu Vorstellungsgesprächen eingeladen werden.

Auf der Einladung zum Vorstellungsgespräch müssen Fahrt- und Verpflegungskosten ausgeschlossen werden, ansonsten ist das Unternehmen verpflichtet, diese zu erstatten. Möchte man diese Kosten einsparen, genügt im Einladungsschreiben ein Hinweis: „*Wir weisen Sie darauf hin, dass wir Ihre Fahrtkosten nicht erstatten.*"

Das Vorstellungsgespräch dient mehreren Zielsetzungen. Zum einen gewinnt der Arbeitgeber einen persönlichen Eindruck des Bewerbers und Hauptziel muss natürlich sein, die Eignung des Bewerbers auf die Stelle nach dem Gesprächstermin bewerten zu können. Zum anderen soll der Bewerber ebenfalls Informationen erhalten, um eine realistische Vorstellung von einem evtl. zukünftigen Arbeitsplatz und Arbeitsumfeld als Entscheidungsgrundlage zu bekommen.

Das Unternehmen repräsentiert sich bei Vorstellungsgesprächen automatisch nach außen und man sollte deshalb einen möglichst positiven Eindruck beim Bewerber hinterlassen, selbst wenn der Bewerber für die Position nicht geeignet ist. Auch bei Vorstellungsgesprächen ist die gute Vorbereitung elementar. Wichtig ist, sich vorher mit den Bewerbungsunterlagen nochmals gründlich zu beschäftigen, um im Gespräch dann offene Fragen klären zu können. Grundlage ist wiederum das Anforderungsprofil. Dabei hilft es, sich vor dem Gespräch zu überlegen, welche Fragen die festgelegten Kriterien am besten beantworten können. Bei den Kenntnissen und Fähigkeiten ist es wichtig, sich viel darüber berichten zu lassen, welche Arbeiten der Bewerber macht oder schon gemacht hat, welche Erfahrungen der Kandidat hat, und dabei immer wieder nachzufragen, um ein konkretes Bild zu bekommen, welche Fachkenntnisse der Bewerber mitbringt. Das Anforderungsprofil mit Bewertungsskala kann hierbei auch als Unterlage zum Mitschreiben dienen.

Der mögliche Ablauf eines Vorstellungsgespräches ist hier skizziert:

Interview-Ablauf:

Eröffnung

Warm up: persönliche Ansprache, Besonderheiten vor Ort

Einleitung:
- Vorstellung der beteiligten Personen + Funktion
- Ablauf / Zeit vorstellen → Zeitrahmen einhalten
- Basisinfo zur Position/Möglichkeiten für Fragen am Schluss

Freie Darstellung durch den Bewerber:

Lebenslaufanalyse:
- Bewerber erzählt Lebenslauf 5-10 min. (ohne Unterbrechung)
- Hinterfragen des Erzählten
- Zeit für Beobachtungen

Kompetenzorientierte Fragestellung:

kompetenzorientiert   Anforderungsprofil mit Bewertungsskala
Fragen / Übungen: (schriftlich formulierte, kompetenznahe Übungen) → Fachkompetenz
                    Teamfähigkeit, Kritikfähigkeit, Durchsetzungskraft → Sozialkompetenz

Fragen des Bewerbers: Unternehmens-/Positionsinformationen (evtl. am Schluss)

Abschluss: Gehaltsfragen
               Terminabsprachen
               Organisatorisches (Arzt, Vertrag)

Abb. 6.6: Strukturierung eines Vorstellungsgespräches

Der Gesprächsanteil des Bewerbers sollte beim Vorstellungsinterview immer deutlich höher sein als der Gesprächsanteil der Arbeitgeberseite.

Die Fragetechnik in einem Bewerbungsgespräch ist ein sehr weites und komplexes Feld. Hier sollen trotzdem ein paar erste Grundregeln und Beispielfragen aufgezeigt werden:

Praxistipp:
Fragetechniken:
- Möglichst wenige hypothetische Fragen
- Möglichst wenige ja/nein-Fragen
- Immer nachfragen
- Nicht mit Worthülsen zufrieden geben
- Repräsentativität von Geschichten erfragen
- Nicht zu viel selbst verraten
- Wechsel zwischen episodischen und reflektorischen Fragen

Beispiel für episodische/situative Fragen:
- Wie machen Sie ...?
- Wie haben Sie ... gemacht?
- Wie gehen Sie dabei vor?
- Was war das Ergebnis?
- Haben Sie schon einmal in einem Projekt gearbeitet?
- Welches Budget/welchen Umfang hatte das Projekt?
- Wie viele Kollegen haben Sie?
- Beschreiben Sie das Verhältnis zwischen Ihnen und Ihren Kollegen!

Beispiel für selbstreflektorische Fragen:
- Was ist typisch für Sie (Selbstbild)?
- Warum haben Sie diesen Weg gewählt (Motivation)?
- Wo sind diesbezüglich Ihre Stärken und Entwicklungsfelder (Selbstbild)?
- Wie beurteilen Sie die Situation im Nachhinein (Quintessenz)?
- Was schätzt man an Ihnen (Fremdbild)?
- Was ist Ihnen besonders wichtig (Prioritäten)?
- Warum ist Ihnen das wichtig (Einstellungen)?

Das Vorstellungsgespräch ist ein Anhaltspunkt und ein erstes Treffen, nachdem einige Kandidaten ausscheiden und andere in die engere Auswahl kommen. Pro Vorstellungsgespräch sollte mindestens eine Stunde eingeplant werden. Dabei müssen Störungen im Vorfeld ausgeschlossen werden.

Um einen noch besseren Eindruck des Kandidaten zu bekommen ist es oft jedoch empfehlenswert, zusätzlich zum Gespräch einen Praxistag durchzuführen. So kann der Unternehmer und evtl. die anderen Kollegen den potenziellen neuen Mitarbeiter näher kennen lernen und beispielsweise die handwerklichen Fähigkeiten, aber auch die sozialen Kompetenzen, erproben.

> *Praxistipp: Auch eine mündliche Einstellungszusage gilt rechtlich als Zusage. Wichtig ist deshalb, auch alle Mitarbeiter zu instruieren, keine Zusagen vor der endgültigen Entscheidung zu geben.*

Sucht ein Unternehmen mehrere hoch qualifizierte Mitarbeiter in kurzer Zeit kann es eine gute Möglichkeit sein, sich an eine Beraterfirma zu wenden, die die Vorauswahl übernimmt bzw. Assessment Center durchführt, um eine professionelle und zielorientierte Personalauswahl zu gewährleisten.

Im Assessment Center durchlaufen die Bewerber verschiedene Übungen, die den Beobachtern die Möglichkeit geben, die Kandidaten in unterschiedlichen Situationen zu sehen und auch Unterschiede im Verhalten zu erkennen. Meist werden Übungen wie Postkorb, Gruppendiskussion, Präsentation und Rollenspiel zusätzlich zu Interviews durchgeführt. Das Assessment Center beurteilt die sozialen Kompetenzen der Personen, nicht jedoch ihren fachlichen Hintergrund. Die Qualität dieses Auswahlverfahrens hängt stark von dem erarbeiteten Konzept und den Beobachtern ab. Bei durchdachter Konzeption kann es ein sehr gutes Mittel zur Einschätzung von Bewerbern sein.

Nach dem Auswahlverfahren müssen die Bewerbungsunterlagen aller abgelehnten Bewerber in ordnungsgemäßem Zustand schnellstmöglich zurückgesandt werden und entsprechende elektronische Daten sind zu vernichten. Das Bewerbungsanschreiben verbleibt beim Unternehmen, sollte aber nach 2 Monaten auch vernichtet werden, wenn die Ansprüche über das AGG erloschen sind. Für den kompletten Bewerbungsprozess gilt, dass mit den persönlichen Daten der Bewerber sorgfältig und sicher umgegangen werden muss und zu jeder Zeit sichergestellt wird, dass nur die Personen Zugang zu den Daten haben, die für den Auswahlprozess nötig sind.

Exkurs: Umfassende Neuregelung des Arbeitnehmerdatenschutzes
Der Gesetzgeber hat mit der Neufassung des Arbeitnehmerdatenschutzes die bisherige Rechtsprechung aufgenommen und detailliert, inwiefern die Daten durch den Arbeitgeber zu schützen sind. Im Moment ist ein Gesetzentwurf in das Gesetzgebungsverfahren eingebracht worden und das Gesetz wird voraussichtlich innerhalb der nächsten Monate in Kraft treten. Im Wesentlichen wird der bisherige § 32 des Bundesdatenschutzgesetzes durch die §§ 32 bis 32l ersetzt.

Zu schützen sind personenbezogene Daten aller Beschäftigten. Nach § 3 Abs. 11 BDSG fallen unter den Begriff der Beschäftigten:
- Arbeitnehmer
- Auszubildende
- Arbeitnehmerähnliche Personen
- Bewerber

Personenbezogene Daten sind laut § 3 Abs. 1 BDSG Einzelangaben über persönliche oder sachliche Verhältnisse einer bestimmten Person. Das Gesetz findet Anwendung, sobald personenbezogene Daten elektronisch oder nicht elektronisch erfasst oder bearbeitet werden. Im Bewerbungsverfahren werden durch das Gesetz bestimmte Quellen der Informationsfindung als rechtswidrig beschrieben.

> **Praxistipp:** *Möchte der Arbeitgeber im Internet den Bewerber mit Hilfe einer allgemeinen Suchmaschine „googeln", muss er in der Stellenanzeige vorher ausdrücklich den Hinweis geben (§ 32 Abs. 6, § 32b Abs. 1): "Wir informieren uns über Bewerber auch aus allgemein zugänglichen Quellen."*

Trotzdem sind dann nicht alle Informationen, die der Arbeitgeber findet, rechtlich freigegeben für eine Verwendung oder Speicherung. Daten aus privaten sozialen Netzwerken, wie z.B. „Facebook" oder „Lokalisten" dürfen nicht gesucht oder verwendet werden, dagegen können Daten aus beruflichen Netzwerken, wie z.B. „Xing", erhoben werden.

Beim Vorarbeitgeber oder sonstigen Dritten dürfen Daten nur nach ausdrücklicher vorheriger Genehmigung des Bewerbers erfragt werden.

Fragen im Vorstellungsgespräch sind insoweit zulässig, als dass ein berechtigtes Interesse in Bezug auf das Arbeitsverhältnis bestehen muss. Das heißt Fragen zu den Kenntnissen und den sozialen Fähigkeiten sind erlaubt. Den Rahmen bilden dabei wieder Anforderungsprofil und Stellenanzeige. Verboten sind Fragen nach den Diskriminierungsmerkmalen des AGG sowie Fragen nach der Gesundheit, nach den Vermögensverhältnissen, nach Vorstrafen und vor allem die Frage nach einer Schwerbehinderung. Auch unzulässig sind Fragen nach politischen Einstellungen, Gewerkschaftszugehörigkeit oder Religion und insbesondere auch Schwangerschaft. Unzulässige Fragen können bei Verdacht auf Benachteiligung zu Schadenersatzansprüchen gegenüber dem Arbeitgeber führen. Ansonsten besteht bei unzulässigen Fragen das Recht zur Lüge des Bewerbers.

Eine Datenerhebung während des Beschäftigungsverhältnisses ist nach dem neuen § 32 c BDSG-E (vgl. Entwurfsbegründung, BR-Drs. 535/10, S. 34) dann erlaubt, wenn:

- dies für die Durchführung, Beendigung oder Abwicklung des Beschäftigungsverhältnisses erforderlich ist,
- insbesondere wenn gesetzliche Verpflichtungen bestehen, gegenüber dem Arbeitnehmer Pflichten zu erfüllen sind,
- der Arbeitgeber seine Rechte gegenüber dem Arbeitnehmer wahrnimmt (auch Leistungs- und Verhaltenskontrolle).

Grundsätzlich gilt, dass der Arbeitgeber Daten nur mit Kenntnis des Arbeitnehmers ermitteln und speichern darf. Nur bei schwerwiegenden Verdachtsfällen und nur wenn kein anderes Mittel möglich wäre, ist die heimliche Datenerhebung, z.B. Überwachung, zulässig. Generell unzulässig soll nach dem neuen Gesetzesentwurf die heimliche Videoüberwachung sein.

6.1.3. Gestaltung von Arbeitsverträgen und Personalverwaltung

Zunächst hat der Unternehmer bei Neueinstellungen Unterrichtungs- und Erörterungspflichten nach § 81 BetrVG: Der Arbeitgeber hat den Arbeitnehmer über dessen Aufgabe und Verantwortung sowie über die Art seiner Tätigkeit und ihre Einordnung in den Arbeitsablauf des Betriebs zu unterrichten. Er hat den Arbeitnehmer vor Beginn der Beschäftigung über die Unfall- und Gesundheitsgefahren, denen dieser bei der Beschäftigung ausgesetzt ist, sowie über die Maßnahmen und Einrichtungen zur Abwendung dieser Gefahren zu belehren. Diese Belehrung sollte sich der Arbeitgeber aus Dokumentationszwecken vom neuen Mitarbeiter bestätigen lassen. Generell sollten bei der Aufnahme der Arbeit für neue Arbeitnehmer die Einführung in das Unternehmen und die herrschenden Gegebenheiten sowie die Einarbeitung in die neue Aufgabe vom Arbeitgeber sichergestellt werden.

Praxistipp: An den ersten Tagen der Arbeitsaufnahme müssen Pflichtinformationen vermittelt werden, die dokumentiert werden sollen. Für die Einführung in die Organisation und die Einarbeitung empfiehlt sich die Benennung eines Mitarbeiters zum Mentor.

Bei der Einstellung eines Mitarbeiters fallen lohnsteuerliche und sozialversicherungsrechtliche Arbeitgeberpflichten an. Zunächst muss demnach geklärt werden, ob es sich um einen Arbeitnehmer im steuerlichen Sinne handelt. Dies ist natürlich dann der Fall, wenn der Arbeitnehmer vom Unternehmer mit Arbeitsvertrag eingestellt wird. Aber auch bei Beschäftigungsverhältnissen z.B. mit selbständigen Subunternehmern muss vom Auftraggeber geprüft werden, ob es sich nicht um ein abhängiges Beschäftigungsverhältnis handelt. Dies sind jeweils Einzelentscheidungen, folgende Kriterien sprechen aber dafür, dass ein abhängiges, und somit lohnsteuer- und sozialversicherungspflichtiges Beschäftigungsverhältnis vorliegt (vgl. Hartmann [2011], HaufeIndex 1565444):

– der Beschäftigte ist durch seine persönliche Tätigkeit im oder für den Betrieb des Arbeitgebers in dessen geschäftlichen Bereich eingegliedert

– ein Direktionsrecht des Arbeitgebers besteht, das insbesondere eine Bindung hinsichtlich Art, Ort und Zeit der Tätigkeit beinhaltet

- es wird regelmäßig eine üblicherweise nach Zeiteinheiten bemessene Arbeitsleistung und kein Arbeitserfolg geschuldet
- es wird auf einen Tarifvertrag Bezug genommen
- eine laufende, in aller Regel zumindest teilweise feste Vergütung wird gezahlt und auch Überstunden werden vergütet
- Aufwendungen des Beschäftigten, wie z. B. Reisekosten, werden vom Arbeitgeber erstattet
- der Beschäftigte erhält Lohnfortzahlung im Krankheitsfall
- es besteht ein Urlaubsanspruch
- der Beschäftigte wird an einer betrieblichen Altersversorgung beteiligt
- es werden Arbeitsmittel durch den Arbeitgeber gestellt
- das Beschäftigungsverhältnis ist auf unbestimmte Zeit geschlossen
- der Beschäftigte trägt kein Vermögensrisiko, leistet insbesondere keinen Kapitaleinsatz
- eine Pflicht zur Krankmeldung besteht.

Soweit die Arbeitnehmereigenschaft vorliegt, muss der Arbeitgeber die Vorlage einer Lohnsteuerkarte (bzw. seit 2011 eine Ersatzbescheinigung des Finanzamtes) verlangen und die zutreffenden Steuerabzugsbeträge vom Lohn berechnen und einbehalten. Bei ausländischen Arbeitnehmern aus Ländern außerhalb der EU ist außerdem eine Arbeitsgenehmigung anzufordern. Innerhalb der EU sind die letzten noch bestehenden Beschränkungen der Arbeitnehmerfreizügigkeit seit Mai 2011 für Bürgerinnen und Bürger aus acht der 2004 der EU beigetretenen Staaten (Estland, Lettland, Litauen, Polen, Slowakei, Tschechien, Ungarn) entfallen und alle EU-Bürger können sich nun frei auf dem deutschen Arbeitsmarkt bewegen.

Es ist unabdingbar, seinen Arbeitnehmern vor Arbeitsantritt einen schriftlichen Arbeitsvertrag auszuhändigen. Ein Arbeitsvertrag ist die individuelle Vereinbarung zwischen Arbeitgeber und Arbeitnehmer, durch die die wechselseitigen Rechte und Pflichten konkretisiert werden. Zum Arbeitsvertrag selbst gibt es kein spezielles Gesetz. Regelungen finden sich im Nachweisgesetz, in einigen Vorschriften der Gewerbeordnung (§§ 105, 106) oder im BGB (§§ 305 ff., § 315, §§ 611 ff.). Ergänzend können tarifvertragliche Normen Anwendung finden (vgl. Hanreich [2011] HaufeIndex 940725).

Nach Vorgabe des Nachweisgesetzes hat jeder Arbeitgeber dem Arbeitnehmer innerhalb eines Monats nach Arbeitsaufnahme eine unterschriebene Niederschrift über die wesentlichen Arbeitsbedingungen auszuhändigen. Als Unternehmer ist es ratsam dafür Vertragsvordrucke, z.B. von Arbeitgeberverbänden, zu verwenden. Folgende Inhalte müssen mindestens in einem Arbeitsvertrag festgehalten werden:

- Name und Anschrift der Vertragsparteien
- Beginn und ggf. Ende des Vertragsverhältnisses

- Arbeitsort
- Bezeichnung der Arbeitsaufgabe
- Höhe des Arbeitsentgelts
- Jahresurlaub und Arbeitszeit
- Kündigungsfrist

Grundsätzlich wird zwischen unbefristeten und befristeten Arbeitsverträgen unterschieden. Der unbefristete Arbeitsvertrag kann nur durch (fristgerechte oder fristlose) Kündigung oder Aufhebungsvertrag beendet werden. Ein befristeter Arbeitsvertrag endet dagegen zu dem vereinbarten Zeitpunkt, ohne dass es einer Kündigung bedarf.

> *Praxistipp: Die Vereinbarung einer Probezeit im Arbeitsvertrag ist bis zu 6 Monaten möglich. Dieses Recht sollte vom Unternehmer auch genutzt werden, denn in dieser Phase ist es noch unproblematisch und ohne Angabe von Gründen möglich, sich von einem neuen Mitarbeiter zu trennen.*

Danach sind bei einem unbefristeten Arbeitsverhältnis wichtige Gründe nötig, um eine Kündigung aussprechen zu dürfen. Dieser Aspekt wird in Kapitel 6.1.4. behandelt. Befristungsabreden müssen nach § 14 Abs. 4 TzBfG immer ausdrücklich, eindeutig und schriftlich getroffen werden. Es besteht die Möglichkeit der Befristung ohne Sachgrund, im Teilzeit- und Befristungsgesetz unter § 14 Abs. 2 TzBfG. Danach ist eine Befristung ohne Sachgrund bis zur Dauer von 2 Jahren erlaubt. Dieser Zweijahreszeitraum lässt sich in maximal vier Abschnitte aufteilen. Voraussetzung hierfür ist, dass es sich um eine Neueinstellung handelt, der Arbeitnehmer also zuvor noch nie in einem Arbeitsverhältnis mit dem Unternehmen stand. In den ersten vier Jahren nach Gründung eines Unternehmens ist die Befristung ohne Sachgrund sogar bis zur Dauer von vier Jahren zulässig (§ 14 Abs. 2a TzBfG).

> *Praxistipp: Es ist zwingend erforderlich, dem Arbeitnehmer bei beabsichtigter Befristung schon vor Arbeitsaufnahme den Arbeitsvertrag auszuhändigen. Wird dies nicht erfüllt, hat der Arbeitgeber rechtlich automatisch ein unbefristetes Arbeitsverhältnis mit dem Arbeitnehmer geschlossen.*

6.1.3.1 Lohnfindung

Aus dem Arbeitsvertrag ergeben sich Pflichten für den Arbeitgeber und für den Arbeitnehmer. Hauptleistungspflicht des Arbeitnehmers ist die Erbringung der geschuldeten Arbeitsleistungen. Die konkret daraus entstehenden Arbeitspflichten ergeben sich aus den getroffenen Vereinbarungen unter Beachtung der zwingenden gesetzlichen Regelungen. Die Hauptleistungspflicht des Arbeitgebers besteht in der Vergütung der geleisteten Arbeit. Die Höhe der Vergütung richtet sich nach der Vereinbarung im Arbeitsvertrag, ist also frei, falls kein Tarifvertrag Anwendung findet. In der Praxis werden die Einzelheiten der Vergütung nicht unmittelbar im Arbeitsvertrag geregelt, sondern sind durch Tarifvertrag festgelegt. Das bedeutet, der Existenzgründer muss sich vor Abschluss eines ersten Arbeitsvertrags Informationen darüber beschaffen, ob und ggf. unter welchen Tarifvertrag sein Unternehmen fällt.

Es kann immer nur relative Lohngerechtigkeit geben. Nach wirtschaftlichen Aspekten lassen sich folgende Arten der Lohnfindung unterscheiden, falls es keine festgeschriebenen tarifvertraglichen Regelungen gibt:

Anforderungsbezogene Lohnfindung:	Qualifikationsbezogene Lohnfindung:	Leistungsbezogene Lohnfindung:	Marktbezogene Lohnfindung:
Differenzierung nach unterschiedlichen Schwierigkeitsgraden der Arbeitsaufgabe, Bewertung durch eine qualitative Arbeitsanalyse.	Einordnung nach Qualifikation, d.h. z.B. nach Schul- oder Berufsabschluss.	Grundlage der Entlohnung ist das Arbeitsergebnis, z.B. Akkordarbeit aber auch Zielbeurteilung am Ende des Jahres.	Orientierung an den Löhnen für vergleichbare Tätigkeiten am Markt bzw. in der gleichen Branche.

Abb. 6.7: Arten der Lohnfindung
(in Anlehnung an: Olfert [2004], S. 143)

Als Unternehmer sollte man sich bewusst sein, dass Löhne nicht nur für erbrachte Leistungen, sondern in verschiedenen Fällen auch ohne Leistung erbracht werden müssen:

– Während Arbeitsunfähigkeit oder Kur besteht für sechs Wochen die gesetzliche Verpflichtung, das Arbeitsentgelt zu 100% weiter zu entrichten. Die weiteren Krankheitszeiten trägt dann die Krankenkasse in Form von Krankengeld.

– Der Urlaubsanspruch beträgt gesetzlich bei einer 6-Tage Woche 24 Tage jährlich, bei einer 5-Tage Woche 20 Tage jährlich, tariflich meist mehr.

– An allen gesetzlichen Feiertagen wird der Lohn ebenfalls voll weiterbezahlt.

– Freistellungen laut § 616 BGB für Hochzeit, Geburt des Kindes, Todesfall bei nahen Angehörigen sowie Betreuung des kranken Kindes muss der Arbeitgeber vergüten.

In den ersten vier Wochen des Beschäftigungsverhältnisses besteht keine Pflicht zur Entgeltfortzahlung. Ebenfalls muss der Arbeitgeber keine Entgeltfortzahlung leisten, wenn die Krankheit vom Mitarbeiter verschuldet ist, wie z.b. durch Schlägereien, Trunkenheit oder Sportunfälle mit unbeherrschbaren Gefahren (z.B. Bungee-Jumping).

Neben der Pflicht der Beschäftigung muss der Arbeitgeber den Arbeitnehmer vor Diskriminierung schützen (Allgemeines Gleichbehandlungsgesetz) und ist vor allem für den Schutz von Leben und Gesundheit des Arbeitnehmers verantwortlich (§§ 617, 618 BGB).

6.1.3.2 Arbeitszeitgestaltung

Bei Teilzeitarbeitsverhältnissen muss darauf geachtet werden, dass keine Benachteiligung gegenüber Vollzeitmitarbeitern auftritt. Nach § 4 TzBfG Abs. 1 ist einem teilzeitbeschäftigten Arbeitnehmer Arbeitsentgelt und andere geldwerte Leistungen mindestens in dem Umfang zu gewähren, der dem Anteil seiner Arbeitszeit an der Arbeitszeit eines vergleichbaren vollzeitbeschäftigten Arbeitnehmers entspricht.

Ein in den letzten Jahren immer wichtiger werdender Aspekt ist die Festlegung der Arbeitszeit für Mitarbeiter. Arbeitszeitgestaltung ist ein kritischer Erfolgsfaktor, der an die Unternehmensziele angepasst werden muss. Die Arbeitszeiten beeinflussen einerseits die Mitarbeiterzufriedenheit unter Aspekten wie Flexibilität und Vereinbarkeit von Beruf und Familie, andererseits aber auch die Erfüllung der Arbeitgeberziele wie Produktionskosten, Dienstleistungszeiten usw.. Diese Ziele konkurrieren oft miteinander, das Ziel der Arbeitszeitgestaltung ist damit die optimale win-win-Situation für alle Beteiligten. Neben traditionellen festen Arbeitszeitvereinbarungen gewinnen flexible Formen der Arbeitszeitgestaltung an Bedeutung, die sich den Erfordernissen anpassen. Hier werden verschiedene Möglichkeiten von Arbeitszeitsystemen aufgelistet, von fest vorgegebenen zu variablen Formen der Zeitgestaltung:

- Fest vorgegebene Arbeitszeiten am Tage
- Wechselschichtsysteme mit/ohne Samstage/Wochenenden/Nachtschichten
- Früh-, Spät- und Nachtschicht als dauernde Form der Arbeitszeit
- Gleitzeit
- Komplett flexible Arbeitszeit
- Vertrauensarbeitszeit

Unabhängig davon, welches Arbeitszeitsystem für den Betrieb oder jeweils einen Betriebsteil ausgewählt wird, muss eine Vereinbarung durch den Arbeitgeber getroffen werden, wie mit möglichen Zeitsalden umgegangen wird, d.h. welche Zeitkontenmodelle entstehen sollen bei Über- bzw. Unterschreitung der wöchentlich festgelegten Arbeitszeit, und in welcher Weise diese administriert werden sollen. Zeitkontenvereinbarungen können beispielsweise über monatliche oder jährliche Ausgleichsrahmen geregelt werden. Bei Langzeitarbeitszeitkonten über mehrere Jahre müssen die Zeitsalden gegen Insolvenz gesichert werden.

Bei allen Festlegungen muss das Arbeitszeitgesetz beachtet werden. Die Arbeitszeit im Sinne des Arbeitszeitgesetzes ist die Zeit vom Beginn bis zum Ende der Arbeit ohne die Ruhepausen (§ 2 Abs. 1 ArbZG).

Arbeitszeit	§ 3 ArbZG	Die werktägliche Arbeitszeit darf 8 Stunden nicht überschreiten. Sie kann auf bis zu 10 Stunden nur verlängert werden, wenn innerhalb von 6 Monaten im Durchschnitt 8 Stunden werktäglich nicht überschritten werden.
Ruhepausen	§ 4 ArbZG	Die Arbeit ist durch im voraus feststehende Ruhepausen von mindestens 30 Minuten bei einer Arbeitszeit von mehr als 6 Stunden und 45 Minuten bei einer Arbeitszeit von mehr als 9 Stunden insgesamt zu unterbrechen. Die Ruhepausen können in Zeitabschnitte von jeweils mindestens 15 Minuten aufgeteilt werden. Länger als 6 Stunden hintereinander dürfen Arbeitnehmer nicht ohne Pause beschäftigt werden.
Ruhezeit	§ 5 ArbZG	Die Arbeitnehmer müssen nach Beendigung der täglichen Arbeitszeit eine ununterbrochene Ruhezeit von mindestens 11 Stunden haben. Ausnahmen in Abs. 2 und 3.
Nacht- und Schichtarbeit	§ 6 ArbZG	Die werktägliche Arbeitszeit der Nachtarbeitnehmer darf 8 Stunden nicht überschreiten. Sie kann auf bis zu 10 Stunden nur verlängert werden, wenn innerhalb von 4 Wochen im Durchschnitt 8 Stunden werktäglich nicht überschritten werden. (Nachtzeit ist die Zeit von 23 bis 6 Uhr.) Soweit keine tarifvertraglichen Ausgleichsregelungen bestehen, hat der Arbeitgeber dem Nachtarbeitnehmer für die während der Nachtzeit geleisteten Arbeitsstunden eine angemessene Zahl befreiter freier Tage oder einen angemessenen Zuschlag auf das ihm hierfür zustehende Bruttoarbeitsentgelt zu gewähren. (Das BAG hat einem Arbeitnehmer ohne entsprechende arbeits- oder tarifvertragliche Regelung, der nachts Vollarbeit zu leisten hatte, einen Zuschlag von 25 % für die während der Nachtzeit geleisteten Arbeitsstunden zugesprochen: BAG, Urteil v. 27.5.2003, 9 AZR 180/02)
Sonn- und Feiertagsruhe	§ 9 ArbZG, § 10 ArbZG, § 11 ArbZG, § 13 ArbZG	Arbeitnehmer dürfen an Sonn- und gesetzlichen Feiertagen grundsätzlich nicht beschäftigt werden. Sofern die Arbeiten nicht an Werktagen vorgenommen werden können, dürfen Arbeitnehmer in bestimmten Einrichtungen laut § 10 ArbZG Abs. 1 beschäftigt werden, sowie mit Produktionsarbeiten, wenn die Unterbrechung der Produktion den Einsatz von mehr Arbeitnehmern erfordern würde. Ausnahmen dieser Regelungen müssen beim Gewerbeaufsichtsamt vorab genehmigt werden. Mindestens 15 Sonntage im Jahr müssen beschäftigungsfrei bleiben.

Abb. 6.8: Wichtige Vorschriften zur Arbeitszeit

6.1.3.3 Personalakte

Die Personalakte ist das zentrale Hilfsmittel zur Verwaltung der Personalunterlagen. Der Arbeitgeber ist gesetzlich zwar nicht zur Führung von Personalakten verpflichtet, wird aber den gesellschafts- und steuerrechtlichen Pflichten nicht ohne Führung von Personalakten nachkommen können. Auch für die interne Verwaltung ist die Aktenführung, in Papierform oder digital, unerlässlich. Zum Inhalt einer Personalakte gehören alle die Person eines Arbeitnehmers betreffenden Unterlagen, die mit dem Arbeitsverhältnis in einem sachlichen Zusammenhang stehen. Zu den Personalakten gehören auch die Bewerbungsunterlagen.

Zur übersichtlichen Gestaltung wird die Personalakte im Regelfall in verschiedene Sachgebiete unterteilt. Hier ein möglicher Gliederungsvorschlag:

Personalien	Personalbogen Bewerbungsunterlagen Lichtbild Lebenslauf Familienurkunden Bankverbindung Adresse
Vertragsunterlagen	Arbeitsvertrag Gehaltsmitteilungen/ Gehaltsänderungen Mitgliedsbescheinigung Krankenkasse Sozialversicherungsausweis DEÜV-Meldungen
Unterlagen zur Tätigkeit	Abmahnungen Beurteilungen
Aus- und Weiterbildung	Zeugnisse Seminarbescheinigungen
Allgemeiner Schriftverkehr	Auskünfte an Sozialversicherungsträger Bescheinigungen Sonstiges

Abb. 6.9: Beispiel-Gliederung einer Personalakte

6.1.3.4 Personalabrechnung

Der Arbeitgeber ist verantwortlich für die Abführung der Lohnsteuer sowie die Entrichtung der korrekten Sozialversicherungsbeiträge seiner Arbeitnehmer.

Bevor der Arbeitgeber die Lohnsteuer nach dem Bruttolohn ermittelt, ist die Lohnsteuerkarte auf besondere Einträge des Finanzamts zu überprüfen. Der Bruttolohn muss vor Anwendung der jeweiligen Lohnsteuertabelle um den Freibetrag gekürzt werden, der auf der Lohnsteuerkarte eingetragen ist. Die Lohnsteuertabellen sind aus den Einkommensteuertabellen abgeleitet und enthalten deshalb zur Steuerfreistellung des Existenzminimums den jeweiligen Grundfreibetrag. Außerdem sind in den Lohnsteuertabellen der Arbeitnehmer-Pauschbetrag, der Sonderausgaben-Pauschbetrag sowie die Vorsorgepauschale bereits berücksichtigt. Die Höhe der Lohnsteuer verringert sich nicht aufgrund der Kinderzahl auf der Lohnsteuerkarte. Freibeträge für Kinder werden bei der Berechnung der Lohnsteuer wegen des zu zahlenden Kindergelds nicht berücksichtigt. Eine Ausnahme gilt jedoch für die Ermittlung des Solidaritätszuschlags und der Kirchensteuer, wo die Freibeträge für Kinder berücksichtigt werden (vgl. Schönfeld/Plenker [2012], S. 1028).

> **Praxistipp:** *Ab dem Jahr 2012 ist die Finanzverwaltung dafür zuständig, dem Arbeitgeber die notwendigen Merkmale für die Besteuerung des Arbeitnehmers zu übermitteln. Die Arbeitnehmer müssen bei Beginn des Arbeitsverhältnisses lediglich ihre steuerliche Identifikationsnummer und das Geburtsdatum angeben.*

Exkurs: Abgrenzung steuerfreier und steuerpflichtiger Entgeltbestandteile

Als Arbeitslohn nach § 8 EStG gelten alle Einnahmen, die dem Arbeitnehmer im Rahmen seines Arbeitsverhältnisses zufließen, unabhängig davon, ob es sich um Barlohn oder Sachbezüge handelt. Vom Arbeitslohn abzugrenzen sind dagegen „Aufmerksamkeiten" und „Zuwendungen im überwiegend eigenbetrieblichen Interesse des Arbeitgebers".

Aufmerksamkeiten des Arbeitgebers und damit steuerfrei sind Sachzuwendungen unter jeweils 40 EUR brutto. Diese Nichtbeanstandungsgrenze gilt für alle kleineren Geschenke unter 40 EUR jeweils neu sowie für die Bewirtung durch den Arbeitgeber unter einem Aufwand von 40 EUR je Arbeitnehmer. Für Geldleistungen gibt es keine Nichtbeanstandungsgrenze, d.h. diese sind immer steuerpflichtig und durch den Arbeitgeber mit der Lohnsteuer abzuführen.

Zuwendungen im überwiegend betrieblichen Interesse sind ebenfalls steuerfrei, solange die Leistung mehr der betrieblichen Zielsetzung als der Ent- und Belohnung des Mitarbeiters dient. Beispiele für lohnsteuerfreie Leistungen durch den Arbeitgeber aus betrieblichem Interesse:

– Übliche Bewirtung bei Betriebsveranstaltungen
– Übernahme bestimmter ärztlicher Vorsorgeuntersuchungen
– Geschäftsessen unter Beteiligung betriebsfremder Personen
– Weiterbildungsveranstaltungen (müssen aber überwiegend betrieblichen Interessen genügen, kritisch bei allgemeinen Abschlüssen wie Techniker, Meister, Betriebswirt usw.)
– Bereitstellung von Arbeitsgeräten (z.B. Laptop, Handy), Aufenthalts- und Erholungsräumen
– Mitarbeiterparkplätze

Zuwendungen im Rahmen von Betriebsveranstaltungen müssen gesondert betrachtet werden. Die Leistungen für Arbeitnehmer auf Betriebsveranstaltungen sind lohnsteuerfrei, wenn verschiedene Voraussetzungen erfüllt werden. Zunächst muss geprüft werden, ob die Art der Veranstaltung als Betriebsveranstaltung zu sehen ist. Dies wird angenommen, wenn die Teilnahme daran der ganzen Belegschaft offen steht. Betriebsveranstaltungen sind beispielsweise Weihnachtsfeiern, Jubiläumsfeiern und Betriebsausflüge. Dabei müssen entweder alle eingeladen sein oder bestimmte Einheiten wie Abteilungen oder die betreffenden Jubilare. Insgesamt kann es nur zwei lohnsteuerfreie Betriebsveranstaltungen pro Kalenderjahr geben. Werden mehr als zwei gleichartige Betriebsfeiern im Jahr durchgeführt hat der Arbeitgeber das Wahlrecht, welche beiden Veranstaltungen steuerfrei sein sollen. Gleichartigkeit liegt beispielsweise nicht vor bei Jubiläumsveranstaltungen für den Kreis der Jubilare und einem Sommerfest für alle Mitarbeiter. In diesem Fall könnte auch eine Weihnachtsfeier neben den anderen Betriebsveranstaltungen steuerfrei sein. Zu den üblichen, und damit als steuerfrei anerkannten Zuwendungen auf Betriebsveranstaltungen gehören:

– Bewirtungskosten für Speisen und Getränke
– Übernachtungskosten
– Beförderungskosten
– Aufwendungen für den Veranstaltungsrahmen, z.B. Dekoration, Musik, Darbietungen
– Sachgeschenke sowie Gewinne aus Verlosungen bis zu einem Wert von 40 EUR

Insgesamt gilt für alle Aufwendungen addiert pro Arbeitnehmer die Obergrenze von 110 EUR pro Veranstaltung. Kosten für die Teilnahme des Partners oder Gäste werden dem Arbeitnehmer zugerechnet. Wird diese Grenze von 110 EUR pro Arbeitnehmer überschritten, sind alle Aufwendungen lohnsteuerpflichtig und vom Arbeitgeber abzuführen. Dies hat Aufwände für geldwerten Vorteil beim Mitarbeiter, bzw. im Falle der freiwilligen Übernahme durch den Arbeitgeber oder Nachversteuerung, beträchtliche Mehrkosten zur Folge. Zur Berechnung werden alle Kosten der Betriebsveranstaltung (inklusive evtl. Geschenke) durch die teilnehmenden Arbeitnehmer geteilt.

Praxistipp: Es sollte im Rahmen von Betriebsveranstaltungen bereits im Vorfeld darauf geachtet werden, dass die 110 EUR Grenze pro Arbeitnehmer keinesfalls überschritten wird.

Neben den Aufwendungen und Zuwendungen in überwiegend betrieblichem Interesse gibt es wenige Ausnahmetatbestände, die Arbeitslohn steuerfrei belassen. Die Betriebliche Gesundheitsförderung wird mit 500 EUR pro Arbeitnehmer pro Jahr staatlich durch die Steuerbefreiung gefördert. Darunter fallen Maßnahmen, häufig in Form von Seminaren, zu folgenden Themen:

– Bewegungsförderung
– Ernährungsberatung

- Verbesserung der Betriebsverpflegung
- Stressbewältigung und Entspannung
- Raucherentwöhnung

Auch Kindergartenzuschüsse für Kinder der Arbeitnehmer, sofern zweckgebunden, sind steuerfrei. Vorteile, die dem Arbeitnehmer aus der Überlassung und damit möglichen privaten Nutzung von Computern und Telekommunikationsgeräten entstehen sind laut § 3 Nr. 45 EStG ebenfalls freigestellt, genau wie die Bereitstellung von Berufskleidung durch den Arbeitgeber. Akzeptiert wird als Berufskleidung Arbeitsschutzkleidung oder Kleidung mit Kennzeichnung durch Firmenlogo. Dagegen wird bei einheitlicher, aber bürgerlicher Kleidung durch die Finanzverwaltung meist der persönliche Vorteil des Arbeitnehmers höher eingestuft als das betriebliche Interesse und somit als Arbeitslohn steuerpflichtig eingestuft.

Praxistipp: Falls den Arbeitnehmern einheitliche Kleidung (außer Arbeitsschutzkleidung) gestellt wird, sollte das Firmenlogo darauf angebracht werden. Die Kosten für Embleme sind in der Regel wesentlich geringer als die Steuerpflicht auf die gesamte Kleidung.

Steuerfrei sind zudem Aufwendungen des Arbeitgebers bis zu einer Grenze von 1.800 EUR jährlich an eine Pensionskasse, einen Pensionsfond oder eine Direktversicherung.

Nach den Ausnahmen der Lohnversteuerung wird im Folgenden wieder auf den Normalfall abgestellt, die Versteuerung des Arbeitslohns und die Abführung der Sozialversicherungsbeiträge durch den Arbeitgeber.

Die Bundesregierung hat den allgemeinen und den ermäßigten Beitragssatz für alle Krankenkassen gesetzlich festgelegt. Der allgemeine Beitragssatz gilt für Mitglieder, die bei Arbeitsunfähigkeit für mindestens 6 Wochen Anspruch auf Entgeltfortzahlung haben. Er beträgt seit dem 01.01.2011 bundeseinheitlich 15,5 % und errechnet sich aus dem Bruttogehalt des krankenversicherungspflichtigen Arbeitnehmers. Der Beitragssatz gilt auch für freiwillige Mitglieder. Für Arbeitnehmer, die keinen Anspruch auf Krankengeld haben, gilt der ermäßigte Beitragssatz von 14,9 %. Der zusätzliche Beitragssatz für Mitglieder der gesetzlichen Krankenversicherung in Höhe von 0,9 % ist im allgemeinen als auch im ermäßigten Beitragssatz enthalten. Der Arbeitgeberanteil beträgt die Hälfte des um 0,9 Prozentpunkte verminderten jeweiligen Beitragssatzes, das bedeutet der Arbeitnehmer zahlt 8,2 % aus seinem Bruttolohn, der Arbeitgeber trägt 7,3 %.
Der Arbeitgeber hat des Weiteren zu berechnen, ob der Arbeitnehmer versicherungspflichtig oder versicherungsfrei in der gesetzlichen Kranken- und Pflegeversicherung ist. Dies hängt davon ab, ob sein regelmäßiges Jahresarbeitsentgelt die

relevante Grenze übersteigt. Die Ermittlung des regelmäßigen Jahresarbeitsentgeltes und die daraus resultierende Feststellung, ob die Jahresarbeitsentgeltgrenze überschritten wird, ist unmittelbar bei Beginn der Beschäftigung vorzunehmen. Die Berechnungsgrundlage ist dabei die Multiplikation des Monatsentgelts mit dem Faktor 12 plus bereits sicher feststehende Einmalzahlungen. Die Jahresarbeitsentgeltgrenze 2012 ist 50.850 EUR (45.900 EUR Ost). Diese Prüfung muss dann auch jeweils am Jahresende für alle Arbeitnehmer für das nächste Kalenderjahr wiederholt werden. Auch bei einer Gehaltserhöhung kann niemals unterjährig, sondern immer nur zum 1. Januar Versicherungsfreiheit eintreten. Arbeitnehmer, die versicherungsfrei sind, müssen darüber informiert werden, da sie ein Wahlrecht haben, ob sie in der gesetzlichen Krankenversicherung verbleiben möchten oder sich in der privaten Krankenkasse versichern. Zu einer freiwilligen als auch zu einer privaten Krankenversicherung zahlt der Arbeitgeber einen Beitragszuschuss. Dieser beträgt 2012 für freiwillige Mitglieder der gesetzlichen Krankenversicherung monatlich 279,23 EUR, für privat versicherte Arbeitnehmer beträgt der Zuschuss ebenfalls 279,23 EUR, höchstens jedoch die Hälfte des tatsächlich zu zahlenden Beitrags.

Der Beitragssatz der allgemeinen Rentenversicherung beträgt 19,9 % und wird von Arbeitgeber und Arbeitnehmer zu gleichen Teilen getragen.

Der Beitragssatz für die Arbeitslosenversicherung beträgt 3,0 %, für die Pflegeversicherung 1,95 %. Kinderlose Versicherte haben einen zusätzlichen Beitrag in Höhe von 0,25 % zu zahlen, Eltern sind von dem Zuschlag befreit. Ausgenommen sind weiterhin

- Versicherte, die das 23. Lebensjahr noch nicht vollendet haben
- Versicherte, die vor dem 1.1.1940 geboren sind
- Wehr- und Zivildienstleistende
- Bezieher von Arbeitslosengeld II

Der Beitragszuschlag ist allein vom Arbeitnehmer zu tragen (vgl. Geiken [2011] HaufeIndex 1565627).

Die Beiträge in der Sozialversicherung werden nicht in unbegrenzter Höhe erhoben. Für die jeweiligen gesetzlichen Versicherungszweige gelten sogenannte Beitragsbemessungsgrenzen, das sind die Höchstgrenzen des zu berücksichtigenden Bruttolohnes, die jedes Jahr neu festgelegt werden. Für 2012 gelten folgende Werte:

	monatliche Beitragsbemessungsgrenze	
	Alte Bundesländer	Neue Bundesländer
Renten- und Arbeitslosenversicherung	5.600,00 EUR	4.800,00 EUR
Kranken- und Pflegeversicherung	3.825,00 EUR	3.825,00 EUR

Für einige Personengruppen hat der Gesetzgeber grundsätzlich Versicherungs-freiheit in den unterschiedlichen Zweigen der Sozialversicherung festgelegt (vgl. Hartmann [2011], HaufeIndex 1565444):

– Abiturienten
– Beamte
– beschäftigte Rentner
– Praktikanten
– Schüler
– Studenten

Geringfügige Beschäftigungen haben einen Sonderstatus. Eine geringfügige Beschäftigung liegt nach § 8 SGB IV vor, wenn

– das Arbeitsentgelt aus dieser Beschäftigung regelmäßig im Monat 400 EUR nicht übersteigt,
– die Beschäftigung innerhalb eines Kalenderjahres auf längstens zwei Monate oder 50 Arbeitstage nach ihrer Eigenart begrenzt zu sein pflegt oder im Voraus vertraglich begrenzt ist, es sei denn, dass die Beschäftigung berufsmäßig ausgeübt wird und ihr Entgelt 400 EUR im Monat übersteigt (kurzfristige Beschäftigung).

Das an geringfügig Beschäftigte gezahlte Bruttoarbeitsentgelt kann mit dem Steuersatz von 2 % pauschal besteuert werden, oder ist nach Vorlage einer Lohnsteuerkarte lohnsteuerfrei. Zudem werden pauschal 13 % Krankenversicherung und 15 % Rentenversicherungsbeiträge durch den Arbeitgeber fällig, der Arbeitnehmer ist versicherungsfrei ohne Abzüge. Er kann allerdings auf seine Rentenversicherungsfreiheit verzichten und den Pauschalbetrag zur Rentenversicherung freiwillig mit einem eigenen Beitrag von 4,9 % auf den vollen Rentenbeitragssatz aufstocken. Der Arbeitgeber muss ihn über diese Möglichkeit informieren. Mehrere geringfügige Beschäftigungen, die bei verschiedenen Arbeitgebern ausgeübt werden, sind zur versicherungsrechtlichen Beurteilung zusammenzurechnen. Neben einer versicherungspflichtigen Hauptbeschäftigung kann eine geringfügig entlohnte Beschäftigung versicherungsfrei ausgeübt werden.

In der Praxis wird häufig ignoriert, dass auch geringfügig beschäftigte Arbeitnehmer ein vollwertiges Arbeitsverhältnis, und somit sowohl Urlaubsansprüche wie auch den Anspruch auf Entgeltfortzahlung bei Arbeitsunfähigkeit haben. Zusätzlich zu den behandelten Sozialversicherungsbeiträgen gibt es noch die sogenannten Umlageverfahren, die ebenso Pflichtabgaben für den Arbeitgeber bedeuten.

Die Insolvenzgeldumlage muss jedes Unternehmen an die Krankenkassen leisten. Sie wurde für das Jahr 2012 auf 0,04 % festgesetzt, und wird, wie alle Umlageverfahren, vom Arbeitgeber alleine getragen. Für die Berechnung der Umlage gelten grundsätzlich die Regeln wie zur Berechnung des Gesamtsozialversicherungsbeitrags. Grundlage der Umlageermittlung ist das rentenversicherungspflichtige Entgelt bis zur Beitragsbemessungsgrenze der Rentenversicherung.

Für kleine Unternehmen mit bis zu 30 Arbeitnehmern (vgl. § 3 Abs. 1 AAG) gilt zusätzlich das weitere Umlageverfahren U1 für Aufwendungen des Arbeitgebers im Rahmen der Entgeltfortzahlung bei Arbeitsunfähigkeit und Rehabilitation, d.h. diesen Unternehmen wird dann im Krankheitsfall eines Arbeitnehmers das Arbeitsentgelt sowie die darauf zu entrichtenden Sozialversicherungsbeiträge von der Krankenkasse erstattet. Dafür muss Im U1-Verfahren der Arbeitgeber für jeden Arbeitnehmer zusätzlich Beiträge entrichten. Die Höhe der Umlagesätze wird von den Krankenkassen in ihren Satzungen festgelegt, und je nach Erstattungshöhe kann meist unter drei Beitragssätzen gewählt werden. Im Jahr 2012 liegen die Beitragssätze für das Umlageverfahren im Schnitt zwischen 1 % und 3 % .

Am U2-Verfahren nehmen alle Arbeitgeber teil. Dem Arbeitgeber werden die Aufwendungen, die er aus Anlass der Mutterschaft für Arbeitnehmerinnen zu zahlen hat, in voller Höhe erstattet. Dazu gehören folgende Leistungen:
– Zuschuss zum Mutterschaftsgeld
– fortgezahltes Arbeitsentgelt bei Beschäftigungsverboten
– Arbeitgeberbeitragsanteile zur Sozialversicherung und Beitragszuschüsse zur Kranken- und Pflegeversicherung

Der Umlagesatz für das U2-Verfahren wird ebenfalls von der jeweiligen Krankenkasse festgelegt und liegt im Jahr 2012 bei durchschnittlich 0,3%.

Im Businessplan in Kapitel 8.2.1 werden die Arbeitgeberkosten für einen beispielhaften Bruttolohn errechnet.

Exkurs: Elterngeld und Elternzeit

Ist eine Arbeitnehmerin schwanger treten verschiedene Schutzvorschriften in Kraft, die der Arbeitgeber einzuhalten hat. Insbesondere sind dies Regelungen den Arbeitsplatz betreffend zum Schutz der Gesundheit nach § 2 MuSchG. Generelle Beschäftigungsverbote bestehen nach § 4 MuSchG für körperlich schwere Arbeiten sowie Arbeiten, bei denen die werdende Mutter gesundheitsgefährdenden Stoffen ausgesetzt ist. Werdende Mütter sollen den Arbeitgeber über eine Schwangerschaft in Kenntnis setzen, sobald diese bekannt ist. Der Arbeitgeber benötigt das ärztliche Attest und den errechneten Geburtstermin, um die Schutzvorschriften einhalten zu können. Er muss dann das Gewerbeaufsichtsamt informieren. Die letzten sechs Wochen vor dem errechneten Entbindungstermin beginnt der Mutterschaftsurlaub, unabhängig davon, zu welchem Zeitpunkt das Kind tatsächlich zur Welt kommt. Verkürzt sich bei einer Frühgeburt die vorgeburtliche Schutzfrist nach § 3 Abs. 2 MuSchG, wird der nicht verbrauchte Teil der vorgeburtlichen Mutterschutzfrist an die Mutterschutzfristen nach der Entbindung angehängt. In den acht Wochen nach der Entbindung, bei Mehrlingsgeburten zwölf Wochen, besteht ein Beschäftigungsverbot, d.h. auch auf ausdrücklichen Wunsch der Mutter darf keine Beschäftigung erfolgen. Außerdem dürfen werdende und stillende Mütter nach § 8 MuSchG nicht mit Mehrarbeit, nicht in der Nacht zwischen 20:00 und 06:00 Uhr und nicht an Sonn- und Feiertagen beschäftigt werden. Stillenden Müttern stehen auf ihr Verlangen Stillzeiten für ihr Kind von mindestens täglich einer Stunde zu. Während der Mutterschutzfrist ruhen die gegenseitigen Hauptpflichten des Arbeitsverhältnisses. Arbeitnehmerinnen erhalten Mutterschaftsgeld von der Krankenkasse sowie den Zuschuss des Arbeitgebers gemäß § 14 MuSchG.

Im ersten Lebensjahr des Kindes besteht ein Anspruch auf Zahlung von Elterngeld nach den Regelungen des Bundeselterngeld- und Elternzeitgesetzes (BEEG). Bei Voreinkommen zwischen 1.000 EUR und 1.200 EUR ersetzt das Elterngeld das wegfallende Einkommen zu 67 Prozent. Für Geringverdiener mit einem Einkommen unter 1.000 EUR steigt die Rate auf bis zu 100 Prozent, dagegen sinkt für Nettoeinkommen ab 1.200 Euro das Elterngeld auf 65 Prozent. Es wird auf Basis der letzten 12 Monate vor der Geburt errechnet. Die Obergrenze dieser staatlichen Ersatzleistung beträgt 1.800 EUR bei einem Mindestsockelbetrag von 300 EUR und wird maximal bis zur Vollendung des 14. Lebensmonats des Kindes gewährt. Ein Elternteil kann maximal für zwölf Monate Elterngeld beziehen, die weiteren zwei Monate werden nur bezahlt, wenn auch der andere Elternteil Elternzeit beantragt. Alleinerziehende haben Anspruch auf 14 Monate Elterngeld. Die Bezugsdauer fängt gemäß § 4 BEEG grundsätzlich mit der Geburt an, bei Arbeitnehmerinnen wird jedoch gemäß § 3 BEEG das Mutterschaftsgeld sowie der Arbeitgeberzuschuss angerechnet. Zur Berechnung des Elterngeldes ist der Arbeitgeber nach § 9 BEEG verpflichtet, die entsprechenden Einkommensnachweise zu liefern.

Zu unterscheiden vom Anspruch auf Elterngeld ist die Gewährung von Elternzeit. Die Elternzeit ist ein Rechtsanspruch auf Freistellung von der Arbeitsleistung. Anspruch auf Elternzeit hat jeder weibliche oder männliche Arbeitnehmer, auch Teilzeit- und geringfügig Beschäftigte sowie Auszubildende. Auch befristet Beschäftigte haben diesen Anspruch, jedoch verlängert die Inanspruchnahme von Elternzeit ein befristetes Arbeitsverhältnis nicht. Voraussetzung nach § 15 BEEG ist, dass der Arbeitnehmer das Kind selbst betreut und erzieht und mit dem Kind in einem Haushalt lebt. Ab Geburt des Kindes können ein Elternteil oder die Eltern gemeinsam gemäß § 15 BEEG Elternzeit für maximal 3 Jahre in Anspruch nehmen. Wer Elternzeit beanspruchen will, muss sie spätestens sieben Wochen vor Beginn schriftlich vom Arbeitgeber verlangen und gleichzeitig erklären, für welche Zeiten innerhalb von zwei Jahren Elternzeit genommen werden soll. Dabei hat der Arbeitgeber kein Mitspracherecht, sondern muss den Wunsch des Mitarbeiters akzeptieren und die Elternzeit schriftlich bestätigen. Die Elternzeit kann auf zwei Abschnitte verteilt werden, eine weitere Verteilung ist nur mit Zustimmung des Arbeitgebers möglich.

Während der Elternzeit darf Teilzeittätigkeit bis zu 30 Wochenstunden ausgeübt werden, mit Zustimmung des Arbeitgebers auch bei einem anderen Arbeitgeber oder als selbstständige Tätigkeit. Der Arbeitnehmer hat einen einklagbaren
Rechtsanspruch auf Reduzierung seiner Arbeitszeit bei seinem Arbeitgeber. Die
Reduzierung soll für mindestens zwei Monate beantragt werden und zwischen 15
und 30 Stunden pro Woche liegen. Die Voraussetzung nach § 15 Abs. 7 BEEG ist
eine Beschäftigtenzahl von mindestens 15 ohne Auszubildende im Unternehmen,
das Bestehen eines Arbeitsverhältnisses von mindestens sechs Monaten und das
Nichtvorliegen von dringenden betrieblichen Gründen. Für eine Ablehnung
müssten diese Gründe jedoch erheblich sein. Der Antrag auf Elternteilzeit muss
den Beginn und Umfang der verringerten Arbeitszeit enthalten und soll die gewünschte Verteilung angeben. Der Anspruch kann erst nach Antrag auf Elternzeit
gestellt werden. Während der Elternzeit besteht besonderer Kündigungsschutz
für den Arbeitnehmer. Die Kündigung kann nur ausgesprochen werden, wenn
eine Zulassung durch die Behörde vorliegt. Die gleichen Regelungen gelten jeweils auch für adoptierte Kinder.

6.1.4 Personalaus- und -weiterbildung

Die Entscheidung zur Berufsausbildung ist eine grundsätzliche Entscheidung.
Möglichkeiten und Konsequenzen daraus werden in Kapitel 6.1.4.1 analysiert.
Dagegen ist die Personalentwicklung ein notwendiges Thema für jeden Arbeitgeber. Die Facetten der betrieblichen Weiterbildung werden in Kapitel 6.1.4.2 behandelt. Regelungen zu beiden Themen finden sich vor allem im Berufsbildungsgesetz (BBiG).

6.1.4.1 Berufsausbildung

Die Ausbildung von Jugendlichen ist volkswirtschaftlich sehr wichtig. Für den
Standort Deutschland wird auch in Zukunft entscheidend sein, wie viele qualifizierte Fachkräfte zur Verfügung stehen. Unter sozialen Gesichtspunkten ist eine
Ausbildung von möglichst vielen jungen Menschen ebenfalls sehr bedeutend, Unternehmen bieten damit Perspektiven für Jugendliche und die Voraussetzung für
einen erfolgreichen Lebensweg. Doch auch Unternehmen können enorm von der
Ausbildung profitieren. Nach der Ausbildung stehen junge Mitarbeiter zur Verfügung, die unternehmensspezifische Kenntnisse haben und diese könnten, beim
in der Zukunft prognostizierten Fachkräftemangel, die entscheidenden Erfolgsfaktoren sein. Somit sichern sich Unternehmen ihre eigenen Nachwuchskräfte.
Zudem sind Auszubildende während der Ausbildung relativ kostengünstige Ar

beitskräfte, die mit zunehmender Dauer der Ausbildung immer mehr mithelfen und zum Unternehmenserfolg beitragen können.

Für einen anerkannten Ausbildungsberuf darf nur nach der Ausbildungsordnung ausgebildet werden. Je Berufsbild werden darin

- die Bezeichnung des Ausbildungsberufs,
- die Ausbildungsdauer,
- die beruflichen Fertigkeiten, Kenntnisse und Fähigkeiten, die zu erlernen sind,
- eine sachliche und zeitliche Gliederung der Ausbildung, sowie
- die Prüfungsanforderungen

festgeschrieben.

> *Praxistipp: Vor einer Ausbildung muss der Arbeitgeber die jeweilige Ausbildungsordnung überprüfen um sicherzustellen, alle Punkte der Ausbildung erfüllen zu können.*

Der Berufsausbildungsvertrag mit dem Auszubildenden muss nach § 11 BBiG schriftlich geschlossen werden. Im Falle eines minderjährigen Auszubildenden ist der Vertrag zusätzlich von beiden Elternteilen zu unterzeichnen.

Der Ausbildende (Betrieb) geht damit verschiedene Verpflichtungen ein. Nach § 14 BBiG hat der Ausbildende dafür zu sorgen, dass den Auszubildenden die beruflichen Kenntnisse vermittelt werden, die zum Erreichen des Ausbildungsziels erforderlich sind, und die Ausbildung nach der Gliederung der Ausbildungsordnung zeitlich und sachlich zu organisieren. Der Unternehmer muss entweder selbst ausbilden oder einen Ausbilder damit beauftragen. Weiterhin hat der Arbeitgeber die Ausbildungsmittel für die Zwischen- und Abschlussprüfung zur Verfügung zu stellen und sowohl das Führen des Berichtsheftes wie auch die Teilnahme am Berufsschulunterricht zu gewährleisten. Außerdem hat der Ausbildende dafür zu sorgen, dass Auszubildende charakterlich gefördert und sittlich und körperlich nicht gefährdet werden. Dem Auszubildenden dürfen nur Verrichtungen übertragen werden, die dem Ausbildungszweck dienen und seinen körperlichen Kräften angemessen sind. Für die Teilnahme am Berufsschulunterricht und an Prüfungen ist der Auszubildende freizustellen. Nach § 17 BBiG gibt es einen Vergütungsanspruch für Auszubildende, der regelt, dass die Höhe der Vergütung angemessen sein muss und die Vergütung mindestens einmal jährlich ansteigt. Weiterhin muss der Ausbildungsbetrieb nach der Ausbildung ein Zeugnis ausstellen.

Die Pflichten des Auszubildenden sind in § 13 BBiG verankert. Auszubildende haben sich zu bemühen, die berufliche Handlungsfähigkeit zu erwerben, die zum Erreichen des Ausbildungsziels erforderlich ist. Insbesondere sind sie verpflichtet, die ihnen aufgetragenen Aufgaben sorgfältig auszuführen, am Berufsschulunterricht und an den Prüfungen teilzunehmen, den Weisungen der Ausbilder zu folgen und die Regelungen des Betriebs zu beachten sowie die Arbeitsmittel mit Sorgfalt zu behandeln und über Betriebs- und Geschäftsgeheimnisse Stillschweigen zu bewahren.

Im Ausbildungsvertrag wird eine Probezeit zwischen einem und vier Monaten vereinbart. Die Kündigung während der Probezeit ist durch beide Parteien jederzeit ohne Einhalten einer Kündigungsfrist möglich (§22 BBiG). Nach der Probezeit ist nur noch eine außerordentliche Kündigung, im Unterschied zu anderen Arbeitsverhältnissen keine ordentliche Kündigung, möglich. Es kann vom Ausbildenden nur noch fristlos aus wichtigem Grund gekündigt werden (vgl. Kapitel 6.1.5.4). Der Auszubildende kann hingegen mit einer Kündigungsfrist von vier Wochen kündigen, wenn er die Berufsausbildung aufgeben oder sich für eine andere Berufstätigkeit ausbilden lassen will. Die Kündigung muss – wie in anderen Arbeitsverhältnissen auch – schriftlich und innerhalb von zwei Wochen nach den zugrunde liegenden Tatsachen erfolgen.

Unter bestimmten Voraussetzungen können Arbeitgeber eine Förderung für die Berufsausbildung erhalten. Dies gilt allerdings nur für die Ausbildung von Jugendlichen, die bereits im Vorjahr die Schule verlassen haben und die sich in der Vergangenheit erfolglos um einen Ausbildungsplatz bemüht haben oder lernbeeinträchtigt oder sozial benachteiligt sind. Ein Ausbildungsbonus kann ebenfalls gezahlt werden für Jugendliche, die ihre Ausbildung infolge einer Insolvenz, Stilllegung oder Schließung des bisherigen Betriebs nicht mehr fortsetzen können und ein neues Ausbildungsverhältnis eingehen. In diesen Fällen kann der Bonus auch dann gezahlt werden, wenn das die frühere Ausbildung fortführende Ausbildungsverhältnis die Voraussetzung der Zusätzlichkeit nicht erfüllt (vgl. Kreizberg [2011], HaufeIndex 583881).

Um überhaupt ausbilden zu dürfen muss die Ausbildungsstätte nach § 27 BBiG nach Art und Einrichtung für die Berufsausbildung geeignet sein und die Zahl der Auszubildenden in einem angemessenen Verhältnis zur Zahl der beschäftigten Fachkräfte stehen. Geeignet ist ein Betrieb, wenn alle Fertigkeiten und Kenntnisse für den Ausbildungsberuf selbständig vermittelt werden können oder eine Vermittlung bestimmter Kenntnisse in einem anderen Betrieb organisiert wird. Grundsätzlich darf jedes Ausbildungsunternehmen so viele Auszubildende einstellen und ausbilden, wie es ordnungsgemäß ausbilden kann. Für die Frage, wo eine ordnungsgemäße Ausbildung noch gewährleistet ist, lässt sich folgende Faustregel ableiten (vgl. Kreizberg [2011], HaufeIndex 583881):

2 Fachkräfte – 1 Auszubildender
5 Fachkräfte – 2 Auszubildende
8 Fachkräfte – 3 Auszubildende
weitere 3 Fachkräfte – 1 weiterer Auszubildender.

Begründete Ausnahmen sind möglich, müssen aber mit der zuständigen Stelle abgesprochen werden. Zuständig ist die jeweilige Handwerkskammer bzw. der Berufsverband.

Die fachliche Eignung zur Ausbildung ist davon abhängig, ob es sich um ein Handwerk nach der Handwerksordnung oder einen anderen Wirtschaftszweig handelt. Auszubildende, die in einem Beruf nach Anlage A oder Anlage B der Handwerksordnung ausgebildet werden, dürfen nur mit bestandener Meisterprüfung in diesem oder einem ähnlichen Gewerbe ausgebildet werden. Die Meisterprüfung im Handwerk berechtigt nicht nur zur Ausbildung in dem Handwerksberuf, in dem die Meisterprüfung abgelegt wurde, sondern auch zur Ausbildung in weiteren Berufen, wie z.B. für die Ausbildungsberufe Bürokaufmann, technischer Zeichner oder Fachverkäufer.

Außerhalb des Handwerks gilt jeder als fachlich geeignet, der in dem Ausbildungsberuf selbst die Abschlussprüfung bestanden hat und einige Jahre Berufserfahrung vorweisen kann. Fachlich geeignet sind zudem Personen mit Fachhochschul- oder Hochschulabschluss in entsprechender Fachrichtung. Zudem müssen nach § 30 BBiG die arbeitspädagogischen Kenntnisse vorhanden sein. Dies wird in der Regel durch das Ablegen der Ausbildereignungsprüfung nachgewiesen.

Neben der fachlichen Eignung muss man auch persönlich geeignet sein, um Auszubildende einzustellen. Persönlich nicht geeignet ist nach § 29 BBiG, wer
– Kinder und Jugendliche nicht beschäftigen darf oder
– wiederholt oder schwer gegen das Berufsbildungsgesetz verstoßen hat.

Dies trifft unter anderem bei schweren Vorstrafen zu.

Ein Arbeitgeber muss selbst ausbilden oder geeignete Mitarbeiter mit der Ausbildung betrauen.

6.1.4.2 Personalentwicklung

Unter dem Begriff der Personalentwicklung versteht man alle Maßnahmen zum Ausbau und zur Verbesserung der Qualifikationen des Mitarbeiters. Qualifikationen können sowohl soziale Fähigkeiten als auch fachliche und methodische Kenntnisse sein. Es gibt je nach dem Zweck der Fortbildung unterschiedliche Arten:
– die Erhaltungsfortbildung nach beruflichen Unterbrechungen zum Ausgleich verloren gegangener Kenntnisse
– die Erweiterungsfortbildung für Kenntnisse, die über die gegenwärtige Aufgabe hinausgehen
– die Anpassungsfortbildung bei veränderten Bedingungen, z.B. technologischem Wandel
– die Aufstiegsfortbildung für Fähigkeiten und Kenntnisse, die bei Aufstieg auf eine höherwertige Position benötigt werden

Zunächst wird der Fortbildungsbedarf ermittelt. Dies geschieht wie bereits bei der Personaleinstellung in Kapitel 6.1.1. beschrieben mit Hilfe eines Anforderungsprofils, in dem die Anforderungen an eine Arbeitsaufgabe definiert werden. Dagegen werden die Qualifikationen des Mitarbeiters gespiegelt. Aus vorhandenen Qualifikationslücken ergibt sich dann der Fortbildungsbedarf.

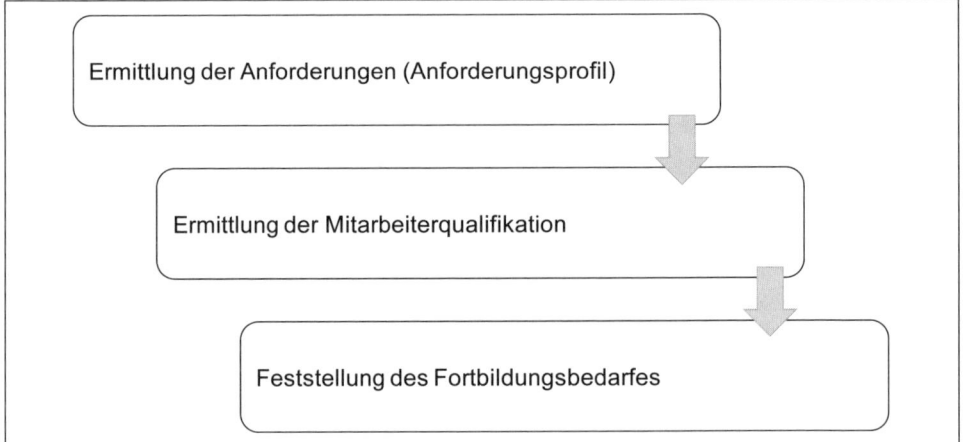

Abb. 6.10: Ermittlung des Fortbildungsbedarfs

Ist Fortbildungsbedarf ermittelt worden, muss im nächsten Schritt geklärt werden, in welcher Weise die Qualifikationen erworben werden sollen. Klassisch werden Mitarbeiter zu Seminaren angemeldet, um die Kenntnisse vermittelt zu bekommen. Hierbei wird zwischen Seminaren unterschieden, die im Betrieb organisiert und veranstaltet werden (Inhouse-Schulungen) und externen Seminaren. Inhouse-Seminare können dann kostengünstiger sein, wenn mehrere Personen zum gleichen Thema geschult werden müssen. Individueller Schulungsbedarf erfolgt in der Regel über externe Schulungsangebote. Hierbei gibt es die klassische Variante der Seminarschulung und die immer häufiger genutzte Methode der Online-Schulungen. Bei Online-Schulungen kann der Mitarbeiter am Arbeitsplatz über Internet auf das Schulungsmaterial zugreifen und sich die Kenntnisse aneignen. Diese Angebote sind in der Regel preisgünstiger als Schulungen mit Referenten und es fallen keine Reisekosten an. Ein Vorteil ist auch die mögliche freie Zeiteinteilung durch den Mitarbeiter. Nachteil dabei ist, dass die Beratung weitestgehend entfällt, individuelle Fragen meist nur schriftlich gestellt werden können und der Lernerfolg stark von der Lernorganisation des Arbeitnehmers abhängt. Möglich ist auch, einen Mitarbeiter schulen zu lassen, der sein erlerntes Wissen dann wiederum im Rahmen einer Veranstaltung an die Belegschaft weitergibt. Ist die zu erlernende Qualifikation eher praktisch und nicht im eigenen Unternehmen vorhanden, sollte sich der Arbeitgeber die Frage stellen, ob die

Kenntnisvermittlung durch Kooperation mit anderen Betrieben oder Geschäftspartnern erlangt werden kann, z.B. ein Informationsaustausch unter Mitarbeitern.

Praxistipp: Personalentwicklung ist meist mit hohen Kosten verbunden, deshalb sollte man sich vorab konkrete Gedanken darüber machen, welche Angebote sinnvoll sind und genutzt werden können. Die Kosten sollten Arbeitgeber jedoch nicht abschrecken in die Qualifikation ihrer Mitarbeiter zu investieren, denn langfristig ist dies eine Investition in die Zukunft des Unternehmens. Die Fähigkeiten der Arbeitnehmer sind das Kapital des Arbeitgebers. Die Investition in Weiterbildung wird zudem von vielen Mitarbeitern als wichtiges Kriterium eines attraktiven Arbeitgebers betrachtet und steigert die Bindung an den Betrieb.

Hat ein Arbeitnehmer den Wunsch, eine umfassende Weiterbildung wie beispielsweise einen Meister- oder Technikerabschluss, den Abschluss als Betriebswirt oder ein Studium anzutreten, muss vom Unternehmen entschieden werden, ob diese Fortbildung betrieblich relevant und erwünscht ist. Ist dies der Fall, kann der Arbeitgeber die Fortbildung des Mitarbeiters auf verschiedene Weise fördern. Die Kosten der Qualifikationsmaßnahme können komplett oder teilweise übernommen werden. Hierbei ist allerdings zu beachten, dass das Finanzamt bei allgemein anerkannten Qualifikationsabschlüssen, die dem Arbeitnehmer größere Chancen auf dem allgemeinen Arbeitsmarkt eröffnen, immer auch von Eigeninteresse des Arbeitnehmers ausgeht und die Förderung der Bildungsmaßnahmen in diesen Fällen geldwerten Vorteil des Arbeitnehmers darstellt, der vom Arbeitgeber lohnversteuert werden muss.

Neben den Kosten kann der Arbeitgeber die Maßnahme durch Gewährung von Freizeit fördern, z.B. durch bezahlte oder unbezahlte Freistellung an bestimmten Tagen für Schulungen oder Prüfungen.

In Fällen einer erheblichen Kostenübernahme sind Umschulungsverträge möglich, in denen der Arbeitgeber im Falle einer Kündigung des Arbeitnehmers Teile der Fortbildungskosten zurückverlangen kann. Die Rückforderungsklausel muss bei Abschluss des Umschulungsverhältnisses in entsprechender Höhe dem Arbeitnehmer schriftlich mitgeteilt werden und muss verhältnismäßig sein. Die Rechtsprechung ist häufig damit befasst, welche Bindungszeiträume und welche Höhe im Einzelfall verhältnismäßig ist. Nach verschiedenen Urteilen ist davon auszugehen, dass die Bindungsdauer maximal sechsmal so lange sein darf wie die Umschulungsdauer war. Die Rückzahlungsverpflichtung des Arbeitnehmers muss sich um den entsprechenden Teil der Bindungsdauer jeden Monat seiner Weiterbeschäftigung reduzieren. Als Kosten können sowohl Lehrgangs- wie auch Lohnkosten angesetzt werden.

6.1.5 Arbeitsrechtliche Aspekte/Auflösung von Arbeitsverhältnissen

Grundsätzlich gibt es die Arbeitnehmerkündigung und die Kündigung durch den Arbeitgeber. Hier soll hauptsächlich die Arbeitgeberkündigung betrachtet werden. Zu unterscheiden ist zwischen fristloser und ordentlicher Kündigung.

Bei der ordentlichen oder auch fristgemäßen Kündigung wird das Arbeitsverhältnis nicht sofort beendet, sondern zum Ablauf der Kündigungsfrist.

Die gesetzliche Grundkündigungsfrist beträgt sowohl für den Arbeitgeber als auch den Arbeitnehmer vier Wochen zum 15. oder zum Ende eines Kalendermonats. Während sich die Fristen für den Arbeitgeber mit zunehmender Dauer des Arbeitsverhältnisses verlängern, gilt für den Arbeitnehmer gesetzlich immer nur die Grundkündigungsfrist. Für die Berechnung der Dauer des Beschäftigungsverhältnisses bleiben die Zeiten vor Vollendung des 25. Lebensjahres unberücksichtigt.

Dauer des Arbeitsverhältnisses	Kündigungsfrist für den Arbeitgeber nach § 622 Abs. 2 BGB
bis zu 2 Jahren	4 Wochen zum 15. Oder zum Ende eines Kalendermonats
ab 2 Jahre	1 Monat zum Ende eines Kalendermonats
ab 5 Jahre	2 Monate zum Ende eines Kalendermonats
ab 8 Jahre	3 Monate zum Ende eines Kalendermonats
ab 10 Jahre	4 Monate zum Ende eines Kalendermonats
ab 12 Jahre	5 Monate zum Ende eines Kalendermonats
ab 15 Jahre	6 Monate zum Ende eines Kalendermonats
ab 20 Jahre	7 Monate zum Ende eines Kalendermonats

Kürzere Kündigungsfristen im Arbeitsvertrag sind unwirksam. Es dürfen jedoch im Arbeitsvertrag längere Kündigungsfristen vereinbart werden, die dort auch für die Arbeitnehmerkündigung festgelegt werden können. Für die Kündigung des Arbeitsverhältnisses durch den Arbeitnehmer darf jedoch keine längere Frist vereinbart werden als für die Kündigung durch den Arbeitgeber.

Die ordentliche Kündigung unterscheidet drei Fälle:
– Personenbedingte Kündigung
– Verhaltensbedingte Kündigung
– Betriebsbedingte Kündigung

Der allgemeine Kündigungsschutz (§§ 1-14 KSchG) gilt allerdings nicht für Kleinbetriebe. Ein Kleinbetrieb liegt vor, wenn in der Regel **zehn** oder weniger Arbeitnehmer ausschließlich der Auszubildenden beschäftigt werden (§ 23 Abs. 1 Satz 2 KSchG).

Arbeitnehmer, deren Arbeitsverhältnis bereits am 31.12.2003 in einem Betrieb mit mehr als fünf Arbeitnehmern bestand, genießen einen besonderen Bestandsschutz.

> **Praxistipp:** *Kleinbetriebe mit in der Regel fünf oder weniger Arbeitnehmern sind in keinem Fall an die Kündigungsschutzbestimmungen gebunden. Sie können ordentliche Kündigungen aussprechen, auch wenn kein Kündigungsgrund vorliegt und auch wenn die Kündigung im Sinne von §1 KSchG nicht sozial gerechtfertigt wäre. Eingehalten werden muss lediglich die maßgebliche Kündigungsfrist.*

Bei der Ermittlung der Zahl der beschäftigten Arbeitnehmer eines Betriebs werden die Auszubildenden und Umschüler nicht mitgezählt. Anteilig mitgezählt werden Teilzeitbeschäftigte. Teilzeitbeschäftigte mit einer regelmäßigen wöchentlichen Arbeitszeit von nicht mehr als 20 Stunden werden mit 0,5 und teilzeitbeschäftigte Arbeitnehmer mit nicht mehr als 30 Wochenstunden werden mit 0,75 berücksichtigt. Maßgeblicher Zeitpunkt für die Frage, ob ein Unternehmen unter das Kündigungsschutzgesetz fällt, ist der Zeitpunkt der Kündigungserklärung (vgl. Hanreich [2011a], HaufeIndex 515610).

Die im Folgenden in den Kapiteln 6.1.5.1. bis 6.1.5.3 dargestellten Voraussetzungen für ordentliche Kündigungen sind demnach nur für größere Betriebe mit in der Regel mehr als zehn Mitarbeitern relevant.

6.1.5.1 Personenbedingte Kündigung

Personenbedingte Gründe zur Kündigung sind solche, die auf den persönlichen Eigenschaften, Fähigkeiten und Fertigkeiten des Arbeitnehmers, also auf einer in seiner Sphäre liegenden "Störquelle" beruhen (vgl. BAG, Urteil v. 21.11.1985, 2 AZR 21/85).

Die in der Praxis am häufigsten auftretenden Gründe sind Krankheiten des Arbeitnehmers. Zur sozialen Rechtfertigung einer Kündigung sind schwerwiegende Voraussetzungen erforderlich (vgl. Olfert [2004], S. 192):
- das Vorliegen einer negativen Gesundheitsprognose
- die entstandenen und prognostizierten Fehlzeiten müssen die betrieblichen Interessen erheblich beeinträchtigen
- die Beeinträchtigung im Einzelfall muss so hoch sein, dass sie dem Arbeitgeber nicht zumutbar ist.

Eine Kündigung aus Altersgründen ist grundsätzlich gesetzeswidrig.

6.1.5.2 Verhaltensbedingte Kündigung

In der Praxis ist die verhaltensbedingte Kündigung die häufigste Kündigungs-
form. Dies kann dann die richtige Konsequenz sein, wenn der Mitarbeiter seine
arbeitsvertraglichen Pflichten verletzt. Die verhaltensbedingte Kündigung setzt
das Vorliegen eines Sachverhalts voraus, der an sich geeignet ist, einen Kündigungsgrund zu bilden. Die Vertragsverletzungen des Arbeitnehmers müssen im
Allgemeinen schuldhaft, d.h. vorsätzlich oder fahrlässig, begangen sein. Als Kündigungsgrund kommt nach der Rechtsprechung jedes schuldhafte Verhalten in
Frage, welches zu Störungen im Leistungsbereich, im betrieblichen Bereich oder
im Vertrauensbereich führt. Je nach Art und Gewicht des Fehlverhaltens kann
eine ordentliche Kündigung unter Einhaltung der Kündigungsfrist gerechtfertigt sein oder auch eine außerordentliche Kündigung. Die Kündigung muss
dem Grundsatz der Verhältnismäßigkeit (Ultima-Ratio-Prinzip) entsprechen und
ist ungerechtfertigt, wenn sich ein ordnungsgemäßes Verhalten des Arbeitnehmers mit anderen Mitteln, beispielsweise durch eine Abmahnung, erreichen lässt.
Auf eine vorangegangene Abmahnung kann aber verzichtet werden, wenn das
Fehlverhalten des Arbeitnehmers so schwerwiegend war, dass dem Arbeitgeber
eine Abmahnung nicht zugemutet werden kann und es für den Arbeitnehmer
offensichtlich war, dass der Arbeitgeber sein Verhalten nicht tolerieren würde.
Dies gilt häufig bei Störungen im Vertrauensbereich. Gründe für verhaltensbe-
dingte Kündigungen können sein:
– Arbeitsverweigerung
– Gering- und Schlechtleistungen
– Verstöße gegen die betriebliche Ordnung (z.B. gegen Verbote)
– Unpünktlichkeit
– Eigenmächtige Urlaubnahme und Urlaubsüberschreitungen
– Unentschuldigtes Fehlen
– Verstöße gegen Verschwiegenheitspflichten
– Beleidigungen
– Tätlichkeiten
– Unterschlagungen
– Verstöße gegen Treuepflichten

Bei einer Pflichtverletzung im Leistungsbereich ist der Arbeitnehmer in der Regel
vor der Kündigung abzumahnen. Die Abmahnung dient dabei der Warnung und
Dokumentation. Mit der Abmahnung wird ein Arbeitnehmer auf ein bestimmtes
Fehlverhalten hingewiesen und soll unter Androhung möglicher Rechtsfolgen im
Wiederholungsfall zu einer Verhaltensänderung veranlasst werden. Für die Abmahnung muss aus Dokumentationsgründen auf jeden Fall die Schriftform verwendet werden. Als Betreff oder Überschrift sollte das Wort "Abmahnung" be-
nutzt werden, damit dem Mitarbeiter klar ist, worum es geht. Der Vorwurf der

Pflichtverletzung muss genau und präzise, möglichst unter Angabe von Ort, Datum, Zeit und genauem Hergang geschildert werden. Unpräzise Aussagen bedingen die Unwirksamkeit der Abmahnung. Zudem muss in der Abmahnung vom Arbeitgeber ein Verhalten für die Zukunft gefordert werden.

> *Praxistipp: In der Abmahnung muss die Pflichtverletzung knapp, aber so konkret wie möglich geschildert werden und es muss verdeutlicht werden, welches Verhalten in Zukunft gefordert wird, mit gleichzeitigem Hinweis auf arbeitsrechtliche Konsequenzen bei nochmaligem Fehlverhalten.*
>
> *Beispiel: „Sollten sich diese oder ähnliche Pflichtverletzungen wiederholen, sind der Inhalt und der Bestand Ihres Arbeitsverhältnisses gefährdet, d.h. Sie müssen dann mit der Kündigung Ihres Arbeitsverhältnisses rechnen. Wir bitten Sie, uns den Erhalt dieser Abmahnung, die wir zu Ihren Personalakten nehmen werden, zu bestätigen.".*

Die Abmahnung muss innerhalb von zwei Wochen nach Bekanntwerden des Vorfalls erstellt und übergeben werden. Wenn sich der gleiche oder ein sehr ähnlicher Tatbestand wiederholt, muss ebenfalls innerhalb von zwei Wochen nach Bekanntgabe gekündigt werden.

6.1.5.3 Betriebsbedingte Kündigung

In diesem Fall müssen dringende betriebliche Erfordernisse einer Weiterbeschäftigung entgegenstehen. Die Gründe dafür können innerbetriebliche oder außerbetriebliche Ursachen haben. Innerbetriebliche Gründe sind beispielsweise Effektivitätssteigerungsmaßnahmen, Rationalisierungsmaßnahmen oder Umstellung der Produktion. Außerbetriebliche Gründe sind Umsatzrückgang, Absatzschwierigkeiten oder die Konkurrenzsituation.

Bevor betriebsbedingte Kündigungen ausgesprochen werden ist zu prüfen, ob interne Personalfreistellungen möglich sind, d.h. ob die bestehenden Arbeitsverhältnisse an den geringeren Leistungsbedarf angepasst werden können. Zu den Maßnahmen der internen Personalfreistellung zählen:

- Reduzierung der Arbeitszeit (z.B. Kurzarbeit, Teilzeitarbeit, Abbau von Mehrarbeitsstunden)
- Flexibilisierung der Arbeitszeit (z.B. Jahresarbeitszeitverträge)
- Veränderung der Arbeitsaufgabe (Versetzung)
- Verschiebung des Urlaubs
- Keine Wiederbesetzung von frei werdenden Stellen durch Fluktuation

Liegen betriebliche Gründe vor, und der Unternehmer entscheidet sich für betriebsbedingte Kündigungen, hat er eine Sozialauswahl zwischen den Arbeitnehmern zu treffen, die für eine Kündigung in Betracht kommen. Die Sozialaus-

wahl muss ordnungsgemäß durchgeführt werden, ansonsten ist die betriebsbedingte Kündigung unwirksam. Die vier Grunddaten für die Sozialauswahl sind
nach § 1 Abs. 3 Satz 1 KSchG die Dauer der Betriebszugehörigkeit, das Lebensal-
ter, Unterhaltspflichten und das Vorliegen einer Schwerbehinderung des Arbeitnehmers. Der Arbeitgeber muss bei betriebsbedingten Kündigungen in der Lage
sein, die Sozialauswahl nach diesen Kriterien zu begründen und muss diese lückenlos dokumentiert haben.

6.1.5.4 Außerordentliche Kündigung

Im Gegensatz zur ordentlichen Kündigung wird bei der fristlosen Kündigung das
Arbeitsverhältnis mit sofortiger Wirkung gekündigt. Diese Form der Kündigung
ist nur in besonders schwerwiegenden Fällen zulässig, z.B. bei:
–   schwerer Störung des Betriebsfriedens
–   Straftaten gegen den Arbeitgeber
–   schwerwiegenden rechtswidrigen und schuldhaften Leistungsverstößen
–   schweren Wettbewerbsverstößen

Es muss jeweils im Einzelfall entschieden werden, ob es dem Arbeitgeber unzu-
mutbar ist, das Arbeitsverhältnis nach dem Vorfall zumindest bis zur Kündigungsfrist aufrecht zu erhalten. Das Vorliegen eines wichtigen Grunds ist dabei
unter Berücksichtigung aller Umstände des Einzelfalls und unter Abwägung der
Interessen beider Vertragsteile zu prüfen. Die Kündigung muss innerhalb von
zwei Wochen nach Bekanntwerden der Ursache erfolgen. Bei jeder außerordentlichen Kündigung sollte gleichzeitig „hilfsweise ordentlich" gekündigt werden, da
die Hürden für eine fristlose Kündigung sehr hoch sind und der Arbeitgeber
durch die hilfsweise ordentliche Kündigung im Falle eines Rechtsstreits vor dem
Arbeitsgericht im Regelfall nur das Risiko der Nachzahlung für die Kündigungsfrist trägt.
     Die Kündigung muss immer in Schriftform durchgeführt werden, der elek-
tronische Weg per email, Fax oder SMS ist unwirksam. Die Kündigung muss vom
Unternehmer oder einem Bevollmächtigten eigenhändig unterschrieben werden.
Die Kündigung wird erst wirksam, wenn Sie dem Empfänger zugeht. Falls der
Arbeitnehmer im Betrieb oder persönlich erreichbar ist, sollte ihm die Kündigung
in Beisein eines Zeugen übergeben werden und der Erhalt auf einer Zweitschrift
vom Arbeitnehmer mit Datum und Unterschrift bestätigt werden.
     Wenn der Arbeitnehmer abwesend ist wird die Kündigung wirksam, wenn
unter üblichen Verhältnissen davon auszugehen ist, dass er von der Kündigung
Kenntnis nehmen konnte, z.B. übliche Leerung des Briefkastens. Eine Kündigung
sollte nicht mit der normalen Post verschickt werden, sondern im besten Fall
durch Boten, die später als Zeugen zur Verfügung stehen können. Der Inhaber

einer Einzelfirma sollte nicht alleine das Kündigungsschreiben zustellen, da er als Zeuge nicht anerkannt wird, sondern eine weitere Person hinzuziehen und den Zeitpunkt der Zustellung protokollieren. Alternativ kann die Kündigung durch Einschreiben versandt werden.

6.1.5.5 Aufhebungsvertrag

Der Aufhebungsvertrag ist eine weitere Alternative zur Beendigung von Arbeitsverhältnissen. Dabei einigen sich Arbeitgeber und Arbeitnehmer, das bestehende Arbeitsverhältnis zu einem bestimmten Zeitpunkt zu beenden. In der Regel wird eine Abfindungszahlung an den Arbeitnehmer vereinbart. Die Höhe der Zahlung ist von den Parteien frei zu bestimmen, in der Praxis wird oft die Abfindung nach der Berechnung 0,5 bis 1 Monatsgehalt pro Beschäftigungsjahr festgelegt.

Folgende Vorteile können sich für das Unternehmen durch den Aufhebungsvertrag im Gegensatz zu einer Kündigung ergeben:

– Vorschriften des Kündigungsschutzes bleiben unberührt
– Es muss kein wichtiger Kündigungsgrund vorliegen
– Lange Rechtsstreitigkeiten vor dem Arbeitsgericht werden vermieden

6.1.5.6 Allgemeine Pflichten nach Beendigung des Arbeitsverhälntisses

Bei Beendigung eines Beschäftigungsverhältnisses hat der Arbeitgeber verschiedene Pflichten. Zunächst muss der Arbeitnehmer bei der zuständigen Krankenkasse abgemeldet werden. Dem Arbeitnehmer muss außerdem eine Lohnsteuerbescheinigung sowie die Arbeitspapiere ausgehändigt werden und das Lohnkonto ist abzuschließen.

Der Arbeitnehmer hat einen sogenannten Holanspruch auf ein Arbeitszeugnis, d.h. auf Wunsch des Arbeitnehmers muss der Arbeitgeber ein Zeugnis ausstellen. Das qualifizierte Arbeitszeugnis enthält:

– Name und Geburtsdatum des Arbeitnehmers
– Beginn und Ende des Arbeitsverhältnisses
– Tätigkeitsbezeichnung und Tätigkeitsbeschreibung
– Beurteilung der Arbeitsleistung (siehe Kapitel 6.1.2)
– Beurteilung des Sozialverhaltens (siehe Kapitel 6.1.2)
– Grund der Beendigung (siehe Kapitel 6.1.2)
– Schlussklausel (siehe Kapitel 6.1.2)

Exkurs: Betriebsverfassungsrecht

Der Betriebsrat ist die von den Arbeitnehmern eines Betriebs gewählte betriebliche Interessenvertretung, der vor allem in sozialen Angelegenheiten Mitbestimmungsrechte zustehen. Die Rechte des Betriebsrats sind von denen der Gewerkschaften zur trennen, deren Aufgabe es ist, die Arbeitsbedingungen der Arbeitnehmer durch Tarifverträge zu regeln (vgl. Düwell [2011], HaufeIndex 520694).

Voraussetzung für die Errichtung eines Betriebsrates in einem Unternehmen ist, dass laut § 1 BetrVG ständig insgesamt mindestens **fünf** wahlberechtigte Arbeitnehmer beschäftigt sind, von denen drei wählbar sind. Wahlberechtigt sind alle Arbeitnehmer, die das 18. Lebensjahr vollendet haben und alle Arbeitnehmerüberlassungskräfte ab einer Beschäftigungsdauer von drei Monaten. Wählbar sind Mitarbeiter ab einer Betriebszugehörigkeit von sechs Monaten. Die Zahl der Betriebsratsmitglieder errechnet sich nach der Größe des Betriebs in § 9 BetrVG. In einem Betrieb mit bis zu 20 Wahlberechtigten besteht der Betriebsrat aus einer Person. Es ist allein Sache der Belegschaft, ob ein Betriebsrat gewählt werden soll, der Arbeitgeber muss nicht darauf hinwirken. Es ist jedoch laut § 20 BetrVG verboten, die Wahl zu behindern oder durch Androhung von Nachteilen oder Versprechen von Vorteilen zu beeinflussen. Die Mitglieder eines Betriebsrates dürfen in der Ausübung ihrer Tätigkeit nicht gestört oder behindert werden. Sie dürfen wegen ihrer Betriebsratstätigkeit weder benachteiligt noch begünstigt werden und sind für ihre Betriebsratsaufgaben von der Arbeit freizustellen. Die Kosten für die Arbeit des Betriebsrates trägt der Arbeitgeber. Für Betriebsratsmitglieder gilt ein höherer Kündigungsschutz. Der Betriebsrat hat nach § 80 BetrVG folgende allgemeine Aufgaben:

- Überwachung der Einhaltung von Gesetzen, Verordnungen, Unfallverhütungsvorschriften, Tarifverträgen und Betriebsvereinbarungen
- Beantragung von Maßnahmen beim Arbeitgeber
- Förderung der Gleichstellung von Frauen und Männern sowie der Vereinbarkeit von Beruf und Familie
- Entgegennahme von Anregungen der Arbeitnehmer und Vorbringen dieser beim Arbeitgeber
- Förderung der Eingliederung Schwerbehinderter
- Organisation der Wahl der Jugend- und Auszubildendenvertretung
- Förderung der Beschäftigung älterer Arbeitnehmer
- Förderung der Integration ausländischer Arbeitnehmer
- Förderung des Arbeits- und Umweltschutzes im Betrieb

Die Einwirkungsmöglichkeiten des Betriebsrats sind im Betriebsverfassungsgesetz geregelt. Zu unterscheiden sind Mitwirkungs- und Mitbestimmungsrechte.

Die Mitwirkung bedeutet Beratung und Mitsprache bei bestimmten Entscheidungen, wobei der Arbeitgeber bei diesen Themen seine Vorstellungen auch ohne den Betriebsrat durchsetzen kann. Darunter fallen Informationsrechte, Vorschlagsrechte, Antragsrechte, Beratungsrechte und Anhörungsrechte:

Informationsrecht	Der Arbeitgeber ist verpflichtet, den Betriebsrat rechtzeitig und umfassend zu unterrichten (§81 Abs. 2 BetrVG) in Bezug auf:
	Arbeitsschutz (§ 89 BetrVG)
	Gestaltung von Arbeitsplatz und Arbeitsablauf (§ 99 Abs. 1 BetrVG)
	Personelle Einzelmaßnahmen (§ 99 Abs. 1 BetrVG)
	Geplante Betriebsänderungen (§ 111 BetrVG)
Vorschlagsrecht	Der Betriebsrat hat Vorschlagsrecht bei der Einführung einer Personalplanung und deren Durchführung (§ 92 BetrVG).
Antragsrecht	Der Betriebsrat soll grundsätzlich Maßnahmen beantragen, die der Belegschaft dienen (§ 80 Abs. 1 Nr. 2 BetrVG).
Beratungsrecht	Dieses Recht hat der Betriebsrat bei Maßnahmen der Bauplanung, Anlagenplanung, Ablauf- und Verfahrensplanung und Planungen des Arbeitsplatzes (§ 90 BetrVG).
Anhörungsrecht	Insbesondere vor jeder Kündigung ist der Arbeitnehmer zu hören (§ 102 Abs. 1 BetrVG).

Abb. 6.11: Rechte des Betriebsrats im Überblick
(in Anlehnung an Olfert [2004], S. 52)

Die Mitbestimmungsrechte des Betriebsrates sind dagegen wesentlich stärkere Rechte, durch die der Betriebsrat die Möglichkeit hat, Entscheidungen des Arbeitgebers zu verhindern. Die Mitbestimmungsrechte des Betriebsrates sind im Betriebsverfassungsgesetz in verschiedene Abschnitte unterteilt:

Mitbestimmungs-rechte in Bezug auf:	- Inhalt der Mitbestimmung	Betriebsverfasungs-gesetz (BetrVG)
Soziale Angele-genheiten	- Betriebsordnung - Verhaltensregeln für Mitarbeiter - Arbeitszeitregelungen - Mehrarbeit - Urlaubsgrundsätze - Zeit der Auszahlung der Arbeitsentgelte - Überwachungseinrichtungen - Arbeits- und Gesundheitsschutz - Entlohnungsgrundsätze - Betriebliches Vorschlagswesen	§§ 87 -89
Gestaltung von Arbeitsplatz, Ar-beitsablauf und Arbeitsumgebung	- Es besteht ein Mitbestimmungsrecht für den Fall, dass die Arbeitsplatzgestaltung nicht den wissen-schaftlichen Erkenntnissen der Arbeitsplatzgestal-tung genügt.	§ 91
Personelle Ange-legenheiten	- Gestaltung des Personalfragebogens - Beurteilungsgrundsätze und Richtlinien bei Einstel-lungen, Versetzungen, Umgruppierungen, ordentli-che Kündigungen	§§ 94-95, 99, 102

Abb. 6.12: Mitbestimmungsrechte des Betriebsrats (in Anlehnung an Olfert [2004], S. 52 f.)

Kommt eine Einigung zwischen Arbeitgeber und Betriebsrat nicht zustande, ent-scheidet die Einigungsstelle (§ 76 BetrVG). Die Einigungsstelle besteht aus einer gleichen Anzahl Personen von Arbeitgeber und Betriebsrat und einer unparteii-schen Person, auf die sich beide Seiten einigen müssen. Kommt eine Einigung über die Person nicht zustande, wird eine Person vom Arbeitsgericht bestellt.

6.2 Strukturierte Arbeitsorganisation

Beispiel

Max Mustermann ist inzwischen sehr erfolgreich mit seinen Entwicklungen und hat nun einen Großauftrag, ein Projekt, das mehrere Monate in Anspruch nehmen wird. Die ersten Wochen arbeitet er fast immer sieben Tage die Woche und auch seine neu eingestellten Mitarbeiter müssen viele Überstunden machen. Trotzdem stellt er nach zwei Monaten fest, dass das Projekt noch nicht entscheidend voran gekommen ist. Mehrere Personen hatten sich mit einem ähnlichen Thema sehr ausführlich beschäftigt, während andere Aspekte noch überhaupt nicht in Erwägung gezogen wurden. Ein roter Faden ist nicht erkennbar, und Mustermann weiß nicht genau, woran das liegt. Nun muss er nochmals von vorne beginnen und überlegt sich, wie er das Projekt jetzt besser in den Griff bekommen könnte.

Gerade in der Anfangsphase eines Unternehmens wird oft intuitiv und wenig methodisch gearbeitet. Beherzigt man allerdings einige Tipps, kann man für sich als Unternehmer, aber auch bei seinen Mitarbeitern enorm viel Zeit sparen und zugleich wesentlich wirtschaftlicher und letztlich auch erfolgreicher arbeiten. Deshalb sollen in diesem Kapitel die Grundzüge strukturierten Arbeitens vorgestellt werden.

Jede Art von Aufgabe kann strukturiert werden. Das kostet wenig Zeit, hilft aber während der ganzen Arbeitsphase und verbessert das Ergebnis erheblich. Die methodische Vorgehensweise ist dabei einfach und basiert immer auf den gleichen Schritten:
- Aufgabe definieren/ zentrale Fragestellung herausfiltern
- Struktur der Erledigung/ der Aufgabe festlegen und priorisieren
- Ergebnisse festhalten, bewerten und präsentieren

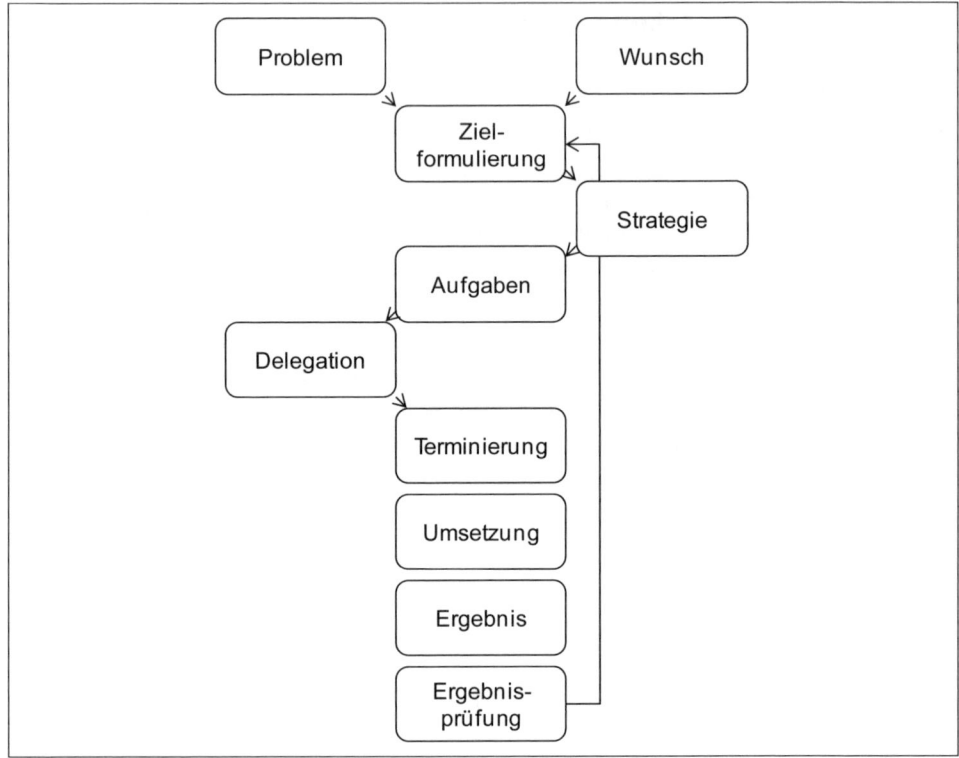

Abb. 6.13: Zielrealisierung
(in Anlehnung an Hütter [2010], S. 88)

6.2.1 Aufgabendefinition

Das wichtigste Kriterium bei jeder Aufgabe ist, dass alle Beteiligten wissen müssen, was das Ziel der Arbeit ist, worum es genau geht, welches also die konkrete Aufgabenstellung ist. Das klingt profan, ist aber in der Praxis tatsächlich sehr oft das Problem. Häufig haben Kunde und Dienstleister oder Vorgesetzter und Mitarbeiter kein einheitliches Verständnis der Aufgabe, und das führt zu großen Problemen, unnötigem Zeitaufwand und unbefriedigenden Ergebnissen.

Als Unternehmer sollte man sich bei jeder Aufgabe in einem Satz niederschreiben können, wie die zentrale Fragestellung lautet. Nur Ziele, die schriftlich fixiert werden, werden in der Regel auch weiterverfolgt.

Die Ziel- oder Aufgabendefinition muss die wesentlichen Punkte berücksichtigen und zeitlich abgegrenzt sein. Hat man dabei Schwierigkeiten, muss man beim Kunden nachhören bzw. sich selbst folgende Fragen stellen:

– Was genau ist die Aufgabe?
– Wie soll das Ergebnis aussehen?
– Was ist wichtig?

- Welchen Handlungsspielraum gibt es? (z.B. Budget, Vorgaben)
- Wer ist Entscheidungsträger?
- Wie viel Zeit soll/ darf die Erledigung der Aufgabe beanspruchen?
- Was sind die Erfolgskriterien?

Diese Fragestellungen kann der Unternehmer auf sich selbst anwenden, wenn eine Aufgabe mit einem Kunden oder Partner festgelegt wird, genauso müssen diese Fragen aber auch bedacht werden, wenn Aufgaben an Mitarbeiter oder Geschäftspartner delegiert werden. Die genaue Definition der Aufgabe und die präzise Arbeitsanweisung sind grundlegend für den Erfolg, denn nur so weiß jeder Beteiligte, was erwartet wird und wie das Ergebnis aussehen soll. Die Festlegung von Rahmenbedingungen und Lösungsraum ist dabei elementar. Die Mitarbeiter benötigen eine genaue Vorgabe, welche Dinge für den Vorgesetzten wichtig sind, z.B. welche Qualitätsanforderungen gestellt werden, aber auch eine Angabe in welcher Arbeitszeit in etwa das Ergebnis erwartet wird bzw. ob Zwischenergebnisse benötigt werden oder in welchen Zeitabständen eine Rückmeldung gewünscht ist.

> **Praxistipp:** *Je genauer die Aufgabe definiert wurde und je genauer diese Aufgabenstellung weitergegeben wird, desto bessere und vor allem zielgerichtete Arbeitsergebnisse werden entstehen.*

6.2.2 Aufgabenstruktur festlegen

Nachdem nun allen Beteiligten klar ist, was die genaue Aufgabe ist und wie die Ergebnisse aussehen sollen, wird der Weg zur Lösung festgelegt. Je nachdem wie komplex die Aufgabe ist kann diese zunächst in Teilaufgaben zerlegt werden.

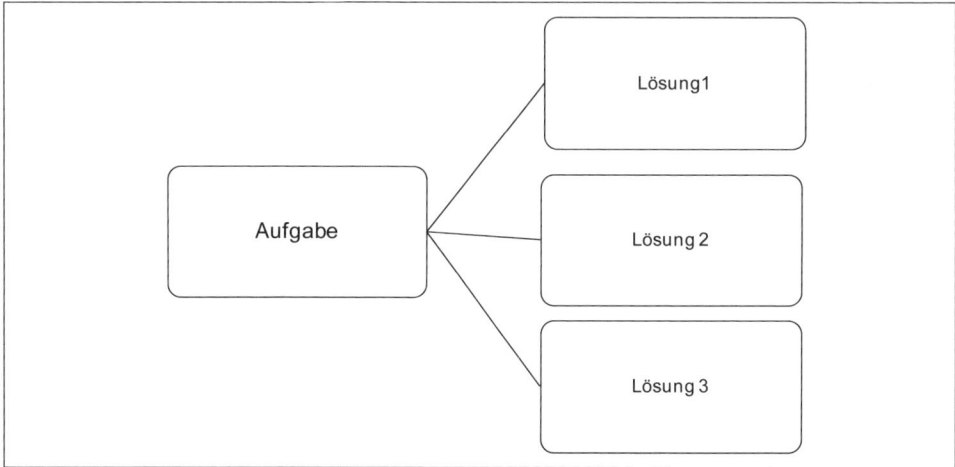

Abb. 6.14: Zerlegung einer Aufgabe in mehrere Teilschritte

Auch hier spielen Fragen, die der Unternehmer sich stellen muss, wieder die zentrale Rolle:

- Welche verschiedenen Möglichkeiten zur Lösung gibt es?
- Welche Auswirkungen, Vor- und Nachteile haben diese jeweils?
- Welche Schritte müssen vor anderen erledigt werden?
- Wer ist wofür verantwortlich?
- Was sind die wichtigsten und dringlichsten Arbeiten?
- Müssen verschiedene Aufgaben priorisiert werden?
- Müssen vorab Recherchen durchgeführt werden?

Falls die Recherche ein Thema ist sollte diese Aufgabe auch wieder genau definiert werden:

- Wie lautet die Hauptfrage?
- In welchen Quellen sollte gesucht werden?
- Wer ist für die Recherche verantwortlich?
- Wie genau soll das Ergebnis sein?
- Wie hoch ist der notwendige Zeitaufwand?
- In welcher Form wird das Rechercheergebnis benötigt (z.B. PowerPoint)?

Frage/ Aufgabe	Analyseweg und gewünsch- tes Ergebnis	Quelle der Recherche	Verantwortlich- keit	Zeit in Stunden
Wonach soll konkret gesucht werden?	Welche Analyse soll durchgeführt werden? Wie genau soll das Ergebnis sein?	Wo sind die Da- ten erhältlich (z.B. Internet)?	Wer ist zustän- dig?	Wie viel Zeit soll für die Recher- che investiert werden?

Ist die Aufgabe sehr komplex und über einen langen Zeitraum geplant, sollten Meilensteine festgelegt werden, d.h. eine genau Festlegung, welche Arbeiten zu welchem Datum erledigt sein müssen.

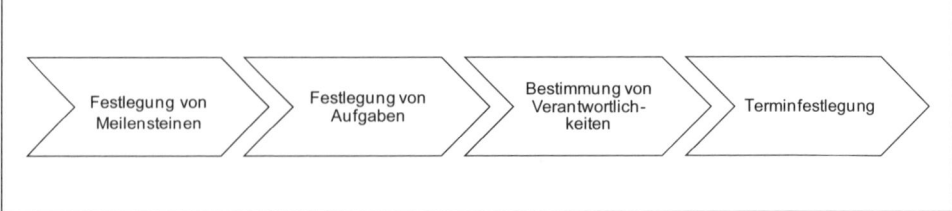

Abb. 6.15: Strukturierung einer komplexen Aufgabe in Teilschritte

Bei der Festlegung der Arbeitsstruktur für sich selbst als Unternehmer, aber im Besonderen auch bei Team- oder Kundenbesprechungen ist es hilfreich, immer wieder mit Visualisierung zu arbeiten. Visualisierung ist die bildliche Darstellung von Sachverhalten. Ob bei der Definition der Aufgabe, der Festlegung der Verantwortlichen, des zeitlichen Ablaufplans oder den Meilensteinen, ist es mit Bildern sehr viel einfacher, bei allen Beteiligten dasselbe Verständnis zu schaffen. Dazu ist nicht unbedingt viel Vorbereitung nötig, oft ist es ausreichend, während einer Besprechung einfache Skizzen auf ein Blatt Papier zu zeichnen oder das Ziel groß an eine Tafel oder ein Flip Chart zu schreiben – so wird die Aufgabenstellung bei einer Besprechung nicht aus den Augen verloren.

Visualisierung ist auch im letzten Punkt dieses Kapitels, dem Umgang mit den Ergebnissen, sehr wichtig.

6.2.3 Ergebnisbewertung und -präsentation:

Nach Abschluss einer Aufgabe neigt man dazu, sofort zur nächsten Aufgabe überzugehen. Es ist aber sehr zu empfehlen, sich einen kurzen Moment mit den Ergebnissen zu beschäftigen. Die Überlegung, womit man zufrieden sein kann bzw. ob es noch Verbesserungspotenzial gibt, sollte vor allem bei komplexen oder nicht alltäglichen Arbeiten dokumentiert werden, es könnte wichtig sein für zukünftige Aufgaben.

Ein Unternehmer sollte aber nicht nur für sich selbst resümieren inwieweit die Resultate zufriedenstellend sind, sondern auch mit allen anderen Beteiligten einen Abschluss finden. Das kann der Kunde sein, dem mitgeteilt werden sollte, dass die Zusammenarbeit als sehr angenehm empfunden wurde oder die Hervorhebung der besten Ergebnisse, das muss aber auch der Mitarbeiter oder Partner sein, der Feedback zu den Ergebnissen bekommen soll. Egal ob Lob oder konstruktive Kritik, der Mitarbeiter weiß dann, wie er sich in Zukunft zu verhalten hat, und fühlt Wertschätzung für sich und seine Arbeit.

Beim Abschluss von großen Projekten sollte man es nicht nur bei einer kurzen Ergebnisanalyse belassen, die Ergebnisse müssen auch entsprechend präsentiert werden.

Dazu einige wichtige Regeln für Präsentationen:
- Die Präsentation dauert so lange wie nötig, und ist so kurz wie möglich. Es zeugt von Wertschätzung, die Zeit und Geduld der Zuhörer nur so lange wie nötig in Anspruch zu nehmen.
- Die Präsentation muss exakt vorbereitet werden:
  - Thema: Welcher Inhalt soll präsentiert werden?
  - Ziel: Welches Ziel soll dadurch erreicht werden?
  - Zielgruppe: Wer soll bei der Ergebnispräsentation dabei sein?
  - Ablauf: Was sind die wichtigsten Inhalte, wie können diese am geeignetsten dargestellt werden? Gliederung in Eröffnung, Hauptteil und Schluss.
  - Organisation: Organisiert werden müssen Ort, Medien und Zeitpunkt.

Hinweise für Präsentationen mit PowerPoint:

- Eine Präsentation sollte mit 10 Folien auskommen. Jedes Thema lässt sich auf 10 Folien darstellen, und länger bekommt man die Aufmerksamkeit der Zuhörer nicht. Mit der 10-Folien-Regel ist man gezwungen sich auf das Wesentliche zu beschränken und das ist positiv für jede Präsentation.
- Die Folien sollten möglichst viel mit Bildern, mit möglichst wenig Fließtext gestaltet werden.
- Es sollte besser mehr zu den Folien erklärt werden, als sie zu überladen.
- Das Wesentliche muss der Inhalt bleiben, deshalb dürfen nicht zu viele Effekte eingebaut werden.
- Der Präsentierende sollte sich immer zum Publikum wenden, Blickkontakt mit allen Zuhörern suchen und auf keinen Fall mit den Augen und dem Rücken zu den Zuschauern an der Leinwand ablesen.
- Die Präsentation sollte vorher mindestens einmal komplett durchgespielt werden. Für den Probelauf empfiehlt es sich, sich von anderen (ehrliches) Feedback geben zu lassen.

Visualisierung:
Visualisierung hilft uns in allen Phasen des strukturierten Arbeitens weiter. Unsere Arbeitsweise ist oft geprägt von schriftlichen Ausarbeitungen, doch es ist wissenschaftlich bewiesen, wie viel mehr Informationen wir durch eine bildhafte Darstellung behalten können:

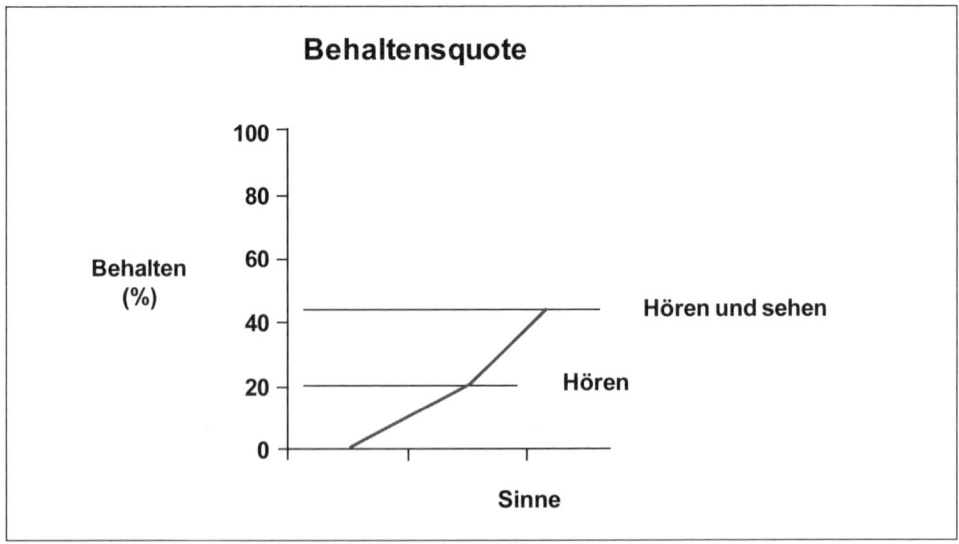

Abb. 6.16: Behaltensquote
(in Anlehnung an Seiwert [1999], S. 11)

Durch Visualisierung werden Informationen außerdem leichter erfassbar und es ist einfacher, die Aufmerksamkeit der Zuhörer auf das Gesprochene zu konzentrieren.

> **Praxistipp:** *Menschen denken in Bildern. Nur was man sich bildhaft vorstellen kann, hat man verstanden. Visualisierung hilft in vielen Bereichen zum gemeinsamen Verständnis.*

Strukturierte Arbeitsorganisation und erfolgreiches Zeitmanagement sind nicht voneinander zu trennen. Deshalb wird im nächsten Kapitel „Zeitmanagement" vor allem auf die persönliche Zeitverwendung des Unternehmers eingegangen.

6.3 Zeitmanagement

„Zeitmanagement bedeutet, die eigene Zeit und Arbeit zu beherrschen, anstatt sich von ihr beherrschen zu lassen!" (Seiwert [1999], S. 16).

Beispiel

Max Mustermann arbeitet in seinem neu gegründeten Unternehmen Tag und Nacht. Er hat ständig ein schlechtes Gewissen, weil noch so viele unerledigte Aufgaben auf ihn warten. Nie kann er eine Arbeit zu Ende führen, denn er wird immer wieder durch Telefonanrufe unterbrochen und muss dann wieder neue Arbeiten beginnen. Zu Hause ist er kaum noch, und wenn dann denkt er darüber nach, welche unerledigten Dinge er eigentlich machen müsste. Seine Familie fühlt sich vernachlässigt und es kommt immer öfter zum Streit mit seiner Frau. Mustermann schläft schlecht und träumt häufig von geschäftlichen Dingen. Er fühlt sich ausgebrannt und hat das Gefühl seine Ziele nie zu erreichen.

Leider ist das Beispiel ein häufiger Fall in der Praxis, der mit einigen Grundregeln allerdings schnell behoben werden kann. Zeit ist ein knappes Gut, denn unsere Zeit ist begrenzt und muss deshalb bewusst eingesetzt werden. Nach Schätzungen wird das Leistungspotenzial in der Wirtschaft nur zu 30 – 40 % genutzt (vgl. Seiwert [1999], S. 14).

Jeder Unternehmer braucht ein erfolgreiches Zeitmanagement. Es beeinflusst die Leistungsfähigkeit, die Produktivität und den Erfolg und vermindert den Leistungsdruck bei jeder Arbeit. Doch nicht nur die Arbeitseffektivität verbessert sich mit einem guten Zeitmanagement, sondern insbesondere auch die eigene Wirkung auf Dritte. Man wirkt organisiert, strukturiert und damit sofort positiver auf Kunden oder Mitarbeiter.

Effektive Arbeit heißt, die eigene Zeit zu planen und festzustellen, worauf man seine Zeit verwendet.

Allgemeine Funktionen des Zeitmanagements sind:

- Die Ausrichtung des Handelns auf die eigenen Ziele
- Proaktives, d.h. vorausschauendes Handeln
- Optimaler Ressourceneinsatz
- Stressbewältigung

Der erste Schritt ist, sich selbst klar zu werden, welche Ziele man hat. Diese sollten schriftlich in einem übergeordneten Plan, der Jahre, Monate oder Wochen umfassen kann, fixiert werden. Die Endziele sind dann der Zustand auf den hingearbeitet wird und woraus sich Zwischenziele oder kleinere Ziele ergeben. Die Ziele sollten sowohl beruflich als auch privat sein und es sollte Klarheit darüber erzielt werden, wann die Ergebnisse eintreten sollten. Die sich ergebenden Teilaufgaben müssen terminlich geordnet und priorisiert werden. Mit den Zielen im Hintergrund und der Planung der geeigneten Maßnahmen daraus ist es nun wichtig, sich für jeden Tag, als kleinste überschaubare Einheit, einen Plan aufzustellen. Natürlich wird dieser Tagesplan nicht nur aus der Verfolgung der strategischen Lebensziele bestehen, es muss aber bei jeder Aufgabe sichergestellt werden, dass damit die Erfüllung eines Teilziels erreicht wird, ansonsten ist die Aufgabe nicht sinnvoll.

Zunächst sollte man es sich zur Gewohnheit machen, einen schriftlichen Tagesplan zu fixieren. Wenn die letzten 5- 10 Minuten eines Arbeitstages investiert werden, den nächsten Tag zu planen, muss man sich in der freien Zeit keine Gedanken mehr darüber machen. Außerdem kann nun nichts mehr vergessen werden und am Ende jeden Tages sieht man deutlich, was geschafft wurde und wo man sich vielleicht zu viel vorgenommen hat. Dinge, die unerledigt geblieben sind, werden auf den nächsten Tag übertragen.

Es ist unrealistisch, den Arbeitstag zu 100% zu planen, da zu viele ungeplante Aktivitäten entstehen. Deshalb sollte individuell unbedingt Pufferzeit eingerechnet werden.

Praxistipp: Es sollte am Ende jedes Arbeitstages ein schriftlicher Plan für den nächsten Tag aufgestellt werden. Unangenehme Arbeiten sollten unbedingt möglichst früh im Tagesablauf geplant werden. Nach der Erledigung fühlt man sich sofort besser und verschwendet nicht den ganzen Tag über positive Energie mit dem Gedanken an die unangenehme Arbeit.

Priorisierung der Aufgaben des Tagesplans ist eine unerlässliche Aufgabe. Jeder Unternehmer sollte sich nach kurzem Überlegen klar darüber sein, welche Arbeiten zeitkritisch sind und zugleich unerlässlich, also Dinge, die unbedingt erledigt werden müssen. *„Prioritätensetzung heißt, darüber zu entscheiden, welche Aufgaben erstrangig, zweitrangig und welche nachrangig zu behandeln sind. Aufgaben mit höchster Priorität müssen zuerst erledigt werden."* (Seiwert [1999], S. 56)
Diese benötigen eine zusätzliche Markierung, vor anderen Themen.

Um sich die Priorisierung für verschiedene Aufgaben zu erleichtern hilft folgende Grafik, und jeweils die Überlegung, inwieweit eine Aufgabe wichtig für die Zielerreichung ist und wie viel Zeit oder Aufwand zur Bearbeitung einkalkuliert werden muss:

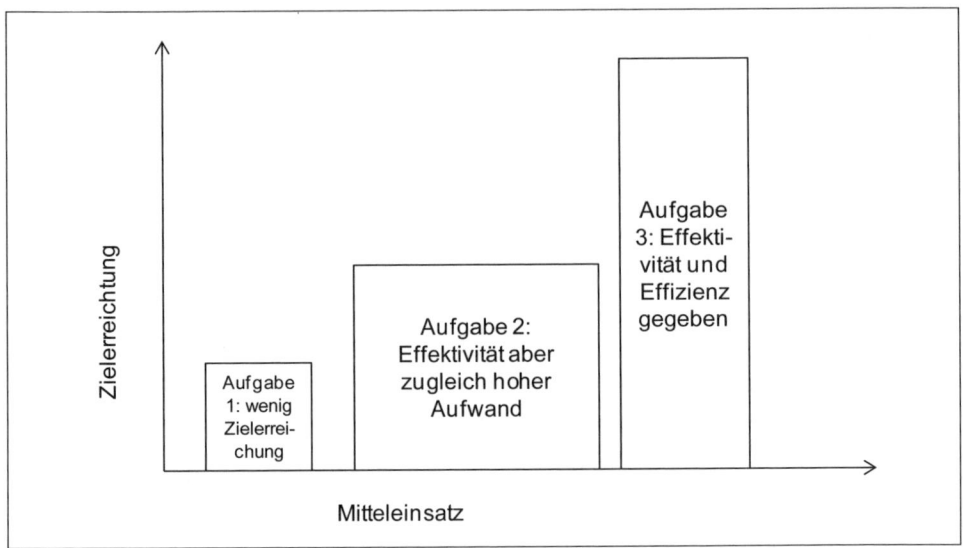

Abb. 6.17: Aufgaben mit unterschiedlichem Aufwand und Ertrag
(in Anlehnung an: Hütter [2010], S. 27)

Es ist im nächsten Schritt nötig, sich nach der Priorisierung für die wichtigsten Aufgaben Zeit und Ruhe zu nehmen und sich dann in dieser begrenzten Zeit nur mit diesem einen, wichtigsten Thema zu beschäftigen und in dieser Zeit auch bewusst das Telefon und andere Störfaktoren auszuschalten. Nur so können die gestellten Teilaufgaben auch jeweils abgeschlossen werden.

Bei der Bearbeitung von als sinnvoll analysierten Aufgaben muss wiederum überlegt werden, wie viel Arbeitsaufwand in die Erledigung der Arbeit gesteckt werden soll. Nach dem Pareto-Prinzip werden im Durchschnitt bereits mit 20 % Mitteleinsatz 80 % der Ziele erreicht. Danach kostet die Perfektionierung einen sehr großen Aufwand, der Gewinn an zusätzlichem Ertrag wird aber immer geringer. Dies bedeutet, dass man sich auch bei jeder Aufgabe die Frage stellen muss wie genau und mit wie viel Zeitaufwand eine Arbeit sinnvoll erledigt werden sollte.

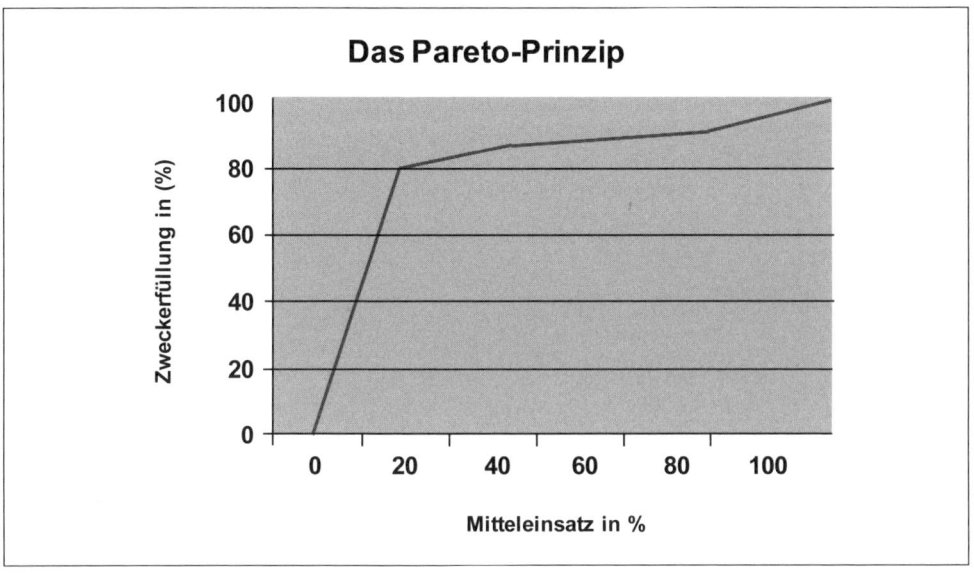

Abb. 6.18: Pareto-Prinzip
(in Anlehnung an Hütter [2010], S. 45)

> *Praxistipp: Wichtig ist, seine Aufgaben immer wieder zu überdenken und sich folgende Fragen dazu zu stellen:*
>
> *Warum stelle ich mir die Aufgabe? Ist das nötig?* ➜ *Aufgabe evtl. streichen*
> *Wann muss die Aufgabe erledigt sein?* ➜ *Aufgabe terminieren*
> *Gehe ich die Aufgabe in der richtigen Form an?* ➜ *Aufgabe evtl. besser organisieren und strukturieren*

Unternehmer neigen oftmals dazu, alle Aufgaben selbst zu erledigen, bis es überhaupt nicht mehr anders geht. Die meisten Arbeiten lassen sich jedoch auch delegieren. An Mitarbeiter Aufgaben abzugeben oder andere Firmen damit zu beauftragen entlastet nicht nur die eigene Arbeitszeit, sondern motiviert auch den neu Verantwortlichen. Bei der Delegation an Mitarbeiter sollten folgende Themen immer kommuniziert werden:

– Sinn, Nutzen und Ziel der Aufgabe
– Abgrenzung zu anderen Aufgabengebieten
– Kontroll- und Endtermine

Dipl.-Kffr. Eva Vogelsang

Kapitel 7: Marketing

7.1 Definition Marketing

> **Beispiel**
> Obwohl Max Mustermann sich zu Beginn seiner selbständigen Tätigkeit gegen
> eine abhängige Zusammenarbeit mit seinem ehemaligen Arbeitgeber ent-
> schieden hat, hat er als selbständiger Unternehmer einen Großteil seiner Auf-
> träge über seine ehemalige Firma erhalten. Seit einigen Wochen treffen je-
> doch immer weniger Aufträge bei Mustermann ein. Da dieser noch sehr gute
> Kontakte zu den früheren Kollegen hat, erkundigt er sich nach den Gründen
> für den drastischen Auftragsrückgang.
> Der Leiter der Abteilung „Einkauf und Qualitätssicherung", Berthold Bis-
> singer, lässt Mustermann vertraulich wissen, dass seit einigen Monaten gro-
> ße Stückzahlen zu sehr günstigen Preisen von einem chinesischen Produzen-
> ten gekauft werden. Auch die Qualität der Bauteile aus Asien seien vergleich-
> bar mit der, die die Teile von Mustermann aufweisen. Aus rein wirtschaft-
> lichen Gesichtspunkten sei es daher nur logisch, dass man nun bei der
> Konkurrenz aus Fernost bestellen würde.
> Dies gibt Mustermann zu denken und er macht sich erstmals Gedanken
> über Marketing. In der Bibliothek der örtlichen Universität leiht er sich daher
> einige Fachbücher und vertieft sich in die Materie. Nach einigen Stunden ist
> ihm klar: er benötigt ein konsistentes Marketingkonzept. Dazu analysiert er
> sowohl seine Ressourcen als auch die Nachfragesituation und seine Konkur-
> renz, definiert realistische Marketingziele und Strategien zu deren Erreichung.
> Nach einigen Tagen steht das Konzept und er macht sich mit einigen Mitar-
> beitern daran, mögliche Maßnahmen zur Erreichung der Ziele zu erarbeiten.
> Ansatzpunkte finden sie dabei im Hinblick auf Produktgestaltung, Preisset-
> zung, (Kunden-)Kommunikation und Vertieb/Logistik.

„Marketing ist die konzeptionelle, bewusst marktorientierte Unternehmensführung, die sämtliche Unternehmensaktivitäten an den Bedürfnissen gegenwärtiger und potentieller Kunden ausrichtet, um die Unternehmensziele zu erreichen." (Runia u.a. [2005], S. 4)

Dies ist nur eine von sehr zahlreichen Definitionen von Marketing, die den Begriff an sich aus unterschiedlichsten Perspektiven beleuchten. Sie enthält jedoch genau die Elemente, die der Existenzgründer für die Entwicklung einer wirkungsvollen und stringenten Marketingkonzeption benötigt. Marketing beinhaltet demnach in einem ersten Schritt stets eine bewusste (Absatz-) Marktorientierung.

7.1.1 Marktorientierte Konzeption

Zunächst ist sicherzustellen, dass Marketing nicht zum Selbstzweck betrieben wird und nicht isoliert für sich selbst steht, sondern immer konsequent auf den

Absatzmarkt ausgerichtet werden muss. Insofern bezieht sich Marketing auch immer auf die gesamte Konzeption der Unternehmensführung. Nur so können die am Markt ausgerichteten Ziele des Unternehmens erreicht werden.

Eines der Hauptziele vieler Unternehmen ist die Gewinnmaximierung. Da diese nur durch den Verkauf der Produkte oder Dienstleistungen des Unternehmens verwirklicht werden kann, muss im Mittelpunkt des Marketingkonzepts der Kunde mit seinen Wünschen und Bedürfnissen stehen. Kunden werden sich nur dann für ein Produkt entscheiden, wenn sie es für in irgendeinem Sinne nützlich halten. Die Aufgabe von Unternehmensführung und Marketing muss deshalb sein, die Ansprüche der relevanten Zielgruppe möglichst optimal zu befriedigen. Doch nicht nur Kunden sind Marktteilnehmer, sondern auch Lieferanten, Händler und Wettbewerber spielen eine Rolle im Markt. Als marktorientierte Unternehmensführung muss Marketing die Interessen aller Marktteilnehmer berücksichtigen, wenn hierbei auch teilweise Hierarchien gebildet werden. Marketing ist als unternehmerische Denkhaltung somit eine wichtige Aufgabe des Existenzgründers. Im Hinblick auf den Markt ist u.a. darauf zu achten, ob sich das neu gegründete Unternehmen in einem Käufer- oder einem Verkäufermarkt bewegt. Ein Käufermarkt liegt vor, wenn das Angebot die Nachfrage übersteigt, d.h. ein Angebotsüberhang vorliegt. Die Schwierigkeit für den Anbieter liegt also darin, die Nachfrage nach dem eigenen Produkt zu intensivieren und einen hinreichenden Absatz zu erzielen. Käufermärkte liegen oftmals in Industriestaaten wie den USA oder Westeuropa vor. Die strategische Ausrichtung des Unternehmens wird somit auf den Absatzbereich fokussieren.

Die Hörkult GmbH stellt MP3-Player für den deutschen Markt her. Bei Vollauslastung der Produktionskapazitäten kann das Unternehmen pro Monat 15.000 Player fertigen. Derzeit wird eine Kapazitätsauslastung von 75% erzielt, die Selbstkosten pro Player liegen bei 85 EUR. Die Geräte wurden bislang zu 100 EUR an den Großhandel abgegeben und dort für 120 EUR verkauft.

In den vergangenen Monaten traten verstärkt Anbieter aus Japan, China, Taiwan und Rumänien in den Markt ein und bieten vergleichbare Geräte für 90 EUR pro Stück über Discount-Warenhäuser an. Für die Hörkult GmbH bedeutet dies, dass sie ihre Geräte voraussichtlich nicht mehr gewinnbringend verkaufen können wird. Es ist daher notwendig, dass das Unternehmen absatzpolitische Maßnahmen durchführt, um seine Marktposition wieder zu verbessern.

Von einem Verkäufermarkt spricht man hingegen, wenn die Nachfrage das Angebot an Produkten und Dienstleistungen übersteigt. Während hier der Absatz i.d.R. kein Problem darstellen sollte, ist es für den Unternehmer erheblich schwieriger die hohe Nachfrage zu befriedigen und die notwendigen Kapazitäten im Produktions- oder Beschaffungsbereich zur Verfügung zu stellen.

In diesem Zusammenhang ist auch die Festlegung der Marketingziele zu verstehen. Sie werden in Abstimmung mit den Unternehmenszielen definiert. Hierbei ist es wichtig, dass die Zielsetzungen von allen Mitarbeitern verinnerlicht werden und bei jeder wesentlichen Entscheidung im Bewusstsein bleiben.

7.1.2 Marketingziele

Marketingziele folgen den Unternehmenszielen. Vor der Entwicklung eines Marketingkonzepts sollte sich der Unternehmer deshalb noch einmal vergegenwärtigen, welche Unternehmensziele er primär erreichen möchte. In vielen Unternehmen stehen dabei ökonomische Ziele wie die Gewinnmaximierung oder die Steigerung der Rentabilität im Vordergrund. Aber auch soziale Ziele wie die Sicherung von Arbeitsplätzen oder ökologische Ziele wie die Wiederverwertung von Ausschuss/ Abfällen stellen legitime Unternehmensziele dar. Daraus sind die Marketingziele grundsätzlich abzuleiten. Üblicherweise wird auch im Marketing eine Unterscheidung zwischen verschiedenen Zielkategorien vorgenommen, den ökonomischen und den psychographischen Zielen:

Ökonomische Marketingziele:
- Erzwingung des Marktzugangs
- Umsatz- und Absatzsteigerung
- Maximierung des Marktanteils
- Steigerung des Deckungsbeitrags
- Erhöhung der Kundenzahl

Bevor die ökonomischen Marketingziele erreicht werden können ist es oftmals jedoch nötig, vorab die psychographischen Ziele zu realisieren.

Psychographische bzw. psychologische Marketingziele:
- Bekanntheitsgrad eines Unternehmens oder Produktes
- Imageaufbau oder -verbesserung
- Verstärkung der Kaufabsicht
- Kundenbindung

Praxistipp: Die Marketingziele müssen konkret formuliert werden, realistisch und messbar sein, damit nach einem festgelegten Zeitraum eine Zielkontrolle möglich ist.

Die verschiedenen, schriftlich festgelegten Marketingziele müssen gut aufeinander abgestimmt sein und miteinander, sowie mit den übergeordneten Unternehmenszielen, harmonieren. Das Unternehmen muss auf diese Weise nach außen ein einheitliches Gesamtbild kommunizieren und damit Wiedererkennung und

Vertrauen schaffen. Die Marketingziele müssen deshalb gut durchdacht werden und langfristig ausgelegt sein. Dabei ist zu bedenken, dass ein Großteil der Marketingziele nur langfristig umgesetzt werden kann. So dauert es z.B. eine gewisse Zeit, ein Unternehmensimage aufzubauen. Auch sind die einmal definierten Zielsetzungen konsequent zu verfolgen. Beispielsweise ist es nicht erfolgversprechend zu versuchen, das Image eines Unternehmens wiederholt zu ändern. Das nachfolgende Beispiel soll die Zusammenhänge zwischen Unternehmenszielen und ökonomischen sowie psychographischen Marketingzielen verdeutlichen.

Der Unternehmer Valentin Valerius betreibt einen Internethandel mit Küchenutensilien. Sein oberstes Unternehmensziel ist die Gewinnmaximierung. Um dieses Unternehmensziel umzusetzen, definiert er die Steigerung des Umsatzes als ökonomisches Marketingziel. Auf die Kosten hat er aufgrund langfristiger Rahmenverträge keinen Einfluss. Da sich der Umsatz als Produkt aus Verkaufspreis und Absatzmenge definiert, identifiziert er diese als Stellgrößen für die Umsatzsteigerung. Dabei können z.B. psychographische Ziele wie die Steigerung des Bekanntheitsgrades zur Steigerung der Absatzmenge, der Aufbau eines Image als Qualitätsanbieter zur Rechtfertigung höherer Preise beitragen. Vor diesem Hintergrund sind schließlich die Marketingaktivitäten bzw. -instrumente zu wählen.

Die Voraussetzung für ein marktorientiertes, kundengerechtes Verhalten ist die Kenntnis der Marktsituation. Vor der Festlegung der Marketingziele hilft die Marktanalyse dabei, eine grobe Stoßrichtung für die strategische Ausrichtung des Unternehmens zu definieren. Aber auch nach der Zieldefinition sind die Ergebnisse der Analysen notwendig, um die Ziele weiter zu konkretisieren und anschließend bei der Auswahl der Marketinginstrumente zu unterstützen.

7.2 Marktforschung und Marktanalyse

> **Beispiel**
>
> Max Mustermann merkt, dass er mit der Formulierung seiner Marketingziele nicht wirklich zurechtkommt. Dies liegt insbesondere daran, dass er zu wenig über den Markt, seine potenziellen Kunden und deren Bedürfnisse weiß. Er widmet sich daher einer ausgiebigen Internetrecherche und versucht, das Branchenumfeld zu analysieren. Allerdings erfährt er dort nur Dinge, die er auch ohne Hilfe des Internet rein aufgrund logischer Überlegungen bereits gewusst hat. Er beschließt daher, sich an ein professionelles Marktforschungsinstitut zu wenden und dieses mit einer detaillierten Analyse des Marktes zu beauftragen.
>
> Als sich Mustermann zum ersten Mal mit einem Mitarbeiter des Marktforschungsinstituts „MaFo" zur Diskussion der Analysemöglichkeiten trifft, ist er sehr erstaunt. Der Mitarbeiter erzählt ihm von Ökoskopie und Demoskopie, von Primär- und Sekundärforschung und von den Vorteilen einer SWOT-Analyse. Es dauert einige Zeit, bis der Mitarbeiter Mustermann über die vielfältigen Möglichkeiten und den Fach-Jargon im Marketing aufgeklärt hat. Sie einigen sich schließlich darauf, dass MaFo sowohl zahlenmäßig greifbare Daten wie Marktgröße als auch rein qualitative Informationen wie die Motive für eine bestimmte Kaufentscheidung in der primären Zielgruppe ermittelt.

Aufgabe der Marktforschung ist die Bereitstellung von marktbezogenen Informationen. Zu unterscheiden sind die Primärforschung (field research) und die Sekundärforschung (desk research). Bei der Primärforschung werden Daten durch Befragung und Beobachtung selbst erhoben, bei der Sekundärforschung wird bereits vorhandenes Daten-/Zahlenmaterial ausgewertet. Die Informationen der Sekundärforschung können aus internen oder externen Quellen stammen. Die Sekundärforschung ist im Regelfall kostengünstiger als die Primärforschung, die Informationen sind – vor allem im Zeitalter des Internet und elektronischer Datenbanken – meist mit geringem Aufwand beschaffbar und schnell verfügbar. Allerdings haben auch alle Wettbewerber Zugriff auf die (frei verfügbaren) Informationen. Als problematisch stellt es sich dabei teilweise dar, dass die zur Verfügung stehenden Werte manchmal veraltet sind oder nicht optimal zur vorgegebenen Fragestellung passen. In diesem Fall müssen eigene Nachforschungen angestellt werden.

In der Marktforschung unterscheidet man zudem nach dem Erhebungsziel quantitative und qualitative Marktdaten. Bei der quantitativen Marktforschung besteht das Ziel darin, numerische Werte über den (Absatz-)Markt zu erheben. Die qualitative Marktforschung eruiert hingegen auch nicht-numerische Daten, wie z.B. Motive oder Ursachen für bestimmte Verhaltensweisen. Werden nur objektive Befunde ermittelt, spricht man von Ökoskopie. Werden auch Einstellungen und Meinungen – also subjektive Befunde – erhoben und aufbereitet, so handelt es sich um Demoskopie.

Das Ziel der qualitativen Marktforschung ist es, Motive für bestimmtes Verhalten, Einstellungen und Meinungen zu erforschen.

Quantitative (objektive) Marktdaten:	Qualitative (subjektive) Marktdaten:
-Abnehmerstruktur	-Emotionen
-Konkurrenzanalyse	-Motive des Handelns
-Marktgrößen	-Reaktionen auf Maßnahmen

Daneben wird innerhalb der Marktforschung auch nach dem Zeithorizont der Untersuchung unterschieden in:

- *Marktanalyse*: Unter einer Marktanalyse versteht man die Untersuchung des Marktes zu einem bestimmten Zeitpunkt.
- *Marktbeobachtung*: Die Marktbeobachtung beschreibt die kontinuierliche Untersuchung des Marktes, um bestimmte Entwicklungen in diesem Markt feststellen zu können.
- *Marktprognose*: Als Marktprognose bezeichnet man die Vorhersage zukünftiger Entwicklungen als Ergebnis von Marktanalyse und Marktbeobachtung.

Die Interpretation der aus der Marktforschung gewonnenen Daten bildet die Grundlage für Marketingentscheidungen. Durch strategische Situationsanalysen werden die Daten je nach Marktteilnehmer und Umfeld aufbereitet und mit Hilfe verschiedener Analyseverfahren untersucht. Dabei werden sowohl die extern über Umfeld und Rahmenbedingungen beobachteten als auch unternehmensinterne Faktoren einbezogen. Nachfolgende Aufstellung gibt einen Überblick über die verschiedenen Instrumente der Marktanalyse, auf die im Folgenden auch noch einmal detailliert eingegangen werden soll. Allerdings ist zu bedenken, dass umfassende Marktanalysen meist erst ab einer bestimmten Unternehmenskomplexität, d.h. ab ca. 50-80 Mitarbeitern, sinnvoll sind. Einzelne Elemente der im Folgenden dargestellten Analysen können jedoch auch bereits im Ein-Mann-Betrieb hilfreich sein.

7.2.1 Zielgruppen und Kaufverhalten

Einen der ersten Schritte im Rahmen der Marktanalyse stellt die Beschreibung der Zielgruppe(n) dar. Um deren Wünsche und Bedürfnisse optimal befriedigen zu können ist es elementar, diese anhand der Zielgruppenanalyse genau zu prognostizieren. Im Marketing werden deshalb Zielgruppen anhand verschiedener Merkmale definiert. Die klassischen Unterscheidungskriterien sind

– soziodemographische Merkmale (Alter, Geschlecht, Familienstand, Einkommen, Ausbildung, Wohnort usw.)

– psychographische Merkmale (Einstellungen, Motive, Informationsstand, Werte und Normen, Interessen)

– beobachtbares Verhalten (Markentreue, Informationsverhalten, Preisverhalten)

Moderne Modelle beziehen zusätzlich die Lebenshaltung und das Selbstverständnis der Käufergruppe mit ein und versuchen ein ganzheitliches Bild zu zeichnen. Dies ist v.a. wichtig bei der Planung der Marketingaktivitäten, um die Zielgruppe zu verstehen und damit wirksam Einfluss auf deren Kaufverhalten nehmen zu können.

Jeder Käufer wiegt zwischen Chancen und Risiken einer Kaufentscheidung ab. Entscheidend für das Kaufverhalten ist die Bedeutung des Kaufs für den Kunden. Je wichtiger ein Kauf eingeschätzt wird, desto genauer wird im Vorfeld analysiert und abgewogen. Die Wichtigkeit oder den Grad der Betroffenheit nennt man im Fachjargon „Involvement". Die grobe Unterteilung in „High Involvement" und „Low Involvement" bei potenziellen Kunden zeigt die großen Auswirkungen auf das Kaufverhalten.

Kaufverhalten	High Involvement	Low Involvement
Suche nach Informationen	aktive Informationssuche aus verschiedenen Quellen, intensiver Qualitäts- und Preisvergleich, Abwägung von Vor- und Nachteilen	sehr begrenzte, meist passive Suche nach Informationen ohne Prüfung
Beeinflussbarkeit durch Marketingmaßnahmen	sehr schwierig und selten	einfach beeinflussbar, aber vorübergehend
Markentreue	bei guten vorhergehenden Erfahrungen ausgeprägte Markentreue	keine bewusste Markentreue, Routinekäufe oder Impulskäufe
Enttäuschung nach dem Kauf	häufig	selten
Typische Produkte	hochpreisige Neuanschaffungen zum langfristigen Gebrauch, Luxusgüter	tägliche Bedarfsartikel

Abb. 7.1: High Involvement vs. Low Involvement
(vgl. Moser [2002], S. 133)

Der Grad der Beteiligung wird bei der Typologisierung des Kaufverhaltens noch mit der Persönlichkeit des Konsumenten und der Lebenssituation kombiniert, wodurch man zu einer Unterscheidung vier verschiedener Arten des Kaufverhaltens kommt.

– *Intensives Kaufverhalten:* Der Kunde ist stark involviert und macht sich ein umfassendes Bild über den Markt. Es handelt sich um langfristige Kaufentscheidungen mit hoher Bedeutung für den Kunden. Die Entscheidung wird nicht spontan getroffen sondern nach Abwägung von Argumenten und ist stark sachlich getrieben. Um den Kunden zu überzeugen ist es in diesem Fall wichtig gute Qualität zu bieten und die Sachargumente entsprechend vorzustellen.

> Der Kauf teurer und langfristig nutzbarer Objekte zeichnet sich oftmals durch intensives Kaufverhalten aus. So wird der Kauf eines Neuwagens, eines Grundstücks oder teurer Einrichtungselemente wie z.B. einer Küche meist gut durchdacht. Der Konsument vergleicht Preise, eruiert die Funktionen/Merkmale des Objekts, prüft die Finanzierungsmöglichkeiten und holt ggf. unabhängige Meinungen zu Produktqualität etc. ein.

– *Limitiertes Kaufverhalten:* Hier spielen die Erfahrungen eine große Rolle, die ein Konsument bisher gesammelt hat. Er hat bestimmte Auswahlkriterien, die ihm wichtig erscheinen, und wird sich für ein Produkt entscheiden, das diese Kriterien erfüllt. Der Kauf ist für den Konsumenten nicht lebenswichtig, d.h. er wird nur begrenzt Energie in den Auswahlprozess stecken, bis er ein Produkt gefunden hat. Die Sachkriterien, die für die Zielgruppe am wichtigsten sind, müssen demnach deutlich und schnell für den Kunden erkennbar sein.

– *Impulsives Kaufverhalten:* Dieses Verhalten ist weniger sachlich orientiert, sondern wird durch Gefühle gesteuert. Die Kaufentscheidung wird spontan getroffen weil dem Konsumenten etwas gefällt. Meist spielt das Einkaufserlebnis hierbei eine große Rolle, oftmals sogar mehr als der eigentliche Produktnutzen. Dies kann bei besonders schönen, außergewöhnlichen Produkten der Fall sein oder durch Preisaktionen angetrieben werden. Mit geringem Preis sinkt das Kaufrisiko und damit die Hemmschwelle. Dieses Verhalten fällt in die Kategorie „Low Involvement" und kann gut durch Produktdesign und Platzierung beeinflusst werden.

> Der Online-Marktplatz eBay kann als Beispiel für Impulsivkäufe herangezogen werden. Oftmals stoßen Käufer hier beim bloßen Stöbern auf bestimmte Auktionen und nehmen lediglich aus Spaß am Bieten an diesen Teil. Teilweise ist hierbei sogar zu beobachten, dass bei niedrigpreisigen Produkten wie Büchern oder DVDs überteuerte Preise gezahlt werden, da der objektive Kauf des Produkts nicht immer im Mittelpunkt der Kaufentscheidung steht.

– *Habitualisiertes Kaufverhalten:* Bei diesem Kundenverhalten handelt es sich um gewohnheitsmäßige Käufe. Es sind Wiederholungskäufe aus Gewohnheit und ohne sich mit eventuell vorhandenen neuen Produktangeboten zu beschäftigen. Zwar ist eine gewisse Markentreue gegeben, aber eher aus Bequemlichkeit. Das Schema beruht auf geringer Betroffenheit, also auf „Low Involvement". Mit neuartigen Produktideen sind diese Kunden schwer zu überzeugen. Auch das Design sollte kaum verändert werden, denn der Wiedererkennungswert steht hier im Vordergrund.

Demnach ist die Überlegung für den Unternehmensgründer, welchem Kaufverhalten seine Produkte im Regelfall unterliegen, von höchster Bedeutung. Denn aus dem jeweiligen Kaufverhalten ergeben sich völlig unterschiedliche Marketingaktivitäten. Entscheidende Fragestellungen sind deshalb: Wie wichtig ist eine umfassende Information des Kunden über das Produkt und wie viel Zeit wird sich der Kunde für die Information überhaupt nehmen? Liegt für das Produkt im Kundensegment ein intensives Kaufverhalten vor, hat der Anbieter mehr Chancen durch umfassende Information, z.B. mit ausführlichen Broschüren über das Produkt, den Kunden zu beeinflussen. Handelt es sich um limitiertes oder impulsives Kaufverhalten, muss die Marketingstrategie viel schneller greifen und es wird eher durch Emotionen als durch Fakten überzeugt.

Ein weiterer Ansatz zur Analyse von Kaufentscheidungen ist die sog. Prospect-Theorie. Sie geht davon aus, dass Kaufentscheidungen zweistufige Entscheidungsprozesse sind. Es wird unterstellt, dass Individuen zunächst die möglichen Alternativen in Bezug auf ihr eigenes Referenzniveau testen. Wird das Referenzniveau, das von gewohntem Standard, Erfahrungen und sozialen Vergleichen abhängt, unterschritten, scheidet die Alternative aus. Der eigentlichen Bewertungsphase geht eine sog. Rahmungsphase voraus, in der der Konsument das Problem strukturiert und vereinfacht, um sich die Urteilsfindung zu erleichtern (vgl. Stumpp [2000], S. 25). Für den Unternehmer bedeutet dies, dass er möglichst realistische Annahmen bzgl. des Referenzniveaus treffen und diese bewusst berücksichtigen muss, um mit seinem Produkt nicht sofort auszuscheiden.

7.2.2 Markt und Wettbewerb

Ein wesentliches Analyseobjekt stellen regelmäßig auch Markt und Wettbewerb dar. Dabei geht es u.a. darum Informationen über Marktpotenzial, Marktvolumen oder Marktanteil zu generieren, wobei diese Größen oftmals nur geschätzt werden können. Unter dem Begriff des Marktpotenzials versteht man dabei die gesamte Aufnahmefähigkeit des Marktes, d.h. die gesamte Absatzmenge eines Produkts, die durch alle am Markt befindlichen Unternehmen theoretisch abgesetzt werden kann. Das Marktvolumen bezeichnet hingegen die tatsächliche bzw. geschätzte effektive Absatzmenge einer Branche. Auf diese Weise sollen Chancen und Risiken des Unternehmens im Markt identifiziert werden.

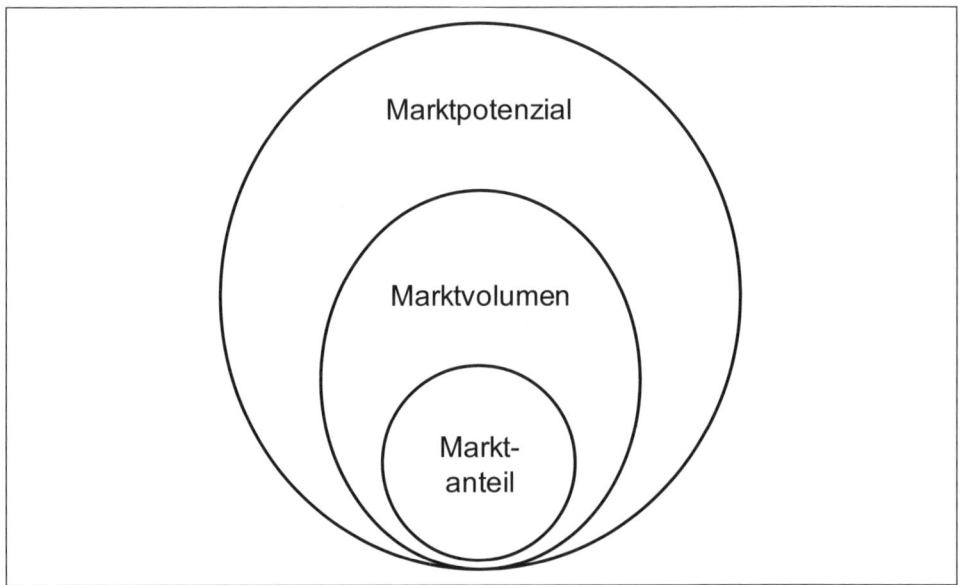

Abb. 7.2: Marktpotenzial, -volumen und -anteil
(vgl. Engler/Hautmann [2007] S. 67)

In einem ersten Schritt stellt sich allerdings die Frage, was als relevanter Markt zu verstehen ist. Grundsätzlich stellt der relevante Markt das Spektrum dar, in dem Unternehmen über ihre Produkte/Dienstleistungen miteinander in Wettbewerb stehen. Zweck der Abgrenzung ist es herauszufinden, welche Wettbewerber tatsächlich dazu im Stande sind, das Verhalten des eigenen Unternehmens durch den sog. Wettbewerbsdruck zu beeinflussen. Zusammengefasst bedeutet dies, dass der relevante Markt alle Produkte/Dienstleistungen und deren Anbieter umfasst, die ihr Verhalten aufgrund der Wettbewerbssituation gegenseitig beeinflussen.

a) Der relevante Markt
Bei der Abgrenzung des relevanten Marktes wird grundsätzlich auf die Substituierbarkeit, d.h. die Austauschbarkeit, der Produkte bzw. Dienstleistungen abgestellt. Eine derartige Substitution kann in mehrerlei Hinsicht erfolgen: sachlich, räumlich und zeitlich. Die entsprechenden Definitionen finden sich teilweise auch in den Bekanntmachungen der EU-Kommission über die Definition des relevanten Marktes im Sinne des Wettbewerbsrechts der Gemeinschaft.

a.1) Sachliche Substituierbarkeit:

Ein relevanter Markt kann anhand des Kriteriums der sachlichen Substituierbarkeit abgegrenzt werden. Er umfasst alle Produkte, die vom Verbraucher
hinsichtlich ihrer Eigenschaften, Preise und des vorgesehenen Verwendungs-
zwecks als austauschbar angesehen werden. Im Hinblick auf die Eigenschaften
des Produktes bzw. den vorgesehenen Verwendungszweck bedeutet dies, dass all
die Produkte einzubeziehen sind, die das gleiche Nutzenpotenzial aufweisen, d.h.
dem Konsumenten in gleichem Maße Nutzen stiften. In diesem Zusammenhang
kann auch die Markenloyalität untersucht werden, indem die Reaktion der Kunden auf Preiserhöhungen eruiert wird. Ein weiteres Kriterium zur Abgrenzung
stellt der Produktpreis dar, wobei die Abgrenzung hier oftmals schwierig ist. So
ist beispielsweise nicht immer auszuschließen, dass Produkte mit unterschiedlichem Preisniveau miteinander in einem Wettbewerbsverhältnis stehen.

Der Jungunternehmer Kurt Keck verkauft stilles Mineralwasser und möchte dazu die
sachliche Substituierbarkeit seines Produkts untersuchen. Grundsätzlich besitzt das
Produkt den Nutzen, den Durst des Konsumenten ohne Zusätze zu stillen. Die Analyse evtl. Substitutionsprodukte sollte sich daher auf andere Produkte mit demselben
Nutzen beziehen. Auch Mineralwasser mit mittlerem Kohlensäuregehalt oder spritzi-
ges Mineralwasser haben eine ähnlich durststillende Wirkung. Eine entsprechende
Hypothese könnte also dahingehend formuliert werden, dass ein relevanter Markt
vorliegt, wenn bei einer Preiserhöhung von einem bestimmten Prozentsatz die Konsumenten von stillem Mineralwasser zu "Medium" oder spritzigem Mineralwasser
wechseln würden.

Natürlich können die Kriterien für die Substituierbarkeit noch weiter verfeinert
werden. So könnte der Nutzen auch als Durststiller ohne Kohlensäure definiert werden, was z.B. Mineralwasser mit Kohlensäure weitestgehend ausschließen und den
Markt dann nur auf verschiedene Anbieter von stillem Mineralwasser beschränken
würde. Hierbei ist jedoch darauf zu achten, dass eine sinnvolle Kriterienauswahl erfolgt.

Neben dieser sog. Nachfragesubstitution kann es auch zu einer Angebotssubstitu-
ierbarkeit kommen. Dazu muss die Möglichkeit für ein anderes Unternehmen
bestehen, ohne größeren finanziellen und zeitlichen Aufwand in den Markt einzutreten. Dies kann beispielsweise der Fall sein, wenn ein Verlag bislang nur Bücher
im Hardcover produziert hat, in Zukunft aber auch Taschenbücher produzieren
wird.

a.2) Räumliche Substituierbarkeit:
Ein räumlich/geographisch relevanter Markt umfasst das Gebiet, in dem die beteiligten Unternehmen die (sachlich) relevanten Produkte und Dienstleistungen anbieten, die Wettbewerbsbedingungen hinreichend homogen sind und das sich von benachbarten Gebieten durch deutlich andere Wettbewerbsbedingungen unterscheidet. Vereinfacht bedeutet dies, dass Unternehmen aus einer bestimmten Region in den relevanten Markt einzubeziehen sind, wenn die entsprechende Region aufgrund der Zollvorschriften, der Infrastruktur oder sprachlicher Faktoren als Bezugsquelle in Frage kommt. In diesem Zusammenhang spielen oftmals auch psychologische Aspekte eine große Rolle. So wird – selbst bei unterschiedlichen Preisniveaus – oftmals das Label „Made in Germany" als schwer durch ausländische Produkte substituierbar angesehen. In diesem Zusammenhang sind jedoch stets die aktuellen Entwicklungen zu beobachten, da sich die Auswirkungen des Preisniveaus auf das Substitutionsverhalten vergleichsweise schnell ändern können. Schließlich stellen die Transportkosten oftmals einen begrenzenden Faktor bei der Abgrenzung des relevanten Marktes nach räumlichen Kriterien dar. Vor allem bei knappen Gütern (z.B. bestimmte Tropenhölzer) wirken Transportkosten jedoch teilweise auch nicht begrenzend.

> Stefan Straub ist Betreiber eines Kieswerks im baden-württembergischen Weinheim. Bei der Abgrenzung des relevanten Marktes bezieht er Anbieter in anderen Bundesländern nicht mit ein, da die hohen Transportkosten bei Strecken von oftmals mehr als 50 Kilometern den Markt stark begrenzen.
> Anders stellt sich die Situation für den Elektronikhändler Bertram Bammer dar. Er bezieht in seinen relevanten Markt auch Produzenten aus asiatischen und osteuropäischen Ländern mit ein, da die vergleichsweise geringen Kosten für den Versand der Kleingeräte keinen begrenzenden Faktor darstellen.

a.3) Zeitliche Substituierbarkeit:
Die zeitliche Abgrenzung des relevanten Marktes ist am schwierigsten greifbar. So liegt zeitliche Substituierbarkeit vor, wenn sich die Kaufentscheidung des Konsumenten auf zwei unterschiedliche Zeitpunkte bezieht, d.h. wenn beispielsweise heute der Kauf eines Produkts der ersten Generation nicht erfolgt, um später ein Produkt der zweiten Generation zu erwerben. Vor allem im Technologiebereich ist die zeitliche Substituierbarkeit bei stetig sinkenden Technologielebenszyklen kein seltenes Phänomen. Aber auch im Pharmabereich kommt der zeitlichen Abgrenzung des relevanten Marktes eine hohe Bedeutung zu. So warten Generika-Hersteller z.B. das Auslaufen des Patentschutzes eines geschützten Medikaments ab, um ihr Konkurrenzprodukt nach Ablauf der Patentlaufzeit deutlich günstiger anbieten zu können.

Der auf diese Weise abgegrenzte relevante Markt ist schließlich im Hinblick auf das globale bzw. das Branchenumfeld sowie die Konkurrenzsituation zu untersuchen. Die folgende Abbildung fasst dabei die Analyseschritte sowohl der Markt- als auch der Unternehmensanalyse graphisch zusammen.

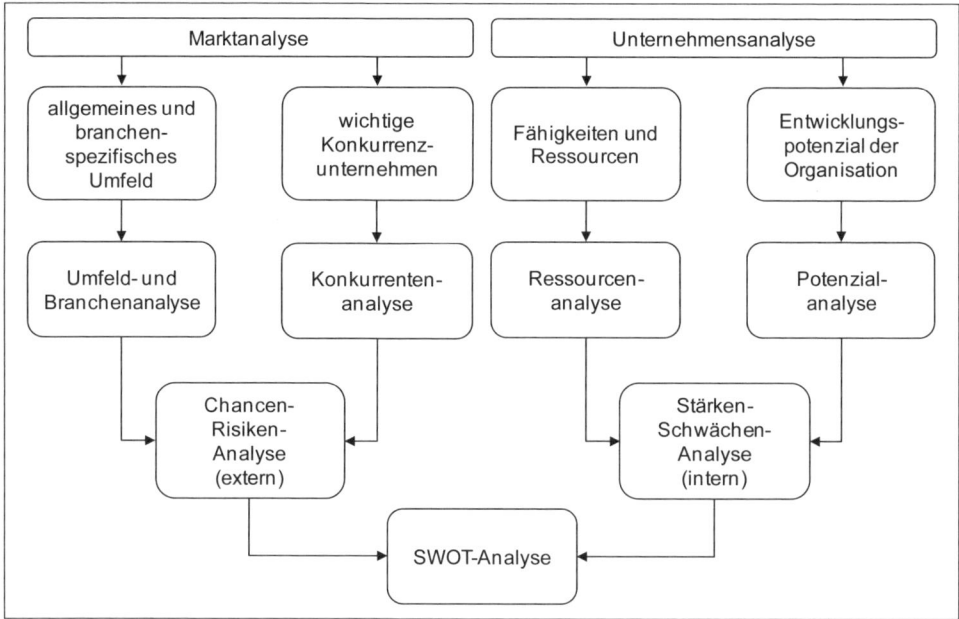

Abb. 7.3: Markt- und Unternehmensanalyse

b) Umfeld- und Branchenanalyse:
Die Umfeldanalyse befasst sich mit dem Einfluss allgemeiner Umfeldbedingungen auf den Absatzmarkt. Die Branchenanalyse zielt hingegen einerseits auf die Branchenstruktur, andererseits auf die Branchendynamik ab.

b.1) Umfeldanalyse:
Das globale Umfeld beschreibt Umweltfaktoren, die zwar auch unmittelbaren, hauptsächlich jedoch nur mittelbaren Einfluss auf den Absatzmarkt haben. Die Umfeldanalyse bezieht sich vor allem auf rechtliche und politische Rahmenbedingungen, aber auch gesellschaftliche Änderungen und deren Auswirkungen. Besondere Bedeutung gewinnt die kontinuierliche Analyse und Beobachtung des Marktumfelds v.a. durch die stetig zunehmende Unsicherheit und Dynamik allgemeiner Umweltfaktoren. Aufgrund der hohen Anzahl und der damit verbundenen Komplexität der einzelnen zu untersuchenden Umweltaspekte ist eine vollständige, ungerichtete Auswertung der Faktoren unmöglich. Vielmehr sind die Umfeldfaktoren heranzuziehen, die wesentlichen Einfluss auf die Marktsitua-

tion haben. Mögliche Einflussfaktoren können dabei beispielsweise wie folgt kategorisiert werden:

- *ökonomische* Faktoren (z.B. vorherrschendes Wirtschaftssystem, Entwicklung des Bruttosozialprodukts, Industriestrukturen, Steuerquote, Arbeitslosenquote, Einkommensentwicklung, Zollbestimmungen, Wirtschaftswachstum etc.),
- *soziokulturelle* Faktoren (z.B. kulturelle/ethnische/sprachliche Zusammensetzung der Bevölkerung, Bildungssystem, Freizeitverhalten, Wertvorstellungen, Einstellung gegenüber Fremden, politische Ausrichtung etc.),
- *politisch-rechtliche* Faktoren (Regierungsform, Privatisierungstendenzen, Steuer-/Wettbewerbs-/Patentrecht, Subventionspolitik, politische Stabilität, Verflechtungen zwischen Politik und Wirtschaft etc.),
- *technologische* Faktoren (Produkt-/Prozessinnovationen, Rohstoffverfügbarkeit, Informations-/Kommunikationsinfrastruktur, Technologieclustering etc.),
- *ökologische* Faktoren (Umweltpolitik/-gesetzgebung, geographische Lage, Recycling-Kultur, Häufigkeit/Ausmaß von Umweltschäden etc.).

b.2) Branchenanalyse

Das Hauptaugenmerk der Branchenanalyse liegt auf denjenigen Faktoren, die den Wettbewerb innerhalb der Branche determinieren. Hierzu werden oftmals die folgenden fünf Wettbewerbskräfte untersucht: Bedrohungen durch neue Konkurrenten sowie durch Substitutionsprodukte/-dienste, Verhandlungsstärke der Lieferanten sowie der Abnehmer und der Grad der Rivalität der Wettbewerber in der Branche. Die folgende Graphik zeigt exemplarisch die Untersuchung der genannten fünf Wettbewerbskräfte für die Automobilindustrie.

Betrachtet man einen Premium-Automobilhersteller von heute, so zeigen sich zwar bereits an verschiedenen Stellen Konsolidierungstendenzen in der Branche, grundsätzlich ist der Markt jedoch von einer größeren Zahl mittlerer bis großer Hersteller geprägt. Insbesondere Anbieter im Premium-Segment sind dabei auf qualitativ hochwertige Bauteile und verlässliche Liefertermine angewiesen, was sich auch im Preis der Ressourcen niederschlägt. Auf der Abnehmerseite zeigt sich hingegen ein stetig steigendes Preisbewusstsein, wobei die Markentreue kontinuierlich sinkt. Jedoch ist das Automobil – zumindest über kurze Distanzen – kaum durch ein anderes Beförderungsmittel zu ersetzen. Der Neueinstieg von Konkurrenten dürfte sich aufgrund der hohen Fixkosten und notwendiger Größeneffekte eher schwierig gestalten. Für Hersteller von Mittelklasseautomobilen ist jedoch der Einstieg in das Premium-Segment in der Regel mit überschaubaren Umstellungskosten verbunden. Dies in Verbindung mit den oftmals gesättigten europäischen Märkten, weltweiter Präsenz der Anbieter und bestehenden Überkapazitäten deutet auf eine hohe Branchenrivalität hin.

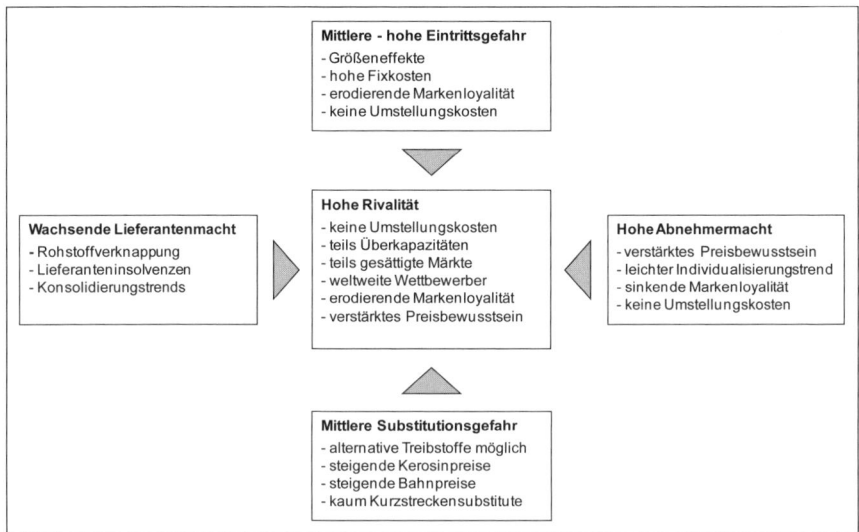

Abb. 7.4: Beispiel einer Branchenstrukturanalyse

Die beispielhafte Branchenstrukturanalyse legt die Vermutung nahe, dass sich die hohe Branchenrivalität negativ auf die Branchenrentabilität auswirken wird. Sie wird v.a. durch die hohe Abnehmermacht und die wachsende Macht der Lieferanten getrieben. Zwar wirken auch die Gefahr von Markteintritten und Substitutionsprodukten auf den Wettbewerb im Premium-Segment der Automobilbranche, allerdings nicht mit der hohen Intensität der beiden erstgenannten Faktoren. Als Analyseergebnis bedeutet dies, dass das Branchenumfeld verschiedene Risiken für Premium-Hersteller birgt, während die aus der Wettbewerbsstruktur resultierenden Chancen eher unterrepräsentiert sind.

Auch die Branchenentwicklung ist für den Existenzgründer von hoher Bedeutung. Sie hängt mitunter von der Dynamik des Marktes, also dem sowohl wert- als auch mengenmäßigen Entwicklungspotenzial auf der Abnehmerseite, ab. Wesentliche Einflussfaktoren auf die Marktentwicklung sowie die Marktqualität sind neben dem grundsätzlichen Marktvolumen auch Nachfragestruktur und -entwicklung, preispolitische Spielräume oder das voraussichtliche Marktwachstum.

c) Konkurrenzanalyse:
Die Konkurrenzanalyse befasst sich schließlich mit den Hauptkonkurrenten des Unternehmens und untersucht diese im Hinblick auf wesentliche Faktoren, wie beispielsweise:
- Image des Unternehmens oder Produkts,
- Marktanteile,
- Kapitalausstattung und Kreditwürdigkeit,
- Anzahl, Motivation und Qualifikation der Mitarbeiter,

- – Standortqualität,
- – Vertriebsorganisation, oder
- – Anzahl der Kunden.

Ziel dieses Analyseinstruments ist es, das Verhalten oder mögliche (Re-)Aktionen eines einzelnen Wettbewerbers auf geplante Maßnahmen möglichst verlässlich zu antizipieren. Dazu ist es wichtig, das Konkurrenzunternehmen auch im Hinblick auf dessen Ziele, Strategien, Annahmen und Fähigkeiten zu durchleuchten und sich auf diese Weise ein Bild von den Stärken und Schwächen des Wettbewerbers zu machen. Anzahl und Art der zu analysierenden Konkurrenten hängen dabei meist von den branchen- /unternehmensspezifischen Gegebenheiten ab. Für die darauf folgende Bestandsaufnahme der Ressourcen und Fähigkeiten des Konkurrenzunternehmens sowie der daraus resultierenden Stärken und Schwächen existieren in der Literatur oder im Internet diverse Beispiele zu Checklisten oder sonstigen Standardkatalogen bzw. -vorgehensweisen. Allerdings sind standardisierte Fragenkataloge nur schwer in der verallgemeinerten Form auf alle Unternehmen anzuwenden. Hier ist es erforderlich, Anpassungen an spezifische Eigenheiten und Potenziale des Unternehmens durchzuführen bzw. die Untersuchungsgebiete einzugrenzen. Diese Spezifizierung sowie die Informationsbeschaffung im Allgemeinen stellen hierbei jedoch auch eine der größten Schwierigkeiten dar. Durch statistische Daten und Informationen von Branchenverbänden wird oftmals versucht, Informationen über die Wettbewerbsintensität im Markt, die Größe der Konkurrenten und deren jeweilige Marktanteile zu erhalten.

Ein wichtiger Indikator für die Stellung des Unternehmens gegenüber seinen Hauptkonkurrenten ist der relative Marktanteil. Dieser kann indikativ für die kumulierte Produktionsmenge, die Marktmacht des Unternehmens oder Abnehmerpräferenzen verwendet werden. Empirische Studien bestätigen zudem eine positive Korrelation von Marktanteil und Rentabilität. Wertmäßig ausgedrückt stellt der Marktanteil den Anteil des Umsatzes des Unternehmens am Gesamtumsatzvolumen des relevanten Marktes dar.

$$\text{Marktanteil} = \frac{\text{Umsatz}}{\text{Marktvolumen}}$$

$$\text{relativer Marktanteil} = \frac{\text{Marktanteil des Unternehmens}}{\text{Marktanteil des/der stärksten Konkurrenten}}$$

Der relative Marktanteil lässt – im Gegensatz zum absoluten Marktanteil – auch Aussagen über die Wettbewerbsposition des Unternehmens zu, da er das Verhältnis von eigenem Marktanteil zu dem des umsatzstärksten Konkurrenten abbildet. In gewissem Maße lassen sich aus der Höhe des relativen Marktanteils auch Aussagen zur Nachhaltigkeit der Wettbewerbsposition ableiten, insbesondere wenn hieraus die vergangene Entwicklung des (relativen) Marktanteils über die Zeit errechnet und damit eine Verbesserung oder Verschlechterung der Position identifiziert werden kann. Gegebenenfalls können auf dieser Basis, in Verbindung mit einer Prognose künftiger Marktanteile anhand der Auftragseingänge und des Auftragsbestandes, die strategische Ausrichtung des Unternehmens plausibilisiert oder strategische Maßnahmen skizziert werden.

Der Unternehmer Holger Haußmann produziert Holzspielwaren und möchte sich ein Bild über seine Marktposition machen. Daher beschließt er, seinen relativen Marktanteil zu ermitteln. Um die entsprechenden Informationen zu erhalten, lässt er sich von einem Branchenverband den Gesamtumsatz der Branche zukommen. Dieser beträgt 500 Mio. EUR. Des Weiteren sucht er sich aus den Geschäftsberichten seiner drei stärksten Wettbewerber deren jeweilige Umsätze heraus. Seine stärksten Wettbewerber sind die PlayHappy GmbH mit einem Umsatz von 50 Mio. EUR, die Holzer GmbH mit 70 Mio. EUR und die Super-Spiel AG mit 80 Mio. EUR. Sein eigener Umsatz beträgt 180 Mio. EUR. Anhand dieser Daten führt er folgende Berechnungen durch.

$$\text{Marktanteil} = \frac{180\,\text{Mio.\,EUR}}{500\,\text{Mio.\,EUR}} = 36\,\%$$

$$\text{relativer Marktanteil} = \frac{36\,\%}{(10\,\% + 14\,\% + 16\,\%)} = 0{,}9$$

Doch was bedeuten diese Zahlen? Grundsätzlich sagt der absolute Marktanteil von 36% noch nicht viel aus. Hier ist es wichtig zu wissen, welchen Marktanteil die anderen Unternehmen im Markt besitzen. Im vorliegenden Fall hat der stärkste Wettbewerber einen Marktanteil von 16%, die drei stärksten Wettbewerber zusammen einen Marktanteil von 40%. Ein relativer Marktanteil von 0,9 bedeutet also, dass der Marktanteil von Haußmann 90% der Marktanteile seiner drei stärksten Wettbewerber abdeckt. Würde der Unternehmer seinen Marktanteil lediglich mit dem der Super-Spiel AG vergleichen, würde ein relativer Marktanteil von 2,25 resultieren. Der Marktanteil von Haußmann wäre also mehr als doppelt so hoch wie der der Super-Spiel AG.

7.2.3 Erfolgspotenzial und Ressourcen

Die Analyse des Erfolgspotenzials und der Ressourcen des Unternehmens untersucht die Position des eigenen Unternehmens am Markt im Hinblick auf dessen Stärken und Schwächen sowie mögliche Optimierungspotenziale oder Handlungsoptionen.

a) Ressourcenanalyse

Die Ressourcenanalyse geht auf die intern vorhandenen Ressourcen des Unternehmens sowie dessen Fähigkeit ein, daraus nachhaltige Wettbewerbsvorteile zu generieren bzw. zu halten. Dies beinhaltet neben materiellen, finanziellen und immateriellen Ressourcen aber auch Vorteile, die aus der Organisationsstruktur oder der Unternehmenskultur erwachsen. So kann beispielsweise eine sog. Verwaltungskultur, die sehr risikoavers bzw. bürokratisch ist und lange oder häufige Feedbackzyklen benötigt, für ein innovatives Technologieunternehmen wesentliche Nachteile mit sich bringen.

b) Potenzialanalyse

Eine Potenzialanalyse wird i.d.R. durchgeführt, um Entwicklungspotenziale zu identifizieren und Maßnahmen für deren optimale Nutzung zu erarbeiten. Dabei wird i.d.R. anhand der bereits für die Konkurrentenanalyse verwendeten Kriterien (vgl. Kapitel 7.2.2 c) vorgegangen. Die Analyse selbst erfolgt meist anhand von Mitarbeiterinterviews oder per Fragebogen, die Ergebnisse werden in ein Stärken-Schwächenprofil übergeleitet und bilden die Basis für ein Aktionsprogramm bzw. Handlungsempfehlungen. Die Handlungsempfehlungen sind in einem weiteren Schritt bzgl. der Umsetzung zu priorisieren. Häufig wird die Potenzialanalyse nach der Umsetzung des Aktionskatalogs ein weiteres Mal durchgeführt, um die Wirkungsweise der realisierten Maßnahmen zu überprüfen.

> **Praxistipp:** *Die Wiederholung einer Potenzialanalyse ist sinnvoll, um die Auswirkungen der durchgeführten Maßnahmen zu kontrollieren. Allerdings sollte die erneute Analyse frühestens zwei Jahre nach der Umsetzung der Handlungsempfehlungen durchgeführt werden. Auf diese Weise kann sich die Wirkung der meist mittel- bis langfristigen Maßnahmen erstmals entfalten.*

In diesem Zuge werden bei der Potenzialanalyse grundsätzlich auch die möglichen Kooperationspartner, der Handel sowie potenzielle und bestehende Kunden in einem Gesamtüberblick betrachtet, um somit Erfolgspotenziale des eigenen Unternehmens zu prognostizieren.

7.2.4 SWOT-Analyse

Die SWOT-Analyse verbindet in einem weiteren Schritt die Ergebnisse der vorangegangenen Analysen der Stärken/Schwächen und der Chancen/Risiken und versucht damit, die extern vorgegebenen Rahmenbedingungen mit der internen Unternehmenssituation in Einklang zu bringen. SWOT steht dabei für Strengths (Stärken), Weaknesses (Schwächen), Opportunities (Chancen), Threats (Gefahren). Durch die Kombination der verschiedenen Perspektiven soll ein umfassendes Gesamtbild der Unternehmens- und Marktsituation vermittelt werden. Aus der Gegenüberstellung von Stärken und Schwächen lassen sich somit zum einen Potenziale und Gefahren, zum anderen aber auch Normstrategien ableiten.

extern intern	Chancen (Opportunities)	Risiken (Threats)
Stärken (Strengths)	Ausbauen: bestehende Chancen nutzen	Absichern: bestehende Gefahren abwehren
Schwächen (Weaknesses)	Aufholen: Schwächen beseitigen um Chancen zu nutzen	Meiden: Schwächen beseitigen um Gefahren begegnen zu können

Abb. 7.5: Grundstruktur eine SWOT-Analyse

Im Businessplan (Kapitel 8) wird für ein kleines Unternehmen dargestellt, wie ein Existenzgründer mit überschaubarem Aufwand eine SWOT-Analyse erstellt und damit notwendige Ziele und Maßnahmen für die Unternehmensgründung erkennen und kommunizieren kann.

7.3 Marketingstrategien

Beispiel

Nachdem Max Mustermann sich über den Markt informiert und seine Marketingziele festgelegt hat, möchte er nun die übergeordnete Strategie zur Erreichung dieser Ziele festlegen. Er deckt sich deshalb mit Literatur zum strategischen Management sowie zu allgemeinen Marketing-Themen ein. Das Studium der einschlägigen Literatur verwirrt ihn jedoch nur. Verschiedene Autoren propagieren unterschiedlichste Konzepte, die jedoch oftmals auf spezielle Rahmenbedingungen zugeschnitten sind. Schnell merkt Mustermann, dass er daher versuchen muss, die im Rahmen der verschiedenen Analysen erworbenen Erkenntnisse mit den Grundvoraussetzungen für die Anwendung verschiedener Strategien in Einklang zu bringen. Die beste Strategie sollte demnach diejenige sein, die sowohl den unternehmensspezifischen Gegebenheiten als auch dem Umfeld des Unternehmens am besten Rechnung trägt.

Als eines der zentralen Werke zur Strategie identifiziert Mustermann das Werk „Wettbewerbsstrategie" von Michael Porter. Dieses beschreibt für ihn in einfach verständlichen Beispielen zwei übergeordnete strategische Ausrichtungen, die Kostenführerschaft und die Qualitätsführerschaft. Es dauert nicht lange, da erkennt der Jungunternehmer die Qualitätsführerschaft als die für seine Zwecke übergeordnete strategische Ausrichtung. Die Vereinbarkeit der Strategie mit seinen Zielen fällt ihm jedoch nicht leicht. Vor allem bereitet ihm die Transformation der Strategie in konkrete Maßnahmen zu ihrer Umsetzung Probleme.

Nach der Definition der Zielgruppen, der Analyse und Interpretation der Chancen und Risiken des Marktes sowie der Untersuchung der unternehmensinternen Stärken und Schwächen ist es nun die Aufgabe des Unternehmers, daraus eine langfristige Marketingstrategie abzuleiten, welche die Möglichkeiten des Unternehmens optimal unterstützt. Marketingstrategien sind Grundsatzentscheidungen zur langfristigen Entwicklung eines Unternehmens am Markt. Diese beziehen sich zum einen auf das Marktsegment, in dem der Gründer tätig sein möchte (Segmentierungsstrategien), zum anderen auf die Art, wie er den Wettbewerb bestreiten möchte (Wettbewerbsstrategien). Im Folgenden werden verschiedene strategische Ansätze hierzu diskutiert.

Praxistipp: Ein Unternehmen sollte sich auf eine eindeutige Marketingstrategie festlegen und diese langfristig verfolgen.

7.3.1 Marktsegmentierungsstrategien

Marktsegmentierung ist die Zerlegung eines Gesamtmarktes in verschiedene Teilmärkte. Sinnvoll ist dies nur, wenn die Marktsegmente bestimmte Anforderungen erfüllen. So sollten sie in sich möglichst homogen sein, sich von anderen Marktsegmenten jedoch deutlich unterscheiden. Zudem sollten sie einen direkten Bezug zum Kaufverhalten der Kunden besitzen und stabil sein. Teilmärkte könnten zum Beispiel verschiedene Absatzländer sein, die Unterscheidung zwischen Endkunden und Zwischenhändlern oder zwischen beispielsweise High-End- und Low-End-Produkten. Grundsätzlich lassen sich dabei fünf Strategien zur Marktsegmentierung unterscheiden (vgl. Abell [1980]).

– *Gesamtmarktabdeckung:* Das Unternehmen bietet alle Produkte auf allen Teilmärkten an. Der Vorteil liegt dabei in der hohen Risikostreuung, der Nachteil in hohen Kosten.

– *Produktspezialisierung:* Ein gleichartiges Produkt wird auf verschiedenen Teilmärkten angeboten. Die Synergieeffekte bei der Produktion stehen hier einem hohen Risiko gegenüber, sollte das Produkt von den Kunden in einem der Teilmärkte oder gar auf allen Märkten nicht mehr gewünscht werden.

– *Marktspezialisierung:* Verschiedene Produkte werden auf einem Teilmarkt vertrieben. Durch die genaue Kenntnis des Teilmarktes und der Kundenwünsche ergeben sich Vorteile, allerdings wird auf Ertragsmöglichkeiten in anderen Teilmärkten verzichtet.

– *Nischenspezialisierung:* Bei der Nischenspezialisierung wird nur ein Produkt in einem einzigen Teilmarkt angeboten. Die Expertenkenntnisse in diesem Marktsegment stehen der hohen Abhängigkeit von Produkt und Teilmarkt gegenüber.

– *Selektive Spezialisierung:* Ein Unternehmen bietet jeweils verschiedene Produkte auf lukrativen Teilmärkten an (vgl. Engler/Hautmann [2007], S. 78 f.).

Welche Marktsegmentierungsstrategie für ein Unternehmen optimal ist lässt sich nicht pauschal festlegen, sondern ist immer abhängig von der Gesamtsituation des Unternehmens und den Ergebnissen der Marktanalyse.

Der Mobilfunkmarkt in Deutschland zeigt seit einigen Jahren starke Segmentierungstendenzen. Es werden spezielle Angebote für Kundengruppen mit ähnlichem Nutzungsverhalten angeboten, z.B. für Viel- oder Wenigtelefonierer, für Gruppen von vorwiegend jungen Leuten, die viele SMS schreiben, für Kunden, die SmartPhones nutzen und damit Internetpakete benötigen usw.. Somit schaffen es viele Mobilfunkanbieter, in einem hart umkämpften Markt ihre Nischen zu finden und für eine bestimmte Kundengruppe besonders attraktiv zu sein.

7.3.2 Wettbewerbsstrategien

Prinzipiell lassen sich zwei Grundstrategien zur Erlangung von Wettbewerbsvorteilen unterscheiden (vgl. Porter [1999]), die Kostenführerschaft und Qualitätsführerschaft. Beide Grundstrategien können sich jeweils auf den Gesamtmarkt
beziehen oder auf einen Teilmarkt. Wichtig ist, dass sich ein Unternehmen klar
und konsequent entscheidet, welche Strategie es verfolgen wird.

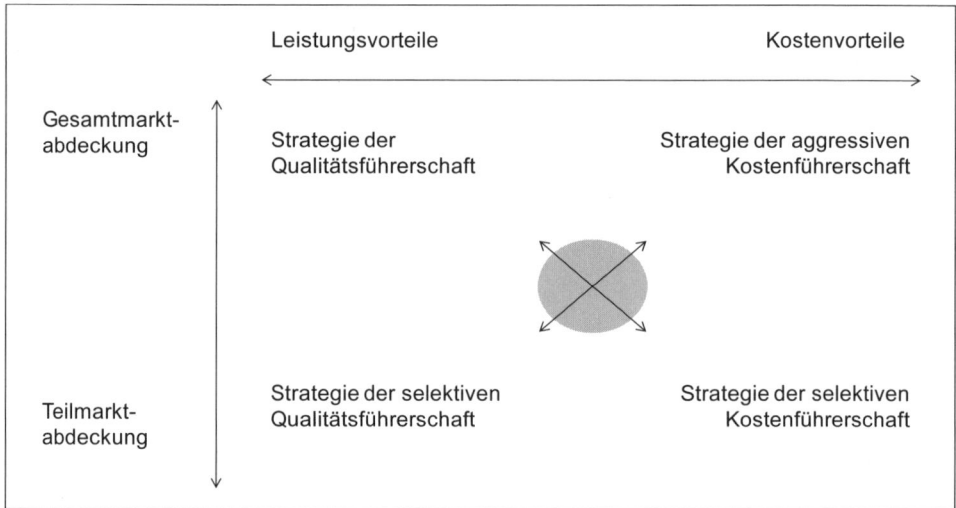

Abb. 7.6: Zusammenspiel von Marktabdeckung und Wettbewerbsstrategien
(in Anlehnung an: Bruhn [2004], S. 76)

Mit der *Kostenführerschaftsstrategie* verfolgt der Unternehmer regelmäßig das Ziel,
seine Produkte möglichst preiswert am Markt anzubieten. Wie der Name bereits
andeutet, ist ein preiswertes Angebot auf lange Sicht nur dann realisierbar, wenn
auch die Kostensituation des Unternehmens dies zulässt. Bekannte Beispiele für
Unternehmen, die eine Kostenführerschaftsstrategie verfolgen, sind Aldi oder
Lidl. Der Kostenvorteil kann dabei auf verschiedenste Art und Weise zustande
kommen, sei es durch die Unternehmensgröße (Skaleneffekte), das Angebot verschiedenster miteinander in Verbindung stehender Produkte (Verbundeffekte)
oder den Zugang zu kostengünstigen Vertriebswegen. Die Kostenführerschaftsstrategie stellt damit den Preis als primäres Kriterium für die Kaufentscheidung in den Mittelpunkt.

Qualitätsführerschaft zielt hingegen auf die Produktqualität und den damit verbundenen Zusatznutzen für den Kunden ab. Durch diesen Zusatznutzen kann ein
höherer Preis gerechtfertigt und das Produkt somit teurer angeboten werden. Ein
möglicher Zusatznutzen kann auch die Zeit sein. So geht ein gegenüber der Konkurrenz frühzeitiges Angebot oftmals mit deutlich höheren Preisen einher. Vor

allem in Zusammenhang mit der Qualitätsführerschaft haben auch Aspekte wie Marken- oder Kundenbindung eine besondere Bedeutung. Der Konsument soll dabei möglichst frühzeitig ein Markenbewusstsein entwickeln und künftig eine bestimmte Marke oder ein bestimmtes Produkt anderen Produkten vorziehen, obwohl objektiv gesehen wenig Unterschied in der Produktqualität besteht. Dazu ist es v.a. wichtig, dass der Konsument mit der Marke einen bestimmten Mehrwert verbindet, sei es aufgrund eines funktionellen Zusatznutzens oder emotionaler Art. Dieser Zusatznutzen spiegelt sich – wie bereits dargestellt – in einem erhöhten Verkaufspreis für das Produkt wider. Für den Gründer ist es dabei essenziell, möglichst frühzeitig mit der Markenbildung zu beginnen und den Markennutzen konsequent bereitzustellen.

Praxistipp: Der Aufbau einer Marke sollte frühzeitig und konsequent angegangen werden. Vor allem ist darauf zu achten, dass das Markenimage nicht durch vermeidbare Vorfälle geschädigt wird. Bereits eine einzige Negativerfahrung kann das Markenbild des Konsumenten ins Gegenteil kehren.

7.3.3 Produkt-Markt-Strategien

Um den Umsatz eines Unternehmens am Markt zu erhöhen gibt es verschiedene Produkt-Markt-Strategien (vgl. Ansoff [1957]). Drängt das Unternehmen mit bestehenden Produkten in einen bereits existenten Markt, um dadurch Wachstum zu erreichen, so spricht man von Marktdurchdringung. Diese Strategie birgt i.d.R. nur geringe Risiken, da hierfür lediglich bereits bestehende Fähigkeiten und Ressourcen benötigt werden. Allerdings ist das Wachstumspotenzial meist begrenzt, da v.a. schon länger bestehende Märkte oft der Gefahr einer baldigen Sättigung ausgesetzt sind. Mögliche Maßnahmen zur Umsetzung dieser Strategie sind:

- Erhöhung des Konsums bestehender Kunden (Vergrößerung der Verkaufseinheit, Erhöhung der Distribution, Verstärkung der Kommunikation)
- Gewinnung von bisherigen Nicht-Käufern (neue Absatzkanäle, Preisreduzierung, kostenlose Proben)
- Abwerben von Kunden der Konkurrenz (Produktverbesserungen, Verstärkung der Kommunikation und Information, Preisanpassung)

Markterschließung wird die Strategie genannt, bei der ein bestehendes Produkt durch die Erschließung neuer Marktsegmente oder geographischer Regionen einem breiteren Publikum zur Verfügung gestellt wird. Das Risiko der Unternehmung steigt durch die Expansion in den neuen Markt zwar, allerdings können insbesondere Unternehmen mit standardisierten Massenprodukten auf diese Wei-

se oft schnelles Wachstum generieren. Mögliche Ansatzpunkte für eine Markterschließung können sein:

– Erschließung neuer Verwendungsnutzen (Erweiterung der Produkteigenschaften, Schaffung neuer Anwendungsbereiche)
– Erschließung neuer Käuferschichten (örtliche Markterweiterung, Marktsegmentierung durch kundenspezifische Produkte, Absatzwege und Kommunikation)

Die Strategie, bestehende Märkte mit neuen Produkten zu versorgen, wird gemeinhin als Produktentwicklung bezeichnet. Insbesondere für innovative Unternehmen bietet diese Strategie Potenziale, um mit neuartigen Produkten oder
durch die Anwendung besonderer Fähigkeiten Wachstumschancen wahrzuneh-
men. Durch die hohe Erfolgsunsicherheit bei der Umsetzung derartiger Vorhaben
oder der Einführung neuer Produkte unterliegt die Produktentwicklung jedoch
auch höheren Risiken. Die Strategie der Produktentwicklung baut auf Produktinnovationen oder Produktvariationen auf. Produktinnovationen sind dabei neue
Entwicklungen oder neue Technologien, Produktvariationen liefern Zusatzfunk-
tionen oder Zusatznutzen zu bestehenden Produkten oder passen das Produkt an
veränderte Bedürfnisse der Kunden an, z.B. in Bezug auf Verpackung, Design
und Kompatibilität.

> In Businessplan-Beispiel in Kapitel 8 handelt es sich bei der Geschäftsidee um eine
> Produktvariation. Auf dem bestehenden, regionalen Markt der Möbelanbieter mit
> Möbelhaus und einer kleinen Schreinerei ist der ökologische Möbelschreiner, der nur
> Holz aus umweltfreundlichem Anbau verwendet, die Variante für Kunden, die mit gu-
> tem Gewissen qualitativ hochwertige Möbel kaufen möchten.

Die Diversifikation bietet schließlich als letzte Wachstumsstrategie das mit dem
höchsten Unsicherheitsgrad behaftete Strategiekonzept. Allerdings resultieren
hieraus aufgrund der Möglichkeit des Einstiegs in einen attraktiven neuen Markt
sowie der Möglichkeit der Risikostreuung auch verstärkt Erfolgspotenziale für
das Unternehmen. Diversifikation bezeichnet damit das Ausbrechen aus den bisherigen Tätigkeitsfeldern durch:

– Aufnahme von Produkten aus vor- oder nachgelagerten Wertschöpfungsebe-
  nen (horizontale Diversifikation (z.B. Fahrradhersteller – Einrad) vertikale Diversifikation (z.B. Fahrradhersteller – Gangschaltung))
– Aufnahme von Leistungen ohne Zusammenhang mit der bisherigen Unternehmenstätigkeit (laterale Diversifikation)

Der Möbelschreiner kann neben den Sitzmöbeln, auf die er sich zu Anfang beschränkt hat, seine Produktpalette um Esszimmer-Kommoden erweitern. Dies wäre eine horizontale Diversifikation seiner Produktpalette. Würde er auch noch die Türgriffe selbst produzieren, wäre das ein Fall von vertikaler Diversifikation. Laterale Diversifikation ohne Zusammenhang mit der Tätigkeit des Schreiners wäre z.B. das Vermieten seiner Transporter für Umzüge.

Demnach sind mit einer Diversifikationsstrategie auch die Fragen der Attraktivität der Branche, der Kosten des Brancheneintritts sowie etwaiger Synergiepotenziale zu klären. Die Produkt-Markt-Matrix dient also insbesondere dazu, die strategische Stoßrichtung des Unternehmens aus Chancen-/Risiken-Gesichtspunkten besser beurteilen zu können, um daraus Rückschlüsse auf zukünftige Wachstumsmöglichkeiten in Verbindung mit den produkt- und marktspezifischen Risiken oder Potenzialen der Gesellschaft zu ziehen.

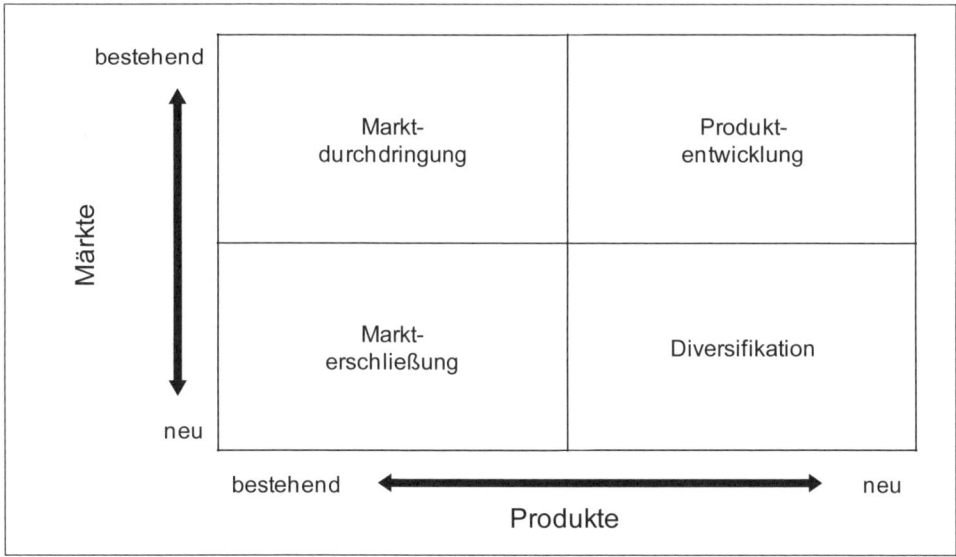

Abb. 7.7: Produkt-Markt-Matrix
(in Anlehnung an: Ansoff [1957], S. 114)

7.4 Marketingpolitische Instrumente

Beispiel

Max Mustermann hat sich für eine Qualitätsführerschaft als strategische Grundausrichtung entschieden. In einem nächsten Schritt möchte er diese nun in konkrete Marketingmaßnahmen umsetzen. Spontan fällt ihm jedoch nicht ein, wie er dies bewerkstelligen soll.

Da er mit Beratern bereits gute Erfahrungen gemacht hat, wendet er sich auch in dieser Angelegenheit vertrauensvoll an eine bekannte Beratungsgesellschaft. Der zuständige Berater klärt ihn darüber auf, dass der sog. Marketing-Mix, d.h. das Zusammenspiel verschiedener Instrumente, von essenzieller Bedeutung ist. So muss sich die gewählte Strategie in der Gestaltung der Produktmerkmale, der Preisfindung, der Kommunikation sowie dem Vertriebsweg widerspiegeln. In einem kurzen aber produktiven Brainstorming schlägt er vor, bei der Produktgestaltung voll und ganz auf die Markenbildung und einen hervorragenden Service zu setzen. Der Vertrieb sollte dabei möglichst durch Mustermann selbst erfolgen, da dieser durch seine fundierten Kenntnisse die Produktspezifika am besten vermitteln kann. Unterstützt werden soll dieser Direktvertrieb durch Plakat- und Internetwerbung, wobei der Qualitätsaspekt stets im Mittelpunkt stehen soll. Schließlich sollte nach Meinung des Beraters auch der Transport professionell über eine Spedition organisiert werden, um eine schnellstmögliche Verfügbarkeit der Produkte beim Kunden zu gewährleisten. Dies würde, so der Berater, eine Hochpreisstrategie durch das Angebot verschiedener Nutzenelemente rechtfertigen und zur Maximierung des Umsatzes beitragen. Mustermann ist von dieser Informationsflut im ersten Schritt überfordert. Er muss sich mit all diesen Themen zuerst einmal in Ruhe auseinandersetzen.

Nach Festlegung der optimalen Strategie werden die Marketing-Maßnahmen geplant. Hierbei können die folgenden vier Ausrichtungen der Instrumente unterschieden werden:

- *Produktpolitik*: Ihre Aufgabe ist die Gestaltung der Produktmerkmale als attraktives Zielobjekt für die Zielgruppe.
- *Preispolitik*: Die wichtigste Fragestellung der Preispolitik ist es herauszufinden, welchen Preis die Kunden bereit sind zu zahlen und welcher Preis in Konkurrenz zum Umsatz den maximalen Ertrag für das Unternehmen erwirtschaftet. Je höher der Preis angesetzt wird, desto niedriger ist in der Regel der Absatz, desto höher ist aber die Gewinnspanne pro Stück. Es muss errechnet werden, welche Preis-Umsatz-Kombination den höchsten Gewinn zur Folge hat.
- *Kommunikationspolitik*: Sie beschäftigt sich mit der Außendarstellung des Produkts, mit der „Werbung" im Allgemeinen.

– *Vertriebspolitik*: Hier werden Vertriebsstrategie und Vertriebsprozess festgelegt.

Eine Übersicht über die wesentlichen zur Verfügung stehenden Marketing-Instrumente bietet die nachfolgende Übersicht.

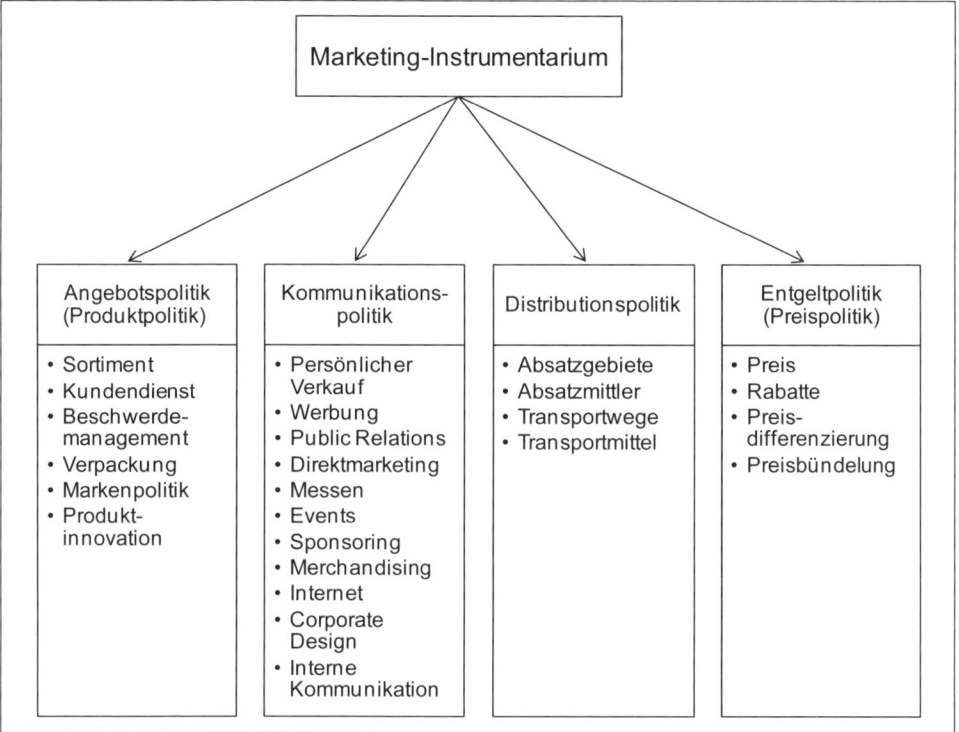

Abb. 7.8: Marketingpolitisches Instrumentarium
(in Anlehnung an: Engler/Hautmann [2007], S. 95)

Die sinnvolle Kombination verschiedener Marketing-Maßnahmen wird auch als Marketing-Mix bezeichnet. Die vier Instrumentarien müssen möglichst optimal aufeinander abgestimmt werden und sich in ihrer jeweiligen Zielerreichung ergänzen. Hinter dem Marketing-Mix muss somit ein ganzheitliches Konzept stehen, welches alle Aktivitäten beeinflusst. Bei jeder einzelnen Maßnahme ist die entscheidende Frage immer, welche Zielgruppe angesprochen wird, welche Kundenwünsche bestehen und ob die Verwirklichung dieser Wünsche mit den Kosten vereinbar ist. Im Folgenden werden die grundsätzlichen marketingpolitischen Instrumente näher beschrieben.

302   Vogelsang

7.4.1 Produktpolitik

Die Produktpolitik ist in der Regel das wichtigste Instrument im Marketing-Mix und steht im Mittelpunkt aller Aktivitäten. *„Ein Produkt bzw. eine Leistung ist all das, was ein Unternehmen einem Markt zum Kaufen oder Konsumieren anbietet. Das können konkrete Gegenstände, Dienstleistungen, Personen, Orte, Organisationen oder auch Ideen sein. Der Produktmix oder das Sortiment bezeichnet die Gesamtheit aller Artikel, die ein Hersteller zum Verkauf anbietet."* (Kalka/Mäßen [2010], S. 64). Produktpolitik ist darauf ausgerichtet, neue Produkte auf den Markt zu bringen (Produktinnovation), bereits auf dem Markt angebotene Produkte zu modifizieren (Produktvariation) oder Produkte aus dem Sortiment herauszunehmen (Produktelimination). Die Produktpolitik umfasst somit alle Entscheidungen, die das Angebot eines Unternehmens betreffen:

– Sortiments- und Programmgestaltung
– Qualität und Gestaltung jedes Produktes
– Service und Garantieleistungen

Aufgabe der Produktpolitik ist die Gestaltung der Produktmerkmale als attraktives Zielobjekt für die Zielgruppe. Die Attraktivität mindestens eines Produktes für einen bestimmten Markt ist die Grundvoraussetzung jeglicher Existenzgründung. Ein erfolgreiches Produkt bzw. eine Dienstleistung muss einen Nutzen beim Kunden schaffen und sich von der Konkurrenz abheben, das heißt, es muss ein Wettbewerbsvorteil gegenüber Konkurrenzprodukten bestehen. *„Marketing als das Management von Wettbewerbsvorteilen zu verstehen, bedeutet somit zugleich auf Effektivität und Effizienz abzustellen."* (Voeth u.a. [2011], S. 119). Der Wettbewerbsvorteil muss daher:

– bedeutsam sein, d.h. relevant für das Kundensegment
– muss verteidigungsfähig sein, wenn andere in den Wettbewerb einsteigen
– muss effizient sein, d.h. die höheren Kosten zum Aufbau eines Wettbewerbsvorteils müssen niedriger sein als die zu erwartenden Erlöse
– wahrgenommen werden als Vorteil für den Kunden

In der Praxis gibt es viele Beispiele dafür, dass objektiv bessere Produkte oder Technologien sich nicht durchsetzen. Die Aufgabe des Marketing ist hierbei ganz offensichtlich die Erhöhung der Information und Aufmerksamkeit.

7.4.1.1 Sortimentsgestaltung und Produktlebenszyklus

Zu beachten ist bei der Sortimentsgestaltung das Modell des Produktlebenszyklus. Jedes Produkt durchläuft verschiedene Lebensphasen und ist in diesen unterschiedlich ertragreich für das anbietende Unternehmen. Es werden fünf Phasen unterschieden:

– *Einführungsphase:* Bei Einführung eines Produkts muss dieses zunächst durch hohen Aufwand und dementsprechend hohe Kosten auf dem Markt bekannt gemacht werden. In dieser Phase entscheidet sich, ob das Produkt von der Zielgruppe akzeptiert wird. Der Absatz steigt nur langsam und die Kosten sind noch sehr hoch. Marketing-Maßnahmen sind dabei essenziell, um den Bekanntheitsgrad des Produkts zu steigern und den Absatz zu fördern.

– *Wachstumsphase:* In dieser Phase steigt der Absatz oft überproportional, es werden aber auch weitere Wettbewerber angelockt. Nach wie vor muss viel in Marketingaktivitäten investiert werden, z.B. um neue Kundengruppen zu erschließen.

– *Reifephase:* In dieser Phase nimmt der Absatz ebenfalls noch zu, die Zuwachsraten verringern sich allerdings, während der Konkurrenzdruck meist größer wird. In dieser Phase konzentrieren sich die Marketingaktivitäten gezielt auf einzelne Kundensegmente oder Bedürfnisse. Insgesamt sollten die damit verbundenen Ausgaben jedoch sinken.

– *Sättigungsphase:* In dieser Lebensphase kommen nur noch spät entschlossene Kundensegmente hinzu, insgesamt nimmt der Umsatz langsam ab. Der Wettbewerb wird höher, die Preise werden meist gesenkt und damit werden die Gewinne kleiner. Marketing gehört zu diesem Zeitpunkt nicht mehr zu den primären produktbezogenen Aktivitäten.

– *Degenerationsphase:* Durch technischen Fortschritt oder Modeerscheinungen wird das Produkt für die Käufer immer uninteressanter. Der Umsatz sinkt immer stärker, Gewinne brechen ein und das Produkt wird schließlich vom Markt genommen.

Der modelltypische Lebenszyklusverlauf ist in verschiedenen Märkten unterschiedlich und die Produktlebenszyklen verlaufen in der Praxis meist nicht nach den oben beschriebenen strengen Gesetzmäßigkeiten. Trotzdem ist es wichtig, die Altersstruktur zu kennen und den Markt dahingehend zu beobachten, um im Bedarfsfall vorausschauend reagieren zu können.

> **Praxistipp:** *Der Unternehmer sollte immer wieder die Lebenszyklen seiner Produkte bestimmen, um sein Sortiment entsprechend anpassen zu können. Oft wird in kleineren Unternehmen nicht mit dem zukünftigen Umsatzrückgang eines gut laufenden Produktes geplant und eine Umstellung oder Variation des Sortiments kommt dann zu spät.*

7.4.1.2 Portfolio-Analyse als strategisches Hilfsmittel

Unter dem Begriff Portfolio versteht man im Marketing die Zusammensetzung des Produktprogramms eines Unternehmens. Bei der Portfolio-Analyse wird das Unternehmen in strategische Geschäftseinheiten mit klar abgrenzbaren Zielgruppen und Wettbewerbern eingeteilt. Der Produktlebenszyklus wird dabei im weitesten Sinne mit marktbezogenen Kennzahlen wie z.B. dem relativen Marktanteil und dem Marktwachstum in Verbindung gebracht. Einer der bekanntesten Ansätze der Portfolio-Analyse stammt von der Boston Consulting Group und setzt den relativen Marktanteil eines Produktes mit der Marktwachstumsrate ins Verhältnis (vgl. Hedley, [1976]).

Der relative Marktanteil ist definiert als der Marktanteil des Unternehmens im Verhältnis zu den Marktanteilen der größten Mitbewerber. Er gilt als Indiz für die Stärke eines Unternehmens in diesem Segment. Je größer der Marktanteil ist, desto geringer sind die Produktionsstückkosten und desto höher der Gewinn. Die Marktwachstumsrate errechnet sich aus dem Marktvolumen im Planungszeitraum geteilt durch das Marktvolumen im Vorjahr mal 100 minus 100. Eine Marktwachstumsrate von mehr als 10% gilt i.d.R. als hoch.

Die strategischen Geschäftseinheiten oder Produkte lassen sich somit in einem Vierfelder-Portfolio einordnen und es werden unterschiedliche Strategieempfehlungen daraus abgeleitet (vgl. Baum/Coenenberg/Günther [2007], S. 192):

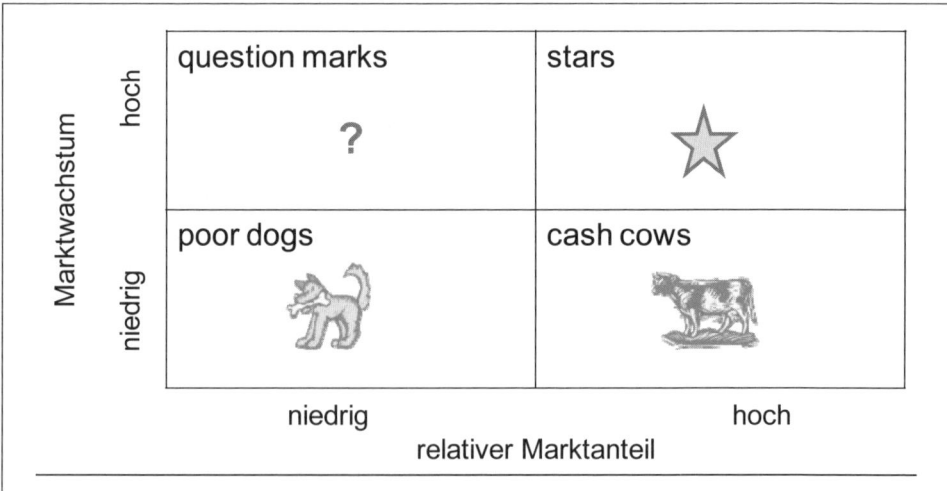

Abb. 7.9: Marktanteils-Marktwachstums-Portfolio
(in Anlehnung an: Hedley [1976], S. 10)

– *Fragezeichen*: Es liegt ein hohes Marktwachstum, aber eine ungünstige Wettbewerbsposition vor. Wenn die Produkte sich noch in der Einführungsphase befinden, können sie sich in der Zukunft zu Stars oder Cash Cows entwickeln.

Es ist noch keine eindeutige Strategie abzuleiten, Investition oder Rückzug sind die möglichen Alternativen.

- *Stars*: Die Kombination von hohem Marktwachstum und günstiger Wettbewerbsposition sind erstrebenswert. Diese Produkte befinden sich noch in der Wachstumsphase. Es sollte weiter in die Produkte investiert werden, um die Marktanteile zu halten bzw. weiter auszubauen.
- *Cash Cows*: Trotz geringem Marktwachstum erwirtschaften diese Produkte aufgrund ihrer guten Wettbewerbsposition meist hohe Gewinne. Sie befinden sich bereits in der Reife- oder Sättigungsphase. Investitionen sollten nur noch im Rahmen von Ersatzinvestitionen getätigt und die Gewinne bei konstanten Marktanteilen abgeschöpft werden.
- *Poor Dogs*: Poor Dogs befinden sich bereits in der Degenerationsphase und sollten durch geringes Marktwachstum und ungünstige Wettbewerbsposition nur noch bei positivem Deckungsbeitrag am Markt gehalten werden.

Ein Unternehmen sollte, wenn möglich, Produkte in verschiedenen Phasen des beschriebenen Portfolios positionieren, um langfristig erfolgreich zu bleiben. So sind Star-Produkte z.B. für das künftige Wachstum des Unternehmens unterlässlich, während Cash-Produkte die operative Tätigkeit durch Abschöpfung hoher Margen finanzieren.

7.4.1.3 Patentanmeldung, Gebrauchsmusteranmeldung, Markenanmeldung

Da die Produktpolitik, und dabei vor allem die Produkteigenschaften, eine zentrale Bedeutung im Marketing einnehmen, ist besonders für technologieorientierte Unternehmensgründungen der Schutz des geistigen Eigentums existenziell. Deshalb sollte sich jeder Existenzgründer vor der Umsetzung einer innovativen Idee informieren, wie er sein Produkt vor Nachahmung schützen kann. Patentinformationszentren dabei bieten kostenlose Beratung durch Patentanwälte.

Nach § 1 Abs. 1 PatG werden Patente für Erfindungen erteilt, die neu sind, auf einer erfinderischen Tätigkeit beruhen und gewerblich anwendbar sind. Die Patentanmeldung kann beim Deutschen Patent- und Markenamt (DPMA) eingereicht werden. Der Patenschutz entsteht durch die Erteilung des Patents und steht dem Erfinder zu. Die Laufzeit eines Patents beträgt zwanzig Jahre ab dem Tag der Anmeldung.

Die Anmeldung eines Patents ist aufwendig und es entstehen hohe Kosten. Deshalb wird in der Praxis für Erfindungen, die nicht sehr weitreichend sind, häufig die Gebrauchsmusteranmeldung als „kleines Patent" verwendet. Das Gebrauchsmuster ist ebenfalls ein echtes Erfindungsschutzrecht, das einfach, schnell und kostengünstig erlangt werden kann. Es ist ebenfalls beim Deutschen Patent- und Markenamt anzumelden.

> **Praxistipp:** *Auch bei vergleichsweise einfachen Technologien sollte über einen Schutz, sei es als Patent oder Gebrauchsmuster, nachgedacht werden. Ungeschützte Technologien können von jedermann nachgeahmt und ggf. gewinnbringend verwertet werden. Im schlimmsten Fall entsteht dadurch eine ernst zu nehmende Konkurrenz für den Unternehmer.*

7.4.2 Preispolitik

Zur Preispolitik im engeren Sinn gehören die Bildung des Grundpreises sowie Preisdifferenzierungen. Im Weiteren werden darunter auch Liefer- und Zahlungsbedingungen sowie Rabatt- und Kreditpolitik verstanden.

Die Preispolitik hat direkten Einfluss auf Umsatz und Marktanteil und muss daher sehr bewusst getroffen werden. Die Preisbildung sollte vom Existenzgründer von verschiedenen Seiten analysiert werden.

a) Kostenorientierte Preisbildung:

Zunächst muss man für sein Unternehmen den minimalen Preis eines Produkts herausfinden, bei dem die Produktion noch sinnvoll ist. Die betrieblichen Kosten bilden hierbei die Basis zur Bestimmung des Preises. Unterschieden wird dabei zwischen Fixkosten und variablen Kosten (vgl. dazu Kapitel 3.4.3). Die variablen Kosten stellen die kurzfristige Preisuntergrenze dar, da zumindest diese direkt mit der Leistungserstellung verbundenen Kosten in jedem Fall gedeckt werden müssen. Darunter ist es auch bei freien Produktionskapazitäten nicht sinnvoll überhaupt zu produzieren, da auf diese Weise in jedem Fall Verluste generiert würden. Eine kurzfristige Festlegung der Preisgrenze in Höhe nur der variablen Kosten kann dann gerechtfertigt sein, wenn bei freien Kapazitäten durch z.B. einen Zusatzauftrag ein zumindest geringer Beitrag zur Fixkostendeckung geleistet werden kann. Auf lange Sicht sind jedoch in jedem Fall die Selbstkosten eines Produkts als Preisuntergrenze zu wählen (vgl. in diesem Zusammenhang auch ausführlich Kapitel 5.3.2).

b) Wettbewerbsorientierte Preisbildung:

Neben den eigenen Kosten muss sich ein Unternehmen natürlich auch am Marktpreis orientieren, speziell entweder am durchschnittlichen Branchenpreis oder am Preis des Marktführers. Je nach Strategie kann man bei dieser passiven Möglichkeit der Preisgestaltung unterschiedliche Wettbewerbspositionen wählen:

- Preisführer mit dem höchsten Preis im Markt
- Preisfolger, der immer leicht unterhalb des Preisführers liegt
- Preiskämpfer mit dem niedrigsten Preis

c) Nachfrageorientierte Preisbildung:

Die nachfrageorientierte Preisbildung beschäftigt sich mit der Frage, wie viel der Kunde bereit ist für das Produkt zu zahlen. Mit der Preiselastizität versucht man zu beschreiben, wie sich die Nachfrage bei Preisveränderungen verhält. Diese Prognose ist in der Praxis oft nicht ganz einfach. Wichtig ist dabei die Einschätzung, welchen (Mehr-)Nutzen der Kunde durch das jeweilige Produkt hat.

Mit der Kombination dieser drei unterschiedlichen Sichtweisen sollte es gelingen, einen optimalen Basispreis festzusetzen. Der Basispreis gilt i.d.R. für den Gesamtmarkt. Ist eine Aufteilung in Teilmärkte möglich, kann Preisdifferenzierung ein ertragreiches Instrument der Preispolitik sein. Zunächst sollte jedoch ein grobes Preisniveau festgelegt werden, das im Zeitverlauf beibehalten wird, um grundsätzlich das Produkt über den Preis zu vermarkten. Dafür bieten sich folgende Strategien an:

– *Premiumpreisstrategie:* Mit dieser Wahl soll potenziellen Kunden vermittelt werden, dass das Produkt besonders qualitativ hochwertig, exklusiv oder einzigartig ist. Mit dieser Hochpreisstrategie werden meist Luxus-Markenartikel angeboten, die dem Käufer ein hochwertiges Image vermitteln sollen. Rolex kann z.B. als Vertreter einer Premiumpreisstrategie genannt werden.

– *Mittelpreisstrategie:* Hierbei handelt es sich meist um qualitativ gut bis durchschnittliche Markenartikel. Im Modebereich sind dabei Marken wie S. Oliver oder Benetton zu nennen, die zwar ein höheres Preisniveau als Textil-Discounter wie Kik haben, trotzdem aber deutlich unterhalb des Niveaus hochpreisiger Ware liegen, wie sie z.B. von Joop oder Hugo Boss angeboten werden.

– *Promotionspreisstrategie:* Zielgruppe bei dieser Niedrigpreisstrategie sind Preiskäufer, die weniger auf Image und Qualität achten, sondern die Kauflust darauf beziehen, möglichst günstige Produkte zu erwerben.

Der Preis bestimmt sehr stark das Image, also das Bild der Konsumenten von einem Produkt. Deshalb muss die Preispolitik mit der Produktpolitik verknüpft sein. Hat man das richtige Preisniveau gefunden bedeutet das jedoch nicht, dass die Preise innerhalb der Niveaugrenzen immer statisch bleiben müssen, oder sollten. Die Politik der Preisdifferenzierung bietet wichtige Chancen für Unternehmen.

d) Preisdifferenzierung:

Durch das Anbieten eines Produktes zu unterschiedlichen Preisen wird versucht, die Preisbereitschaft unterschiedlicher Kundensegmente abzuschöpfen, um den Gesamtumsatz zu erhöhen. Nicht alle Kundengruppen haben demnach dieselbe Zahlungsbereitschaft.

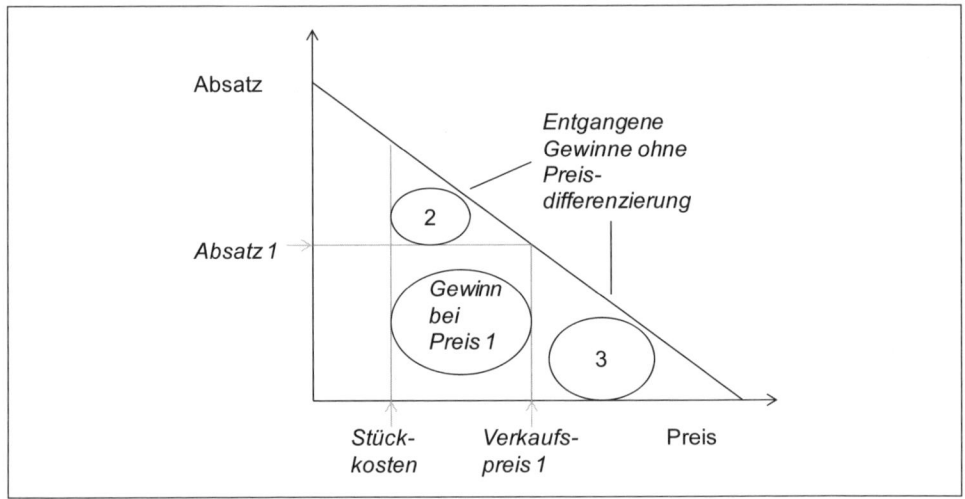

Abb. 7.10: Preisdifferenzierung
(in Anlehnung an Kalka/Mäßen [2010], S. 114)

Voraussetzung für eine funktionierende Preisdifferenzierung ist, dass sich der Gesamtmarkt in Teilmärkte aufteilen lässt und die Teilmärkte durch Barrieren voneinander getrennt werden können. Es gibt unterschiedliche Arten der Preisdifferenzierung:

- *kundenbezogen:* Eine Aufteilung ist möglich nach demographischen Merkmalen wie Alter und Geschlecht, oder sozioökonomischen Faktoren wie Einkommen, Schulbildung und Beruf, oder psychologischen Faktoren wie z.B. Lifestyle und Selbstbild, aber auch nach Marktverhalten der Kunden, z.B. Markentreue und Nutzung von bestimmten Medien.
- *räumlich:* Preisdifferenzierungen nach regionalen Gebieten oder Ländern sind in Zeiten des Internet und damit freiem Marktüberblick nur noch in engen Grenzen möglich
- *zeitlich:* Der Preis ist abhängig vom Zeitpunkt des Kaufes. Damit können saisonale, konjunkturelle oder auch tageszeitbedingte Schwankungen der Kapazitätsauslastung ausgeglichen werden.
- *sachlich:* Ähnliche Produkte werden mit kleinen Änderungen oder Zusätzen versehen und zu unterschiedlichen Preisen angeboten. Meist ist die Preiserhöhung dabei größer als die Mehrkosten der Herstellung.

Ein Möbelschreiner bietet in einer Möbelhauskette verschiedene, standardisierte Esszimmermöbel an. Kommt ein Kunde direkt in die Verkaufsräume der Schreinerei, können Einzelstücke direkt auf individuellen Wunsch des Kunden angefertigt werden. Viele Kunden sind dann auch bereit, für Unikate, die sie garantiert in keiner anderen Wohnung finden, mehr zu bezahlen. Hier würde eine sachliche Preisdifferenzierung vorliegen, die sich aus den Mehrkosten der Produktion plus einem Aufschlag für den Unternehmer, errechnet.

Unternehmen sollten nicht nur unterschiedliche Teilmärkte bei der Gestaltung der Preise betrachten, sondern auch den Produktlebenszyklus, wie er in Kapitel 7.4.4.1. dargestellt wird. In den verschiedenen Lebenszyklen ändern sich auch die Bedingungen für die Preispolitik. Grundsätzlich gibt es zwei verschiedene Arten, um mit Preispolitik auf den Lebenszyklus zu reagieren, die Skimmingstrategie und die Penetrationsstrategie.

Die Skimmingstrategie wird auch Abschöpfungsstrategie genannt und vor allem bei neuartigen Produkten eingesetzt, wenn monopolartige Stellungen noch dazu genutzt werden können in der Einführungsphase hohe Gewinne abzuschöpfen. Im Laufe der Zeit wird der Preis dann durch Nachahmungsprodukte und mehr Wettbewerb stufenweise gesenkt.

Die Penetrationsstrategie setzt auf die Marktdurchdringung nach der Einführungsphase. In der Einführung werden die Preise niedrig gehalten um das Produkt zuerst am Markt zu etablieren und bei den Kunden bekannt zu machen. Dann wird der Preis nach und nach auf den optimalen Marktpreis angehoben.

e) Preisbündelung und Rabattpolitik:
Ein Unternehmen, das mehrere Produkte an einem Markt anbietet, kann diese auch als Paket, allerdings unterhalb der summierten Einzelpreise, verkaufen. Auch dadurch kann die Nachfrage unter Umständen gesteigert werden. Eine weitere Form der Preisdifferenzierung sind Rabatte, d.h. Preisnachlässe für bestimmte Leistungen und Produkte. Sie sollen einen zusätzlichen Kaufanreiz auslösen oder auch die Kundenbindung steigern. Unterschiedliche Rabattsysteme verfolgen verschiedene absatz- oder ertragspolitische Ziele:
- Mengenrabatte (Rabatte auf eine bestimmte Absatzmenge)
- Funktionsrabatte (Händlerrabatte)
- Sortimentsrabatte für Händler (Nachlass bei Vertrieb des gesamten Sortiments durch den Händler)
- Zeitrabatte (zeitliche Preisdifferenzierung, z.B. Brot abends zum halben Preis)
- Treuerabatte (Belohnung und Stammkundenbindung)
- Sonderrabatte (zeitlich befristet)

f) Liefer- und Zahlungsbedingungen und Kreditpolitik:
Die Liefer- und Zahlungsbedingungen gehören zur Preispolitik im weiteren Sinne und regeln:
- die Umtausch- und Rückgaberechte
- die Übernahme und Höhe der Lieferkosten
- Mindestmengen
- Lieferzeit und Lieferservice
- Zahlungsart und Zahlungsfrist
- Zahlungsabwicklung.

Durch die Gewährung oder die Vermittlung von Absatzkrediten kann zudem zahlungsschwachen Kunden der Kauf ermöglicht und somit der Umsatz gesteigert werden. In vielen Branchen, wie z.B. der Automobilbranche, ist es weit verbreitete Praxis, Kredite zur Produktfinanzierung anzubieten. Als Existenzgründer muss man sich allerdings auch darüber Gedanken machen, wie man sicherstellen kann, die geforderte Kaufsumme nach der vereinbarten Frist wieder zu erhalten.

Praxistipp: Oft sind Preisnachlässe in Form von Skonti eine effektive Möglichkeit, einerseits einen weiteren Kaufanreiz zu bieten und andererseits die pünktliche Kaufpreiszahlung sicherzustellen.

7.4.3 Kommunikationspolitik

Die Kommunikationspolitik beschäftigt sich mit der Außendarstellung des Produktes, in einfachen Worten mit „Werbung" im Allgemeinen. Die Kommunikationspolitik beinhaltet vor allem auch die „Corporate Identity" – die Wahrnehmung des Produktes oder der Unternehmung durch externe Dritte.

Die Kommunikationspolitik muss dafür sorgen, dass die Kunden alle notwendigen Informationen über die angebotenen Produkte erhalten mit dem Ziel, Interesse für das Angebot zu wecken, mögliche entgegenstehende Einstellungen zu korrigieren, Unwissenheit zu beseitigen und Informationen über den Nutzen zu liefern, um letztlich eine Kaufhandlung auszulösen.

7.4.3.1 Kommunikationsziele

Die Kommunikationsziele beziehen sich im ersten Schritt nicht auf das Erreichen messbarer Größen, sondern sind psychologisch und beziehen sich auf die Beeinflussung von Denkhaltungen und Gefühlen. Die wichtigsten Ziele, die im Folgenden genauer behandelt werden, sind:

– *Bekanntheit:* Mit dem Bekanntheitsgrad einer Produkt- oder Unternehmensmarke in der relevanten Zielgruppe steigert sich die Wahrscheinlichkeit für einen Kauf. Das bedeutet für Unternehmensgründer, dass sie zunächst sich und ihre Produkte vorstellen und bekannt machen müssen, um die Absatzchancen zu erhöhen.

– *Beeinflussung von Image und Einstellungen:* Es genügt nicht, dass der Kunde die Marke kennt, er muss der Marke gegenüber auch noch positiv eingestellt sein. Das Kommunikationsziel lautet hier, dass die relevante Zielgruppe die Marke „gut findet". Dazu bedarf es eines sympathischen Images, das durch die Kommunikationspolitik aufgebaut werden soll. Image ist dabei das Bild, das eine Person von einer Sache hat. Es ist eine subjektive Vorstellung, die die Kaufentscheidung erleichtert und vor allem bei qualitativ ähnlichen Produkten oft das wichtigste Kaufkriterium. Das positive Image eines Produktes oder eines Unternehmens ist im Marketing von besonderer Bedeutung. Es kann nur langfristig aufgebaut werden und ist mit hohem Aufwand verbunden.

– *Information:* Die Aufklärung der Verbraucher ist vor allem in den Fällen wichtig, bei welchen es dem Kunden um Fakten geht, also die Zielgruppe vorwiegend unter die Kategorie „High Involvement" fällt. Das Unternehmen muss die Vorteile seines Produktes bekannt machen, sich von den Konkurrenten absetzen und dem potenziellen Kunden Kaufargumente liefern.

– *Kaufanreiz:* Am Ende jeder Maßnahme soll der Kauf ausgelöst werden. Das AIDA-Modell beschreibt die Strategie der Marketing-Kommunikation bis zur Erfüllung des Primärzieles Absatz (vgl. Lewis [1903], S. 124):

   A Attention (Aufmerksamkeit erregen)

   I Interest (Interesse wecken)

   D Desire (Kaufwunsch erzeugen)

   A Action (Handlung auslösen)

Nach diesem Modell werden Kommunikationsmaßnahmen und ihre Werbewirkung bewertet.

7.4.3.2 Kommunikationsmittel

Es gibt verschiedene Instrumente der Marketingkommunikation. Die wichtigsten sollen hier kurz vorgestellt werden.

a) Werbung:
Zahlreiche Definitionen befassen sich mit der Begrifflichkeit „Werbung". An dieser Stelle sollen jedoch lediglich zwei Definitionen vorgestellt werden, die Werbung als Mittel der Marketingkommunikation präzisieren:

> *„Ein kommunikativer Beeinflussungsprozess mit Hilfe von (Massen-)Kommunikationsmitteln in verschiedenen Medien, der das Ziel hat, beim Adressaten marktrelevante Einstellungen und Verhaltensweisen im Sinne der Unternehmensziele zu verändern."* (Meffert [2008], S. 649)

Ein relevanter Aspekt dieser ersten Definition liegt in der Nutzung von Massenmedien und dem Ziel der Werbung, das Kaufverhalten direkt zu beeinflussen. Die zweite Definition präzisiert dazu noch die Kommunikationsform als „nicht persönlich" und grenzt damit von Direktmarketing und anderen Kommunikationsmitteln ab:

> *„Die Werbung ist eines der Instrumente der absatzfördernden Kommunikation. Durch Werbung versuchen die Unternehmen, ihre Zielkunden und andere Gruppen wirkungsvoll anzusprechen und zu beeinflussen. Zur Werbung gehört jede Art der nicht persönlichen Vorstellung und Förderung von Ideen, Waren oder Dienstleistungen eines eindeutig identifizierten Auftraggebers durch den Einsatz bezahlter Medien."*
> (Kotler/Bliemel [2006], S. 652)

Um eine erste Werbestrategie zu entwerfen, ist es für einen Existenzgründer sinnvoll, sich an eine Werbeagentur zu wenden. Eine Werbeagentur ist ein Dienstleistungsunternehmen, das für Unternehmen und andere Auftraggeber die Beratung, Konzeption, Planung, Gestaltung und Realisierung von Werbemaßnahmen übernimmt und unter anderem ein ansprechendes Logo für ein Produkt oder Unternehmen entwirft. Vorher muss jedoch eine durchdachte Werbeplanung erfolgen, die folgende Schritte beinhaltet:

- Werbeziele festlegen, die sich an den Unternehmenszielen orientieren (siehe Kapitel 7.1.2)
- Zielgruppe auswählen für das zu bewerbende Produkt (siehe Kapitel 7.2.2)
- Werbebudget bestimmen, indem die Aufgaben zur Zielerreichung beschrieben werden und die Kosten dafür abgeschätzt werden
- Werbedurchführung planen

Planung der Werbemaßnahmen:
Die Werbedurchführung muss mit der Festlegung der Werbebotschaft beginnen. Um sich von anderen Dienstleistern oder Produkten erkennbar abzusetzen, ist es wichtig, das Alleinstellungsmerkmal zu definieren und bei der Information der potenziellen Kunden in den Vordergrund zu stellen. Die Werbebotschaft soll positive Gefühle wecken und den speziellen Nutzen des Produktes hervorheben, dabei aber auch glaubwürdig und beweisbar sein. In einer Welt der Informationsflut muss eine Werbebotschaft auffällig sein und mehrmals wiederholt werden. Die Verwendung von Bildern ist wichtig, um den Erinnerungswert zu steigern.

Nach Festlegung der Werbebotschaft kommt die Überlegung, welche Medien als Werbeträger für das Unternehmen bzw. das Produkt geeignet sind, d.h. vor allem welche Medien die relevante Zielgruppe erreichen. Die klassischen Werbemittel sind Anzeige, Plakat, Radio-, TV- und Kinospot. Darüber hinaus sind Flyer, Prospekte und Give-aways wie Stifte, Taschen, Notizblöcke usw. beliebte Werbeträger. Firmeneigene Autos, Arbeitskleidung, Baustellenschilder, der Eingang und die Fenster des Firmengebäudes und alle Gegenstände, die in der Öffentlichkeit zu sehen sind, sollten ebenfalls als Werbeträger genutzt werden.

> **Praxistipp:** *Wichtig ist, sich vor dem Besuch einer Werbeagentur darüber klar zu sein, welche Kunden man erreichen möchte, welches Image das Unternehmen oder das Produkt langfristig tragen soll, in welcher Höhe ein Werbeetat zur Verfügung steht und welche Werbebotschaft transportiert werden soll.*

Nach jeder Werbemaßnahme sollte eine Werbekontrolle durchgeführt werden, um für die nächste Kampagne Rückschlüsse ziehen zu können, welche Maßnahmen wieder eingesetzt oder verstärkt werden sollten, und welche Maßnahmen unrentabel sind.

Öffentlichkeitsarbeit (Public Relations):
Unter Public Relations versteht man die Pflege der Beziehungen zur Öffentlichkeit. Es geht um öffentliches Vertrauen und darum, eine allgemein positive Meinung über das Unternehmen zu schaffen. Dies beinhaltet nicht nur die potenziellen Kunden, sondern auch den Umgang mit Mitarbeitern, Geschäftspartnern, Lieferanten und Behörden. Instrumente der Öffentlichkeitsarbeit sind:
- Presseinformationen
- Tag der offenen Tür, Betriebsbesichtigungen
- Vorträge
- Kundenzeitschriften, Broschüren, Geschäftsberichte
- Spenden

Direktmarketing:
Im Gegensatz zur Werbung, die die Kunden mittelbar durch Medien erreichen will, versucht das Unternehmen beim Direktmarketing die Zielgruppe direkt über ein Produkt oder verschiedene Leistungen zu informieren. Dies kann wesentlich individueller gestaltet werden und bedeutet damit weniger Streuverluste. Möglich ist dies nur bei Vorliegen von Adress- bzw. Kommunikationsdaten der Kunden. Instrumente des Direktmarketings sind:
- Werbebriefe
- Werbung über Telefon
- Werbung per email

Persönlicher Verkauf und Verkaufsförderung:
Beim persönlichen Verkauf besteht ein direkter, persönlicher Kontakt zwischen Verkäufer und Kunden. Ziel ist es, nach dem Beratungsgespräch einen Verkaufsabschluss zu erzielen. Der Verkaufsmitarbeiter ist hierbei das „Aushängeschild" des Unternehmens und hat erheblichen Einfluss auf die Kaufentscheidung des Verbrauchers. Der Verkäufer sollte zum einen fachlich sicher sein, zum anderen aber vor allem gut zuhören können und so die Wünsche des Kunden erkennen. Wichtig ist, dass der Kunde langfristig zufrieden ist und nicht nur ein kurzer er-

folgreicher Abschluss erreicht wurde. Durch Verkaufstrainings kann ein Unternehmen Vorteile gegenüber der Konkurrenz gewinnen, den Absatz steigern und langfristig Kunden binden.

Online-Marketing:
Das Internet wird als Marktplatz immer wichtiger und fast alle Zielgruppen lassen sich schnell und relativ kostengünstig über das Internet erreichen.
Instrumente des Online-Marketing sind:
- Firmenhomepage
- Online-Werbung
- E-Mail-Marketing
- Suchmaschinen-Marketing

> **Praxistipp:** *Die Unternehmenshomepage sollte für jedes neu gegründete Unternehmen selbstverständlich sein. Eine einfache Homepage kostet wenig Geld, kann aber bereits viele Fragen von potenziellen Interessenten beantworten. Je nachdem, was der primäre Vermarktungsweg ist, sollte an der Internetpräsenz jedoch nicht gespart werden.*

Die Firmenhomepage sollte natürlich das Unternehmenslogo sowie evtl. Produktlogos auf der Startseite enthalten und in den Unternehmensfarben gestaltet sein. Ebenso selbstverständlich sollte es sein, dass auf der Startseite die wichtigsten Informationen wie Telefonnummern, E-Mail-Adresse und Öffnungszeiten auf den ersten Blick zu finden sind. Die Unternehmenshomepage ist ebenfalls ein Aushängeschild der Firma und muss im Einklang mit den definierten Marketingzielen stehen. Vertreibt man seine Produkte direkt über das Internet, ist die Homepage natürlich das wichtigste Verkaufsinstrument und muss besonders benutzerfreundlich und leistungsfähig sein.

E-Mail-Marketing setzt voraus, dass die E-Mail-Adressen der Kunden oder potenziellen Kunden vorliegen. Dann ist es eine schnelle und äußerst kostengünstige Form des Marketing.

7.4.4 Vertriebspolitik

Bei der Vertriebs- oder Distributionspolitik werden Vertriebsstrategie und Vertriebsprozess festgelegt. Sie umfasst alle Entscheidungen, die den Weg eines Produktes vom Hersteller zum Abnehmer betreffen. Überlegungen für Existenzgründer zum Thema Vertriebspolitik müssen sein, wie die Produkte zum Kunden kommen, also der Vetriebsweg, aber auch ein evtl. Lieferservice und der Umfang des Kundendienstes. Auch hier muss man sich als Unternehmer die Frage stellen, wie man sich von der Konkurrenz positiv abheben kann und Kunden gewinnen kann. Die Wahl der Vertriebspolitik ist dabei wieder abhängig von der Preis- und Produktpolitik.

Leider ist genau dies bei Einzelhändlern oder kleineren Unternehmen in der Praxis oft nicht der Fall, die Strategie wird nicht konsistent gelebt. Wird beispielsweise in einer Metzgerei Qualitätsware verkauft, die teurer ist als bei anderen Metzgereien und in den Supermärkten, muss dafür auch der Service besser sein, ansonsten werden die Kunden nicht auf Dauer bereit sein, den höheren Preis zu zahlen. Service bedeutet in diesem Beispiel eine umfassende Beratung sowohl über die Ware, deren Herkunft wie auch über Zubereitungsmöglichkeiten. Es bedeutet auch, dass man sich an den Kunden orientiert, und in dem Fall der Metzgerei geeignete Ware für spezielle Kundengruppen, z.B. Handwerker bereit hält, d.h. zum Beispiel den Service zu bieten, Brötchen mit anzubieten, und eben die Kunden nicht auf die nächste Bäckerei zu verweisen. Ist es für den Kunden einfacher, bequemer, und er kann sich darauf verlassen Qualitätsware mit einem guten Gefühl zu kaufen, wird ein großes Kundensegment auch bereit sein das zu tun.

Es muss außerdem der maximale Absatz angestrebt werden. So ist es mit dieser Zielsetzung nicht vereinbar, dass in ländlichen Bäckereien am Samstag regelmäßig schon am frühen Vormittag alles ausverkauft ist. Macht ein Kunde mehrmals diese Erfahrung, wird er beim nächsten Mal den sicheren Weg gehen und eine große Backwarenkette im Supermarkt wählen, obwohl die Waren der kleinen Bäckerei vielleicht besser schmecken.

Die erste Frage im Zusammenhang mit der Distributionspolitik ist die Wahl der Absatzwege. Von direktem Vertrieb spricht man, wenn das Produkt ohne Einschaltung anderer, unternehmensfremder Absatzorgane zum Endabnehmer gelangt. Die häufigste Form des direkten Vertriebs ist die Verkaufsniederlassung, wobei Mitarbeiter und Verkäufer Angestellte des herstellenden Unternehmens sind, und daneben der Vertrieb über das Internet. Andere Beispiele direkter Vertriebsformen sind Werksverkauf, Katalogverkauf, Partyverkauf, Außendienstverkauf oder Teleshopping.

Im Konsumgüterbereich finden sich häufig indirekte Vertriebswege. Die Produkte gelangen hierbei unter Einschaltung rechtlich selbständiger Absatzmittler an den Endabnehmer. Je nachdem, ob nur ein oder mehrere Händler zwischen Hersteller und Endabnehmer stehen, spricht man von einstufigem oder mehrstufigem Handel. Die Strategie eines Produktherstellers bei der Anzahl der ausgewählten Absatzmittler kann dabei intensiv, selektiv oder exklusiv sein. Möchte das Unternehmen, dass ein Produkt möglichst gut erhältlich ist und von möglichst vielen Absatzmittlern angeboten wird, spricht man von intensivem Absatz, während selektive Formen nur bestimmte Händler zum Verkauf ermächtigen und bei exklusiven Produkten oft nur ein oder wenige einzelne Händler ausgewählt werden.

Die Wahl des Absatzweges muss abhängig sein von der Beschaffenheit des Produktes oder der Dienstleistung, den Gegebenheiten im Unternehmen und der
Anzahl der Kunden.

	Direktvertrieb	Indirekter Vertrieb
Vorteile	- Eigenständige Preiskontrolle	- Niedrige Vertriebskosten
	- Unabhängigkeit vom Handel	- Geringe Kapitalbindung
	- Keine Gewinnteilung mit dem Zwischenhändler	- Aufgaben-Entlastung durch den Handel
	- Größtmögliche Entscheidungsfreiheit	- Sortimentseffekte des Handels
	- Kundennähe	
Nachteile	- Hohe Vertriebskosten und niedriger	- Gewinnteilung
	- Verbreitungsgrad	- Eingeschränkte Kontrolle über Preise und Marketingmaßnahmen
	- Hohe Kapitalbindung	- Abhängigkeit vom Handel
	- Langsamerer Markteintritt	- Mangelnde Kundennähe

Abb. 7.11: Vor- und Nachteile bestimmter Vertriebsformen
(in Anlehnung an: Engler/Hautmann [2007], S.134)

Zur Distributionspolitik gehören zudem logistische Entscheidungen, das heißt die
physische Auslieferung der Produkte an die Kunden. Die Marketing-Logistik
sorgt für die preisgünstige, aber zeitgerechte Lieferung des Produktes an den
richtigen Ort. Eine zentrale Rolle spielen dabei nach der Auftragsabwicklung
Überlegungen über Transportmittel, Lagerbestand, Lagerhaltung und Standort.
Standortentscheidungen haben einen langfristigen strategischen Charakter und
spielen die zentrale Rolle in der Logistik.

> **Praxistipp:** *Ohne ein hervorragendes Logistiksystem sind alle anderen Marketing-Anstrengungen vergebens. Nur durch einen reibungslosen Distributionskanal kann die Kundenzufriedenheit gewährleistet werden. Auch die Distributionspolitik muss zur Marketingstrategie passen und diese ergänzen.*

Handelt es sich um eine Dienstleistung sind wichtige Distributionsentscheidun-
gen neben der Standortwahl die persönliche Erreichbarkeit und die Öffnungszeiten, die generelle Entscheidung über eine Hol- oder Bringstruktur und der Umgang mit evtl. Wartezeiten.

7.5. Corporate Identity

Beispiel

Das Unternehmen von Max Mustermann hat sich in den letzten Monaten erfolgreich entwickelt. Er tritt als Qualitätsanbieter am Markt auf und hat inzwischen einen großen Mitarbeiterstamm. Da er bei Kundengesprächen immer wieder mitbekommt, dass das Gesamtbild eines Unternehmens für den Kunden oftmals ein wichtiger Entscheidungsfaktor ist, beschließt er an einer konsistenten und durchgängigen Corporate Identity zu arbeiten.

Als einen ersten Schritt in diese Richtung beschließt er, seine Mitarbeiter durch einheitliche Arbeitskleidung als seinem Unternehmen zugehörig zu kennzeichnen. Des Weiteren werden alle Firmenwagen mit dem Firmenlogo und Werbeslogans markiert. Als er seine Maßnahmen eines Abends mit Geschäftsfreunden diskutiert, ist er verblüfft. Die anderen Unternehmer berichten ihm von ihren Anstrengungen, vor allem ein einheitliches Verhalten und die Befolgung bestimmter Normen im Unternehmen zu verankern. Da er diesen Bestandteil der Corporate Identity bislang überhaupt nicht in seine Überlegungen einbezogen hat, macht er sich in den nächsten Tagen an die Erarbeitung eines ganzheitlichen Konzepts.

Die Unternehmensidentität, im Fach-Jargon auch Corporate Identity genannt, ist die *"[s]trategisch geplante und operativ eingesetzte Selbstdarstellung und Verhaltensweise eines Unternehmens nach innen und außen auf Basis eines definierten Soll-Images, einer festgelegten Unternehmensphilosophie und Unternehmenszielsetzung mit dem Willen, alle Handlungsinstrumente des Unternehmens in einheitlichem Rahmen nach innen und außen zur Darstellung zu bringen."* (Birgkigt/Stadler [1985], S. 18).

Die Unternehmensidentität ist die Gesamtheit der Merkmale einer Organisation. Nur durch eine Strategie des konsistenten Handelns, visuellen Auftretens und Kommunizierens lässt sich ein einheitliches Gesamtbild einer Unternehmung mit einem spezifischen Charakter glaubhaft vermitteln. Corporate Identity bezeichnet somit die Persönlichkeit eines Unternehmens. Es werden verschiedene Bereiche der Corporate Identity unterschieden:

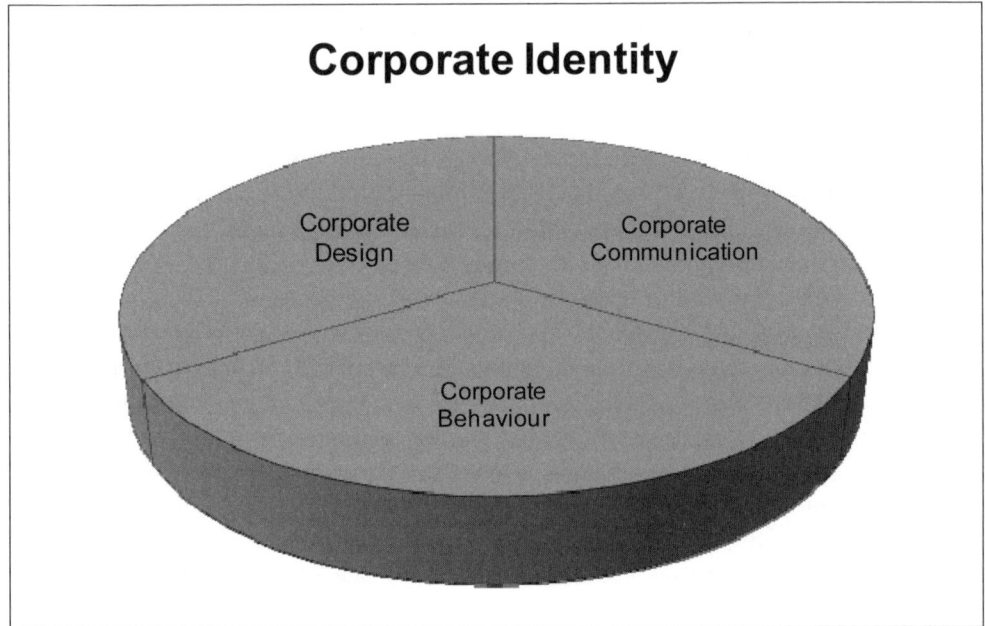

Abb. 7.12: Bestandteile der Corporate Identity

Corporate Design:
Corporate Design bedeutet die visuelle Identität eines Unternehmens bzw. eines Produktes. Corporate Design findet Anwendung bei Gestaltung von Firmenzeichen, der Unternehmenshomepage, Arbeitskleidung, Briefbögen, Visitenkarten usw.

Corporate Communication:
Corporate Communication ist die gesamte interne und externe Unternehmenskommunikation und findet Anwendung bei allen Werbemaßnahmen, der Öffentlichkeitsarbeit, aber auch unternehmensinternen Schreiben an Mitarbeiter und Geschäftspartner. Dadurch wird ein einheitliches Erscheinungsbild vermittelt und das gewünschte Image verstärkt.

Corporate Behaviour:
Corporate Behaviour bezeichnet das Unternehmensverhalten. Es beschreibt das Verhalten gegenüber der Öffentlichkeit und den Kunden, Lieferanten, Mitarbeitern und Geschäftspartnern. Sowohl in der Mitarbeiterführung wie im Umgangston in der Firma und zu Geschäftspartnern, in der Reklamationsannahme, der Zahlungsmoral usw. wird das Unternehmensverhalten transportiert. Es ist wichtig, dass das Image, das nach außen dargestellt werden soll, auch innerhalb der Firma und in allen Verhaltensweisen nach außen gelebt wird, ansonsten wird es nicht glaubwürdig sein.

Welches Image, welche Werte ein Unternehmen haben soll, muss man sich als Existenzgründer zu Beginn genau überlegen und jegliches Handeln darauf ausrichten. Nur so ist es möglich, ein konsistentes, positives Bild nach außen abzugeben und damit konsequent Marketing zu betreiben. Das Unternehmensimage, die Corporate Identity, sollte deshalb genau durchdacht sein und langfristig Bestand haben. Die Unternehmensziele und die daraus abgeleiteten Marketingziele müssen vereinbar sein mit dem Unternehmensimage. Auch die gewonnenen Erkenntnisse über die relevanten Zielgruppen und die angestrebte Marketingstrategie müssen Einfluss auf die zu entwickelnde Corporate Identity nehmen und das Alleinstellungsmerkmal des Unternehmens hervorheben, um sich von der Konkurrenz abzusetzen.

Praxistipp: Die Corporate Identity muss realistisch sein und immer im Fokus stehen. Bei jeder Aktion muss der Unternehmer hinterfragen, ob sein Handeln und sein Auftreten zur Corporate Identity passen. Nur durch konsistente Umsetzung in allen Bereichen kann das gewünschte Unternehmensimage langfristig verankert werden.

Prof. Dr. Christian Fink/Dipl.-Kffr. Eva Vogelsang

Kapitel 8: Der Businessplan – ein Beispiel

8.1   Inhalt und Struktur

Der Businessplan ist die schriftliche Zusammenfassung des unternehmerischen Vorhabens der Existenzgründung. Er besteht aus verschiedenen Teilplänen und ist einerseits für den Unternehmensgründer wichtig, um die wirtschaftliche Realisierbarkeit seiner Idee nochmals zu überprüfen, gleichzeitig stellt der Businessplan aber auch bereits ein erstes Controllinginstrument dar. So werden mit dem Businessplan z.B. erste Planungsrechnungen erstellt, die später im Rahmen der Umsetzung der Geschäftsidee die Grundlage für Soll-Ist-Vergleiche liefern. Dies impliziert auch bereits, dass der Businessplan keine Momentaufnahme darstellt, sondern explizit auch die voraussichtliche Entwicklung in den nächsten drei bis fünf Jahren mit abdeckt. Insofern ist es für den Unternehmer auch wichtig, seinen Businessplan regelmäßig an aktuelle Entwicklungen und Veränderungen anzupassen.

Durch die systematische Vorgehensweise werden zudem Schwächen des Konzepts noch einmal verdeutlicht und können überdacht werden. Dieses planvolle Erarbeiten eines Gesamtkonzepts erhöht die Erfolgsaussichten der Existenzgründung, wie Studien beweisen (vgl. Singler [2010] S. 9ff). Andererseits ist der Geschäftsplan auch das Kommunikationsmittel gegenüber privaten oder staatlichen Investoren/Geldgebern und Geschäftspartnern und somit die Grundlage zur Kapitalbeschaffung.

Es gibt bisher zwar keine zwingenden inhaltlichen Vorgaben für die Erstellung eines Geschäftsplans, in der Praxis haben sich jedoch allgemein anerkannte Mindestinhalte etabliert, die im Regelfall auch übernommen werden sollten. Dies hilft zum einen dabei, die Vergleichbarkeit mit anderen Unternehmensgründungen zu ermöglichen, zum anderen soll eine Standardisierung der analytisch-systematischen Vorgehensweisen sichergestellt werden. Ein Businessplan sollte daher folgende (inhaltliche) Struktur aufweisen:

1. Executive Summary (Zusammenfassung): Kurzbeschreibung der Kernpunkte der Unternehmensgründung

2. Geschäftsidee: (Kurz-)Beschreibung des Alleinstellungsmerkmals des Unternehmens gegenüber der Konkurrenz

3. Gründerpersonen: Vorstellung des/der Gründer/s mit den für das Unternehmen wichtigen Qualifikationen

4. Markt und Wettbewerb: vertiefte Analyse des Marktes, der Konkurrenzsituation und des Standortes

5. Marketing: Vorstellung der Marketingstrategie mit Kommunikations-, Preis-
   und Vetriebsstrategie

6. Unternehmensorganisation: Beschreibung der Unternehmensform mit Rechtsform, Gründungsdatum, Organigramm, Mitarbeitern und formalen Angaben

7. Finanzplanung: Analyse von Kapitalbedarf, Erfolgs- und Liquiditätsplanung

8. Chancen und Risiken: Aufzeigen von Chancen und Risiken der Unternehmensgründung

9. Anlage: Kopien ergänzender Unterlagen wie Lebensläufe, Verträge etc.

Der Umfang des Businessplanes ist abhängig von der Größe des Vorhabens und
den Besonderheiten der Branche. Für Kleinstgewerbe mit sehr eingeschränkt loka-
lem Bezug sollten mindestens 5 Seiten erstellt werden, für regional agierende Unternehmen gilt eine Untergrenze von 10 Seiten als notwendig. Bei größerem externen Kapitalbedarf sollten die Ausführungen zwischen 20 bis 40 Seiten liegen.
Mehr als 40 Seiten sind kritisch zu sehen, da die prüfenden Stellen meist nur wenig Zeit für die Analyse eines Businessplanes investieren (vgl. Sheperd u.a. [2000]
S. 450).

8.2   Das Beispiel „Naturdesign"

Im folgenden Kapitel soll ein vollständiger Businessplan für das Beispielunter-
nehmen „Naturdesign" entwickelt werden. Dazu wird zuerst die Ausgangssituation beschrieben, bevor darauf aufbauend ein detaillierter Muster-Businessplan
erstellt wird,[1] um die Anforderungen an einen solchen Plan zu verdeutlichen.

Es ist zu beachten, dass der Businessplan vergleichsweise ausführlich dargestellt wird, um verschiedentlich Erklärungen zu den Sachverhalten einzuflechten.
Ein „echter" Businessplan ist an manchen Stellen etwas kürzer gefasst. Im Hinblick auf die verwendeten Zahlen sei darauf hingewiesen, dass aufgrund von
Rundungen oder der Verwendung „gerader" Zahlen z.T. leichte Abweichungen
vorkommen können. Der Zahlenteil des Businessplans wurde jedoch so gestaltet,
dass er in jedem Fall komplett rechenbar ist.

---

[1] Die Beschreibung der Umwelt- und Rahmenbedingungen sowie einige der getroffenen An-
     nahmen sind rein fiktiv und erheben keinerlei Anspruch auf wahrheitsgetreue Darstellung der
     Verhältnisse. Der Businessplan stellt lediglich ein Beispiel dar und kann nicht als Vorlage für
     alle Branchen und Unternehmens- bzw. Gründungsformen verwendet werden.

8.2.1 Ausgangssituation

Der gelernte Schreiner Peter Huber hat nach fünf Jahren als Geselle in einer Schreinerei den Meistertitel nebenberuflich erworben und will sich nun in seinem Heimatort Musterdorf selbständig machen. Aufgrund seiner eigenen Überzeugung und der Kenntnisse über die Kundenwünsche in der Region möchte er eine Möbelschreinerei gründen, die Umweltfreundlichkeit und Gesundheit in den Vordergrund stellt. Da der selbständige Betrieb eines Tischler- bzw. Schreinereigewerbes ein zulassungspflichtiges Handwerk nach Anlage A der HwO ist, darf das genannte Handwerk nur selbständig ausgeübt werden, wenn die Meisterprüfung abgelegt oder eine andere der in §§ 7 ff. HwO genannten Voraussetzungen erfüllt ist (z.B. qualifizierter Betriebsleiter, berufserfahrener Geselle, dem Meister gleichwertige, andere Ausbildung). Dies ist im vorliegenden Fall gegeben.

Neben den ökologischen und gesundheitsbezogenen Aspekten bietet die Schreinerei individualisierte Möbel an. Die Individualisierung erfolgt dabei im Rahmen der Fertigung, was sich jedoch nicht in unterschiedlichen Produktionszeiten niederschlägt. Es geht dabei lediglich um unterschiedliche Abmessungen und individuelle Schleifarbeiten an fertig gelieferten Holzrohlingen. Insofern kann von einheitlichen Stückkosten für alle Arten von Stühlen bzw. Tischen ausgegangen werden. Der Ausschuss, der durch die Produktion von Möbeln verschiedener Abmessungen aus standardisierten Holzrohlingen anfällt, wird über den regulären Müll entsorgt, da sich bislang noch kein Kooperationspartner für die Weiterverarbeitung oder das Recycling des Ausschusses gefunden hat. Des Weiteren werden folgende Annahmen in Bezug auf finanzielle Daten getroffen:

Materialkosten:
Sowohl für die Herstellung von Stühlen als auch von Tischen wird Holz verwendet. Im Falle von Stühlen werden zudem Nägel verwendet, die als direkt zurechenbare Einzelkosten behandelt werden. Bei den Tischen sind dies die Schrauben. Folgende direkt zurechenbaren Kostenbestandteile werden verwendet:

Stühle	35,00 EUR
Holz	30,00 EUR
Nägel	5,00 EUR
Tische	**77,00 EUR**
Holz	70,00 EUR
Schrauben	7,00 EUR

Neben diesen Einzelkosten sind zudem bestimmte Materialgemeinkosten zu berücksichtigen. So werden pro Monat z.B. Hilfs-/Betriebsstoffe wie Lack oder Leim verwendet, die aber nicht direkt den Produkten zugerechnet werden. Sie werden pauschal mit 2.100 EUR pro Monat veranschlagt. Des Weiteren werden für die

Lagerung der Materialien Raumkosten (anteilige Miete für die zur Verfügung stehenden Quadratmeter) in Höhe von 450 EUR berücksichtigt.

Personalkosten:
Der Bruttolohn eines der Schreinergesellen beträgt 2.575 Euro. Basierend auf den aktuellen Parametern zur Steuerermittlung sowie zu den Sozialabgaben lassen sich die Personalkosten wie folgt ermitteln:

Bruttolohn	2.575,00 EUR			
Steuern				
Lohnsteuer	358,50 EUR			
Solidaritätszuschlag	19,71 EUR			
Kirchensteuer	28,68 EUR			
= Steuern gesamt	406,89 EUR			
Sozialabgaben	Gesamt (%)	AG-Anteil	AN-Anteil	Gesamt
Rentenversicherung	19,6	252,35 EUR	252,35 EUR	504,70 EUR
Arbeitslosenversicherung	3,0	38,63 EUR	38,63 EUR	77,26 EUR
Pflegevers.	1,95	25,11 EUR	25,11 EUR	50,22 EUR
Krankenvers.	15,5	187,98 EUR	211,15 EUR	399,13 EUR
= Sozialabgaben gesamt		504,07 EUR	527,24 EUR	1.031,31 EUR
Umlage U1 (1,35%)	34,76 EUR			
Umlage U2 (0,28%)	7,21 EUR			
Insolvenzumlage (0,04%)	1,03 EUR			
Nettolohn	1.640,87 EUR			
Zahllast Arbeitgeber	3.122,07 EUR			

Bei einer Arbeitgeberzahllast von ca. 3.125 EUR pro Gesellen ergeben sich monatliche Personalkosten i.H.v. ca. 6.250 EUR für beide Gesellen. Ein Mitarbeiter ist abzgl. aller Frei-/Wartezeiten bei einer 40-Stunden-Woche 1.500 Stunden pro Jahr, d.h. 125 Stunden pro Monat, effektiv tätig. Somit kalkuliert Peter Huber mit einem Stundenlohn von 25 EUR pro Stunde (6.250 EUR/250 Std.).

Einzelkostenübersicht:
Basierend auf den oben dargestellten Material- und Personalkosten lässt sich folgende Übersicht über die geplanten Einzelkosten erstellen:

Stühle		Tische	
Materialeinzelkosten		**Materialeinzelkosten**	
Holz	30,00 EUR	Holz	70,00 EUR
Nägel	5,00 EUR	Schrauben	7,00 EUR
Fertigungseinzelkosten		**Fertigungseinzelkosten**	
Fertigungslöhne (45 Min.)	18,75 EUR	Fertigungslöhne (240 Min.)	100,00 EUR

Gemeinkostenübersicht:

Neben den bereits dargestellten Materialgemeinkosten fallen auch Fertigungsgemeinkosten in nicht unerheblicher Höhe an. So ist die Anschaffung einer Produktionsmaschine (36.000 EUR) sowie von Spezialwerkzeugen (2.700 EUR) geplant.
Die Maschine hat eine Nutzungsdauer von vier Jahren, die Werkzeuge von drei
Jahren. Auf den Monat herunter gebrochen fallen somit Abschreibungen auf Maschinen in Höhe von 750 EUR und auf die Werkzeuge in Höhe von 75 EUR an.
Die Schreinerei selbst kostet 1.800 EUR Miete pro Monat, es wird mit Nebenkosten von 300 EUR gerechnet. Die monatlichen Zahlungen an diverse Versicherungen betragen 150 EUR.

Im Verwaltungsbereich wird die gesamte Büroausstattung (Tische, Schränke,
Notebook etc.) geleast. Hierfür fallen monatlich 1.200 EUR an Leasingraten an.
Schließlich wird im Vertriebsbereich die Anschaffung eines Kleintransporters für
22.500 EUR notwendig (Nutzungsdauer 5 Jahre), was zu monatlichen Abschreibungsbeträgen in Höhe von 375 EUR führt. Daneben werden Kraftstoffkosten von
225 EUR und Werbeausgaben von 300 EUR pro Monat antizipiert.

Schließlich wird aufgrund der Rechtsform (Einzelunternehmen) auch der kalkulatorische Unternehmerlohn berücksichtigt. Dieser entspricht dem privaten
Lebensunterhalt des Gründers und beträgt 4.000 EUR. Er teilt diesen zeitanteilig
zu 50 % auf fertigungsbezogene Tätigkeiten auf, 15 % werden dem Verwaltungsbereich zugerechnet und die verbleibenden 35 % entfallen auf Vertriebstätigkei-
ten. Dem Gründer stehen aus eigenen Ersparnissen sowie einer Erbschaft 250.000
EUR Eigenmittel zur Verfügung. Diese möchte er komplett für den Aufbau seines
Unternehmens verwenden. Kalkulatorische Zinsen auf das Eigenkapital sollen
vernachlässigt werden, da für den Gründer eine Alternativinvestition nicht in
Frage kommt. Daraus lässt sich folgende Gemeinkostenaufstellung ableiten:

Materialgemeinkosten pro Monat	
Lack/Leim	2.100,00 EUR
Raumkosten	450,00 EUR
Summe	*2.550,00 EUR*
Fertigungsgemeinkosten pro Monat	
Abschreibung Werkzeuge	75,00 EUR
Abschreibung Maschine	750,00 EUR
Miete Schreinerei	1.800,00 EUR
Energie-/Versorgungskosten	300,00 EUR
Versicherungen	150,00 EUR
kalkulatorischer Unternehmerlohn (50%)	2.000,00 EUR
Summe	*5.075,00 EUR*

Verwaltungsgemeinkosten pro Monat	
Leasingkosten	1.200,00 EUR
kalkulatorischer Unternehmerlohn (15%)	600,00 EUR
Summe	*1.800,00* EUR
Vertriebsgemeinkosten pro Monat	
Abschreibung Pkw	375,00 EUR
Benzinkosten Pkw	225,00 EUR
Werbekosten	300,00 EUR
kalkulatorischer Unternehmerlohn (35%)	1.400,00 EUR
Summe	*2.300,00* EUR

Steuerzahlungen bleiben in der monatlichen Planung unberücksichtigt. Lediglich in der Erfolgsplanung auf Jahresbasis wird die Einkommensteuer – unter Berücksichtigung privater Krankenkassenbeiträge und unter der Annahme, dass die Frau von Herrn Huber nicht berufstätig ist – berechnet (inkl. Soli, ohne Kirchensteuer). Auch die Anrechenbarkeit der Gewerbesteuer auf die Einkommensteuer wird berücksichtigt.

Den Kunden wird ein Zahlungsziel von 30 Tagen eingeräumt. Basierend auf den vorgestellten Annahmen soll im Folgenden der Businessplan der Schreinerei Peter Huber „Naturdesign" erstellt werden.

8.2.2 Beispiel-Businessplan Schreinerei Peter Huber „Naturdesign"

Businessplan der Schreinerei Peter Huber *„Naturdesign"*

Auf einen Blick:

Gründer:	Peter Huber
Geburtsdatum:	28.06.1976
Standort:	12345 Musterdorf, Bayern
Rechtsform:	Einzelunternehmen
Firmenname:	Schreinerei Peter Huber „Naturdesign"
Gründungsdatum:	01.01.20X1
Investitionssumme:	88.560 EUR
Betriebsmittelbedarf:	60.165 EUR (3 Monate)
Finanzierung:	250.000 EUR Eigenkapitalausstattung

1) *Executive Summary:*

Die Schreinerei Peter Huber „Naturdesign" soll am 01.01.20X1 in Musterdorf gegründet werden. Durch seine bisherige berufliche Erfahrung als Schreiner in Musterdorf sind dem Gründer, Herrn Peter Huber, sowohl die Marktsituation als auch die Kundenwünsche bestens bekannt. Durch die Weiterbildung zum Schreinermeister sind auch die rechtlichen Voraussetzungen für den selbständigen Betrieb eines zulassungspflichtigen Handwerks gemäß Anlage A der Handwerksordnung (HwO) erfüllt.

Als Möbelschreinerei für Sitz- und Esszimmermöbel bietet Peter Huber „Naturdesign" umweltbewusste Wohnlösungen aus einer Hand, die sowohl qualitativ anspruchsvolle Kunden zufriedenstellen als auch das Umweltbewusstsein der Kunden ansprechen. Die nur mit natürlichen Mitteln behandelten Hölzer aus ökologisch unbedenklichem Holzanbau garantieren schadstoff- und geruchfreies Wohnen mit Individualcharakter. Immer mehr qualitätsbewusste Kunden machen sich über nachhaltig hergestellte und qualitativ hochwertige Möbel Gedanken und sind bereit, mehr Geld dafür auszugeben als in Möbeldiscountern. Alle Möbel werden an die Wunschmaße der Kunden angepasst. Vor allem das Merkmal der Umweltfreundlichkeit grenzt „Naturdesign" von der Konkurrenz vor Ort sowie von den Möbelhäusern im Landkreisumfeld ab und bietet den Kunden einen echten Zusatznutzen, der sich im Absatz widerspiegeln wird. Des Weiteren ist der Absatz über einen dreijährigen Liefervertrag für ein festes Kontingent an ein überregional tätiges Möbelhaus mittelfristig gesichert.

Diese Ausgangssituation in Verbindung mit einer soliden und tragfähigen Produktkalkulation und konkurrenzfähiger Preisfindung wird sich nach negativen Ergebnissen und Zahlungsströmen in den ersten beiden Monaten bereits im März nach der Gründung in einem positiven Erfolgs- sowie ab April in einem positiven Liquiditätsbeitrag niederschlagen.

Vor diesem Hintergrund sind auch die Zukunftsperspektiven des Unternehmens hervorragend. So wird das professionelle Marketingkonzept zu einem Absatzanstieg in den Jahren 20X2 und 20X3 führen. Aber auch die Erweiterung der Produktpalette wird als mittelfristige Expansionsmöglichkeit diskutiert und sollte im Hinblick auf die technische Realisierbarkeit unbedenklich sein.

2) Geschäftsidee:

Hintergrund

Nachhaltigkeit und Gesundheitsbewusstsein sind in Deutschland die Themen, die für die Mehrheit der Bevölkerung immer wichtiger werden. Das Bewusstsein, sowohl in die eigenen Ressourcen des menschlichen Körpers als auch in die Erhaltung der Umwelt investieren zu müssen, ist bereits bei den meisten Menschen angekommen und der Trend ist weiterhin stark ansteigend. Dieses steigende Umwelt- und Körperbewusstsein geht einher mit einer starken Entwicklung weg von Möbeln mit Standardmaßen und hin zu einer Anpassung an die individuelle Wohnsituation des Kunden.

Zielsetzung

Genau diesem Bedürfnis an individueller und nachhaltiger Wohnkultur will die Schreinerei „Naturdesign" mit ihren ökologisch wertvollen und individuell anpassbaren Holzmöbeln nachkommen. Dabei steht die Verwendung von Hölzern aus vorwiegend regionalem, ökologisch unbedenklichem Holzanbau im Vordergrund. Dem Kunden wird somit einerseits die ausschließliche Bearbeitung der Hölzer mit natürlichen Mitteln garantiert, wodurch das Austreten gesundheitsschädlicher Dämpfe in die Wohnräume vermieden wird. Insbesondere im Gegensatz zum Kauf neuer Möbel aus Fabriken, die meist chemisch bearbeitet wurden und z.T. wochenlang zu einer intensiven Geruchs- und Schadstoffbelastung führen, wird die Nachfrage nach naturbelassenen Möbeln – v.a. für den Wohn- und Essbereich – laut Umfragen von Verbraucherschutzorganisationen als stetig steigend eingeschätzt. Zum anderen wird ausgeschlossen, dass die bei der Schreinerei „Naturdesign" gekauften Möbel unter Verwendung von Hölzern aus Brandrodungsgebieten oder anderer nicht nachhaltiger Rohstoffe hergestellt werden.

Alleinstellungsmerkmal

Auf dem Markt in Musterdorf und auch in einem Umkreis von über 50 km gibt es keine Möbelschreinerei, die mit dem ökologischen Gedanken wirbt, was den Nachhaltigkeitsaspekt zu einem herausragenden Alleinstellungsmerkmal der Möbelschreinerei „Naturdesign" macht. Neben dem ökologischen Aspekt wird die Schreinerei aber auch einen weiteren Zusatznutzen für den Kunden bieten. Der junge Gründer beschäftigt sich mit modernen Designs und kann den Kunden ein breites Repertoire an neuartigen, individuell gestalteten Möbeln bieten. Dabei können insbesondere die individuellen Platzverhältnisse des Kunden durch variable Abmessungen berücksichtigt werden. Im Gegensatz zum Angebot von Mö-

belhäusern und Fabrikmöbeln handelt es sich bei den Möbeln von „Naturdesign"
somit um individualisierte Produkte.

3) Gründerperson:

Der Name des Gründers ist Peter Huber. Er ist 35 Jahre alt, verheiratet und hat ein
Kind. Nach seiner erfolgreich abgeschlossenen Ausbildung zum Schreiner arbeitete er zunächst für sechs Jahre in der Schreinerei „Holzwurm" als Geselle. Im
Jahr 2002 begann Herr Huber mit der nebenberuflichen Qualifikation zum
Schreinermeister, die er im Jahr 2004 mit dem Meisterbrief der IHK und einer Be-
lobigung für besondere Leistungen abschloss. Der Meisterbrief ist als Anlage beigefügt.

In der Folgezeit arbeitete Herr Huber zunächst noch ein halbes Jahr in der
Schreinerei „Holzwurm" weiter, bevor er eine Meister- und Vorarbeiterstelle in
der Schreinerei „Bernhard Meier" annahm. Seitdem ist er dort mit einem Team
von zwei Gesellen und einem Auszubildenden für die komplette Abwicklung von
Kundenaufträgen von der Vermessung der Räumlichkeiten vor Ort über die An-
fertigung der Möbel bis zur Auslieferung und Aufstellung beim Kunden verantwortlich.

Durch seine langjährige Berufspraxis im Bereich Möbelschreinerei besitzt Herr
Huber umfangreiche Kenntnisse im Handwerk selbst, aber auch umfangreiche
Branchenerfahrung. Durch seine zahlreichen Kundengespräche und stetige Weiterbildungsmaßnahmen und Informationsveranstaltungen – v.a. bei den einschlägigen Branchenverbänden – kennt er die Kundenwünsche und weiß, dass gerade
ökologisch vertretbare Holzmöbel immer stärker nachgefragt werden und der
Bedarf in der Region derzeit nicht gedeckt werden kann.

Zudem konnte Herr Huber in der Zeit seit 2004 seine Führungsfähigkeit aus-
bauen. So gehören für ihn Organisations- und Planungsaufgaben zum täglichen
Aufgabenumfeld, welches er motiviert und mit Spaß an der Arbeit bewältigt. Diese Verantwortung möchte Herr Huber nun in einem eigenen Betrieb erweitern.
Die nötigen kaufmännischen Grundlagen erlernte er während der Meisterschule
sowie in seiner Tätigkeit als Schreinermeister.

4) Markt und Wettbewerb:

Im Einzugsgebiet von Musterdorf gibt es nur wenige Schreinereien, in Musterdorf
selbst existiert nur eine weitere Schreinerei. Innerhalb von mehr als 50 km um
Musterdorf herum gibt es bislang keinen Möbelschreiner und kein Möbelhaus,
das den Wunsch nach ökologischer Auswahl der Hölzer und Verarbeitung be-
friedigt. Eine umfassende Wettbewerbsanalyse kommt zu dem Ergebnis, dass
lediglich die in der folgenden Abbildung genannten Unternehmen in Teilbereichen mit der Schreinerei „Naturdesign" in Konkurrenz stehen, wobei keines der

Unternehmen die Spezialisierung auf Nachhaltigkeit bietet. Daher sind sehr gute Chancen für den Erfolg der Geschäftsidee der Schreinerei Peter Huber „Naturdesign" zu erwarten.

Name	Lage	Angebot	Zielgruppe
Schreinerei „Alt"	Musterdorf	Möbelschreinerei mit allgemeiner Produktpalette (standardisiert)	eher ältere, konservative Personen
Schreinerei „Exklusiv"	30 km von Musterdorf entfernt	exklusiv, nach Kundenwunsch angefertigte Möbel im Hochpreissegment	Höchstverdiener
Möbelhaus „Gut und billig"	35 km von Musterdorf entfernt	sehr günstige Möbel aus Massenproduktion	Junge Singles und Familien mit geringen Einkommen

Abbildung 8.1: Wettbewerbsanalyse im 50 km-Umkreis von Musterdorf

In Musterdorf existieren ca. 5.000 Haushalte, im Umkreis von 50 km insgesamt sogar knapp 150.000 Haushalte. Die Altersstruktur hat sich in den letzten Jahren gewandelt. Da die Verkehrslage sehr günstig ist, nutzen vor allem viele junge Väter die preiswertere Wohnsituation in der Umgebung, um in die Großstadt (Musterstadt) zu pendeln, d.h. es haben sich in den vergangenen Jahren viele junge Familien mit überdurchschnittlichem Einkommen angesiedelt. Aus seiner persönlichen Berufserfahrung und Kundengesprächen, aber auch aus den Veröffentlichungen einschlägiger Branchenverbände weiß der Gründer, dass es v.a. in dieser Zielgruppe einen großen Kundenkreis gibt, der sich für ökologisch unbedenkliche, moderne Möbel interessiert. Der Absatzmarkt wäre somit gegeben. Ebenso ist mit einer unmittelbaren Konkurrenz in diesem Segment auf mittelfristige Sicht nicht zu rechnen, weshalb die Chancen für die Gründung der Schreinerei „Naturdesign" derzeit kaum besser sein könnten.

Nach bereits geführten Gesprächen mit der großen Möbelhauskette „Musterhaus" wurde Herrn Huber bereits ein 3-jähriger Absatzvertrag für 80 Stühle und 30 Tische pro Monat angeboten, die ab dem 01.02.20X1 geliefert werden könnten. Der Vertragsentwurf ist als Anlage beigefügt. Durch das Angebot in den drei bundesweit größten Filialen von „Musterhaus" – Berlin, Hamburg und Köln – erweitert sich der Absatzmarkt erheblich und das mindestens erforderliche Umsatzziel ist mit dem Liefervertrag auf mindestens drei Jahre gesichert.

Zur zukünftigen Zielgruppe gehören aber auch weitere große Möbelhäuser, d.h. eine regionale Begrenzung ist hier nicht gegeben.

Der Standort Musterdorf ist für die Geschäftsgründung ideal. Viele Bekannte und ehemalige Kunden werden sich gerne vertrauensvoll an Herrn Huber wenden. Er kennt aufgrund seiner langjährigen Erfahrung und seines Engagements in

verschiedenen regionalen Vereinen die Wünsche und die Mentalität der potenziellen Kunden. Musterdorf ist zudem bei den Miet- und Unterhaltskosten sowie
den zu zahlenden Löhnen ein im Vergleich zu Musterstadt günstiger Standort.
Durch die Autobahnanbindung ist aber auch die unkomplizierte Auslieferung der
Möbel gewährleistet.

5) *Marketing:*

Die Marketingziele der Schreinerei Peter Huber „Naturdesign" sind abgeleitet aus
den Unternehmenszielen. Die übergeordneten Ziele der langfristigen Sicherung
des Unternehmensbestands und der Gewinnmaximierung sollen in einem ersten
Schritt durch eine erfolgreiche Markteinführung und den kostendeckenden Verkauf der Produkte gesichert werden. Das erste Marketingziel ist in diesem Zusammenhang, den Einstieg in den relevanten Markt zu finden und den Zugang
hierzu dauerhaft zu sichern. Die Realisierung dieses Ziels wurde bereits im Vorfeld durch das Vertragsangebot der Möbelhauskette „Musterhaus" entscheidend
vorangetrieben. Hieraus folgt das Ziel, sowohl den Absatz bei „Musterhaus"
langfristig zu sichern und mittelfristig sogar zu steigern als auch einen konstant
steigenden Absatz in den eigenen Schreinereiräumen in Musterdorf zu erzielen.
Dabei muss stets ein ausreichender positiver Deckungsbeitrag pro Möbelstück
gewährleistet sein. Um die ökonomischen Marketingziele zu erreichen, wurden
zunächst die psychographischen Ziele definiert, die Schreinerei „Naturdesign" als
neues Unternehmen in der Region bekannt zu machen und das Image der um-
welt- und gesundheitsfreundlichen Schreinerei zu transportieren.

Die Marketingstrategie der Schreinerei Peter Huber „Naturdesign" setzt sich
aus den Bereichen Produktpolitik, Kommunikationspolitik, Distributionspolitik
und Preispolitik zusammen und lässt sich zusammenfassend folgendermaßen
beschreiben:

Die Schreinerei Peter Huber „Naturdesign" spezialisiert sich auf qualitativ
hochwertige Holzprodukte mit dem Alleinstellungsmerkmal der Natürlichkeit
und umweltbewusster Herstellung in einem marktfähigen Preissegment. Im Hinblick auf die einzelnen Strategiesegmente lässt sich dies wie folgt ausführen:

Produktpolitik
In den ersten Geschäftsjahren wird sich „Naturdesign" auf die Produktkombina-
tion Esszimmermöbel (Tische und Stühle) beschränken, und diese auf verschiedenen Märkten (sowohl regional in den eigenen Räumen der Schreinerei in Musterdorf als auch überregional in verschiedenen Filialen des Möbelhauses „Musterhaus") anbieten. Ein Wiedererkennungseffekt für die Produkte soll durch die
Prägung des Schriftzugs „Naturdesign" im Zuge der Produktmarkierung auf den
Stuhllehnen sowie den Tischplatten erzeugt werden. Vor allem durch das indivi-

dualisierte Angebot in der Schreinerei in Musterstadt bieten sich zudem Möglichkeiten zur Produktdifferenzierung bzw. -variation, was durch den Gründer selbst
und seine lange Erfahrung im Bereich Produktdesign umgesetzt werden kann.
Durch die Spezialisierung auf Esszimmermöbel und die per Liefervertrag garan-
tierten Absatzzahlen kann kostengünstig und unter effizientem Einsatz begrenzter Personalressourcen produziert werden. Für die Zukunft wird aber auch an
einem möglichen Konzept für die sukzessive Erweiterung der Produktpalette gearbeitet. Das Alleinstellungsmerkmal der Nachhaltigkeit bietet bereits heute vielen Kunden einen großen Zusatznutzen. Dieser Trend wird sich auch in den
nächsten Jahren fortsetzen, d.h. im Hinblick auf den allgemeinen Produktlebenszyklus befinden sich die Produkte von „Naturdesign" im Moment in der Wachstumsphase und haben somit beste Chancen auf überdurchschnittliche Zuwachsraten in Bezug auf Absatz und Preis.

Kommunikationspolitik
Die Kommunikationspolitik des Unternehmens wird sich hauptsächlich mit zwei
Themenkomplexen beschäftigen: zum einen muss die Schreinerei Peter Huber
„Naturdesign" selbst und die Einzigartigkeit des Angebots den Kunden im Umkreis von Musterdorf bekannt gemacht werden, zum anderen müssen die Produkte beim Möbelhändler „Musterhaus" beworben werden, um auch die Kunden
dort über den Zusatznutzen der Möbel zu informieren.

Zur Einführung der Schreinerei in Musterdorf ist geplant, sowohl Anzeigen in
den regionalen Zeitungen zu schalten und Postwurfsendungen zu entwerfen als
auch Plakate zu drucken und dabei die Aktion „Woche der offenen Tür" in der
Schreinerei zu bewerben. Zur Eröffnung sollen in der ersten Woche nach der
Gründung sowohl zielgruppenspezifische Eröffnungsangebote sowie Festzelt-
stimmung und eine kostenlose Kinderbetreuung geboten werden, damit möglichst viele Interessenten aus der Zielgruppe der jungen Familien mit hohem Einkommen die Schreinerei besuchen. In diesem Zusammenhang wird u.a. die Möglichkeit geboten, sich genau über die verwendeten Materialien und die Verarbeitung der Möbel zu informieren. Der gesundheitliche und ökologische Nutzen
steht dabei im Vordergrund. Der Slogan „Naturdesign – umweltbewusste Lösungen aus einer Hand" soll über verschiedene Kampagnen, aber auch auf den Ge-
schäftsfahrzeugen, der Arbeitskleidung der Mitarbeiter usw. regional bekannt
gemacht werden. Dabei wird natürlich auch auf die Internetseite des Unternehmens hingewiesen, auf der noch einmal ausführlich informiert wird und die Produkte über eine aufwendige Photosynth-Lösung in einer virtuellen 3D-
Umgebung betrachtet werden können. Die Internetseite ist bereits fertiggestellt.
Sie wurde von einem guten Bekannten von Herrn Huber gestaltet, so dass keine

weiteren Kosten entstanden sind, das Bild nach außen aber trotzdem sehr professionell und kreativ vermittelt wird.

Die Information in den Filialen des Möbelhändlers „Musterhaus" soll mit Hilfe von Plakaten am Ausstellungsort sowie ausführlichen Broschüren zu den Möbeln erreicht werden. Zusätzlich bietet Herr Huber eine 2-tägige Schulung des
verantwortlichen Verkaufspersonals der Musterhaus-Mitarbeiter in seinen Räumen in Musterdorf an.

Seitens des Bundesverbands der deutschen Möbelindustrie sind außerdem
Auswertungen zu bevorzugten Werbeformen in der Branche und deren Erfolg
vorhanden. Die Ergebnisse dieser Analysen zeigen, dass die von „Naturdesign"
geplanten Maßnahmen die wesentlichen erfolgversprechenden Werbeformen in
der Branche abdecken.

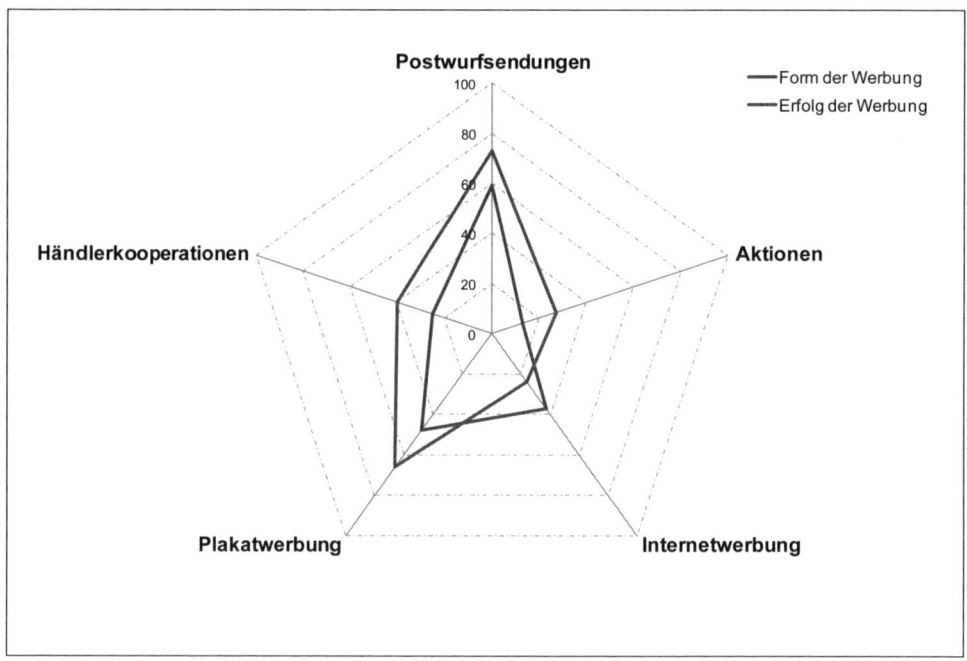

Abbildung 8.2: Formen der Werbung und deren Erfolg in der Möbelindustrie (fiktiv)

Distributionspolitik
Die Distributionspolitik definiert sich sowohl durch den direkten Verkauf und
Kundenkontakt in der Schreinerei als auch durch den indirekten Verkauf der Möbel über den Händler „Musterhaus". Somit ist durch den direkten Kundenkontakt
in der Schreinerei einerseits eine schnellstmögliche Reaktionszeit auf Kundenwünsche und neue Trends für individuelle Produktvarianten gewährleistet, andererseits wird über den Händler „Musterhaus" ein größerer Absatzmarkt mit etwas preiswerteren und stärker standardisierten Produktvarianten bedient. Durch

diese Kombination direkter und indirekter Vertriebswege und die vertraglich festgelegten Stückzahlen gegenüber „Musterhaus" bereits zu Beginn der unternehmerischen Tätigkeit, können insbesondere im Hinblick auf die indirekt vertriebenen Produkte schon nach kurzer Zeit Skaleneffekte realisiert und somit ein mittleres Preisniveau gehalten werden, was den Kauf wiederum für eine größere Kundengruppe interessant macht. Dies liefert zudem den finanziellen Spielraum und die notwendige Grundauslastung, um im Individualbereich zur Kundenakquise oder aus Imagegründen in Einzelfällen auch margenschwache Sonderaufträge durchführen zu können.

Um die begrenzten Lagerkapazitäten in der Schreinerei in Musterdorf nicht zu stark zu beanspruchen und auch keine unverhältnismäßigen personellen Kapazitäten durch die Auslieferung an die Filialen von „Musterhaus" in Berlin, Hamburg und Köln zu binden, sieht der Vertragsentwurf die wöchentliche Abholung der produzierten Möbelstücke durch die unternehmensinterne Spedition des Möbelhauses vor.

Preispolitik
Die Produkte von „Naturdesign" weisen im Rahmen des individualisierten Angebots in der Schreinerei in Musterdorf ein vergleichsweise hohes Differenzierungspotenzial auf. Dies äußert sich auch in einer höheren Preisbereitschaft der Kunden, weshalb die Produkte in Musterdorf etwas teurer angeboten werden können als gegenüber dem Möbelhändler „Musterhaus". Diese regionale Preisdifferenzierung ist auch vor dem Hintergrund der nur bedingt existierenden Wettbewerber in Musterdorf gerechtfertigt, wohingegen die Musterhaus-Filialen in Ballungsgebieten mit höherer Wettbewerbsintensität liegen. Dies, in Verbindung mit einer Art Funktionsrabatt, der aufgrund der Beratungstätigkeit durch die Musterhaus-Mitarbeiter in den Filialen gewährt wird, führt zu einem deutlich günstigeren Abgabepreis der Möbel an den Händler „Musterhaus".

Im Rahmen einer Untersuchung der mittleren Marktpreise der Wettbewerber konnten zudem die folgenden Durchschnittspreise für Stühle und Tische bei den Wettbewerbern der Schreinerei Peter Huber „Naturdesign" ermittelt werden:

Name	Durchschnittpreis Stuhl	Durchschnittspreis Tisch
Schreinerei „Alt"	160 EUR	500 EUR
Schreinerei „Exklusiv"	275 EUR	820 EUR
Möbelhaus „Gut und billig"	90 EUR	350 EUR

Vor dem Hintergrund dieser Konkurrenzpreise und basierend auf den Einschätzungen des Gründers zur Preisbereitschaft der Kunden liegt der umsatzmaximale Preis eines in der Schreinerei selbst verkauften und individualisierten Stuhls bei ca. 150 EUR, der eines Tisches bei ca. 480 EUR. Da Studien gezeigt haben, dass die Kunden in diesem Bereich äußerst empfänglich für Schwellenpreise sind, wird mit einem Produktpreis von 149,99 EUR pro Stuhl und 479,99 EUR pro Tisch gerechnet. Dadurch ergibt sich folgendes Kalkulationsschema für den Nettoverkaufspreis sowie den Deckungsbeitrag. Eine ausführliche Ermittlung der Selbstkosten und der Margen findet sich in der Anlage zum Businessplan.

Stühle		Tische	
Bruttoverkaufspreis	149,99 EUR	Bruttoverkaufspreis	479,99 EUR
- USt. (19%)	23,95 EUR	- USt. (19%)	76,64 EUR
= Nettoverkaufspreis	126,04 EUR	= Nettoverkaufspreis	403,35 EUR
- variable Stückkosten	53,75 EUR	- variable Stückkosten	177,00EUR
= Deckungsbeitrag	72,29 EUR	= Deckungsbeitrag	226,35 EUR
Deckungsbeitrag in %	57,35 %	Deckungsbeitrag in %	56,12 %

Mit dem Möbelhändler „Musterhaus" wurden hingegen aufgrund der etwas stärker standardisierten Ware und persönlich verhandelter Sonderkonditionen für das vergleichsweise hohe Abnahmevolumen Bruttopreise pro Stuhl i.H.v. 119,99 EUR sowie pro Tisch i.H.v. 419,99 EUR vereinbart. Dadurch ergibt sich folgendes Kalkulationsschema:

Stühle		Tische	
Bruttoverkaufspreis	119,99 EUR	Bruttoverkaufspreis	419,99 EUR
- USt. (19%)	19,16 EUR	- USt. (19%)	67,06 EUR
= Nettoverkaufspreis	100,83 EUR	= Nettoverkaufspreis	352,93 EUR
- variable Stückkosten	53,75 EUR	- variable Stückkosten	177,00 EUR
= Deckungsbeitrag	47,08 EUR	= Deckungsbeitrag	175,93 EUR
Deckungsbeitrag in %	46,69 %	Deckungsbeitrag in %	49,85 %

Im Hinblick auf Absatz und Umsatz wird erst im zweiten Monat nach der Gründung damit gerechnet, dass Produkte abgesetzt werden können. Im ersten Monat fokussiert der Unternehmer auf den grundsätzlichen Aufbau des Geschäfts im Sinne von Erstellung der ersten Ausstellungsstücke, der Durchführung der Sonderaktion „Woche der offenen Tür" sowie des Aufbaus der Fertigung. Im zweiten Monat soll bereits das Auftragsvolumen an den Händler Musterhaus abgesetzt werden, ab dem dritten Monat sollen zudem je 40 Stühle und 10 Tische pro Monat vor Ort über die Räumlichkeiten von „Naturdesign" vertrieben werden. Für die Jahre 20X2 bzw. 20X3 wird mit einer Absatzsteigerung vor Ort von 20 Stühlen und 30 Tischen bzw. 50 Stühlen und 50 Tischen kalkuliert. Die Umsatzentwicklung wird als analog hierzu verlaufend antizipiert, da in der Branche Preisanpassungen regelmäßig nur alle 4-5 Jahre stattfinden und somit für den Betrachtungszeitraum konstante Preise unterstellt werden. Die folgenden Tabellen zeigen die

detaillierte Absatz- und Umsatzentwicklung für das Jahr 20X1 sowie die aggregierten Prognosen für die Gesamtjahre 20X2 und 20X3. Es ist dabei zu beachten,
dass die Umsatzsteuer nicht in den Umsatzerlösen enthalten ist.

Absatz in Periode	1/X1	2/X1	3/X1	4/X1	5/X1	6/X1	7/X1	8/X1	9/X1	10/X1	11/X1	12/X1	20X1	20X2	20X3
Stühle an Musterhaus	0	80	80	80	80	80	80	80	80	80	80	80	880	960	960
Stühle bei „Naturdesign"	0	0	40	40	40	40	40	40	40	40	40	40	400	500	550
Tische an Musterhaus	0	30	30	30	30	30	30	30	30	30	30	30	330	360	380
Tische bei „Naturdesign"	0	0	10	10	10	10	10	10	10	10	10	10	100	150	200

Abbildung 8.3: Absatzplanung 20X1-20X3

Umsatz	1/X1	2/X1	3/X1	4/X1	5/X1	6/X1	7/X1	8/X1	9/X1	10/X1	11/X1	12/X1	20X1	20X2	20X3
Stühle (Musterhaus)	0	8.067	8.067	8.067	8.067	8.067	8.067	8.067	8.067	8.067	8.067	8.067	88.737	96.799	96.799
Stühle (Naturdesign)	0	0	5.042	5.042	5.042	5.042	5.042	5.042	5.042	5.042	5.042	5.042	50.420	63.021	69.323
Tische (Musterhaus)	0	10.588	10.588	10.588	10.588	10.588	10.588	10.588	10.588	10.588	10.588	10.588	116.468	127.056	134.114
Tische (Naturdesign)	0	0	4.034	4.034	4.034	4.034	4.034	4.034	4.034	4.034	4.034	4.034	40.340	60.503	80.671
Summe	0	18.655	27.731	27.731	27.731	27.731	27.731	27.731	27.731	27.731	27.731	27.731	295.965	347.379	380.907

Abbildung 8.4: Umsatzplanung 20X1-20X3

6) Unternehmensorganisation:

Das Unternehmen wird als Einzelunternehmen gegründet. Daraus ergibt sich der Name der Schreinerei: Peter Huber „Naturdesign". Es gibt bei der Gründung kein hohes finanzielles Risiko, da die Schreinerei selbst gepachtet wird. Der Unternehmer kann das Risiko seiner Geschäftätigkeit gut abschätzen. Zudem wäre eine Unternehmensformwahl als Kapitalgesellschaft mit wesentlich höheren formalen Anforderungen verbunden, die bei dieser Unternehmensgröße noch nicht erforderlich sind. Die Gründung ist vergleichsweise kostengünstig und schnell zu verwirklichen. Ein weiteres Argument für ein Einzelunternehmen stellt die höhere Kreditwürdigkeit des Existenzgründers dar, die im Falle einer möglichen Expansion gegeben sein muss.

Die Schreinerei Peter Huber „Naturdesign" wird zunächst mit dem Gründer, Herrn Schreinermeister Huber, plus zwei weiteren Schreinergesellen betrieben. Seine Frau wird als gelernte Industriekauffrau den Großteil der Büroarbeiten im Verwaltungsbereich übernehmen und zusätzlich einen Teil der Öffnungszeiten für den Verkauf in der Schreinerei mit abdecken. Diese Tätigkeiten werden unentgeltlich durchgeführt. Frau Müller ist derzeit Hausfrau, da das gemeinsame Kind jedoch 20X0 eingeschult wurde entfällt ein wesentlicher Teil des Betreuungsaufwands.

Um den geplanten Absatz von 120 Stühlen und 40 Tischen im Monat zu realisieren, wird anhand der Kennzahlenmethode und basierend auf den Erfahrungswerten des Gründers errechnet, dass zwei Gesellen den geplanten Absatz im Wesentlichen in ihrer Arbeitszeit herstellen können. Dabei wurden folgende Annahmen zugrunde gelegt:

– pro Stuhl müssen im Durchschnitt ca. 45 Minuten Arbeitszeit für die Fertigung aufgewendet werden, pro Tisch ca. 240 Minuten,
– es sollen pro Monat ca. 120 Stühle und 40 Tische gefertigt werden,
– pro Monat errechnet sich ein Arbeitsstundenbedarf für die Fertigung von $(0,75 \text{ h} \times 120) + (4,0 \text{ h} \times 40) = 250$ Stunden,
– ein Mitarbeiter ist abzüglich aller Freizeiten und durchschnittlichen Wartezeiten bei einer 40-Stunden-Woche 1.500 Stunden pro Jahr, d.h. 125 Stunden pro Monat effektiv tätig,
– bei zwei Schreinergesellen ergeben sich somit durchschnittlich 250 Arbeitsstunden pro Monat.

Die Arbeitszeit des Gründers wird zu ca. 50% auf Design und die Erstellung von Prototypen/Ausstellungsstücken verwendet. Dies ermöglicht dem Unternehmer einerseits die Qualitätssicherung nach seinen eigenen Vorstellungen, andererseits bleibt ihm dadurch noch genügend Zeit, um sich um Kundenkontakte, Vertragsverhandlungen und Verkauf/Service sowie bestimmte administrative Tätigkeiten wie die Produktkalkulation zu kümmern.

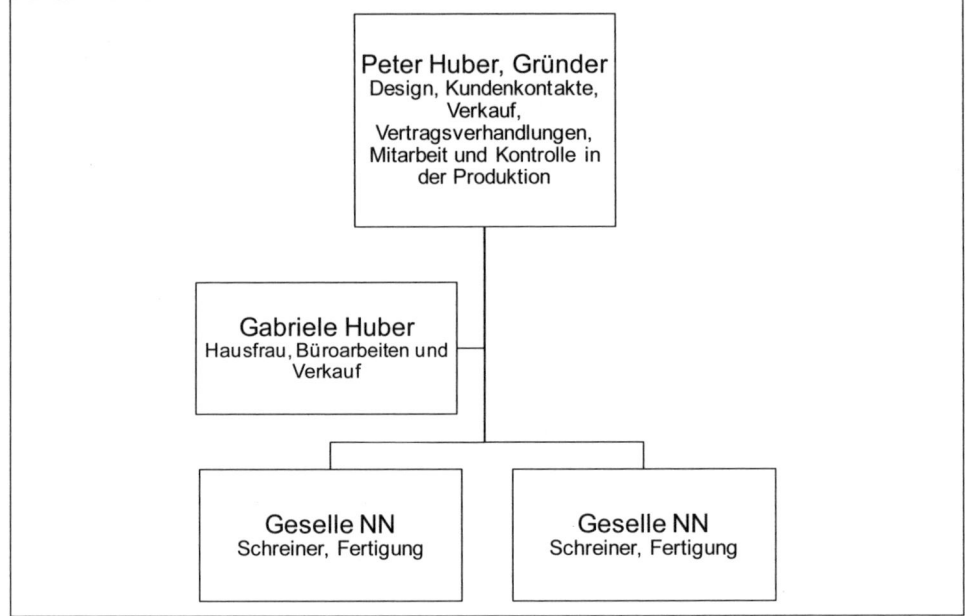

Abbildung 8.5: Organigramm des Unternehmens

Der Kernprozess im Rahmen der Fertigung individualisierter Produkte zum Verkauf in den Räumen der Schreinerei in Musterdorf orientiert sich stark an der Erfüllung der Kundenbedürfnisse. Einen ersten Schritt stellt daher die Identifikation dieser Bedürfnisse im Rahmen von Trendanalysen dar. Auch das Angebot der Wettbewerber wird dabei in regelmäßigen Abständen sondiert. Darauf folgen das Design zeitgemäßer Möbelstücke und die Erstellung von Prototypen für den Verkaufsraum vor Ort. Dieses aktuelle Angebot wird anschließend sowohl auf der Internetseite der Schreinerei veröffentlicht als auch über Werbeplakate und Postwurfsendungen an die Kunden im Einzugsgebiet kommuniziert. Nach erfolgtem Auftrag und Vergabe des Liefertermins wird das Produkt zeitnah hergestellt und individualisiert. Im Rahmen der Logistik- und Servicefunktion wird schließlich die Auslieferung vorgenommen. Der Prozess lässt sich folgendermaßen strukturieren.

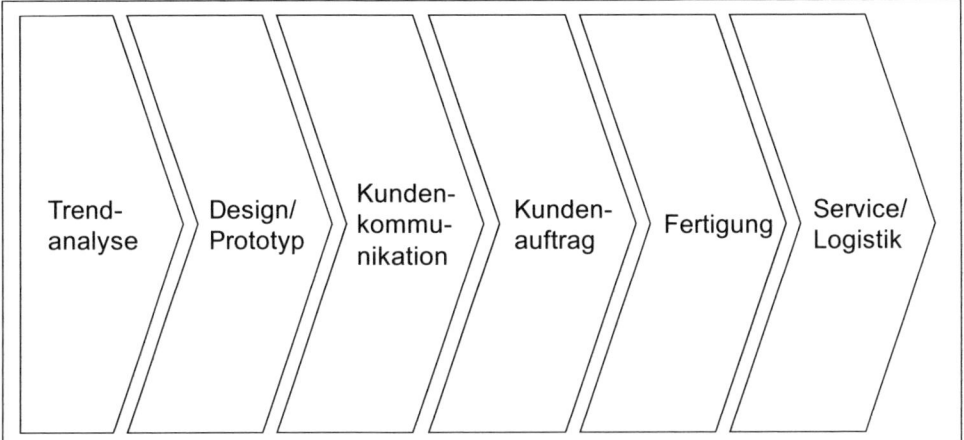

Abbildung 8.6: Kernprozesse

Die Fertigung für den Händler „Musterhaus" folgt einem deutlich einfacheren Prozess, der lediglich die monatliche Fertigung der vertraglich vereinbarten Menge vorab festgelegter Modelle vorsieht. Wie bereits geschildert, fallen aufgrund der Selbstabholung durch „Musterhaus"-Mitarbeiter auch im Rahmen der Service-/ Logistikfunktion keine Aktivitäten für „Naturdesign" an.

7) Finanzplanung:

Der Finanzplan der Schreinerei Peter Huber „Naturdesign" gliedert sich grundsätzlich in drei Teilbereiche und beinhaltet eine detaillierte Kapitalbedarfsplanung, einen Erfolgsplan über drei Jahre sowie eine kurzfristige Liquiditätsplanung über 6 Monate.

7.1) Kapitalbedarfsplanung

Aggregierter Kapitalbedarfsplan	Gesamtbetrag EUR
I. Investitionsbedarfsplanung	
a) Gründungskosten	20.150
b) Investitionsmittelbedarf	
- Sachanlagen	61.200
- Vorratsvermögen (erstmalig)	7.210
Summe Investitionsbedarf	*88.560*
II. Betriebsmittelbedarf (3 Monate)	
a) Produktbereich	28.140
b) Personalbereich	18.750
c) Sonstige Kosten	13.275
Summe Betriebsmittelbedarf	*60.165*
III. Privater Lebensunterhalt (3 Monate)	
a) Haushalt	9.840
b) Versicherungen und Vorsorge	2.160
Summe privater Lebensunterhalt	*12.000*
IV. KAPITALBEDARF GESAMT	**160.725**

Abbildung 8.7: Beispiel für einen umfassenden Kapitalbedarfsplan

Die Angaben in diesem aggregierten Kapitalbedarfsplan speisen sich aus verschiedenen Teilplänen. So liefert die Investitionsbedarfsplanung Informationen über notwendige Investitionen im bzw. um den Gründungszeitpunkt. Darauf folgt eine Planung des Betriebsmittelbedarfs, d.h. der laufenden Zahlungen im Zusammenhang mit der Geschäftstätigkeit. Abschließend wird der private Lebensunterhalt des Gründers prognostiziert, da dieser in der vorliegenden Rechtsform aus den Ergebnissen der Geschäftstätigkeit bestritten werden muss. Um den anfänglichen Kapitalbedarf abzuschätzen, werden daher der Betriebsmittelbedarf und der private Lebensunterhalt für die ersten drei Monate mitberücksichtigt.

Gründungskosten

Die Gründungskosten setzen sich im Wesentlichen aus den mit den zur Unternehmensgründung notwendigen Formalitäten verbundenen Kosten, den Werbekosten – v.a. für die Woche der offenen Tür – sowie Reise- und Anwaltskosten für die Vertragsverhandlungen mit „Musterhaus" zusammen.

Gründungskosten	EUR
Notargebühren	750,00
Handelsregistereintragung	250,00
Gewerbeanmeldung	100,00
Werbekosten (Woche der offenen Tür etc.)	12.750,00
Rechtsanwalt	2.500,00
Fahrt-/Reisekosten	3.800,00
GRÜNDUNGSKOSTEN GESAMT	20.150,00

Abbildung 8.8: Beispiel für die Planung des Investitionsmittelbedarfs

Investitionsbedarf

Der Investitionsbedarf resultiert zum einen aus der notwendigen Anschaffung einer Produktionsmaschine (36.000 EUR) sowie der Anschaffung von Spezialwerkzeugen (2.700 EUR) und eines Kleintransporters (22.500 EUR). Zum anderen erfolgt die Erstbevorratung in Höhe der für den Verkauf im Februar 20X1 zu produzierenden Möbel sowie der Hilfs- und Betriebsstoffe. Dabei ist zu beachten, dass im Februar der prognostizierte Absatz lediglich die Lieferverpflichtungen gegenüber dem Möbelhändler „Musterhaus" umfasst. Erst ab März wird mit dem Absatz zusätzlicher Möbel über den Stammsitz der Schreinerei erwartet.

Investitionsbereiche	EUR
I. Sachanlagen	
Technische Anlagen und Maschinen	36.000,00
Betriebs- und Geschäftsausstattung (Werkzeuge, Pkw)	25.200,00
Summe Sachanlagen	*61.200,00*
II. Vorratsvermögen (erstmalig, 1 Monat)	
Rohstoffe (Holz, Nägel, Schrauben)	5.110,00
Hilfs-/Betriebsstoffe	2.100,00
Summe Vorratsvermögen	*7.210,00*
III. INVESTITIONSBEDARF GESAMT	68.410,00

Abbildung 8.9: Beispiel für die Planung des Investitionsmittelbedarfs

Betriebskosten

Die laufenden Betriebskosten werden aufgrund der bereits berücksichtigten Erstbe-vorratung und der danach gleichbleibenden Absatzzahlen als konstant angenommen. Da es sich um eine Finanzmittelbedarfsrechnung handelt, werden Abschreibungen oder andere nicht zahlungswirksame Positionen nicht berücksichtigt.

Betriebskosten (laufende Kosten)	01/20XX EUR	02/20XX EUR	...	12/20XX EUR
I. Produktbereich				
Roh-, Hilfs-, Betriebsstoffe	9.380	9.380	...	9.380
Summe Produktbereich	*9.380*	*9.380*	...	*9.380*
II. Personalbereich				
Löhne/Gehälter	5.150	5.150	...	5.150
Sozialabgaben/Umlagen	1.100	1.100	...	1.100
Summe Personalbereich	*6.250*	*6.250*	...	*6.250*
III. Sonstige Kosten				
Pacht/Miete (Schreinerei)	1.800	1.800	...	1.800
Pacht/Miete (Lagerraum)	450	450		450
Leasingraten (Büroeinrichtung)	1.200	1.200	...	1.200
Strom, Wasser, Heizung etc.	300	300	...	300
Nebenkosten Fuhrpark	225	225	...	225
Vertriebs-/Marketingkosten	300	300	...	300
Versicherungen	150	150	...	150
Summe Sonstige Kosten	*4.425*	*4.425*	...	*4.425*
IV. BETRIEBSMITTELBEDARF GESAMT	**20.055**	**20.055**	...	**20.055**

Abbildung 8.10: Beispiel für die Planung laufender Kosten

Privater Lebensunterhalt

Schließlich wird der private Lebensunterhalt des Unternehmers geplant. Auch hier wird davon ausgegangen, dass die Kosten weitestgehend konstant bleiben, da größere Veränderungen (wie z.B. ein Hausbau) nicht geplant sind. Neben den grundsätzlich im Haushalt anfallenden Kosten werden auch im Bereich Vorsorge und Versicherungen entsprechende Kosten berücksichtigt. Nicht berücksichtigt werden dagegen monatliche Zahlungen für Zinsen und Steuern, da zum einen keine Kredite aufgenommen wurden und zum anderen die Besteuerung des Einkommens zum Jahresende erfolgt.

Privater Lebensunterhalt (laufende Kosten)	01/20XX EUR	02/20XX EUR	...	6/20XX EUR
I. Haushalt				
Miete	1.300	1.300	...	1.300
Nebenkosten (Strom, Wasser, Heizung)	250	250	...	250
Gebühren Telefon/Internet/TV	50	50		50
Müllgebühren	10	10	...	10
Lebensmittel	900	900	...	900
Kraftstoff privater Pkw	280	280	...	280
Kinderbetreuung	490	490	...	490
Summe Haushalt	*3.280*	*3.280*	...	*3.280*
II. Versicherungen und Vorsorge				
Lebensversicherung	50	50	...	50
Krankenversicherung	550	550	...	550
Haftpflichtversicherung	20	20	...	20
Kfz-Versicherung	100	100	...	100
Summe Versicherung/Versorgung	*720*	*720*	...	*720*
III. PRIVATBEDARF GESAMT	**4.000**	**4.000**	...	**4.000**

Abbildung 8.11: Beispiel für die Planung laufender Kosten

7.2) Erfolgsplanung

In der Erfolgsplanung werden die Erlöse aus der Geschäftstätigkeit des Gründers den dadurch bedingten Kosten gegenübergestellt. Es zeigt sich nun auch deutlich, wie sich v.a. in den ersten beiden Monaten die fehlenden bzw. noch geringeren Umsatzerlöse bei trotzdem vollumfänglich anfallenden Kosten negativ auf das Ergebnis der Schreinerei auswirken. Erst in den Folgemonaten ab März 20X1 kann ein positives Ergebnis erzielt werden. Hinsichtlich der Ergebnisplanung für 20X2 und 20X3 sind umsatzseitig die höheren Absatzzahlen zu berücksichtigen (vgl. Absatzplanung), die jedoch auch zu erhöhten (direkten) Material- und Personalkosten führen. Zudem wird bei den Hilfs-/Betriebsstoffen, den Energiekosten sowie dem Kraftstoffverbrauch des Kleintransporters mit steigenden Kosten gerechnet. Grundsätzlich zeigt jedoch auch die mittelfristige Ergebnisentwicklung einen deutlich positiven Trend. Dies kann u.a. dadurch begründet werden, dass die hohen Deckungsbeiträge bei nur sehr geringen Fixkostensteigerungen verstärkt zu Degressionseffekten in Bezug auf den Fixkostenanteil der Produkte und somit zu einem deutlichen Ergebniswachstum beitragen.

Erfolgsplanung	01/20X1 EUR	2/20X1 EUR	3/20X1 EUR	...	12/20X1 EUR	20X1 EUR	20X2 EUR	20X3 EUR
Umsatzerlöse (brutto)	0	22.199	32.998	...	32.998	352.179	413.380	453.279
- Umsatzsteuer	0	-3.544	-5.269	...	-5.269	-56.233	-66.002	-72.372
Umsatzerlöse (netto)	0	18.655	27.729	...	27.729	295.945	347.378	380.907
- Materialeinsatz	-5.110	-7.280	-7.280	...	-7.280	-85.190	-90.370	-97.510
= Rohgewinn I	-5.110	11.375	20.449	...	20.449	210.755	257.008	283.397
- Personalkosten	-6.250	-6.250	-6.250	...	-6.250	-75.000	-78.375	-86.313
= Rohgewinn II	-11.360	5.125	14.199	...	14.199	135.755	178.633	197.084
- Abschreibungen	-1.200	-1.200	-1.200	...	-1.200	-14.400	-14.400	-14.400
- Lagerkosten	-450	-450	-450	...	-450	-5.400	-5.400	-5.400
- Raumkosten	-1.800	-1.800	-1.800	...	-1.800	-21.600	-21.600	-21.600
- Hilfs-/Betriebsstoffe	-2.100	-2.100	-2.100	...	-2.100	-25.200	-26.000	-28.000
- Energiekosten	-300	-300	-300	...	-300	-3.600	-3.800	-4.000
- Versicherungen	-150	-150	-150	...	-150	-1.800	-1.800	-1.800
- Leasingraten Büroeinrichtung	-1.200	-1.200	-1.200	...	-1.200	-14.400	-14.400	-14.400
- Kraftstoffkosten	-225	-225	-225	...	-225	-2.700	-3.000	-3.500
- Werbung	-300	-300	-300	...	-300	-3.600	-3.600	-3.600
= Betriebsergebnis	-19.085	-2.600	6.474	...	6.474	43.055	84.633	100.384
- Einkommen-/Ertragsteuer				...		-5.700	-19.100	-25.000
= Ergebnis nach Steuern	-19.085	-2.600	6.474	...	6.474	37.355	65.533	75.384

Abbildung 8.12: Beispiel für einen Erfolgsplan über 3 Jahre

7.3) Liquiditätsplanung

Der Liquiditätsplan erfasst die voraussichtlichen Ein- und Auszahlungen der ersten 6 Monate der Geschäftstätigkeit. Die Einzahlungen aus dem Verkauf der Möbel fallen bei einer Zahlungsfrist von 30 Tagen erstmals im März 20X1 an und treffen ab April – entsprechend den Planannahmen – voraussichtlich in konstanter Höhe ein. Bei den Auszahlungen fallen im ersten Monat insbesondere die Investitionszahlungen (inkl. Erstbevorratung) ins Gewicht. Aber auch die sonstigen Betriebskosten sind bereits zu berücksichtigen. Diesen Zahlungsströmen stehen sowohl das Kassen- als auch das Bankguthaben gegenüber. Die Veränderung dieser Guthaben erfolgt, indem die Anfangsinvestition sowie Material- und Personalkosten vom Bankkonto abgehen, alle anderen Kosten vom Kassenbestand. Die Kundeneinzahlungen gehen ebenfalls dem Bankkonto zu. In Verbindung mit der vorhandenen Kreditlinie ergibt sich dadurch die Liquidität.

Liquiditätsplanung	01/X1 EUR	02/X1 EUR	03/X1 EUR	04/X1 EUR	05/X1 EUR	06/X1 EUR
a) Einzahlungen						
Kundeneinzahlungen	0	0	18.655	27.730	27.730	27.730
Sonstige Einzahlungen	---	---	---	---	---	---
Summe Einzahlungen	*0*	*0*	*18.655*	*27.730*	*27.730*	*27.730*
b) Auszahlungen						
Investitionen	88.560	0	0	0	0	0
Materialkosten (RHB)	9.380	9.380	9.380	9.380	9.380	9.380
Personalkosten	6.250	6.250	6.250	6.250	6.250	6.250
Mietzahlungen	2.250	2.250	2.250	2.250	2.250	2.250
Mietnebenkosten	300	300	300	300	300	300
Kosten Fuhrpark	225	225	225	225	225	225
Versicherungsbeiträge	150	150	150	150	150	150
Marketingkosten	300	300	300	300	300	300
Leasing Büroeinrichtung	1.200	1.200	1.200	1.200	1.200	1.200
Privatentnahmen	4.000	4.000	4.000	4.000	4.000	4.000
Summe Auszahlungen	*112.615*	*24.055*	*24.055*	*24.055*	*24.055*	*24.055*
c) Liquide Mittel						
Barmittelbestand	50.000	41.575	33.150	24.725	16.300	7.875
Bankguthaben	200.000	95.810	80.180	83.205	95.305	107.405
Summe	*250.000*	*137.385*	*113.330*	*107.930*	*111.605*	*115.280*
d) Deckungsbereich						
Unter-/Überdeckung	137.385	113.330	107.930	111.605	115.280	118.955
Kreditlinie	25.000	25.000	25.000	25.000	25.000	25.000
e) Liquidität	162.385	138.330	132.930	136.605	140.280	143.955

Abbildung 8.13: Beispiel für einen monatlichen Liquiditätsplan

8) Chancen und Risiken:

Die Schreinerei „Naturdesign" hat beste Chancen, am Markt dauerhaft erfolgreich zu sein. Um diese Aussage zu untermauern, sind zunächst die externen Chancen und Risiken zu betrachten, bevor in einem nächsten Schritt die individuellen Stärken und Schwächen des Unternehmens analysiert werden.

Der Schreinerei „Naturdesign" bieten sich durch den aktuellen Trend in Richtung eines stetig steigenden Umweltbewusstseins sowie durch die vermehrt zu beobachtenden Individualisierungstendenzen umfangreiche Möglichkeiten, um ihre Differenzierungsstrategie in den stark wachsenden relevanten Märkten erfolgreich umzusetzen.

Diese Chancen können durch die Stärken des Unternehmens optimal genutzt werden. Die Hauptstärke des Unternehmens besteht in der Kreativität und der Innovationskraft des Gründers, die sich im stetigen Ausbau des Alleinstellungsmerkmals der Ökologie und den innovativen Designs der Möbel von „Naturdesign" zeigen. Hierzu tragen auch die weitreichenden Erfahrungen bei, die der Gründer auf diesem Gebiet gesammelt hat. Damit verbunden sind auch die hervorragenden Kontakte des Gründers zu verlässlichen Lieferanten, zu Branchen- und Umweltverbänden sowie zu Wissenschaftlern im Bereich der Werkstofftechnik. Diese Verbindungen sowie den ökologischen Gedanken wird die Schreinerei „Naturdesign" insbesondere durch die vorgestellte Marketingstrategie (v.a. Distribution und Preissetzung) nutzen, um von Anfang an erfolgreich arbeiten zu können. Hierzu trägt auch die solide Liquidität des vollkommen eigenfinanzierten Unternehmens bei. Die vorhandene Liquidität kann beispielsweise zur Finanzierung von Investitionen in das Wachstum des Unternehmens – sowohl in Bezug auf andere Märkte mit hohem Zielgruppenanteil als auch andere Möbelarten in kreativem Design – genutzt werden.

Als Risiken sind hingegen vor allem die niedrigen Markteintrittsbarrieren sowie eine steigende Produktpiraterie anzusehen. Letzterem Risiko stehen jedoch die Pläne der EU-Kommission zu einem verbesserten Designschutz gegenüber. Des Weiteren ist in den vergangenen Monaten aber auch eine steigende Preissensibilität der Kunden, selbst im Hochpreissegment, zu beobachten. Dies birgt die Gefahr der Abwanderung von Kunden in den qualitativ fragwürdigeren Bereich der „Marken-Discounter". Vor allem in Zeiten volatiler Faktorpreise verstärkt sich dieses Risiko. Aber auch die Marktmacht großer Handelsketten kann durchaus nachteilige Auswirkungen auf kleinere Schreinereien haben.

In diesem Zusammenhang sind auch die Schwächen des Unternehmens selbst zu sehen. So wird ein der Marktsituation entsprechendes überproportionales Absatzwachstum durch die begrenzten Kapazitäten (zwei voll ausgelastete Mitarbeiter) und eine relativ unflexible Prozessstruktur mittelfristig verhindert. Eine vergleichbare Wirkung hat auch die sehr stark regional orientierte Vertriebspräsenz, die – abgesehen vom indirekten Vertrieb (margenschwächerer) Möbel über den Händler „Musterhaus" – nicht über die Landkreisgrenzen hinausgeht. Dadurch entsteht die Gefahr, dass für „Naturdesign" mittelfristig Kostennachteile entstehen und es nicht möglich ist, kurzfristig Marktanteile zu gewinnen und dadurch auch Barrieren gegenüber Wettbewerbern aufzubauen. Schließlich ist es als nachteilig zu erachten, dass das Unternehmen trotz seiner ökologischen Orientierung den Ausschuss, der durch die Produktion von Möbeln verschiedener Abmessungen aus standardisierten Holzrohlingen anfällt, keiner sachgerechten Weiterverwertung zuführt. Auch hieraus können Kostennachteile wie auch negative Imagewirkungen resultieren.

Die nachfolgende SWOT-Analyse soll die dargestellten Chancen und Risiken den Stärken und Schwächen des Unternehmens strukturiert gegenüberstellen und die daraus erwachsenden Potenziale und Gefahren aufzeigen.

	Stärken - Solide Liquidität - Starkes Netzwerk - Hohe Kreativität (Design)	**Schwächen** - Begrenzte Kapazitäten - Unflexible Prozessstruktur - Regionale Vertriebspräsenz
Chancen - Hohes Umweltbewusstsein - Individualisierungstendenzen - Wachstum relevanter Märkte - EU-Designschutzpläne	*Erfolgspotenziale* - Partizipation am Marktwachstum durch verstärkte Investitionstätigkeit - Übertragung der kreativen Designs auf andere Möbelarten - Eingehen weiterer Kooperationen - Lizenzierung geschützter Designs für den indirekten Vertrieb in anderen Märkten	*Positive/negative Entwicklungsmöglichkeiten* - Exklusivere Unternehmen profitieren überproportional vom Wachstum - Kostennachteile durch schwache Präsenz auf anderen Märkten und Prozessstruktur - Begrenzte Kapazitäten hemmen den Absatz in wachsenden Märkten
Risiken - Niedrige Eintrittsbarrieren - Steigendes Preisbewusstsein - Steigende Produktpiraterie - Hohe Abnehmermacht - Steigende Faktorpreise	*Positive/negative Entwicklungsmöglichkeiten* - Investition in überregionale Märkte mit hohem Zielgruppenanteil - Ausbau der Tätigkeiten in anderen Segment mit preiswerten Individualprodukten - Verstärkte Nutzung von „Naturdesign" als Differenzierungsmerkmal	*Gefährdungspotenziale* - Verlust von Marktanteilen an andere, ggf. neu eintretende Unternehmen - Abwanderung unzufriedener Kunden - Unterlegenes Preis-Leistungs-Verhältnis aufgrund steigender Faktorpreise - Verkaufspreissenkung aufgrund Abnehmermacht in regionalen Märkten

Abbildung 8.14: SWOT-Analyse

9) Anlage:

- Tabellarischer Lebenslauf Peter Huber
- Kopie des Meisterbriefs
- Entwurf des Liefervertrags mit Möbelhändler „Musterhaus"
- detaillierte Produktkalkulation

Exkurs: Detaillierte Produktkalkulation

Im Rahmen der Produktkalkulation werden die Gemeinkosten den Produkten anhand der differenzierenden Zuschlagskalkulation zugerechnet. Dadurch ergeben sich folgende Zuschlagsätze, wobei die Bezugsgrößen der Beschreibung der Ausgangssituation zu entnehmen sind.

$$\text{Materialkostenverrechnungssatz} = \frac{\text{Materialgemeinkosten}}{\text{Materialeinzelkosten}} = \frac{2.550\,\text{EUR}}{7.280\,\text{EUR}} = 35,0\%$$

$$\text{Fertigungskostenverrechnungssatz} = \frac{\text{Fertigungsgemeinkosten}}{\text{Fertigungseinzelkosten}} = \frac{5.075\,\text{EUR}}{6.250\,\text{EUR}} = 81,2\%$$

$$\text{Verwaltungskostenverrechnungssatz} = \frac{\text{Verwaltungsgemeinkosten}}{\text{Herstellkosten}} = \frac{1.800\,\text{EUR}}{21.155\,\text{EUR}} = 8,5\%$$

$$\text{Vertriebskostenverrechnungssatz} = \frac{\text{Vertriebsgemeinkosten}}{\text{Herstellkosten}} = \frac{900\,\text{EUR}}{21.155\,\text{EUR}} = 4,3\%$$

Anhand dieser Verrechnungssätze können nun sowohl die Herstellkosten als auch die Selbstkosten pro Stuhl bzw. Tisch errechnet werden.

Stühle		Tische	
Materialeinzelkosten	35,00 EUR	Materialeinzelkosten	77,00 EUR
+ Fertigungseinzelkosten	18,75 EUR	+ Fertigungseinzelkosten	100,00 EUR
+ Materialgemeinkosten	12,25 EUR	+ Materialgemeinkosten	26,95 EUR
+ Fertigungsgemeinkosten	15,23 EUR	+ Fertigungsgemeinkosten	81,20 EUR
= Herstellkosten	81,23 EUR	= Herstellkosten	285,15 EUR
+ Verwaltungsgemeinkosten	6,91 EUR	+ Verwaltungsgemeinkosten	24,23 EUR
+ Vertriebsgemeinkosten	3,49 EUR	+ Vertriebsgemeinkosten	12,26 EUR
= Selbstkosten	91,63 EUR	= Selbstkosten	321,64 EUR

Aus Vereinfachungsgründen wird unterstellt, dass der Kostenanfall unabhängig davon erfolgt, ob die jeweiligen Möbel für den Verkauf in der Schreinerei oder das Möbelhaus hergestellt werden. Hier könnte jedoch z.B. durchaus der geringere Werbeaufwand für Musterhaus-Möbel berücksichtigt werden.

Die vorliegenden Kostendaten können nun – unter Einbeziehung des Verkaufspreises – dazu verwendet werden, die Margen zu ermitteln. Dabei zeigt sich, dass bei den in der Schreinerei in Musterdorf selbst verkauften Möbeln Margen pro Stuhl in Höhe von 37,55 % und pro Tisch in Höhe von 25,40 % auf die Selbstkosten erzielt werden.

Stühle		Tische	
Selbstkosten	91,63 EUR	Selbstkosten	321,64 EUR
+ Marge	34,41 EUR	+ Marge	81,71 EUR
= Nettoverkaufspreis	126,04 EUR	= Nettoverkaufspreis	403,35 EUR
+ Umsatzsteuer	23,95 EUR	+ Umsatzsteuer	76,64 EUR
= Bruttoverkaufspreis	149,99 EUR	= Bruttoverkaufspreis	479,99 EUR
Marge (in %)	37,55 %	Marge (in %)	25,40 %

Aufgrund der Sonderkonditionen für das Möbelhaus „Musterhaus" werden bei den dort veräußerten Möbeln deutlich geringere Margen verdient. So beträgt die Marge für einen an „Musterhaus" veräußerten Stuhl 10,04 % auf die Selbstkosten, für einen Tisch ergibt sich eine Marge von 9,73 %.

Stühle		Tische	
Selbstkosten	91,63 EUR	Selbstkosten	321,64 EUR
+ Marge	9,20 EUR	+ Marge	31,29 EUR
= Nettoverkaufspreis	100,83 EUR	= Nettoverkaufspreis	352,93 EUR
+ Umsatzsteuer	19,16 EUR	+ Umsatzsteuer	67,06 EUR
= Bruttoverkaufspreis	119,99 EUR	= Bruttoverkaufspreis	419,99 EUR
Marge (in %)	10,04 %	Marge (in %)	9,73 %

Literaturverzeichnis

Abell, D.F. [1980]: Defining the Business, Englewood Cliffs/N.J. 1980.

Ansoff, H.I. [1957]: Strategies for Diversification, in: Harvard Business Review, Vol. 35, S. 113-124.

Arnold, J. [2007]: Existenzgründung – Finanzierung und Sicherheiten, Burgrieden 2007.

Baetge, J./Kirsch, H.-J./Thiele, S. [2009]: Bilanzen, 10. Auflage, Düsseldorf 2009.

Baum, H.-G./Coenenberg, A.G./Günther, T. [2007]: Strategisches Controlling, 4. Auflage, Stuttgart 2007.

Berens, W./Bertelsmann, R. [2002]: Controlling, in: Küpper, H.-U./ Wagenhofer, A. (Hrsg.): Handwörterbuch Unternehmensrechnung und Controlling, 4. Auflage, Stuttgart 2002, Sp. 280-288.

Birkigt, K./Stadler, M. [1985]: Corporate Identity, 2. Auflage, Landsberg/Lech 1985.

Bruhn, M. [2004]: Marketing – Grundlagen für Studium und Praxis, Wiesbaden 2004.

Collrepp, F.v. [2007]: Handbuch Existenzgründung, 5. Auflage, Stuttgart 2007.

BMF [2004]: Umsatzsteuer; Ermäßigter Steuersatz für die in der Anlage 2 des UStG bezeichneten Gegenstände, BStBl. 2004 I S. 638 vom 05.08.2004, Berlin 2004.

BMF [2011]: Richtsatzsammlung für das Kalenderjahr 2010, Berlin 2011.

Brezski, E./Böge, H./Lübbehüsen, T./Rohde, T./Tomat, O. [2006]: Mezzanine-Kapital für den Mittelstand, Stuttgart 2006.

Coenenberg, A.G./Fischer, T.M./Günther, T. [2009]: Kostenrechnung und Kostenanalyse, 7. Auflage, Stuttgart 2009.

Coenenberg, A.G./Haller. A./Mattner, G./Schultze, W. [2009]: Einführung in das Rechnungswesen, 3. Auflage, Stuttgart 2009.

Coenenberg, A.G./Haller, A./Schultze, W. [2009]: Jahresabschluss und Jahresabschlussanalyse, 21. Auflage, Stuttgart 2009.

Coenenberg, A.G./Schultze, W. [2011]: Akquisition und Unternehmensbewertung, in: Busse von Colbe, W. et al. (Hrsg.): Betriebswirtschaft für Führungskräfte, 4. Auflage, Stuttgart 2011, S. 353-384.

Düwell, F.-J. [2011]: Betriebsrat, in: Haufe Personal Office Standard Version 16.5.0.0. – HaufeIndex 520694.

Emmrich, V./Specht, L. [2002]: Wahrnehmung und Identifikation von Risiken aus Unternehmens- und aus Managementsicht, in: Pastors, P.M./PIKS (Hrsg.): Risiken des Unternehmens – vorbeugen und meistern, München/Mehring 2002, S. 167-192.

Engler, U./Hautmann, E. [2007]: Grundwissen Marketing, 1. Auflage, Berlin 2007.

Ewert, R./Wagenhofer, A. [2008]: Interne Unternehmensrechnung, 7. Auflage, Berlin/Heidelberg 2008.

Faullant, R. [2007]: Psychologische Determinanten der Kundenzufriedenheit: Der Einfluss von Emotionen und Persönlichkeit, Wiesbaden 2007.

Fink, C. [2007]: Lageberichterstattung und Erfolgspotenzialanalyse, Marburg 2007.

Fink, C./Reuther, F. [2010]: Bilanzpolitik als Mittel zur Gestaltung des Jahresabschlusses, in: Fink, C./Schultze, W./Winkeljohann, N. (Hrsg.): Bilanzpolitik und Bilanzanalyse nach neuem Handelsrecht, Stuttgart 2010, S. 3-26.

Freidank, C.-C. [2008]: Kostenrechnung, 8. Auflage, München 2008.

Frotscher, G. [2011]: § 59 Gesellschaft mit beschränkter Haftung, in: Federmann, R./Kussmaul, H./Müller, S. (Hrsg.): Handbuch der Bilanzierung, Freiburg 2011, Rz. 1-53.

Gabler Wirtschaftslexikon [2005], 16. Auflage, Wiesbaden 2005.

Geiken, M. [2011]: Sozialversicherung, in: Haufe Personal Office Standard Version 16.5.0.0 – HaufeIndex: 1565627.

Gräfer, H./Schiller, B./Rösner, S. [2011]: Finanzierung – Grundlagen, Institutionen, Instrumente und Kapitalmarkttheorie, 7. Auflage, Berlin 2011.

Grefe, C. [2010]: Unternehmenssteuern, 13. Auflage, Herne 2010.

Haberstock, L. [2008]: Kostenrechnung I – Einführung, 13. Auflage, Berlin 2008.

Haberstock, L./Breithecker, V. [2010]: Einführung in die Betriebswirtschaftliche Steuerlehre, 15. Auflage, Berlin 2010.

Hanreich, G. [2011]: Arbeitsvertrag und Arbeitsverhältnis, in: Haufe Personal Office Standard Version 16.5.0.0 – HaufeIndex 940725.

Hanreich, G. [2011a]: Die betriebsbedingte Kündigung, in: Haufe Personal Office Standard Version 16.5.0.0 – HaufeIndex 515610.

Hartmann, R. [2011]: Feststellung der Arbeitnehmereigenschaft bei Einstellung eines Mitarbeiters, in: Haufe Personal Office Standard Version 16.5.0.0 – HaufeIndex 1565444.

Hartmann, R. [2011]: Firmenwagenbesteuerung, in: Praxis-Lexikon: Buchführung und Bilanzierung von a – z, Freiburg 2011, S. 243-247.

Hartwig, T. [2009]: Up- und Cross-Selling: Mehr Profit mit Zusatzverkäufen im Kundenservice, Wiesbaden 2009.

Hedley, B. [1976]: Strategy and the "Business Portfolio", in: Long Range Planning, Vol. 9, S. 9-15.

Heinhold, M. [2010]: Kosten- und Erfolgsrechnung in Fallbeispielen, 5. Auflage, Stuttgart 2010.

Hertel, A. [2002]:Versicherung von Risiken in Unternehmen aus Versicherersicht, in: Pastors, P.M./PIKS (Hrsg.): Risiken des Unternehmens – vorbeugen und meistern, München/Mehring 2002, S. 193-202.

Hoffmann, W.-D./Lüdenbach, N. [2012]: NWB Kommentar Bilanzierung, 3. Auflage, Herne 2012.

Hoitsch, H.-J. [2002]: Vollkostenrechnung/Teilkostenrechnung, in: Küpper, H.-U./ Wagenhofer, A. (Hrsg.): Handwörterbuch Unternehmensrechnung und Controlling, 4. Auflage, Stuttgart 2002, Sp. 2100-2110.

Hütter, H. [2010]: Zeitmanagement, 4. Auflage, Berlin 2010.

Kalka, R./Mäßen, A. [2010]: Marketing, 5. Auflage, Freiburg 2010.

Kajüter, P./Voß, A. [2011]: Grundlagen der Buchführung, in: Busse von Colbe, W. et al. (Hrsg.): Betriebswirtschaft für Führungskräfte, 4. Auflage, Stuttgart 2011, S. 233-254.

Kotler, P./Bliemel, F. [2006]: Marketing-Management, 12. Auflage, München 2006.

Kreizberg, K. [2011]: Voraussetzungen für die betriebliche Ausbildung, in: Haufe Personal Office Standard Version 16.5.0.0 – HaufeIndex: 583881.

Kußmaul, H. [2011]: Kostenrechnung, in: Busse von Colbe, W. et al. (Hrsg.): Betriebswirtschaft für Führungskräfte, 4. Auflage, Stuttgart 2011, S. 255-291.

Leffson, U. [1987]: Die Grundsätze ordnungsmäßiger Buchführung, 7. Auflage, Düsseldorf 1987.

Lewis, E. [1903]: Catch-Line and Argument, in: The Book-Keeper, Vol. 15, S. 124-128.

Macht, W. [2011]: Gewerbesteuer: Hinzurechnungen und Kürzungen, in: Praxis-Lexikon: Buchführung und Bilanzierung von a – z, Freiburg 2011, S. 435-448.

Meffert, H./Burmann, C./Kirchgeorg, M. [2008]: Marketing, 10. Auflage, Wiesbaden 2008.

Meffle, G./Heyd, R./Weber, P. [2003]: Das Rechnungswesen der Unternehmung als Entscheidungsinstrument, 4. Auflage, Troisdorf 2003.

Mertes, T. [2011]: Gewerbesteueranrechnung, in: Praxis-Lexikon: Buchführung und Bilanzierung von a – z, Freiburg 2011, S. 105-116.

Meyer, M.A. [2007]: Cashflow-Reporting und Cashflow-Analyse, Düsseldorf 2007.

Moser, K. [2002]: Markt- und Werbepsychologie, Göttingen 2002.

Olfert, K. [2004]: Kompakt-Training Personalwirtschaft, 4. Auflage, Leipzig 2004.

Olfert, K./Rahn, H.-J. (Hrsg.) [2010]: Einführung in die Betriebswirtschaftslehre, 10. Auflage, Herne 2010.

Ossola-Haring, C. (Hrsg.) [2005]: Die 111 besten Checklisten zur Existenzgründung, Frankfurt 2005.

Schmolke, S./Deitermann, M. [2011]: Industrielles Rechnungswesen IKR, Braunschweig 2011.

Pellens, B./Fülbier, R.U./Gassen, J./Sellhorn, T. [2011]: Internationale Rechnungslegung, 8. Auflage, Stuttgart 2011.

Perridon, L./Steiner, M. [2007]: Finanzwirtschaft der Unternehmung, 14. Auflage, München 2007.

Porter, M.E. [1999]: Wettbewerbsstrategie: Methoden zur Analyse von Branchen und Konkurrenten, 10. Auflage, Frankfurt a.M. 1999.

Preißner, A. [2010]: Praxiswissen Controlling, 6. Auflage, München 2010.

Rohrschneider, U. [2011]: Teure Entscheidung - Risiken der Personalauswahl, in: Haufe Personal Office Standard Version 16.5.0.0 - HaufeIndex 583235.

Runia, P./Wahl, F./Geyer, O./Thewißen, C. [2005]: Marketing, München 2005.

Schefczyk, M./Pankotsch, F. [2003]: Betriebswirtschaftslehre junger Unternehmen, Stuttgart 2003.

Schmidt, H./Lindberg, K./Müller, S. [2011]: § 3 Abschreibungen, AfA und Wertminderungen, in: Federmann, R./Kussmaul, H./Müller, S. (Hrsg.): Handbuch der Bilanzierung, Freiburg 2011, Rz. 1-173.

Schönfeld, W./Plenker, J. [2012]: Lexikon für das Lohnbüro 2012, 54. Ausgabe, München 2012.

Scholz, Ch./Gorges G./Morio A./Korte, W. [2011]: Personalplanung, Umsetzung und Prozessmanagement, in: Haufe Personal Office Standard Version 16.4.0.0. – HaufeIndex 912432.

Schultze, W. [2003]: Methoden der Unternehmensbewertung, 2. Auflage, Düsseldorf 2003.

Schweitzer, M./Küpper, H.-U. [1998]: Systeme der Kosten- und Erlösrechnung, 7. Auflage, München 1998.

Seiwert, L. [1999]: Das neue 1x1 des Zeitmanagement, 21. Auflage, Offenbach.

Seppelfricke, P. [2005]: Handbuch Aktien- und Unternehmensbewertung, 2. Auflage, Stuttgart 2005.

Singler, A. [2010]: Businessplan, 3. Auflage, München 2010.

Sheperd D.A./Ettenson R./Crouch A. [2000]: New venture strategy and profitability: A venture capitalist's assessment, in: Journal for Business Venturing, Volume 15, S. 449–467.

Sorg, P. [2002]: Kosten- und Leistungsrechnung, 4. Auflage, Achim 2002.

Stahl, H.-W. [2009]: Finanz- und Liquiditätsplanung, 2. Auflage, Freiburg 2009.

Stock-Homburg, R. [2010]: Personalmanagement: Theorien – Instrumente – Konzepte, 2. Auflage, Wiesbaden.

Stumpp, S. [2000]: Ersatzkaufverhalten bei langlebigen Konsumgütern, Köln 2000.

Voeth, M./Herbst, U./Kupp M. [2011]: Marketing, in: Busse von Colbe, W. et al. (Hrsg.): Betriebswirtschaft für Führungskräfte, 4. Auflage, Stuttgart 2011, S. 109-141.

Weber, J./Schäffer, U. [2011]: Einführung in das Controlling, Stuttgart 2011.

Wengel, T. [2008]: Umsatzsteuer kompakt, München 2008.

Wien, A. [2009]: Existenzgründung, München 2009.

Winkelmann, P. [2008]: Marketing und Vertrieb: Fundamente für die marktorientierte Unternehmensführung, 6. Auflage, München 2008.

Wöhe, G./Kussmaul, H. [2008]: Grundzüge der Buchführung und Bilanztechnik, 6. Auflage, München 2008.

Zdrowomyslaw, N./Kasch, R. [2002]: Betriebsvergleiche und Benchmarking für die Managementpraxis, München 2002.

Stichwortverzeichnis

Autorendaten

Dipl.-Kffr. Eva Vogelsang

Eva Vogelsang, selbst aufgewachsen in einer Unternehmerfamilie, studierte an der Universität Augsburg Betriebswirtschaftslehre mit den Schwerpunkten Personalwesen und Unternehmensführung. Sie leitet die Abteilung Personalbetreuung in einem großen Energieversorgungsunternehmen und ist dort verantwortlich für alle klassischen Personalthemen. Dies beinhaltet sämtliche Fragestellungen von der Personalplanung, Personalrekrutierung, Vertragsgestaltung und Gehaltsabrechnung über Führungsthemen bis hin zur Auflösung von Arbeitsverhältnissen und umfasst alle arbeitsrechtlichen Aspekte.

Prof. Dr. Christian Fink

Christian Fink ist Inhaber einer Professur für externes Rechnungswesen und Controlling an der Hochschule RheinMain in Wiesbaden. Nach Studium und Promotion an der Universität Augsburg war er mehrere Jahre als „Manager Accounting Regulations" für ein international vertretenes Familienunternehmen tätig. Herr Fink ist Mitglied in verschiedensten Fachgremien, so z.B. im IFRS Sounding Board von BusinessEurope (Brüssel), der VMEBF e.V. oder seit Ende 2011 im HGB-Fachausschuss des Deutschen Rechnungslegungs Standards Committee (DRSC). Er ist Verfasser einer Vielzahl von Fachveröffentlichungen.

Dipl.-Kfm. Matthias Baumann

Matthias Baumann ist seit Abschluss seines Studiums zum Dipl.-Kfm. an der Universität Augsburg in einer renommierten mittelständischen Wirtschaftsprüfungs- und Steuerberatungskanzlei in Schwabmünchen tätig. Seine Tätigkeitsschwerpunkte sind Steuerrecht, Wirtschaftsprüfung und Controlling. Dieses Fachwissen bringt er auch als geschäftsführender Gesellschafter in die IRCM – Institut für Rechnungslegung, Controlling & Management GmbH ein, die u.a. Existenzgründer in jeder Art von Gründungsfragen berät.